建筑装饰专业系列教材

U0890957

装 饰 施 工

何 平
卜龙章 编著

东南大学出版社

内 容 提 要

装饰施工是装饰工程的主要组成部分，是影响装饰工程质量的重要因素。本书根据工程实际的需要分为两部分：一部分是施工技术，另一部分是施工组织和管理。装饰施工技术包括抹灰工程、门窗工程、幕墙工程、吊顶工程、轻质隔断工程、饰面板(砖)工程、涂饰工程、裱糊与软包工程、细部及店面工程等，同时介绍了这些分项工程的施工操作工艺、质量标准和常见装饰项目质量通病及防治要点，讲述了常用装饰施工机具及操作方法。施工管理部分讲述了施工组织、施工进度计划的编制、单位装饰工程施工组织设计的方法。本书取材新颖、内容丰富实用，既讲述了普通装饰的施工工艺，又介绍了目前工程中使用的新工艺，同时也结合了装饰工程中的新规范、新标准。书中列举了大量的装饰构造图和施工示意图，使读者能够一目了然，简明易懂。

本书主要作为室内设计、建筑学和建筑工程专业的教材，也可供从事装饰施工的工程技术人员参考使用。

图书在版编目(CIP)数据

装饰施工/何平等编著. —南京：东南大学出版社，2003.3(2016.7重印)

(建筑装饰专业系列教材)

ISBN 978-7-81050-274-0

Ⅰ. 装…　Ⅱ. 何…　Ⅲ. 建筑装饰-工程施工-高等学校-教材　Ⅳ. TU767

中国版本图书馆 CIP 数据核字(2003)第 001585 号

东南大学出版社出版发行

(南京四牌楼2号　邮编 210096)

出版人：江建中

新华书店经销　扬州市文丰印刷制品有限公司印刷

开本：787mm×1092mm　1/16　印张：21.5　字数：537千字

2003年3月第1版　2016年7月第10次印刷

ISBN 978-7-81050-274-0/TU·29

印数：24001-25000　定价：35.00元

建筑装饰专业系列教材

编 委 会 名 单

序

建筑装饰技术是一门综合性新学科，是建筑文化的重要组成部分，肩负着物质文明与精神文明的双重任务。它标志着一个国家、一个民族、地区在某一历史时期政治、经济、科学技术、文化艺术的发展水平。

我国改革开放以来建筑装饰业得到迅猛发展，已成为一支日益壮大的新军，但专业技术人员匮缺。普遍感到队伍素质制约了装饰设计、技术水平和工程质量的提高，要保证建筑装饰业持续发展，加强人才培养是关键。

东南大学出版社顺应这一形势的需要，适时组织扬州大学、南京艺术学院的专家、教师编写了这套《建筑装饰专业系列教材》。丛书编写重在工程实际应用，结合教学需求和实践经验，广征博引、深搜细辑、佐以实例、辅以步骤、对照分析、详加阐述，既有理论的系统性，又有通俗易懂、图文并茂的直观性，深入浅出，品高意新。这套丛书的出版，对提高建筑装饰业从业人员的素质，培养专业人才，提高教学水平，无疑是及时和有效的。

汪家玉：中国建筑装饰协会副会长

出版说明

建筑装饰是建筑工程技术和文化艺术相结合的综合型学科，是建筑设计的延伸和深化，它不仅涉及建筑学、人体工程学、社会学、心理学、材料学、物理学、力学等学科，也与工艺美术、园林绿化、城市建设等领域有着紧密的联系。在古代，由于受科学技术发展水平和物质资料缺乏等因素的影响，建筑装饰仅出现在皇家庭院、宗教圣地等范围内，因而建筑装饰的形式变化和普及范围都极为有限。在现代，随着生产技术的不断发展，装饰材料的品种越来越多，装饰工艺水平也有了很大的提高，加上先进装饰施工机具的广泛使用等等，都极大地推动了建筑装饰业的发展，使其成为国民经济的重要产业。现代建筑装饰的范围很广，它既包括宾馆、商场、影剧院、歌舞厅、休闲中心等公共场所的室内外环境，也包括各种别墅、公寓、宿舍、住宅小区等各种居住空间的环境美化。

随着我国国民经济的迅锰发展和人民物质文化生活水平的提高，人们对建筑装饰的需求越来越多，也越来越高。各种建筑装饰工程的设计、施工的新技术、新工艺以及新型的建筑装饰材料层出不穷。但由于我国现代化建筑装饰起步较晚，从事装饰行业人员的素质急需提高，建筑装饰理论与实用技术尚不够系统和完善，有待健全；特别是广大高等院校开设了的建筑装饰类专业，教材建设普遍滞后，影响了专业的发展等等，都迫切需要全面介绍建筑装饰最新理论与实用技术的教材或参考书。为适应新形势下我国建筑装饰业发展的需要，东南大学出版社适时组织了扬州大学和南京艺术学院的专家、教师编写了这套适合大专层次教学和装饰工程技术人员使用的系列用书，它包括《装饰制图与识图》、《装饰美术》、《装饰设计表现图技法》、《装饰造型基础》、《装饰设备》、《装饰构造》、《装饰结构》、《装饰材料》、《装饰设计》、《装饰施工与管理》、《装饰造价》、《建筑装饰计算机辅助设计》和《建筑装饰毕业设计汇编》等十三分册。

编委会的专家和教师都是多年从事装饰行业教学、设计和施工的人员。他们在编写这套教材时遵循现代装饰的发展趋势，严格按照国家的有关规范要求，并结合了工程实际的具体要求。本教材的覆盖面广，内容新颖，通俗易学，图文并茂，既有系统的理论讲解，又有工程实用技术的介绍，适宜作为高等院校大专以上层次的教学用书，也可供建筑装饰企业项目经理、设计和施工人员的学习和培训用书。

本系列教材在编写的过程中，中国建筑装饰协会副会长汪家玉先生、河海大学梁正平教授、东南大学出版社的领导对本套教材的组成和选材作了大量的工作，并提出了许多有益的建议，在此一并表示感谢。

为使本系列教材趋于完善，希望各院校的同仁、各装饰施工企业在使用时提出宝贵意见，以便进一步修订和改进。

吴龙声　何　平

前　言

装饰施工是装饰工程的重要组成部分,施工质量最终又影响着工程的实际使用功能和效果,所以施工工艺是否合理、先进,对装饰工程的质量和装饰效果影响很大。由于装饰材料的发展非常迅速,同时也带动了装饰新工艺的发展,从整体上推动了装饰业的前进。

近年来,一些出版社出版了很多有关装饰施工方面的书籍,但由于装饰业的变化发展速度非常快,装饰工程中使用的新工艺新技术在这些书中介绍得比较少,书中原有的理论内容已不能适应现代装饰施工的需要。装饰施工理论的研究和总结与现有实际的施工工艺相比显得比较滞后,所以装饰专业的学生和从事装饰工程的技术人员十分迫切地需要相应的教材和技术指导书来满足工程实际的需要。

我们根据以往编写装饰施工教材和有关装饰施工资料的经验,在严格遵守国家有关规范条文的基础上,在东南大学出版社有关人员的大力协作下,编著了这本实用性较强的教材。在编著的过程中,作者几易其稿,特别是结合了建设部颁发不久的《建筑装饰装修工程质量验收规范》(GB50210—2001,2002 年 3 月 1 日实施)、《玻璃幕墙工程技术规范》(JGJ102—96)、《金属与石材幕墙工程技术规范》(JGJ133—2001)的有关规范内容,使得本书具有较强的实用性和时代感。

本书从装饰施工技术和管理两方面讲述了装饰施工的内容。施工技术部分介绍了抹灰、门窗、幕墙、隔断、吊顶、饰面板(砖)、涂饰、裱糊软包、细木制作、店面装饰工程的施工工艺和质量验收标准,以及常用装饰施工机具的操作方法,特别对工程中经常遇到的质量问题提出了相应的防治措施。在施工管理部分则介绍了施工组织设计、施工进度计划、现场管理措施、现场施工平面图的布置等内容。书中绘制的大量插图使读者在阅读时一目了然、方便理解,章节层次分明,内容简明易懂,不仅可用作室内设计、建筑学、建筑工程等专业学生的教材,也可供从事建筑装饰行业的工程技术人员参考使用。

本书第一篇的第一章至第八章由扬州大学水利与建筑工程学院何平老师编写,第九章至第十章由扬州大学工程设计研究院殷加华工程师编写,第二篇的内容由扬州大学水利与建筑工程学院卜龙章老师编写。此外,本书在编写的过程中参考和借鉴了有关专家的资料成果,得到了有关专家、同行和东南大学出版社的大力支持和帮助,扬州"紫水晶装饰设计公司"的有关人员做了大量的整理工作,在此一并致以感谢。

由于我们的编写时间比较短暂,书中不当之处,恳请读者批评指正。

编　者

2002 年 12 月

目　录

第一篇　建筑装饰施工技术

第二篇　装饰施工组织及管理

第一篇　建筑装饰施工技术

第一章　绪论

建筑装饰施工是一门专业性很强的学科，它综合了装饰设计、建筑装饰材料、装饰设备和装饰构造等多门学科的知识。建筑装饰的最终效果是由施工来完成的，因而装饰施工在建筑装饰工程中占有很重要的地位。装饰施工的结果不仅能使建筑物的主体结构免受或少受外界不利因素（如酸雨、冰冻、急冷急热）的影响，而且能够满足人们对室内外空间的装饰功能要求，从而提高人们在室内外环境中的工作效率和生活质量。

我国有着悠久的建筑装饰历史，大到皇家宫殿，小到民居院落，以及独具中国特色的明清家具、漆器、屏风等，无不体现着中国劳动人民的智慧和高超的装饰技法。由于历史原因，我国现代装饰的步伐与国外相比有了较大的差距。但随着社会主义改革开放的深入和与世界经济贸易范围的进一步扩大，国外的新型装饰材料和先进的装饰工艺已大量地运用在国内的许多建筑中。特别在二十世纪九十年代，我国建筑装饰施工技术的发展有了质的飞跃和提高。建筑装饰无论是从设计到施工组织，还是从装饰材料到施工设备等，都有了一套较为完整的组织体制。国内现代建筑装饰行业经过十几年的发展壮大，已逐步从建筑和安装行业中脱离出来，成为一门新型的行业体系。在二十世纪九十年代颁布的行业标准中，已将装饰与建筑、安装列为建筑业的三大体系。

第一节　建筑装饰施工的特点和任务

一　建筑装饰施工的特点

建筑装饰施工与建筑施工和安装施工相比有其自身的特殊性和工作规律。建筑装饰施工是在建筑和安装工程的基础上，对建筑物使用功能的进一步细化和完善，是建筑装饰设计的再创造过程。它的工作环境主要在室内，具有工种繁多、施工周期短等特点。建筑装饰施工的特点如下：

1. 装饰施工的独立性

建筑装饰施工的独立性有两层含义：第一是指建筑装饰施工是独立于土建施工以外的、由专业施工队伍进行施工操作的工程活动，它是在建筑物的土建工作完成以后再进行的一种饰面构造处理;第二是指需要装饰的建筑物是千变万化的,每一栋建筑物进行装饰施工的内容各不相同,即使使用性质相同的建筑也会因为环境条件、业主的审美要求不同等因素而发生变化。因此,建筑物的装饰施工条件也就具有了特定的独立性。

装饰施工对每一类建筑物有着不同的施工规定和要求,施工技术人员应根据施工现场的具体情况,按照施工组织设计的要求,精心安排施工人员、装饰材料和机械设备,使每一项装饰工程都能达到"经济合理、美观大方"的标准。

2. 装饰施工的流动性

施工的流动性是所有土建项目的特点之一,也是装饰施工的显著特点。因为建筑装饰的主体对象是建筑物,所以建筑装饰施工的工作场所就会随着建筑物地点的改变而变化,施工队伍也就会随着施工对象地点的改变而经常搬迁。

装饰施工的流动性特点对装饰施工企业的管理提出了很高的要求,施工管理人员应根据施工建筑物所在地的具体情况,充分调查研究当地的各种施工资源情况,组织落实好施工队伍、施工机具以及装饰材料等问题,高效率地组织施工,从而按质、按量、按时地完成各项装饰施工任务。

3. 装饰施工的多样性

装饰施工的多样性是指装饰工程的多样性和施工工种的多样性。每一栋需要装饰的建筑物会随着其使用性质、空间尺寸、形状规模等因素的变化而有不同的要求,因而装饰工程的施工内容及范围也会随之发生变化。

装饰工程施工对材料的要求与土建工程对材料的要求相比有很大的差别。一般的土建工程所用的材料主要是钢筋、水泥、木材三大材,而建筑装饰工程所用的材料品种少则成百上千,多则上万。由此牵涉的工种有瓦工、木工、油漆工、钣金工、石材工、水电工、电焊工、架子工等。因此,现场施工管理人员应对每一个施工工种的人员精心组织,安排好施工进度计划和施工内容,做好各工种的协调工作,避免出现工种交叉阻滞现象,提高工作效率。

4. 施工管理的复杂性

装饰工程的施工内容繁多,每一项施工内容所包含的施工工序较为复杂。一般中小型装饰工程的施工内容有抹灰、饰面板(砖)、涂饰、门窗、吊顶、轻质隔墙、裱糊、幕墙、细部制作、水电等项目,大型的装饰工程还包含警卫、通讯、消防、音响、灯光等系统工程。

施工现场的布置内容有平面的,也有立体的,如施工现场的临时用电、材料及机具仓库、现场办公用房、生活卫生区、水平和垂直运输的途径、各类材料加工及制作场区、临时消防设施等。装饰施工现场的场地空间往往受现场条件的限制,上述各类场所布置起来较为繁琐,这就要求施工管理者按照现代管理学的要求和装饰工程的施工规律,科学合理地设计好施工现场布置图和作业进度计划,安排好各施工项目内容的施工顺序,避免产生工种交叉作业和窝工现象,使各工种之间的作业做到有条不紊、衔接紧凑。

施工现场的管理者既是现场施工的指挥组织者,同时又是工程施工组织设计的实施者。管理者应严格按照施工组织设计书的总体部署和安排,精心组织好人力、物力和财力,确保工程达到预定的施工质量目标和施工工期;在施工的过程中及时发现问题,做好总体平衡,妥善处理好施工过程中出现的各种问题。

装饰工程的施工要求施工管理人员不仅要有深厚的专业知识和丰富的实践经验,还应有出色的管理才能。因此,一个装饰工程能否按施工组织设计的要求顺利完成,与施工现场的管理人员的才能和素质有很大的关系。

此外，装饰施工还有施工周期短（一般为 3～5 个月）、施工质量要求高、工程资金使用量大、新材料新工艺应用较多等特点。工程技术人员在组织装饰工程施工的时候，应根据业主的要求和装饰工程的这些特点，认真做好施工组织设计工作，合理安排好各分部分项工程的相互关系，圆满完成每一个装饰工程的施工任务。

二　建筑装饰施工的任务

设计师的设计构思一般只反映在施工图纸上，而装饰施工的任务就是结合施工现场的实际情况，将设计师的设计意图变成实在的事物。装饰施工的过程不仅仅是一个简单的“按图施工”的过程，同时又是设计的具体细化和装饰的再创作过程。因为设计师的设计构思往往与工程实际之间有一定的差距（如现场尺寸与图纸尺寸之间的误差、现场施工工艺的变化、业主的特定变更等）。这就要求施工人员在施工的过程中，根据施工现场的具体情况，对原设计图纸提出适时的修改意见，从而使装饰设计的效果更加符合工程的实际需要。因此，装饰施工人员在施工的过程中，不仅要按图施工，而且要找出设计图纸中的不详之处甚至错误的地方，及时与业主和设计单位联系，提出整改方案，完善设计图纸，缩短施工周期，降低工程造价，使施工单位能够取得良好的经济效益。

装饰设计是实现建筑物装饰功能和装饰效果的首要条件，而装饰施工则是实现装饰效果的保证条件。对于每一个具体的装饰工程而言，只有通过设计师和施工人员双方的努力和配合，才能使装饰工程圆满完成，从而达到预期的目的。所以说装饰施工同样能体现出施工人员的聪明才智和创造能力。

第二节　建筑装饰施工的范围和装饰等级

一　建筑装饰施工的范围

随着科学技术的发展和人民生活水平的不断提高，人们对生活及工作环境空间的舒适度提出了越来越高的要求，建筑装饰的范围也在日益扩大。装饰施工的范围非常广泛，几乎包含了所有性质的建筑物。

建筑装饰施工的范围是指除建筑物主体结构工程和部分设备安装工程以外的工程施工活动内容。按照不同的划分方法，建筑装饰施工的范围包含以下几方面：

1．按建筑物的使用性质分

建筑物按使用性质不同分为：民用建筑（包含民用建筑和公共建筑）、工业建筑、农业建筑和军事建筑等。目前，约 60% 以上的装饰工程集中在民用建筑上。随着我国住房制度的变化，民用住宅已基本实现了商品化，住宅小区的室内外装饰已成为装饰工程的亮点，并在装饰业的总产值中占有相当大的比例。此外，由于生产工艺等方面的要求，工业建筑、农业建筑和军事建筑也需要装饰美化。如电子制造行业、精密仪器控制室等对环境的洁净度和防静电的要求较高，这类建筑物在进行装饰时必须采用密闭性较高的门窗、平整明亮的吊顶和抗静电的楼地面等饰面。甚至有的企业还考虑了人的心理活动状态，运用环境色彩对人的心理会产生一定调节作用的原理,在生产场所的有关部位上涂饰不同的颜色,使工作人员的大脑兴奋点保持在一个较高的状态,从而提高了工作效率。因此,无论是民用建筑,还是农业建筑和军事建筑的建设都包含有一定的装饰施工内容。

2. 按建筑物的装饰部位分

建筑物的装饰部位是指能够引起人的视觉或触觉等感觉器官的注意,并能给人以美的享受的建筑部位。建筑物的装饰部位分室内和室外两大类。室外装饰部位有外墙面、门窗、雨篷、檐口、屋面、阳台、入口、台阶、室外楼梯、建筑小品和建筑外柱;室内装饰部位包括内墙面、吊顶、楼地面、隔断、门窗、室内楼梯、走道、内柱、室内灯具和陈设等。由于建筑装饰部位的不同,各建筑部位对装饰施工的具体要求和标准也不一样,如外墙石材和内墙石材的施工工艺、内墙涂料和外墙涂料的涂饰方法等。

3. 按建筑装饰的分部分项工程内容分

由于我国现代装饰施工水平的不断提高和新材料的广泛运用,原有的装饰施工规范已不能适应这一发展变化的需要了,国家建设部近年来陆续制定了一些新的装饰工程施工质量验收标准,各省市和相关行业也颁布了一系列的施工质量评定办法。本书的施工技术部分各章节的编写内容主要按照建设部颁布的装饰施工内容进行安排,再根据施工的实际情况,增加了部分内容。

建筑装饰工程的分部分项工程内容一般分为:抹灰工程、门窗工程、幕墙工程、吊顶工程、轻质隔墙工程、饰面板(砖)工程、涂饰工程、裱糊与软包工程和细部装饰工程等。与装饰有关的水电及设备的施工要求和质量规定,则按相应的国家规范执行。

建筑装饰施工的范围还可按建筑物的空间界面不同来划分,主要包括:顶面、墙面、柱面、楼地面、屋面、楼梯、门窗及细部装饰工程等,在这几个大项当中又分成320个子项目,具体可见中国建筑装饰协会1993年公布的有关规定。

二 建筑装饰施工的等级标准

装饰施工的等级标准目前尚无明确的划分标准,一般是依据甲方投资额的高低,笼统地分成高中低档。但是,这种划分方法缺乏明确的依据。因此,建筑物的装饰的等级划分常常根据建筑物的等级、甲方的设计标准和投资额的多少等因素进行综合确定。建筑物的等级是按照建筑物的使用性质和耐久性确定的,具体见表1.1。

表1.1 建筑物等级

建筑等级	建筑物性质	使用年限
一	具有历史性、纪念性、代表性的重要建筑物,如纪念馆、博物馆、国家会堂等	100年以上
二	重要公共建筑,如一级行政机关办公楼、大城市火车站、国际宾馆、大型体育馆、大剧院等	50年以上
三	比较重要的公共建筑和居住建筑,如医院、高等院校以及工业厂房	40~50年
四	普通建筑物,如文教、交通、居住建筑以及工业厂房	15~40年
五	简易建筑和使用年限在五年以下的临时建筑	15年以下

建筑物装饰的等级标准考虑到我国的实际情况和不同建筑物的使用性质,一般划为三个等级。表1.2为建筑物的装饰等级。建筑装饰施工的等级与建筑物的装饰等级基本一致。

表 1.2　建筑物装饰等级

建筑装饰等级	建　筑　物　类　型
一	高级宾馆、别墅、纪念性建筑、大型博览、观演、交通、体育建筑、一级行政机关办公楼、市级商场
二	科研建筑、高教建筑、普通观演博览、交通、体育建筑、广播通讯建筑、医疗建筑、商业建筑、旅馆建筑、局级以上行政办公楼
三	中小学、幼托建筑、生活服务性建筑，普通行政办公楼、普通居住建筑

由于影响装饰工程造价的主要因素是建筑装饰材料，因而装饰工程的等级标准又与装饰材料及相应的装饰设施有关。建筑装饰的等级标准可以参照所用的装饰材料品种及档次。表1.3是不同等级的装饰工程通常所采用的建筑装饰材料。

表 1.3　建筑装饰工程的用材标准

装饰类别	房间名称	部　位	内装饰材料	外装饰材料	备　注
一	全部房间	墙面	塑料墙纸（布）、织物墙面、石材、木墙裙、各种面砖、内墙涂料	花岗岩、大理石（少用）、面砖、外墙涂料、金属墙板、玻璃幕墙	1. 材料根据国标或企业标准按优等品验收 2. 高级标准施工
		楼地面	软木橡胶地板、各种塑料地板、石材、彩色水磨石、地毯、木地板		
		顶棚	金属装饰板、塑料装饰板、金属墙纸、塑料墙纸、装饰吸音板、玻璃顶棚、发光顶棚	室外雨篷下，悬挑部分的楼板下，可参照室内装饰顶棚	
		门窗	木制或铝合金门带木镶边板或石材镶边，窗上口设窗帘盒	各种颜色玻璃铝合金门窗、特制木门窗、塑钢窗、自动感应门、遮阳板、卷帘门窗	
		其他设施	各种金属、竹木花格，自动扶梯、玻璃栏板、各种花饰、灯具、空调、防火设备、暖气罩、高档卫生设备	局部屋檐、屋顶、可用各种琉璃瓦件、各种金属装饰物（可少用）	
二	门厅、楼梯、走道、普通房间	楼地面	彩色水磨石、地毯、各种塑料地板、卷材地毯、碎拼大理石地面		1. 功能上有特殊要求者除外 2. 按部分为高级一般为中级标准施工 3. 材料根据国标或企业标准按局部为优等品，一般为一级品验收
		墙面	各种内墙涂料、装饰抹灰、窗帘盒、暖气罩	主要立面可用面砖、局部用无机涂料	
	全部房间	顶棚	混合砂浆、石灰膏罩面、各种板材顶棚		
		门窗	铝合金门窗、塑钢门窗		
	厕所、盥洗间	地面	普通水磨石、马赛克、1.4～1.7 m高度内瓷砖墙裙		
		墙面	水泥砂浆		
		顶棚	混合砂浆、乳胶漆饰面		
		门窗	铝合金门窗		

续表 1.3

装饰类别	房间名称	部位	内装饰材料	外装饰材料	备注
三	普通房间	地面	局部水磨石、水泥砂浆地面		1. 按部分为中级一般为普通标准施工 2. 材料根据国标或企业标准按局部为一级品,一般为合格品验收
		顶棚	混合砂浆、乳胶漆饰面	混合砂浆、乳胶漆饰面	
		墙面	混合砂浆、乳胶漆饰面,柱子不做特殊装饰	局部用面砖,大部分用水刷石、干粘石、无机涂料、清水砖	
		其他	文体用房、幼托小班用木地板、窗帘棍。除幼托外,不设暖气罩、不准做金属饰件,不用白水泥、石材,不贴墙纸	禁用石材、金属外墙板	
	门厅、楼梯、走道		除门厅可局部吊顶外,其他同一般房间。楼梯用金属栏杆,木扶手或抹灰栏板		
	厕所、盥洗间		水泥砂浆地面,水泥砂浆墙面		

当然,建筑装饰的等级标准是一个综合性的指标,它最终是由建筑物的使用性质、消防等级、装饰材料的档次等诸多因素来决定的。有些装饰场所的要求非常高,如星级宾馆等场所,在内部设施、装饰标准、服务项目等诸多方面均应符合有关规定后,才能进行星级的评定。

第三节　建筑装饰施工的要求和验收标准

一　建筑装饰的施工要求

建筑装饰的施工内容繁多,施工质量要求高,对施工现场的作业条件要求较多。如果某一项施工作业条件不能满足要求,就有可能影响工程的施工质量或施工工期,从而造成人力、财力和物力上的浪费。装饰施工在进行的过程中,施工人员要精确使用材料,合理安排施工工序,做好成品或半成品的保护工作,考虑好各种现场因素,从而确保工程的整体施工质量。以下几方面是装饰工程的施工要求:

1. 建筑装饰材料

建筑装饰的施工质量除了受操作人员的操作水平影响以外,还与装饰材料本身的质量有很大关系。如果施工时受材料的色差、规格公差的影响作用,装饰面的接缝宽窄、色调等就会发生很明显的变化,这些部位装饰面的外观效果就不能满足施工验收的要求。目前装饰市场的材料种类很多,质量参差不齐,存在着鱼目混珠的现象,给装饰材料的选择带来极大的困难。但是,如果从下面几方面来考虑,则能有效地防止质量较差的装饰材料用在工程上。

(1) 按设计要求选择材料的品种和规格。对于有色彩、图案、光泽度及规格尺寸要求的材料,应预先定好样品。材料验货时,按样品要求验收材料的外观质量。此外,还应一次性备足材料，防止二次定货时产生色差，使前后购置的材料之间发生偏色现象。

(2) 定购材料的技术性能指标应符合国家或行业标准所规定的等级，特别是大批量的装饰材料，还应抽查检验，送至有关的检测机构进行检验。材料经检验合格后，方能用于工程施工中。切不可只听材料供应商的一面之词，若仅以材料供应商的检测报告为依据而盲目采购材料，极易给工程造成损失。

(3) 对于质量不合格或达不到相应等级标准的装饰材料，严禁用于工程项目中。工程技术人员在验收每一批材料时，除了要检查该材料的出厂质量合格证等资料以外，还应随机抽检，并按合同的要求进行验收。对于贵重材料或影响装饰安全的材料，还要逐样验收，防止不法生产厂家或材料供应商以次充好，坚决将假冒伪劣产品拒之于工程以外。

装饰材料进场后，有关人员应做好入库验收、保存和发放工作。对于易燃易爆易碎和贵重物品应专门存放，由专人负责保管。装饰材料的保存场所应保证通风干燥。仓库保管人员应认真负责，采取各种有效措施防止材料损坏、变质和浪费。

有些材料需要在施工现场进行加工的，如砂浆的调配、型材和玻璃的加工、油漆的配置以及石材的切割等，应集中统一起来。这样既便于施工现场管理，又能降低生产成本，提高工效。

2. 建筑装饰工程的施工顺序

建筑装饰工程的施工顺序是有规律可循的，施工人员应按照一定的施工程序展开施工。否则，工程就会产生窝工现象，造成人力上的浪费，延误工期。在安排施工顺序时，要考虑到施工工艺、施工工期和施工季节等因素，充分利用施工空间，组织好交叉作业和成品或半成品的保护工作，从而使施工质量和施工工期满足业主的要求。表1.4是装饰工程常见的施工流水作业顺序。

表1.4　装饰工程的常见施工流水作业顺序

项次	施工流水顺序	作业条件	主要优点	主要缺点	适用范围
1	从顶层到底层（自上而下）	1. 主体应全部完工，并验收合格 2. 分段装饰，其上层主体结构和楼面防水应检查验收合格	1. 房屋应得到初步沉降 2. 屋面能防水，装饰不受污损 3. 立体交叉作业少，施工安全易于保证 4. 分段装饰，可缩短工期	从顶层到底层	1. 单层或多层建筑 2. 总工期不控制 3. 采取分段装饰的高层建筑
2	从底层到顶层（自下而上）	1. 装饰层的上层主体结构应验收合格 2. 装饰层的上层楼面已施工完毕，不渗不漏 3. 外墙面已采取隔开和防污染措施	1. 总工期缩短 2. 底层能提前使用	1. 立体交叉作业多，应采取特殊施工安全措施 2. 成品保护工作量较大	1. 高层建筑 2. 工期紧迫建筑
3	从室外到室内	基层质量应检验合格	1. 工期受气候影响不大 2. 脚手架周转快，交叉作业少	工期较长	单层或多层建筑

续表 1.4

项次	施工流水顺序	作业条件	主要优点	主要缺点	适用范围
4	室外室内同步	1. 室内装饰层的室外已完工 2. 基层质量应检验合格	工期能缩短	单层或多层建筑	
5	从室内到室外	1. 基层质量应检验合格 2. 门窗洞口应封闭防冻	1. 冬季施工,工程不停 2. 保证了外墙装饰质量	外墙待气候转暖再做	冬季施工的建筑
6	先做地面,后做墙面、顶棚	1. 基层应验收合格 2. 水磨石楼地面最后一遍后磨 3. 脚手架立杆下垫软垫 4. 严禁在楼地面上拌砂浆	1. 减少大量清扫用工 2. 基层比较清洁,能保证楼地面的施工质量 3. 顶棚、墙内安装暗管的时间较充分 4. 吊顶不受湿作业的潮湿影响	楼地面应采取保护措施	各类建筑
7	先做墙面、顶棚,后做地面	1. 基层质量验收合格 2. 顶棚和墙体的暗装管线应提前施工完毕		1. 基层落地灰不易清扫干净,难以保证楼地面的施工质量 2. 楼地面施工时易污损墙面 3. 顶棚、墙体内暗装管线时间紧迫 4. 湿作业未做完,吊顶易吸湿开裂	各类建筑
8	室内装饰: 一、抹灰饰面,吊顶和隔断墙作业	隔断、铝合金及木门窗框,暗装的管道、电器预埋件和预制的钢筋混凝土楼板灌缝等应已完工	1. 技术条件合理 2. 易于保证施工质量		各类建筑
	二、安装铝合金门窗、木门窗、彩色涂层钢板门窗和塑钢门窗	湿作业应未做完 抹灰等湿作业已完工	1. 技术条件合理 2. 易于保证施工质量		各类建筑
	三、有抹灰基层的饰面作业以及安装吊顶和轻型花饰	抹灰工程应已完工	1. 技术条件合理 2. 易于保证施工质量		各类建筑
	四、涂料作业	1. 管道、设备工程已试压 2. 各种楼地面面层和明装电线应未做	1. 不致污损后继工程 2. 方便后继工程施工	工期稍长	各类建筑
	五、裱糊工程作业	1. 顶棚、墙面和门窗应已完工 2. 建筑设备的涂料工程应已完工	裱糊不受污损	工期稍长	各类建筑
	六、木地板面层最后一遍涂料	裱糊作业已完工	面层不受污损		一类装饰标准建筑

建筑装饰工程的施工顺序除了可参照上述表中所立的情况以外，还应根据每一个工程的实际情况进行调整安排。在施工的过程中，受有些施工因素的影响，装饰工程的施工顺序还要作相应的调整，以满足方便施工和施工工期的要求。

1）建筑装饰工程的环境温度

装饰工程中的某些装饰饰面易受装饰环境温度的影响，如抹灰、油漆及裱糊等项目的施工。如果施工现场的环境温度不能满足有关的规定，则应采取相应的措施，确保施工质量。室内外装饰工程的施工环境温度应符合以下规定：

（1）高级抹灰、花饰工程和溶剂型混色涂料工程不应低于5℃。

（2）普通抹灰、中级抹灰和玻璃工程应在0℃以上。

（3）裱糊工程的温度不应低于10℃。

（4）使用胶粘剂时，应按胶粘剂产品说明要求的温度施工。

（5）涂刷清漆不应低于8℃，乳胶漆应按产品说明要求的温度施工。

（6）室外涂料工程的温度不应低于3℃。

注：①环境温度是指施工现场的最低温度。

②室内温度应靠近外墙离地面高500 mm处测量。

2）建筑装饰工程的成品保护

装饰工程在施工期间，有些装饰饰面按施工顺序的要求应先施工。这样形成的装饰成品或半成品在后继装饰项目施工时必须做好成品保护工作，防止出现污染现象，造成不必要的材料浪费，或给工程的后继清理工作带来麻烦。在做好成品或半成品保护工作时，须按以下规定执行：

（1）水电管线的敷设安装工作完成后，应及时检查敷设的管线是否发生漏敷或少敷的问题，避免造成返工。水管敷设后应进行加压实验，防止出现渗漏。电线敷设后要用电表进行测试，防止出现漏电或短路等问题。管线敷设工作完成后，应会同甲方、设计方、监理方和有关质检部门进行验收，验收合格后方能进行下道工序的施工。

（2）在施工时，如需进行焊接作业时，首先应做好防火安全工作，避免焊花对已做好的装饰面产生灼伤。用电锤打眼作业时，应防止电锤打穿水管、电管和混凝土中的钢筋等，避免造成工程质量事故或给工程正常使用带来隐患。

（3）在有水存在或湿度较大的建筑部位，如屋面、山墙、屋檐、窗台、卫生间和浴室洗浴区的楼地面等部位，应严格按照规范规定或设计的要求做好防水工作。

（4）对于有湿作业的施工项目，如涂料、水磨石、水刷石等操作项目，在安排施工作业时，应尽可能地将其安排在其他施工操作内容的前面；当不能安排在其他施工操作项目的前面时，则应采取相应的保护措施，如用胶带、废报纸、塑料薄膜等材料覆贴在已做好的饰面上，当湿作业的施工项目完成后，再将覆贴材料揭下，从而达到保护成品或半成品的目的。

二　建筑装饰工程的施工验收标准

由于建筑装饰工程涉及的施工内容较多，因而装饰工程的验收应根据具体的装饰内容和装饰部位进行评定。与建筑装饰有关的项目验收应执行《建筑装饰装修工程质量验收规范》(GB50210)、《建筑内部装修设计防火规范》(GB50222)、《金属与石材幕墙工程技术规范》(JGJ133)、《玻璃幕墙工程质量验收标准》(JGJ/T139)、《玻璃幕墙工程技术规范》(JGJ102)等；与建筑结构有关的项目验收应执行《建筑工程质量检验评定标准》(GBJ301)、《钢结构工程施工及验收规范》(GB50205)和《木结构工程施工及验收规范》(GBJ206);与水电暖通有关的项目验收应执行《电气照明装置施工及验收规范》(GB50259)、《采暖与卫生工程施工及验收规范》(GBJ242)、《通风与空调工程施工质量验收规范》(GB50243)等。

建筑装饰材料的发展异常迅速,与之相应的施工工艺也不断出现。有些新材料的施工工艺在上述评定标准中没有涉及,因而在施工前应参照相应工程的质量标准以及行业标准,由甲方、设计方和施工单位制定出符合本工程的详尽施工质量标准。在施工中和施工后,由甲方、监理部门和质检部门根据规范和制订的质量标准进行施工质量控制和验收。

一个装饰工程是由多个分部分项工程组成的。装饰工程的分部分项工程质量等级可分为"合格"和"优良"。装饰工程的"合格"等级是指所含有的分部分项工程的质量全部合格;"优良"等级是指所含的分部分项工程的质量全部合格,而有50%以上的分部分项工程的质量等级为优良。

建筑装饰工程的分部分项工程的"合格"和"优良"等级是按以下标准评定的:

1. 合格

(1) 保证项目必须符合相应的质量评定标准的规定。

(2) 基本项目抽验处(件)应符合相应的质量评定标准的规定。

(3) 允许偏差项目抽验的点数中,建筑(装饰)工程有70%及其以上,建筑设备安装工程有80%及其以上的实测值应在相应的质量评定标准的允许偏差范围内。

2. 优良

(1) 保证项目必须符合相应的质量检验评定标准的规定。

(2) 基本项目抽验处(件)的质量检验评定标准应符合合格的规定;且有50%及其以上的处(件)符合优良的规定。

(3) 允许偏差项目抽验的点数中,有90%及其以上的实测值在相应质量检验评定标准的允许偏差范围内。

在评定标准中,与"合格"和"优良"相应的三条标准必须全部符合要求时,该装饰工程的分部分项工程才能评为"合格"或"优良"。

装饰工程的最终质量等级是由各分部分项工程的质量等级汇总、质量保证资料的核查(如装饰材料及构件的出厂证明、隐蔽工程的验收记录等)和装饰部位的表观质量检查等三方面汇集而成的。

第四节　我国建筑装饰施工技术的发展

建筑装饰是随着人民生活水平的不断提高和人们对生活工作空间美的不断追求而逐步发展起来的一个独立行业。虽然我国的建筑装饰有着悠久的历史,但由于过去装饰的对象仅局限于帝王贵族等少部分人,因而当时装饰施工的对象没有普遍性。

国内在20世纪80年代前的建筑装饰,大部分只是用装饰砂浆、大白浆和可赛银粉等装饰材料进行简单地装饰,只有少数装饰要求较高的建筑才用墙纸、石材、地板和地毯等高档材料。从80年代开始,随着国家对外交流领域的不断扩大,建材制造业的发展异常迅猛,建筑涂料、各种墙纸、塑料装饰制品、地毯和金属装饰材料的生产越来越普遍，使用此类高档材料进行装饰的建筑物也越来越多，建筑装饰的对象也由过去的楼堂馆所发展到了寻常百姓的居室之中。装饰施工的新型工艺也在不断地涌现，施工效率不断在提高。过去的装饰施工往往存在着大量的湿作业，如抹灰作业、石材的铺贴等。目前，在装饰工程中使用的塑料装饰制品、木制品、铝合金和钢制装饰品等材料，不仅质量轻、装饰性能好，而且绝大多数的材料采用干法施工工艺，既提高工效，又改善操作者的作业环境。各类胶粘剂在工程上的使用，改变了以往的常规施工方法，如隐框玻璃幕墙中玻璃结构胶的使用、外墙面砖粘贴所采用的聚合物水泥砂浆等。从 2002 年 7 月起，国家质量监督检验检疫总局又颁布了《装饰材料有害物质含量的限量标准》，这些标准的制订和颁布，极大地推动了绿色环保材料在装饰工程中的使用，保护了广大人民的身心健康。

此外，各类性能优异的装饰施工机具在装饰工程中的使用，极大地方便了工人的施工操作。如电钻、电锤、电动开槽机可用于凿眼、凿槽，气动或电动打钉枪用于打钉作业，气动喷漆枪用于涂刷操作。这些先进的施工工具的使用，不仅能提高工效，而且能确保施工质量。与装饰工程施工技术相关的施工质量标准也在逐步完善之中，这些施工质量标准使我国装饰施工技术的质量有了科学的依据和规定，完善了规范装饰市场的手段，防止某些施工队组的无规范施工，保证了工程的施工质量。

综上所述，建筑装饰施工的发展趋势是：不断采用各类新型装饰材料和装饰新工艺，用干法作业代替湿作业；装饰施工机具向灵巧型和专业型的方向发展，减轻操作者的工作强度，提高施工效率；材料必须使用环保型或对人体健康影响较小的品种类型；逐步完善装饰施工质量标准，使得装饰施工向规范化方向发展。

复习思考题

1. 装饰施工的特点和任务是什么？
2. 如何确定装饰的施工等级？
3. 建筑装饰施工的质量依据是什么？
4. 从哪些方面来综合考虑装饰工程的施工质量？

第二章　抹灰工程

第一节　概述

抹灰是将水泥、石灰、石粒等材料根据要求制成砂浆后，再用一定的操作方法做成的一种装饰饰面。抹灰是装饰工程中的一种基础性装饰工艺，许多装饰饰面的做法都是在抹灰面上完成的，如内外墙面砖的铺贴、墙纸或墙布的裱糊、内外墙涂料的涂饰等。随着抹灰施工技术的发展和更新，抹灰的施工工艺不仅有单纯的手工抹灰操作，而且有机械抹灰施工。抹灰施工在现代装饰施工中仍然是一种重要的基础性施工操作项目。

一　抹灰饰面的分类

1. 按装饰部位分

抹灰饰面按装饰部位分为：室内抹灰和室外抹灰。室内抹灰包括顶棚、内墙面、楼地面、踢脚板、墙裙和楼梯等；室外抹灰包括外墙面、屋檐、女儿墙、压顶、窗台、窗楣、腰线、阳台、雨棚和勒脚等。

2. 按使用要求分

抹灰按使用要求分有：一般抹灰、装饰抹灰和特种抹灰等。其中，一般抹灰按质量标准又分为普通抹灰、中级抹灰和高级抹灰三种。一般抹灰的具体要求和适用范围见表 2.1。

表 2.1　一般抹灰的等级和工序要求

级　别	工 序 要 求	适 用 范 围
普通抹灰	分层找平、修整，表面压光	（1）抹灰等级的选定，以设计为准，以质量要求和主要工序作为划分抹灰等级的主要依据 （2）普通抹灰一般用在仓库、车库、地下室、锅炉房或高级建筑的附属工程，以及临时建筑物等
中级抹灰	阳角找方，设置标筋，分层找平，修整，表面压光	
高级抹灰	阴阳角找方，设置标筋，分层找平，修整，表面压光	

一般抹灰所用的砂浆品种有水泥砂浆、石灰砂浆、水泥混合砂浆、聚合物水泥砂浆和膨胀珍珠岩水泥砂浆等。装饰抹灰除了具有一般抹灰的基本特性外，其表面还有较好的装饰效果。装饰砂浆的种类有水刷石、水磨石、斩假石、干粘石、拉毛灰、弹涂、仿石和装饰线条等。

一般抹灰和装饰抹灰主要用于内外墙面和楼地面等部位。特种抹灰则用于某些特殊场所的基体表面，特种砂浆的品种有保温砂浆、耐酸砂浆和防水砂浆等。

二　抹灰饰面的组成

1. 抹灰饰面的分层

为使抹灰饰面与基体之间粘结牢固,防止抹灰层起鼓开裂,并保证其表面平整,在抹灰施工时应分层涂抹。抹灰饰面一般分为底层、中层和面层,如图 2.1 所示。

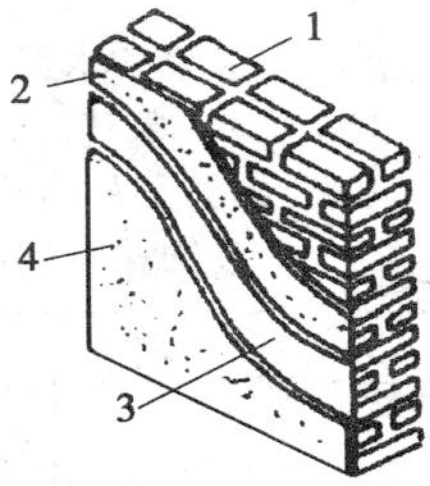

图 2.1　墙面抹灰层分层示意图
1 – 基体; 2 – 底层; 3 – 中层; 4 – 面层

底层主要起与基层粘结并初步找平的作用。底层砂浆根据基体在建筑物的部位和构造做法的不同而用不同的砂浆品种,如有防水防潮要求的基体表面用水泥砂浆或防水砂浆;混凝土和加气混凝土的基体表面先用聚合物水泥浆做一道封闭底层,然后再用水泥砂浆、水泥混合砂浆或聚合物水泥砂浆打底;室内粘土砖基体抹灰用石灰砂浆,室外、卫生间及厨房间的粘土砖基体抹灰用水泥砂浆打底。底层砂浆的稠度一般为 10 ~ 12 cm,砂子的最大粒径不超过 2.8 mm。

中层起找平作用。中层所用砂浆的品种与底层砂浆相同。中层砂浆在施工时可一遍成活,也可几遍成活,但在施工时应注意砂浆的配套使用,如水泥砂浆不得涂抹在石灰砂浆上。中层砂浆的稠度为 7 ~ 9 cm,砂子的最大粒径不超过 2.6 mm。

面层起装饰作用。抹灰的面层可采用不同的砂浆种类来取得某种装饰效果。如果面层砂浆仅起抹光作用,它的稠度为 7 ~ 8 cm,砂子的最大粒径不超过 1.2 mm。

2. 抹灰饰面的厚度

当抹灰层的总厚度或者每一遍涂抹的砂浆厚度过大时,既浪费材料,又容易使抹灰层的内外干燥速度不同而使抹灰层出现开裂、空鼓和脱落现象,因而抹灰层的总厚度和每一遍涂抹的厚度不宜太厚。抹灰层的平均总厚度应根据抹灰的基体部位、抹灰等级和基体材料的种类来定,并应符合表 2.2 的规定。每一遍抹灰的厚度与基体的材料、砂浆品种和气候条件等因素有关,具体见表 2.3 所示。

表 2.2　抹灰层的平均总厚度规定

部　位	基体材料或等级标准	抹灰层平均总厚度/mm
顶　棚	板条、现浇混凝土、空心砖 预制混凝土 金属网	15 18 20
内　墙	普通抹灰 中级抹灰 高级抹灰	18 20 25
外　墙 勒脚及突出墙面部分		20 25
石　墙		35

表 2.3　抹灰层的每遍涂抹厚度规定

使用砂浆品种	每遍厚度/mm
水泥砂浆	5~7
石灰砂浆和水泥混合砂浆	7~9
麻刀石灰	≯3
纸筋石灰和石灰膏	≯2
装饰抹灰用砂浆	应符合设计要求

3. 抹灰工程的砂浆要求

抹灰工程中常用的砂浆品种有水泥砂浆、水泥混合砂浆、石灰砂浆、聚合物水泥砂浆、膨胀珍珠岩水泥砂浆、麻刀石灰砂浆和纸筋石灰砂浆,其中的麻刀石灰砂浆和纸筋石灰砂浆由于受潮后易变色、脱落,且装饰效果较差,因而在目前的装饰工程中已较少使用了。

水泥砂浆是由水泥和砂按一定的比例,再加入少量的水配制而成的。如有特殊需要,也可在水泥砂浆中加入少量的外加剂(如抗冻剂、减水剂等),以提高水泥砂浆的其他性能,但外加剂的掺入量应由试验确定。水泥混合砂浆是由水泥、石灰膏和砂按一定的比例配制而成。石灰砂浆是由石灰膏和砂按照一定的比例拌和而成的。聚合物水泥砂浆是在水泥砂浆中掺入一定量的胶粘剂制成的,它有较高的粘结力,常用来粘贴墙面砖。

抹灰工程中的砂浆品种应按设计要求选用,如设计无要求时,应符合下列规定:

(1) 外墙门窗洞口的外侧壁、屋檐、勒脚、压檐檐口等处的抹灰用水泥砂浆或水泥混合砂浆。

(2) 湿度较大的场所抹灰用水泥砂浆或水泥混合砂浆。

(3) 混凝土板和墙的底层抹灰用水泥砂浆、水泥混合砂浆或聚合物水泥砂浆。

(4) 硅酸盐砌块、加气混凝土块和板的底层抹灰用水泥混合砂浆或聚合物水泥砂浆。

三　抹灰的常用材料

抹灰工程中的常用材料有胶凝材料、骨料、纤维增强材料、颜料和胶料等。

1. 胶凝材料

抹灰工程中的胶凝材料有水泥、石灰、石膏和水玻璃等。

水泥的常用品种有 325# 和 425# 硅酸盐水泥、普通硅酸盐水泥、矿渣硅酸盐水泥和火山灰质硅酸盐水泥。水泥在储存或运输时应注意防潮,且储存时间不得超过三个月。同一抹灰面的水泥宜用同品种同标号的水泥。

石灰在淋制时须放置在沉淀池中进行熟化,常温下的熟化时间一般不少于 15 天,如用于罩面时的熟化时间不应少于 30 天,且石灰膏内不得含有未熟化的石灰颗粒和杂质,以防石灰抹灰面出现开裂和爆灰现象。

石膏应磨细,无杂质,初凝时间不小于 3~5 分钟,终凝时间不大于 30 分钟。

水玻璃应有良好的粘结力、防渗和耐酸性能,常用水玻璃的模数为 2.6~2.8。水玻璃可用于有耐酸和防水等要求的抹灰部位。

2. 骨料

抹灰工程中所用的骨料主要有砂和彩色骨料。

砂是砂浆中的骨架材料,它能减少水泥用量,增加砂浆的强度。抹灰砂浆中常用的砂为中砂或粗砂，砂的粒径为 0.35～0.5 mm。砂粒应坚硬洁净，在使用前应将砂过筛，筛去树枝、贝壳等杂物，且含泥量不超过 3%。

彩色骨料主要用于装饰抹灰的砂浆中，它有天然石粒、砾石、石屑和人造彩色石粒等。天然石粒按粒径大小分为大八厘、中八厘、小八厘和米粒石，它们的粒径分别为 8 mm、6 mm、4 mm 和 4 mm 以下。天然石粒是由天然大理石、花岗岩以及其他天然石料经破碎加工而成。砾石是自然风化的石子，其粒径为 5～10 mm。石屑是比石粒粒径更小的细骨料。人造彩色石粒是以石英、长石和瓷土为主要原料烧制而成的一种材料，其粒径为 1.2～3 mm，它的性能稳定性要好于天然石粒。

天然石粒、人造彩色石粒主要用于水磨石、水刷石、斩假石、干粘石等装饰抹灰的面层。砾石用于制作水刷石和细石混凝土。石屑用于配制外墙喷涂饰面的聚合物砂浆。

所有砂浆中使用的彩色骨料应耐光、耐碱，质地坚硬，表面洁净无污物。此外，骨料中有时还加入部分膨胀珍珠岩和膨胀蛭石。由于这类骨料具有较好的保温、隔热和吸音性能，因而可将它掺入到有保温、隔热和吸音要求场所的抹灰砂浆中。

3. 纤维材料

为提高抹灰面层的抗拉强度、耐久性和弹性，使之不易开裂脱落，可在面层的抹灰砂浆中掺入纤维材料。常用的纤维材料有玻璃纤维、麻刀和纸筋等。但由于现代装饰的施工手法一般是在抹灰层的表面用墙纸、墙布、各类涂料等装饰材料来进行装饰，因而抹灰层的面层采用单纯的普通砂浆来进行装饰的情况比较少见了。

4. 颜料

颜料能提高抹灰的装饰效果。抹灰用的颜料应耐光耐碱，并具有较高的细度和着色力，不含有盐、酸等杂质。

常用的颜料品种有：白色——钛白粉、立德粉、大白粉、老粉；黄色——氧化铁黄、铬黄；红色——氧化铁红、甲苯胺红；蓝色——群青、钴蓝；棕色——氧化铁棕；黑色——氧化铁黑、锰黑。

5. 外加剂

抹灰工程中的外加剂有胶粘剂、憎水剂、分散剂等。

抹灰工程中所用的胶粘剂品种有聚醋酸乙烯乳液（白乳胶）、801 胶。胶粘剂能提高砂浆的强度，增加抹灰层的弹性和柔韧性，防止开裂，加强砂浆与基层之间的粘结力，防止空鼓。

憎水剂有甲基硅醇钠和聚甲基乙氧基硅氧烷等。憎水剂一般喷涂在砂浆面层上，它能提高砂浆的耐久性，有防水、防风化和防污染的功能。

分散剂能稳定砂浆的稠度，使水泥在水化的过程中产生的氢氧化钙分散均匀，抑制水泥中游离化学成分的析出。常用的分散剂有木质素黄酸钙和六偏磷酸钠。

所有外加剂的掺入品种和掺入量应经试验合格确定后才能使用，以防止掺入的外加剂对砂浆的凝结硬化产生不利影响。

第二节 抹灰的施工

一、抹灰的施工准备

1. 材料的准备

抹灰工程中所用材料的品种应按设计要求选定，其质量应符合有关的规定。

施工现场的材料准备内容主要是配制砂浆，砂浆的配合比和稠度等指标应经检查合格后才能使用。砂浆拌制后应混合均匀、颜色一致，并且没有疙瘩。水泥砂浆及掺有水泥或石膏的砂浆要随拌随用，应控制在水泥初凝前用完。一般抹灰的砂浆配合比可参见表 2.4。

表 2.4 一般抹灰砂浆配合比参考表

砂(灰)浆名称	配合比	1 m^3 砂浆材料用量					说明
		325# 水泥 /kg	石灰膏 /kg	净细砂 /kg	纸筋 /kg	麻刀 /kg	
水泥砂浆（水泥:细砂）	1:1	760		860			重量比
	1:1.5	635		715			
	1:2	550		622			
	1:2.5	485		548			
	1:3	405		458			
水泥混合砂浆（水泥:石灰膏:砂）	1:0.5:4	303	175	1428			近似重量比
	1:0.5:3	368	202	1300			
	1:1:2	320	326	1260			
	1:1:4	276	311	1302			
	1:1:5	241	270	1428			
	1:1:6	203	230	1428			
	1:3:9	129	432	1372			
	1:0.5:5	242	135	1428			
	1:0.3:3	391	135	1372			
	1:0.2:2	504	110	1190			

砂浆在配制时宜掌握好原料的加入顺序，否则会出现拌制不均、结块等现象。水泥砂浆配制时应先将规定用量的水和砂子进行搅拌，然后按配制要求加入水泥，再继续搅拌均匀，直至稠度符合要求为止。混合砂浆或石灰砂浆在拌制时，先加入少量的水及砂子和石灰膏，拌制均匀后，再加入剩余的水和砂子，继续拌和至稠度达到规定要求为止。聚合物水泥砂浆在拌制时，先将水泥砂浆拌制好，然后按配比规定的量将胶水溶液加入到水泥砂浆中，并充分搅拌均匀。装饰砂浆在配制时，先将水泥与颜料干拌均匀，各种石粒也按比例制备好，然后加入到水泥与颜料的混合物中干拌均匀，最终再加水拌和而成。

装饰抹灰中的底中层砂浆的技术要求与一般砂浆的技术要求基本相同，其面层砂浆的配合比由设计要求确定。

2. 施工机具的准备

抹灰工程所用的施工机具有砂浆搅拌机、筛子、托线板、托灰板、各种抹子（如铁抹子、塑料抹子、木抹子、阴阳角抹子等)、粉线袋、灰桶、八字靠尺、方口靠尺、钻子、尼龙线等。图 2.2 为常用抹灰工具。

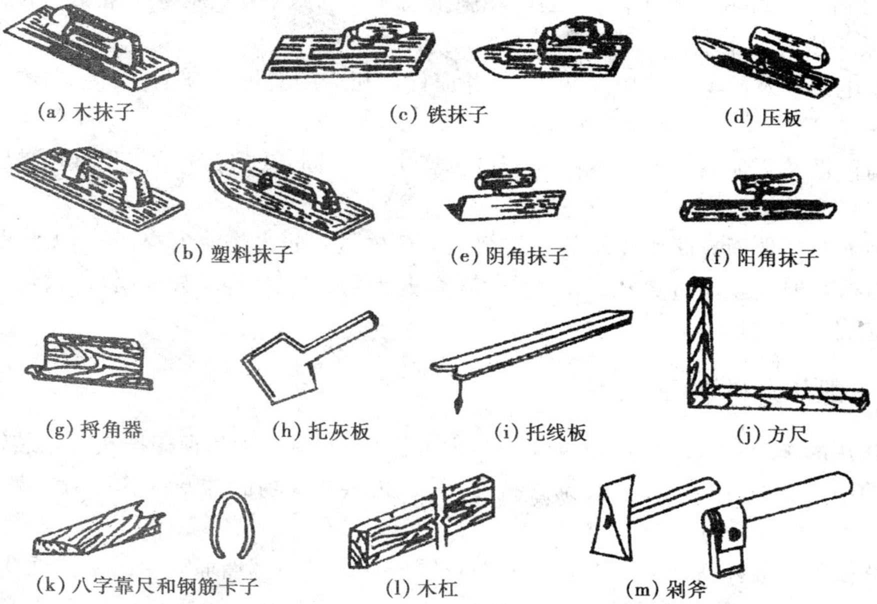

图 2.2 常用抹灰工具

3. 基体的处理

在正式抹灰施工前,应对基体表面作相应的处理,待处理结束后,才能进行正式抹灰。抹灰工程的基体处理有以下几方面内容:

(1) 须将管道穿越的墙洞、楼板洞及墙面上的脚手眼等洞口用 1:3 的水泥砂浆填嵌密实或堵砌好。散热器和密集管道等设备的背后墙面抹灰,宜在散热器和管道安装前进行,抹灰面接槎应平顺。

(2) 门窗框与墙体连接处的缝隙应用水泥砂浆或水泥混合砂浆分层嵌塞密实。

(3) 基体表面的灰尘、污垢和油渍应清除干净,并洒水湿润。

(4) 平整光滑的混凝土表面如设计无具体规定时,其表面可不抹灰,只须用腻子刮平即可。

(5) 不同结构连接处在抹灰前应先铺钉金属网,并绷紧牢固,金属网与各基体的搭接宽度不小于 100 mm。

(6) 混凝土墙和梁、砖墙或加气混凝土墙等基体的表面凹凸不平处要剔平或用 1:3 的水泥砂浆分层补齐,模板铁线应剔除平整。

(7) 预制混凝土的顶棚楼板在抹灰前须用 1:0.3:3 的水泥石灰砂浆将板缝填嵌勾实。

(8) 用水湿润墙体时,应视墙体的具体情况洒水,使墙体处于吸水饱和状态,保证抹灰层与墙体之间粘结可靠。

(9) 室内墙柱面和门洞的阳角宜用 1:2 的水泥砂浆做护角,护角的高度不低于 2.0 m,每侧宽度不小于 50 mm。

4. 施工作业条件

由于抹灰工程一般须待建筑结构、门窗框、防水层、抹灰的基层、水电管线等部位处经有关部门验收合格后方可进行施工操作，因而在施工前相关的施工条件必须具备后才能正式施工。施工作业条件内容如下：

(1) 水电线管及配电箱等应安装完毕，并应做好相应的测试检查工作，待其检查合格后方可开始抹灰施工。

(2) 门窗框及其他成品或半成品应安装齐全并校正固定，门窗框的安装位置及标高应符合要求。

(3) 屋面及楼地面有防水要求的建筑部位应预先做好防水作业内容，做到无渗漏现象。

(4) 当抹灰的高度超过 3.0 m 以上时，需搭设专用脚手架，脚手架的搭设应满足国家的有关安全规定，做到牢固稳定。

二　一般抹灰的施工

一般抹灰的施工按装饰的部位不同分为内墙抹灰、外墙抹灰和顶棚抹灰。在装饰工程中，由于抹灰的中层表面往往用其他装饰材料饰面，因此施工现场的抹灰操作一般只做到中层即可。

内外墙面的一般抹灰在施工时首先要做灰饼。灰饼是根据墙面砌筑的平整度要求而找出的抹灰规矩，它是抹灰层垂直平整的保证措施。工人在操作时先用托线板检查基体的平整和垂直度，根据检查的情况大致决定抹灰的厚度，且最薄处一般不少于 5 mm；再在离两边阴角 100 ~ 200 mm 约 2.0 m 的高度上，用底层抹灰砂浆各做一个标志块，大小为50 mm见方，厚度为抹灰层的厚度，一般在 10 ~ 15 mm 之间。然后根据这两个标志再用托线板做出它们下方的另外两个标志。新做标志的位置在踢脚线的上方，厚薄以托线板所挂的铅垂线为准。标志块做好后，将钉子钉在两边灰饼的墙缝里，并用尼龙线系在钉帽上拉出一条水平引线。根据尼龙线的位置和离墙距离，做出原有两标志之间其余的灰饼，新灰饼的厚薄与两端原有灰饼的表面齐平，灰饼的间距以 1.2 ~ 1.5 m 为宜，如图 2.3 所示。

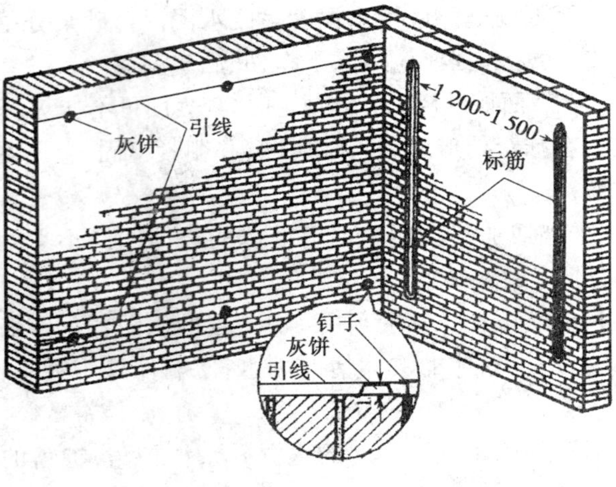

图 2.3　墙面灰饼及标筋示意图

其次做标筋。标筋就是在两灰饼间做出宽为 100 mm 左右的砂浆带，其厚度与灰饼的厚度相平，它是中层抹灰厚度的控制标准。做标筋时，先将两灰饼间用砂浆做出八字形的灰浆带，标筋的厚度比灰饼厚 5 ~ 10 mm，标筋用的砂浆与底层砂浆的品种相同。再用木杠的长边紧贴灰饼搓动，直至将标筋搓得与灰饼一样厚。

最后进行刮糙。刮糙是在灰饼、标筋及门窗口做好护角后进行的底层和中层的抹灰工序。在两标志之间的墙面上用砂浆薄薄地抹一遍，由上往下进行，接着再抹第二遍，然后用短木杠靠在两标筋上由下往上刮平。刮完一块后，用木抹子搓平，如图 2.4 所示。按照此法一块一块地进行抹灰，直至整个墙面标筋之间的块面全部填平。抹完后应检查抹灰面的平整度和阴阳角的方正情况。这样，整个墙面的找平层就施工完成了。

墙面处的阴角在施工时，先用方尺上下核对方正，然后用阴角器上下抽动扯平，使墙面的阴角方正，如图 2.5 所示。

图 2.4　刮糙示意图

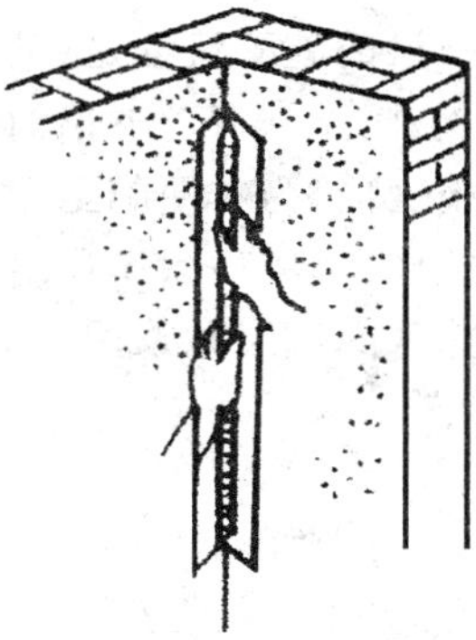

图 2.5　墙面阴角施工示意图

外墙面在抹灰时，应先在四角处挂好自上而下的垂直通线，以此找规矩，再在墙面上按照内墙做灰饼的方法做好灰饼、标筋和抹灰饰面。在外墙面的适当位置上还应留出分格线。具体施工时，可将经水泡透的木制分格条用素水泥浆粘贴在基体上，待中层砂浆凝结硬化后再起出分格条。分格条起出后，用素水泥浆勾缝处理。外墙面抹灰时，应保证门窗、柱子、檐口窗楣、雨篷和突出墙面部位处的线条应横平竖直，雨篷、压顶和窗台处还应做好泛水坡度和滴水线槽。

顶棚的一般抹灰主要是在混凝土楼板上施工的。施工前，应按前面所述的方法对基体进行处理，洒水湿润后刷素水泥浆一道。施工时，先在顶棚四周的墙面以下 100 mm 处弹一条水平线，以此作为顶棚抹灰的水平控制线。如顶棚面积较大时，还应设水平标志块。在楼板表面用 1:2:6 的水泥混合砂浆打底，先大致找平压实，待其收干后，再进行大面积抹灰。每一遍抹灰的厚度不宜超过 8 mm。操作时应用力抹压，然后用木杠刮抹顺平，再用木抹子抹平。

顶棚抹灰时，应使顶面与墙面相交处的阴角成一条水平线；抹灰表面应平整带毛，不得留有灰线和凹痕等缺陷。

一般抹灰在操作时要防止抹灰层出现空鼓、开裂和花脸等质量通病，具体的质量保证措施有以下几点：

(1) 基体的表面应洁净、湿润。石灰膏应充分熟化。水泥砂浆不得涂抹在石灰砂浆上,后一层砂浆应待前一层砂浆凝结干燥后才能涂抹。

(2) 砂浆中的水泥不宜过多,灰浆中的砂粒粒径不宜小于 0.25 mm。抹灰时不能一次抹得过厚,水泥砂浆每遍厚度以 5 ~ 7 mm 为宜,石灰砂浆和混合砂浆每一遍的涂抹厚度宜为 7 ~ 9 mm。

(3) 施工中留下的孔洞在抹灰前应堵死,墙面凹凸过大的部位也应先用砂浆找平。

三 一般抹灰的机械施工

由于手工抹灰的施工效率较低、劳动强度大,因而在大面积的墙面抹灰中就显得较为落后;而机械抹灰作业能够加快施工速度、降低劳动强度,特别适合于大面积墙面抹灰的施工作业。

机械抹灰前对基体的处理与一般抹灰手工操作的要求相同。它的施工机具主要有:砂浆搅拌机、振动筛、灰浆输送泵、空气压缩机、输送钢管、输浆胶管、分岔管和喷枪等。

机械喷涂的施工流程是:基体处理→做灰饼、设标筋→洒水湿润→喷底层灰→托大板→刮杠→搓抹子、压光→清理→罩面。图 2.6 是机械喷涂抹灰的工艺流程示意图。

喷涂施工前,为方便施工操作,可将砂浆搅拌机、砂浆输送泵和空气压缩机等设备进行组装成一个整体,制成喷涂作业组装车,如图 2.7 所示。

喷涂抹灰的底层砂浆用于混凝土的稠度为 9 ~ 10 cm;用于砖墙基体时的砂浆稠度为 10 ~ 12 cm。

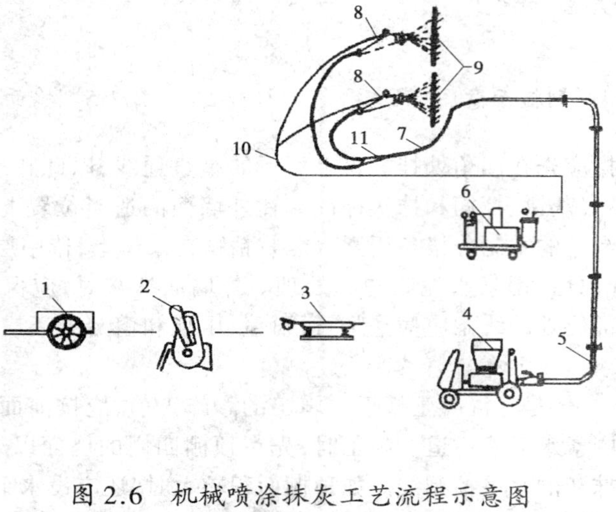

图 2.6 机械喷涂抹灰工艺流程示意图

1 – 手推车; 2 – 砂浆搅拌机; 3 – 振动筛; 4 – 灰浆输送泵; 5 – 输浆钢管; 6 – 空气压缩机; 7 – 输浆胶管; 8 – 喷枪; 9 – 基体; 10 – 空气输送胶管; 11 – 分岔管

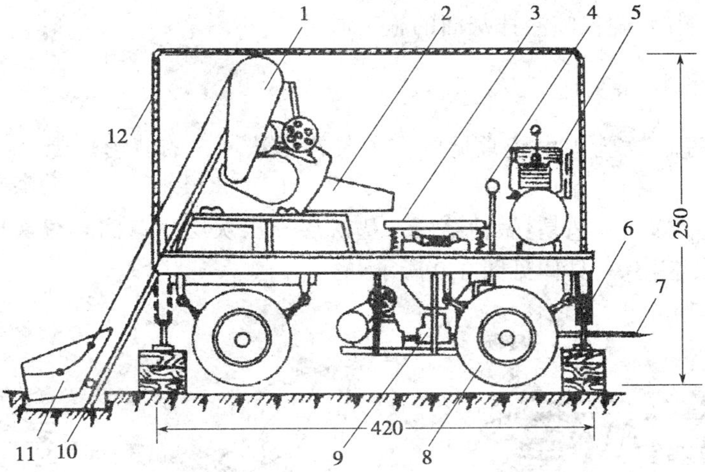

图 2.7　机械喷涂作业组装车

1 – 砂浆搅拌机；2 – 储浆槽；3 – 振动筛；4 – 压力表；5 – 空气压缩机；6 – 支腿；7 – 牵引架；8 – 行走轮；9 – 砂浆泵；10 – 滑道；11 – 上料斗；12 – 防护棚

内墙喷涂时，门窗等部位处的护角应先做好，并注意对已有成品或半成品的保护。每步架高均应做标筋。喷涂的顺序可先上后下，也可先下后上。一次喷灰的厚度不宜过厚，施工时应多次喷灰，最终达到总厚度的要求。图 2.8 为喷枪的运行线路示意图。

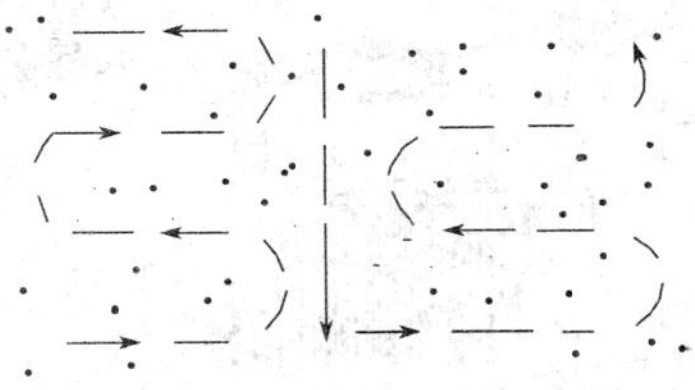

图 2.8　机械喷涂喷枪运行线路

机械喷涂时，还应掌握好喷距的远近和压缩空气的压力大小。对于吸水性较强或较干燥的墙面，喷距为 10 ~ 15 cm，喷枪与墙面成 90°；潮湿、吸水性较差或喷涂厚度较薄的墙面，喷距为 15 ~ 30 cm，喷枪与墙面成 65°。在门窗或设备等处进行喷涂时，喷枪口要靠近墙面，使喷出的浆料尽量避开门窗及设备，喷距为 8 ~ 10 cm，同时降低压缩空气的压力。压缩空气的压力调节也非常重要。压缩空气的压力太低时，砂浆与墙面的粘结力差；压缩空气的压力过高时，砂浆会从墙面飞溅，造成材料的浪费。施工时要做到：当抹灰层厚度较薄且基体表面较潮湿时，应使压力增大；当抹灰层厚度较厚且基体表面干燥时，应使压缩空气的压力降低。

施工时，如在同一场所遇到不同材料的基体时，应先喷涂吸水性较小的墙面，后喷涂吸水性较大的墙面，使墙面干燥速度基本一致，便于抹灰面的后继装饰施工。

基体表面喷涂后的施工工序是托大板。托大板就是将喷涂的表面去高补低，初步找平。施工时，先将标筋清理出来，在两个相邻的标筋之间用大板初步找平，使喷涂的砂浆层基本平整。砂浆经大板托平后，再根据标筋的厚度用木杠把多余的砂浆刮去，并搓揉压实，确保墙面平整垂直。墙面刮平后，用木抹子搓平，最后将多余的落地灰和被污染的门窗等部位处的灰浆清理完毕。

喷涂结束后的找平和压光时间必须根据当时的环境温度和砂浆的凝结时间来定，压搓的时间太早，砂浆的附着性较差，易产生脱落现象；反之，砂浆凝结硬化后则不易搓平压光。

机械喷涂作业时，喷涂人员必须与刮平压光人员协调一致，切实掌握好喷涂、找平和压光的施工时间和施工顺序，确保喷涂抹灰面的施工质量。

四　装饰线条的抹灰施工

装饰线条抹灰是装饰工程中较常见的一种装饰手法。它的装饰性强、施工简单、成本较低。

装饰线条抹灰的施工工艺是：做粘结层→垫灰层→出灰层→罩面。线条抹灰常用的工具为死模、活模和圆形活模等，具体见图 2.9 所示。

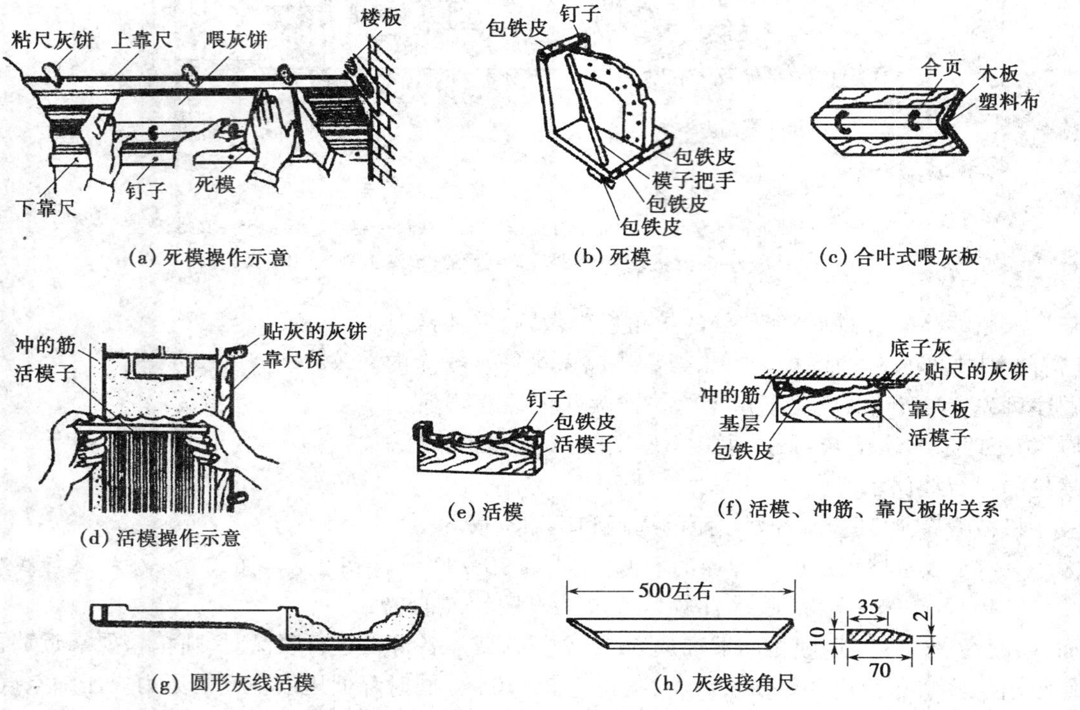

图 2.9　装饰线条抹灰的常用工具及抹灰示意图

装饰线条抹灰施工时，先抹出墙面处的底层灰，留出靠近顶棚阴角的灰线尺寸不抹，以便在墙面的底层灰上粘贴装饰线条的靠尺板，顶棚处的抹灰先不抹。装饰线条抹灰的施工操作方法如下：

(1) 先在基体表面薄薄地抹上一层 1:1:1 的水泥石灰砂浆，使之与基体粘结牢固。随后用 1:4:1 的水泥石灰砂浆垫层灰一层一层地抹，抹灰时模子要随时推拉找标准，抹到离模子边缘约 5 mm 处为止。

(2) 垫层灰初步干燥后，用 1:2:0.5 的水泥石灰砂浆抹一遍。待其形成棱角后，用 1:2 的石灰砂浆推出棱角，待其 6 ~ 7 成干时稍洒水，再用石灰浆掺石膏(石膏:石灰 = 6:4)在 6 ~ 7 分钟内推抹至棱角整齐光滑。

(3) 灰线结合处的施工。阴角的做法：当墙面四周的灰线施工完成后，应弹线切齐甩槎。

先用抹子抹灰线的各层灰，当抹出灰线后，用灰线接角尺一边轻挨已成活的灰线作为基准，一边刮接角的灰使之成型。接头阴角的交线与立墙阴角的交线应在一个平面内。阳角的做法：首先找出墙垛和柱子阳角的距离来确定灰线位置。施工时先将墙垛和柱子两边靠阴角处的灰线与墙垛和柱子上的灰线结合齐平，最后再按照阴角的灰线做法接好阳角处的灰线。

五　装饰抹灰的施工

装饰抹灰的主要内容有水磨石、斩假石、水刷石、拉毛灰、喷砂、喷涂、滚涂和弹涂等施工项目。

各类装饰抹灰的施工仅是面层的做法不同，它的底中层抹灰的做法与一般抹灰的底中层抹灰做法基本相同，在此就不介绍装饰抹灰的底中层抹灰的施工方法了。下面主要介绍各装饰抹灰的面层施工工艺。

1. 水磨石

水磨石面层的施工是在已硬化的中层砂浆上，按设计的分格线位置进行弹线分格，分格条可用铜条、铝合金条或玻璃条等，用铝合金分格条时，应将铝合金条的表面涂刷清漆以防腐蚀。将靠尺与分格线对齐后压好靠尺，再将分格条紧贴靠尺，用素水泥浆在分格条的一侧做成斜灰埂，灰埂的高度低于分格条上口 3 mm，然后移去靠尺，再在分格条的另一侧用素水泥浆抹上对称的灰埂，以此方法将分格条临时固定，如图 2.10 所示。分格条的对缝应严密，上口应拉线找平，不得有高低起伏现象，个别有高低差的地方应磨平。

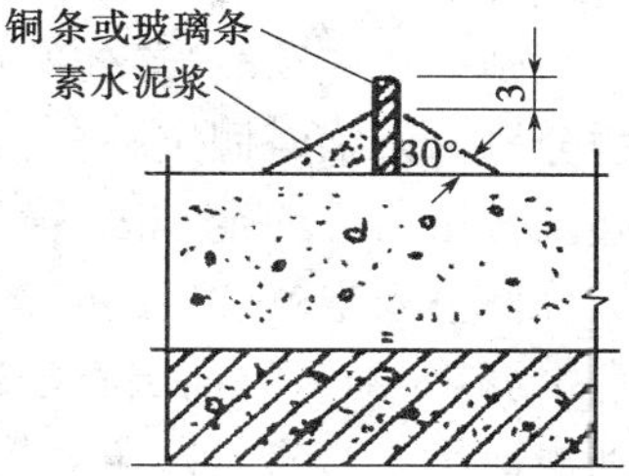

图 2.10　分格条镶嵌示意

水磨石的面层石子浆的配合比一般为：水泥∶石子（大八厘）= 1∶2；水泥∶石子（大中八厘）= 1∶1.5；水泥∶石子（中小八厘）= 1∶1.25。水泥石子浆的稠度为 6 cm。

分格条固定就位后，在中层灰的表面刷一道水灰比为 0.4 的素水泥浆，然后铺设石子浆，浆面高出分格条 1 ~ 2 mm。铺完石子浆后，用滚子滚压面层石子浆，待其压实且表面出浆后，再用铁抹子补压一道石子浆，以保证分格条交接处的石子浆压平密实。然后进行养护待磨。

在同一面层上如有几种颜色时，应先做深色，后做浅色，待前一种色浆凝固后，再抹后一种色浆。不要几种颜色的色浆同时铺设。

水磨石在开磨前应先试磨，它的开磨时间应以石子在研磨时不松动为宜。水磨石的开磨时间与环境的温度、水泥的品种及标号、研磨方式等有关。表 2.5 为水磨石的开磨时间。

表 2.5　水磨石饰面的开磨时间

平均温度 /℃	开磨时间 /天	
	机磨	人工磨
20 ~ 30	2 ~ 3	1 ~ 2
10 ~ 20	3 ~ 4	1.5 ~ 2.5
5 ~ 10	5 ~ 6	2 ~ 3

注：天数以水磨石压实抹光后算起。

第一遍研磨时用 60 ~ 80 号的金刚石，粗磨至石子外露为准。磨后用水将水泥浆冲去，面层稍干后，用同色水泥浆涂擦一遍，将表面的砂眼和脱落的石子补好，养护约2天时间。第二遍研磨时用100～150号金刚石，方法与前同，磨好后冲洗干净，再进行修补养护，养护时间为2～3天。第三遍研磨时用180～240号金刚石或油石，打磨至水磨石表面石子显露、平整光滑，无砂眼细孔，并用水冲洗干净。三遍打磨后，用稀释的草酸溶液将表面的水泥浆洗去，然后用清水冲洗并用布擦干净，最后在水磨石的表面上蜡打光。

为防止水磨石在打磨时产生的灰尘四处飞扬，保证磨头与面层石子浆之间润滑，在石子浆的表面放上一层水，工人在施工时必须穿戴绝缘手套和胶靴，磨石子机的胶皮线要有接地装置和漏电保护装置，以保证工人的施工安全。现场熬制石蜡时，应在下风方向，并远离易燃易爆物品。

2. 水刷石

水刷石所用面层石子浆的稠度一般为5～7 cm，配合比为：水泥∶石子（大八厘）=1∶1；水泥∶石子（中八厘）=1∶1.25；水泥∶石子（小八厘）=1∶1.5。

水刷石在施工时，首先按设计要求在中层灰的表面弹线分格，然后用素水泥浆将经过水浸泡的分格木条临时固定在分格线的位置上，固定木格条的方法与水磨石中固定分格条的方法相同。分格条应固定牢固、横平竖直。

分格条固定就位后，在有7～8成干的中层灰的表面洒水湿润，并满刮一层水灰比为0.4的素水泥浆，随后抹面层石子浆。面层涂抹时，每一个分格区应一次抹完，表面用铁抹子压实，做到表面平整密实。阳角处涂抹时，为防止出现黑线（石子浆上无石子），应将一面的石子浆稍抹过转角后，再抹另一侧面的石子浆。另一侧抹灰时，须在阳角处用八字靠尺将阳角靠直找齐。两侧石子浆交接处的石子应互相交错，接槎平顺。阴角处抹石子浆时，可用短靠尺顺阴角轻轻拍打，使阴角顺直。面层石子浆收水后，用铁抹子轻轻拍平压实，使石子浆表面排列紧密均匀。

当水刷石的面层石子浆达到初凝状态时（用手按压水泥石子浆表面无凹陷痕迹），即可开始喷刷。喷刷分两步进行：先用软毛刷蘸水刷去面层的水泥浆，使石子全部外露；再用喷雾器将四周相邻的部位冲湿，并将石子浆表面的水泥浆冲去，使石子外露部分约为粒径的1/2。最后用小水壶自上而下冲洗，冲洗时不宜过快或过慢。冲洗过快会使石子表面的水泥浆冲不干净，表面则出现花斑；冲洗过慢会将面层石子浆冲塌。

水刷石的冲洗顺序一般是以一个分格区为一段自上而下进行。在喷刷上段区域时，为防止喷刷时产生的多余水分冲塌未喷刷区的面层石子浆，应用水泥袋或塑料薄膜将洗刷区下方未冲洗的区域遮挡住，待上段区域冲洗完毕后再将遮挡用的水泥纸袋或塑料薄膜移至另一段未冲洗的区域。喷刷时，如遇水泥凝结时间过长而难以用水冲刷时，可先用浓度为5%的稀盐酸洗刷，然后再用水清洗。

喷刷结束后，应适时起出分格条。分格缝用小线抹抹平，并用素水泥浆或有色水泥浆上色。

3. 斩假石

斩假石又称剁斧石，它是在水泥砂浆的基层上，涂抹水泥石屑浆，待其硬化后，用剁斧、齿斧和各种凿子等工具在石屑浆的表面剁成类似于毛面石材饰面的一种抹灰施工工艺。它常常用于外墙、勒脚、台阶等建筑部位的装饰。

斩假石施工的常用工具如图2.11所示。

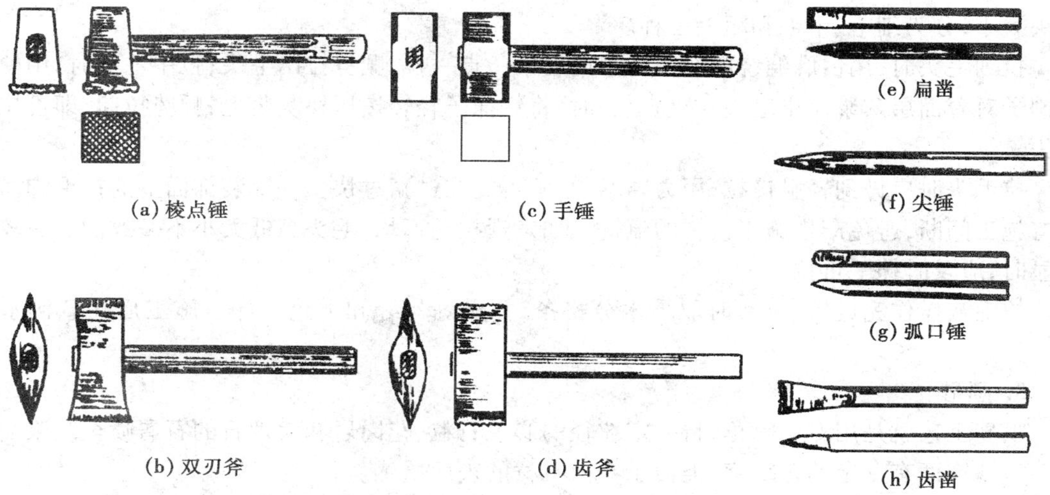

图 2.11　斩假石施工的常用工具

斩假石所用面层石屑浆的稠度一般为 5 ~ 6 cm,配合比为水泥∶石屑 = 1∶2。

斩假石在施工时也须按设计要求在中层灰的表面弹线分格,并在弹线的位置上临时固定木分格条。分格条的固定方法和要求与水刷石中木分格条的固定方法和要求一致。

分格条固定就位后,在表面划毛的中层灰上洒水湿润,并刷一道素水泥浆,随后抹面层石屑浆。用铁抹子将面层石屑浆抹平。再用木抹子打磨拍实,使石屑浆表面接槎平顺,不得有砂眼和空隙。面层涂抹时,每一个分格区应一次抹完。

面层石屑浆抹完后,用软毛刷顺剁纹方向将表面的水泥浆轻轻刷去,使表面石屑显露,但不得刷动石屑。然后进行养护。

面层石屑浆在常温状态下,一般养护 2 ~ 3 天即可试剁。试剁时以面层石屑不掉为准。斩假石在斩剁面层时,应注意以下几点:

(1) 斩剁的顺序应从上到下、自左向右进行;先剁转角和周边,后剁大面。转角处剁水平纹,中间剁垂直纹。斩剁时先轻剁一遍,再按前一遍的剁纹剁深纹,不得有漏剁现象。

(2) 分格缝和阴阳角的周边可留出 15 ~ 20 mm 的边框不剁。

(3) 在斩剁墙角和柱边时,用锐利的小斧轻剁,以防掉边缺角。

(4) 墙面有分格条时,每剁一行,应随时将分格条取出,并按设计要求勾缝上色。

(5) 斩剁立体图案时,剁纹应随花纹走势剁,立体图案周围的平面上剁垂直纹。

(6) 墙面斩剁完成后,应及时用水冲刷干净。

4. 拉毛灰

拉毛灰是用刷子等工具在砂浆面层上拉出一定毛头的一种施工工艺。拉毛灰饰面可用于内外墙面、花台立面处的装饰。

拉毛灰在施工时,首先按照水刷石施工时的方法,在中层抹灰面上固定好木分格条。然后抹面层灰。拉毛灰的面层一般采用在普通水泥中掺入适量石灰膏制成的素浆:小拉毛的面层灰中掺入水泥用量的 10% ~ 20% 的石灰膏,大拉毛的面层灰中掺入水泥用量 30% ~ 50% 的石灰膏。在素浆中还应加入适量的砂子和少量的细纸筋,以防面层开裂。

拉毛灰施工时由两人配合操作，一人在前面抹灰，另一人紧跟其后拉毛。拉毛根据表面的毛头大小，分为细毛、中毛和粗毛三种。

拉细毛头时，用白麻缠绕的刷子对着面层浆一点一拉，顺势拉出毛头；拉中毛头时，用硬棕毛刷子对着面层灰浆拉出毛头；拉粗毛头时，将铁抹子轻轻按压在灰浆上，顺势拉起，即可拉出毛头。

拉毛头时应做到轻触慢拉，用力要均匀，不可提拉过猛过快。一个装饰面上的拉毛饰面不宜有施工间断，避免产生施工接槎的痕迹。如发现拉毛不均，毛头高低大小不一致的现象较为明显时，应及时抹平重拉。

拉毛灰操作完成后，应及时取出木分格条，并做好勾缝和上色工序。施工后注意洒水养护。

5. 喷砂

喷砂工艺就是用专用喷枪，将一定粒径的彩色石粒、花岗岩和大理石的石屑喷至灰浆面层上。喷砂饰面有一定的粗糙度，类似于毛面石材的表面质感。

喷砂施工的操作程序是：基层处理→抹底中层灰→弹线、贴分格条→抹粘结层→喷砂→滚压→喷罩面剂。

基层处理、抹底中层灰和弹线、贴分格条的施工方法与前面所述的方法相同。在做好的中层灰上先抹一道胶水溶液，然后将按设计要求配比的水泥砂浆薄薄地抹在其上，以此作为粘结层，厚度一般为 2 ~ 3 mm。

将气压调节好的喷枪垂直对准粘结层的表面，喷距为 30 ~ 50 cm。喷砂时从左向右，自上往下进行施工。喷枪的操作要点与机械喷涂的操作要点基本一致。喷砂饰面的表面应砂粒饱满、均匀密实。喷砂完毕后，待砂浆表面刚收水时，即用胶滚从上到下轻轻滚压一遍，将表面没有嵌入粘结层的砂粒嵌在砂浆上，并使喷砂面更为平坦。

最后，当粘结层的砂浆干燥后，在喷砂面上用憎水剂罩面。

6. 弹涂

弹涂是用手动或电动弹力器，将不同颜色的水泥色浆依次弹到基面上，形成 3 ~ 5 mm 大小的扁圆形花点饰面的施工工艺。图 2.12 是手动弹涂器的外形。

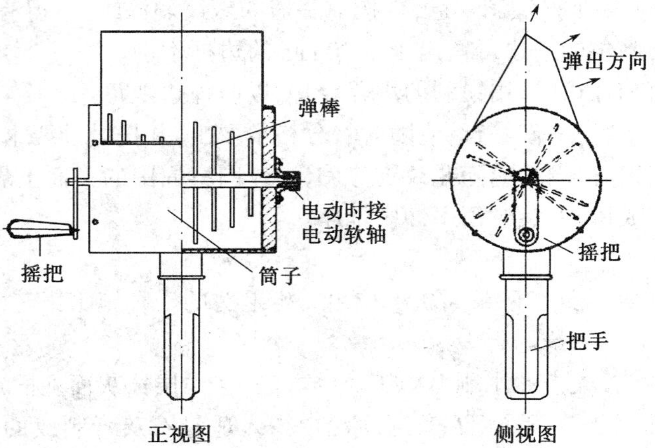

图 2.12　手动弹涂器外形图

弹涂的色彩通常是由 2～3 种颜色组成，常见的颜色有深色、浅色和中间色。弹涂的表面不仅有各种色彩，而且还有单色光面、细麻面和小拉毛面的各种质感。施工时，为提高弹涂饰面的耐久性、耐污性，可在色点的表面罩上一层甲基硅树脂或聚乙烯醇缩丁醛。

弹涂的施工流程是：基层处理→调配色浆→刷底色浆一道→弹分格线、粘贴分格条→弹浆两道→修弹一道→罩面。

弹涂的色浆在配置时，先按要求配置胶料，再将胶料倒入白水泥和颜料的混合物中进行搅拌，搅拌好的混合物应均匀一致。配置色浆应由专人负责，严格按配合比过秤秤重。

将基层表面洒水湿润，再刷底色浆一道，刷浆应均匀，不流淌，无漏刷。待底色浆稍干后，将调配好的弹点色浆按色彩的不同分别装入弹涂器中。先弹比例较多的一种色浆，后弹比例较少的色浆。弹涂施工时，应使弹点垂直于墙面，控制好距离。第一道弹点应分多次操作，防止弹点重叠；第二道弹点应将第一道弹点的不均匀处和没有弹到的地方覆盖住。前后两道弹涂的时间间隔不宜过短，后一道弹涂应待前一道弹涂的表面干燥后再进行。最后对弹点不符合要求的地方进行修弹。施工时，如出现色浆流淌或拉丝现象，应立即停止弹涂，调整色浆的水灰比，待水灰比符合要求后方能施工。

如果弹涂的表面需压花处理时，弹点不能过于密集，否则压花不明显。弹涂结束后，用胶滚蘸水将表面的色点轻轻压平。

弹涂层完全干燥后，将聚乙烯醇缩丁醛：酒精＝1：(15～17)(重量比)的溶液喷涂在弹涂层的表面。

抹灰工程在冬雨季施工时应注意以下问题：

(1) 砂浆拌和时可使用热水，并采取一定的保温措施，使抹灰砂浆在施工时的温度不低于5℃。

(2) 室内抹灰时，可采用热作业法，就是在室内加热，使室内的温度保持在一定的温度以上，使砂浆能够正常凝结硬化。热作业法施工时要注意防火和防烟气中毒。

(3) 室外抹灰时，可采用冷作业法，即在抹灰砂浆中加入外加剂，使砂浆的冰点降低。但是外加剂的掺入量应由实验确定后防能使用。

(4) 室内外的抹灰基层表面如有冰霜时，用热的氯化钠溶液冲刷，将基层表面的冰霜和杂物清除后再进行抹灰。施工结束后，不再洒水养护。

(5) 雨季施工时，应采取防雨措施。在已完成好的抹灰面上加盖遮挡物，以防雨水冲刷。

第三节　抹灰工程的质量验收和通病的防治方法

一　抹灰工程的质量验收

抹灰工程的质量验收内容分为外观质量验收和尺寸允许偏差验收。

1. 检验批的划分和检查数量

1) 检验批的划分

(1) 相同材料、工艺和施工条件的室外抹灰工程每 500～1 000 m^2 应划分为一个检验批，不足 500 m^2 也应划分为一个检验批。

(2) 相同材料、工艺和施工条件的室内抹灰工程每50个自然间(大面积房间和走廊按抹灰面积30 m^2 为一间)应划分一个检验批,不足50间也应划分为一个检验批。

2) 检查数量

(1) 室外每个检验批每100 m^2 应至少检查一处,每处不得小于10 m^2。

(2) 室内每个检验批应至少抽查10%,并不得少于3间;不足3间时应全数检查。

2. 外观质量

抹灰工程的外观质量验收要求如下:

(1) 抹灰工程中所用材料的品种、面层的颜色和花纹等应符合设计要求。

(2) 抹灰工程的面层不得有爆灰和裂缝现象。各抹灰层之间及抹灰层与基体之间应粘结牢固,不得有脱层、空鼓等缺陷。

(3) 抹灰分格缝的宽度和深度应均匀一致,表面光滑、无砂眼,不得有错缝和缺棱掉角现象。

(4) 一般抹灰的外观质量应符合以下规定:

①普通抹灰:表面光滑、洁净,接槎平整,分格缝应清晰。

②高级抹灰:表面光滑、洁净,颜色均匀、无抹纹,灰线平直方正、清晰美观。

(5) 分格缝条的设置应符合设计要求,宽度和深度应均匀,表面光滑、棱角整齐。

(6) 护角、孔洞、槽、盒周围的抹灰表面应整齐、光滑;管道后面的抹灰表面应平整。

(7) 装饰抹灰的外观质量应符合以下规定:

①水磨石——表面应平整光滑,石子显露均匀,不得有砂眼、磨纹和漏磨处。分格条位置准确,全部露出。

②水刷石——表面石粒应显露清晰、分布均匀、紧密平整,饰面上的不同颜色应分格清晰,同一种颜色的饰面应色泽一致,不得有掉粒和接槎痕迹。

③斩假石——剁纹均匀顺直、深浅一致,不得有漏剁处。阳角处横剁纹和留出不剁的边条应位置准确,棱角应无损坏。

④拉毛灰——毛头分布均匀,不显接槎。

⑤喷砂——表面应平整,砂粒粘结牢固、分布均匀密实。

⑥弹涂——表面颜色应一致,花纹大小均匀,不显接槎。

3. 抹灰工程的尺寸允许偏差

抹灰工程的尺寸允许偏差分一般抹灰的尺寸允许偏差和装饰抹灰的尺寸允许偏差两部分。表2.6和表2.7分别是一般抹灰和装饰抹灰尺寸允许偏差的规定值。

验收检查的数量规定:

室外——以4 m左右高为一检查层,每20 m长,抽查一处(每处3延长米),不少于3处;

室内——按有代表性的自然间抽查10%,过道按10延长米,礼堂、厂房等大间可按两轴线为1间,但不少于3间。

表 2.6　一般抹灰质量的允许偏差

项　次	项　　目	允许偏差/mm		检 查 方 法
		普通抹灰	高级抹灰	
1	立面垂直度	4	3	用 2 m 垂直检测尺检查
2	表面平整度	4	3	用 2 m 靠尺和塞尺检查
3	阳角方正	4	3	用直角检测尺检查
4	分格条(缝)直线度	4	3	拉 5 m 线,不足 5 m 拉通线,用钢直尺检查
5	墙裙、勒脚上口直线度	4	3	拉 5 m 线,不足 5 m 拉通线,用钢直尺检查

注:①普通抹灰,第三项阴角方可不检查。

②顶棚抹灰,第二项表面平整度可不检查,但应平顺。

表 2.7　装饰抹灰质量的允许偏差

项次	项　目	允许偏差/mm													检查方法
		水刷石	水磨石	斩假石	干粘石	假面砖	拉条灰	拉毛灰	洒毛灰	喷砂	喷涂	滚涂	弹涂	仿石彩色抹灰	
1	表面平整	3	2	3	5	4	4	4	4	5	4	4	4	3	用 2 m 直尺和楔形塞尺检查
2	立面垂直	5	3	4	5	5	5	5	5	5	5	5	5	4	用 2 m 垂直检测尺检查
3	阳角方正	3	2	3	4	4	4	4	4	3	4	4	4	3	用直角检测出尺检查
4	墙裙上口、勒脚上口直线度	3	3	3	—	—	—	—	—	—	—	—	—	3	拉 5 m 线检查,不足 5 m 拉通线检查,用钢直尺检查
5	分格条(缝)平直	3	2	3	3	3	—	—	—	3	3	3	3	3	

二　抹灰工程的通病防治

抹灰层的质量通病主要有:空鼓、开裂、起泡、爆灰、不平整等。

1. 抹灰层的空鼓

抹灰层发生空鼓现象的主要原因是:基层表面不洁净、基层表面洒水不透、一次抹灰太厚、养护方法不适当、各层砂浆的使用不注意配套性。在施工的过程中应注意以下几点:

(1) 在抹灰施工前,应首先将基层表面清理干净,基层表面做到无灰尘、油渍等污物。油渍和模板隔离剂可用清水加 10% 的火碱溶液洗刷干净。

(2) 基层表面在施工前应洒水湿润,使其充分吸收水分。如果底层砂浆的水分在抹灰时被基层吸收,就会影响底层灰与基层之间的粘结力,产生空鼓现象。

(3) 混凝土基层的表面应先刷一道素水泥浆,以提高基层表面的粗糙度,增加底层灰与基层之间的粘结力。

(4) 抹灰施工时,每一遍的抹灰厚度不宜太厚,每一层砂浆的涂抹要有一定的时间间隔。由于砂浆的初始强度较低,如果砂浆的一次涂抹过厚或砂浆之间的涂抹时间间隔过短,砂浆与基层之间、砂浆与砂浆之间易产生移位,从而降低抹灰层与基层之间、抹灰层与抹灰层之间的粘结力。

(5) 抹灰结束后，应做好养护工作，避免在阳光下暴晒和强风的劲吹，且每隔一定的时间要洒水湿润抹灰面。冬季施工要注意保温。

(6) 砂浆在使用时还应注意各抹灰层之间的配套使用问题。里面一层砂浆的粘结力要高于或等于外面一层砂浆的粘结力，否则就会产生空鼓现象。如石灰砂浆的表面上就不能涂抹水泥砂浆。

2. 抹灰层的开裂、起泡、爆灰和表面不平整

造成抹灰层开裂的原因可能是：抹灰施工时每一层的抹灰厚度过厚；砂浆的配制不恰当；养护方法不当等。抹灰时，如每一层的抹灰厚度过厚，砂浆的内外干燥速度不一致，就会使砂浆抹灰层开裂。所以抹灰厚度应按规范的要求执行。砂浆在配置时应严格控制好水灰比，水泥的用量不宜过多，在砂浆中加入适量的玻璃纤维，以提高砂浆的抗裂性能。砂浆在养护期内，应经常洒水，以免砂浆表层失水过多而产生开裂。

抹灰层的起泡是由于砂浆在罩面时，砂浆未收水就开始压光，这样在压光后砂浆表面就会起泡。应待砂浆收水后终凝前压光。

如果在抹灰砂浆中掺有未能充分熟化的石灰膏，就会在抹灰层上产生爆灰。因而石灰的熟化方法和时间应按规范要求。

抹灰层表面不平整主要是因为基层表面的规矩没有找好，在施工中应设灰饼做标筋，这样才能保证抹灰面的平整度。

3. 装饰抹灰表面颜色不均

在装饰砂浆配置的过程中，如果颜料的质量较差、材料的拌和不均匀、彩色骨料中的杂质含量较多等，都会使装饰抹灰表面出现颜色不均的现象。

在选料时，应选用耐光、耐碱性能好的颜料。彩色骨料中的杂质应及时剔除。

装饰砂浆在拌和时，一般先将颜料和水泥进行干拌均匀，然后在加入水和石子或石屑等骨料。有时为了使颜色更加均匀，还可在原料中加入分散剂和疏水剂，如木质素磺酸钙和甲基硅醇钠等。

复习思考题

1. 抹灰层一般由哪几层组成？各层的作用是什么？
2. 抹灰砂浆的组成材料有哪些？各自的作用又是什么？
3. 抹灰工程在施工时对基体要做哪些处理？
4. 如何进行一般抹灰的施工？
5. 机械喷涂作业时应注意哪些问题？
6. 怎样进行水磨石、水刷石和斩假石等装饰抹灰的施工？
7. 抹灰工程的验收应从哪些方面来考虑？
8. 抹灰工程中的常见质量问题有哪些？如何防治？

第三章 门窗及幕墙工程

第一节 门窗工程

门窗工程主要介绍木门窗、金属门窗、塑料门窗和特种门窗等门窗的制作和安装方法。

铝合金门窗和塑料门窗由于外形美观、色彩丰富，有较好的密闭性能，维护保养条件要求较低，因而在室外门窗的装饰中使用较多。但由于塑料门窗的密闭性能、保温隔热性能和防腐蚀性能比铝合金门窗更为优异，所以在现代的室外门窗装饰工程中，塑料门窗的使用更为广泛。木门窗的制作方便、外形优美、保温隔热性能较好，但它对维护保养的条件要求较高，在外界各种因素的影响作用下易产生变形，需要经常油漆，所以木门窗用于室内装饰的情况较多，用于室外装饰的情况较少。

一 门窗的种类

门窗的种类划分有不同的方法。

(1) 门窗按组成材料不同分，有木门窗、铝合金门窗、塑料门窗、钢门窗和全玻璃门窗等。

(2) 按照门窗的构造组成和开启方式不同分，有推拉门窗、平开门窗、固定门窗、折叠门窗、立转门窗、卷帘门、上悬窗、中悬窗和下悬窗等。

(3) 按门窗的功能不同分，有普通门窗、防盗门窗、自动(遥控)门窗以及电动门窗等。

二 门窗的质量要求

门窗制品的质量应符合下列规定：

(1) 门窗及零附件的质量均应符合现行国家、行业标准的规定，按设计要求选用门窗的种类和规格，不得在工程中使用不合格的产品。

(2) 铝合金门窗选用的零附件及固定件应用不锈钢材料，否则应经防腐处理后方可使用。严禁采用易与铝合金产生电化学腐蚀的配套材料，防止门窗框扇产生腐蚀现象。

(3) 塑料门窗的成品不得有开焊、断裂等损坏现象。

(4) 木门窗的木材含水率应不大于12%，并应符合《建筑木门、木窗》(JG/T122)的规定，以免木门窗框扇发生变形。

(5) 木门窗的防火、防腐、防虫处理应符合设计要求。

(6) 门窗在施工现场验收时，除检查其外观质量外，还应抽检有关尺寸允许偏差、框扇装配间隙和窗扇的启闭灵活性等项目。

(7) 不符合质量标准的门窗及零附件应及时更换或修整。

(8) 人造木板的甲醛含量应符合环保要求。

(9) 建筑外墙使用的金属窗、塑料窗的抗风压性能、空气渗透性能和雨水渗透性能应满足标准。

三 门窗工程的有关规定

(1) 门窗在安装前,应根据图纸的要求,检查其品种、规格、开启方向、安装位置、连接方式及零附件,并对其外形及平整度检查校正,合格后方可安装。

(2) 门窗在安装前还应检查洞口的尺寸,若洞口尺寸与设计不符时,应予以修整。

(3) 门窗宜在室内存放,存放时用木方垫平并竖直摆放。严禁与酸性或碱性物品接触。

(4) 塑料门窗应用靠架存放,与热源隔开,以防门窗受热变形。

(5) 门窗如在室外存放时,应采取措施,避免受潮和日晒雨淋。

(6) 铝合金门窗、塑料门窗和涂色镀锌钢板门窗的樘与樘之间应用非金属软质材料隔开,防止相互磨损或压坏玻璃和五金配件。

(7) 不得在门窗框扇上安放脚手架、悬挂重物或在框扇内穿物起吊,以防门窗变形和损坏。吊运时,应在框扇的表面用非金属软质材料衬垫,防止相互磨损或压坏玻璃和五金配件。

(8) 铝合金门窗和塑料门窗的安装须采用预留洞口的方法,严禁采用边安装边砌口或先安装后砌口的方法。门窗框可用膨胀螺栓、水泥钢钉或射钉等进行固定,但在砌体上严禁采用射钉固定的方法。

(9) 门窗表面的水泥砂浆、密封膏和玻璃胶等施工残留物应及时清理干净,以保证门窗表面的质量。

(10) 门窗工程的预埋件和锚固件的数量、位置、埋设方式等应符合设计要求,隐蔽部位的防腐、填嵌形式应满足规定要求。

第二节 铝合金门窗

铝合金门窗的种类较多,按门窗框的宽度不同分,有 38 系列、50 系列、70 系列、80 系列和 100 系列等。组成铝合金门窗的型材断面形状和尺寸也是各不相同的。铝合金门窗的制作加工一般采用冷加工的方法。

本书主要介绍 90 系列推拉窗、38 系列平开窗和 100 系列平开门的制作和安装工艺。

一 铝合金推拉窗

1. 铝合金推拉窗的组成材料

铝合金推拉窗由窗框料、窗扇料、五金配件、连接件、玻璃和密封材料等组成,如图 3.1 所示。90 系列推拉窗的窗框料有上滑、下滑和边框料;窗扇料有上横、下横、光企和勾企;五金配件有滑轮、锁具;固定件有铝角件、自攻螺钉、铝铆钉;密封材料有橡胶压条、玻璃胶和密封毛条;玻璃有普通玻璃、茶色或蓝色玻璃、镀膜玻璃等。

2. 铝合金推拉窗的制作

1) 下料

型材的下料是铝合金门窗制作的关键,下料不准确容易造成门窗变形或开启不灵活等问题。铝型材的下料尺寸误差应控制在 2 mm 以下。型材下料时,应将铝型材切割机的刀口放在

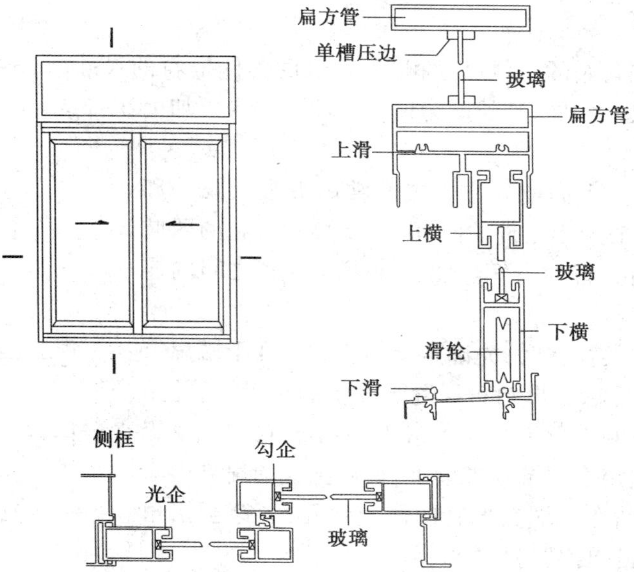

图 3.1　铝合金推拉窗组成示意图(90 系列带上亮)

下料划线位置的外侧。

窗框的宽度等于窗洞的宽度减去 20～30 mm,窗框的总高度等于窗洞的高度减去 20～30 mm。

(1) 上亮部分。上亮部分一般用 90 mm 宽的铝合金扁方管制成"□"形。上亮扁方管的连接方法有两种:一种是垂直方向的扁方管安装在水平方向扁方管的两顶端;另一种是水平方向的扁方管安装在垂直方向扁方管的两顶端,如图 3.2 所示。如果用第一种方法,垂直向扁方管的下料尺寸即为上亮的高度,水平向扁方管的下料尺寸为窗框的宽度减去两个垂直向扁方管的厚度;如用第二种方法,垂直向扁方管的下料尺寸为上亮高度减去两个水平向扁方管的厚度,水平向扁方管的下料尺寸即为窗框的宽度。

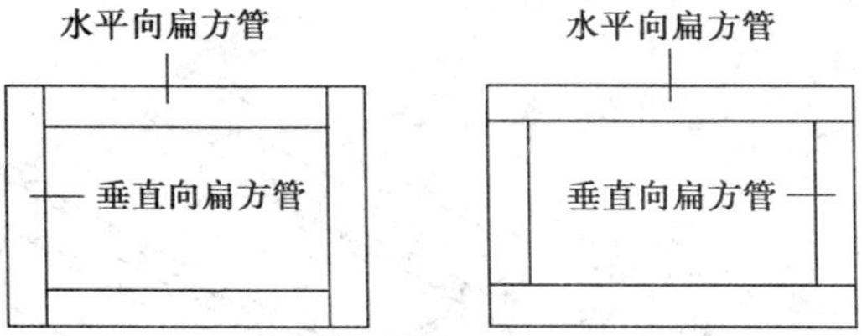

图 3.2　上亮扁方管的连接形式

(2) 窗框部分。两侧框料一般安装在上、下滑型材的顶端,侧框料的下料长度等于窗的总高度减去上亮的高度。上、下滑的长度等于窗框的宽度减去两个侧框料的厚度。

(3) 窗扇部分。窗扇框是安装在上下滑和侧框料组成的窗框之中,窗扇框在安装后不仅要能自如地在窗框中移动,而且在关闭时光企中的锁舌与侧框料上的锁盒准确相扣,同时两勾企间的勾边要能刚好相互勾紧。因此,窗扇框型材的下料尺寸在下料时要准确。否则会影响到窗扇的启闭灵活性。

窗扇框的光企和勾企的下料尺寸相同,其长度为侧框料的尺寸减去 45 ~ 50 mm。窗扇框中的上下横的下料尺寸相同,其长度为窗框宽度的一半再加上 5 ~ 8 mm。

2) 组装

(1) 上亮的组装。上亮的扁方管之间常用 L 形铝角件和自攻螺钉进行连接。L 形铝角件的厚度一般为2 mm,它的两肢长度应小于或等于扁方管的内宽。图 3.3 为扁方管之间的连接方式。

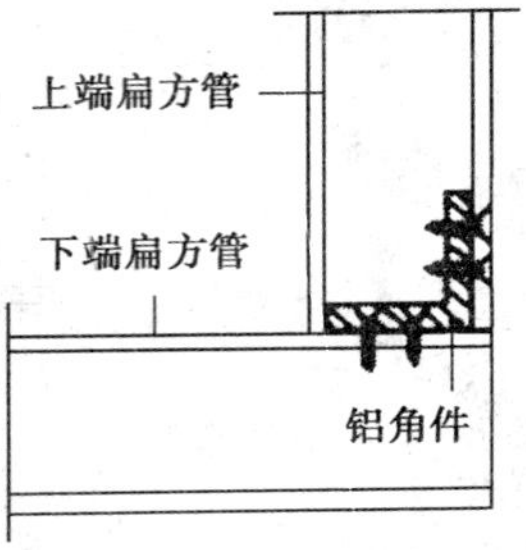

图 3.3　扁方管的连接

上亮扁方管在连接操作时,先确定上端扁方管在下端扁方管上的固定位置,然后将 L 形铝角件置于固定的位置上,并用手电钻在下端扁方管和 L 形铝角件上钻孔,再用自攻螺钉或铝铆钉把 L 形铝角件固定在下端扁方管上,最后把上端扁方管套在铝角件上,用手电钻在上端扁方管的侧面钻孔,洞穿至铝角件上,再用自攻螺钉或铝铆钉固定。

上亮扁方管连接后,即可安装上亮处的玻璃压条。玻璃压条用铝合金压条(单槽)。安装压条前,先在扁方管上画出玻璃中心线的位置,按上亮的内侧尺寸切割铝合金压条,长度和高度各四根(共两个侧面的压条)。安装压条时,用自攻螺钉将玻璃中心线一侧的四根压条固定好,留出玻璃的厚度加上 0.5 mm 的间隙,在中心线的另一侧安装剩下的四根铝合金压条。

上亮在组装时先不安装玻璃,等到上亮和窗框固定后再安装固定玻璃,并在铝合金压条和玻璃之间加胶密封,防止雨水渗漏。

(2) 窗框的连接。首先将上下滑背面的自攻螺丝固定槽在侧框料两端所处的位置确定好,然后用手电钻在侧框料的两端预定好的自攻螺钉位置上各钻两个 $\phi 5$ mm 的孔洞,并将密封碰口胶垫固定在侧框料的两端,侧框料上的密封毛条要装好。将 M4 × 35 mm 的自攻螺钉穿过侧框料上钻好的孔洞,通过上下滑背面的固定槽将侧框料和上下滑连接固定在一起。

窗框在连接时,应注意将上滑的顶部、下滑的底部与侧框料的端部对齐,并用直角尺校正窗框的直角度。铝合金窗框校正后,应直立靠放在墙上。图 3.4 和图 3.5 是窗框的上下滑与

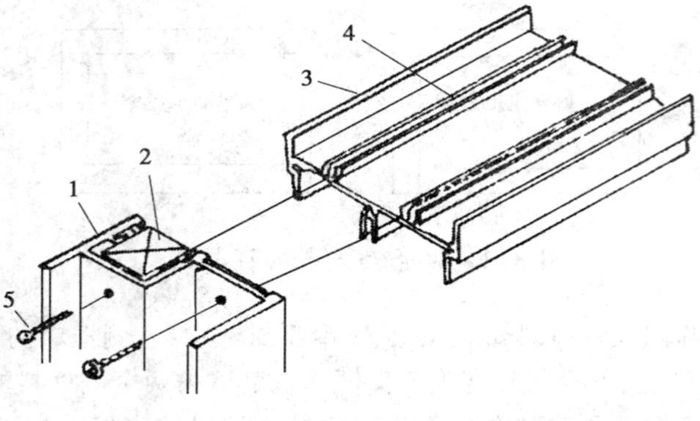

图 3.4　上滑和侧框料的连接示意图

1 – 侧框料; 2 – 碰口胶垫; 3 – 上滑; 4 – 固定槽; 5 – 自攻螺钉

侧框料的连接示意图。

(3) 窗扇的连接。窗扇的上横和下横与光企和勾企的连接是将上、下横的两端分别插入到光企和勾企的两端,如图 3.6 所示。窗扇在连接前应对光企和勾企的两端作切口处理,上下端的切口深度分别与上下横的高度相等,以使上下横的上下面分别与光企和勾企的端口相平。推拉窗的滑轮安装在下横的端部,滑轮安装时,先将其放在下横料的底槽内,使滑轮有调节螺丝的一面向外,该面应与下横底端面相平,此时定好滑轮的位置。根据滑轮的位置,在下横的底槽上用手电钻钻好孔径与固定螺钉直径相同的两只固定孔,再用固定螺钉将滑轮固定在下横内,下横底两端各安装一只滑轮。在光企和勾企的一端各开三个孔,孔的大小和位置分别与滑轮外侧面上的固定孔和调节孔相对应,如图 3.7 所示。用固定螺钉将光企和勾企与下横连接固定。最后在光企和勾企的下端,用手电钻铣出一个 ϕ8 mm 的半圆孔,以便窗扇框能在下滑的轨道上自由移动。

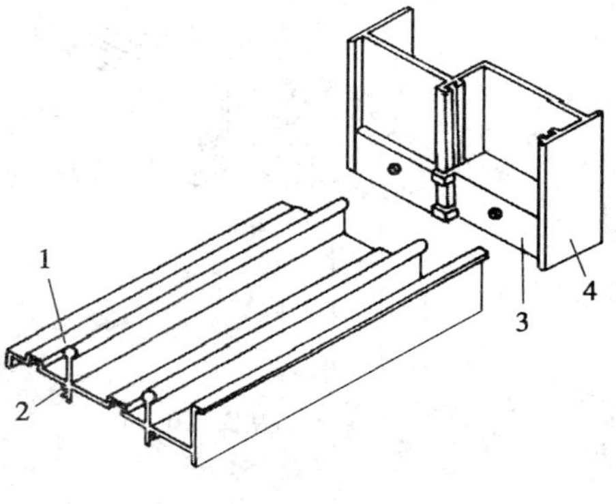

图 3.5　下滑和侧框料的连接示意图

1－下滑; 2－自攻螺钉固定槽; 3－碰口胶垫; 4－侧框料

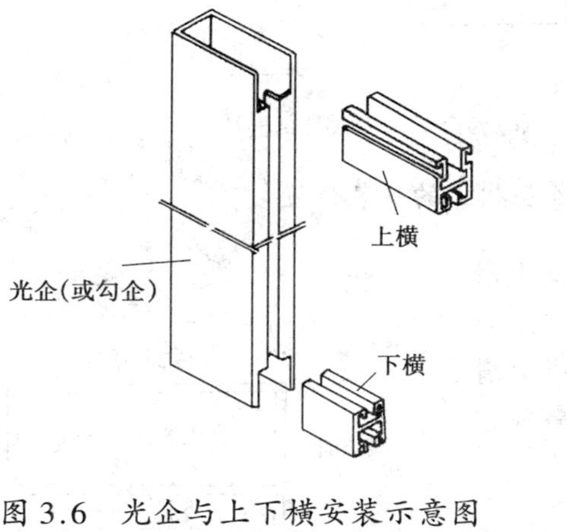

图 3.6　光企与上下横安装示意图

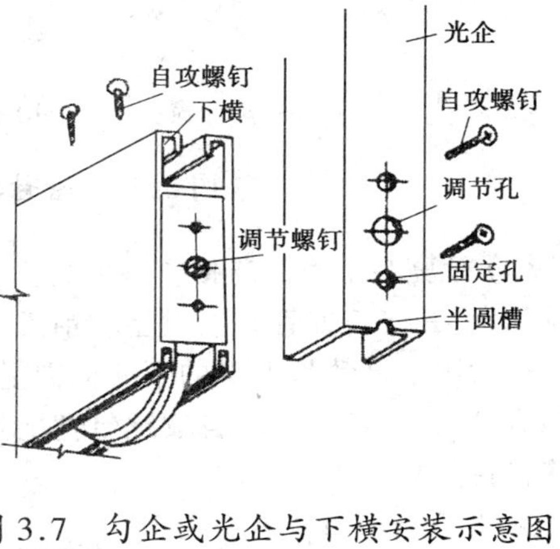

图 3.7　勾企或光企与下横安装示意图

在光企型材面向室内的一侧开出锁具的安装孔,锁具的安装位置一般在光企高度的中间,锁孔的大小与锁体尺寸基本一致。再在光企厚度的侧面上开出一个 ϕ25 mm 的锁舌插入孔,孔的位置应正对锁具的锁舌,以使锁舌能内外自由收缩。锁体安装孔及锁孔开好后,用手电钻通过锁具上的两个固定螺丝孔在光企上开孔,使锁体上的固定螺杆穿过光企,从而把锁具固定在光企上,如图 3.8 所示。

光企或勾企与上下横连接后,在"U"形框内装上玻璃,并用铝角件将上横与光企或勾企连接固定好,见图 3.8 和 3.9 所示。玻璃装入窗扇框内后,再用塔形橡皮压条将玻璃与窗扇框固定就位。

窗扇框和窗框之间应用安装密封毛条,以保证铝合金推拉窗的密闭性能,如图 3.10 所示。

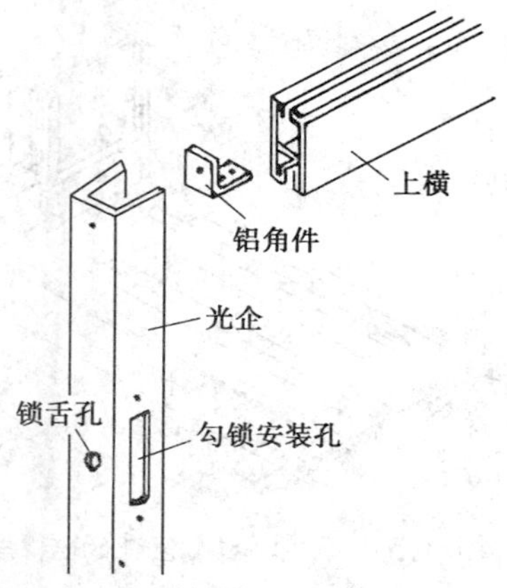

图 3.8　上横与光企或勾企上端的连接

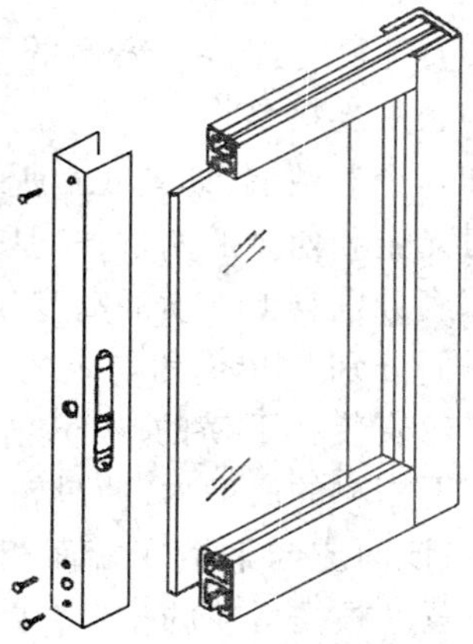

图 3.9　窗扇玻璃的安装示意

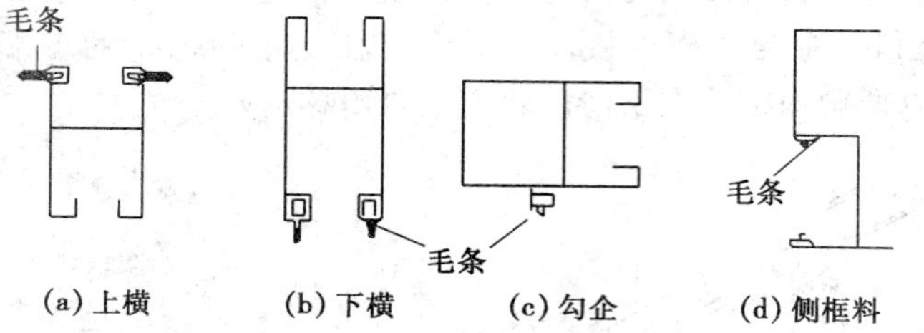

图 3.10　密封毛条在各型材上的安装位置

(4) 上亮与上滑的连接。将上亮安放在窗框上滑的顶面上,并使扇方管和上滑型材前后左右的边线对齐。然后用手电钻从上滑的下侧面向上打孔,将上滑和扇方管一起钻通,再用自攻螺钉把上滑与上亮扇方管连接在一起,如图 3.11 所示。

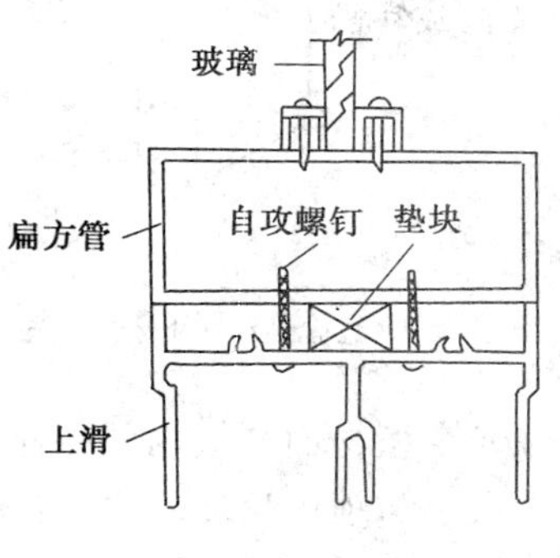

图 3.11　上亮与上滑的连接示意图

3) 铝合金推拉窗的安装

铝合金推拉窗的安装顺序一般是先装窗框,然后安装窗扇,最后安装玻璃及附件。

(1) 窗框的安装。由于铝合金窗框是采用预留洞口的安装方法,应预先对窗洞进行修平,使窗洞每一边的尺寸比窗框的每一边尺寸大 20 mm 左右。

窗框在安装前,应在窗框与窗洞相交的每一条边上安设两只或两只以上的 Z 形连接件,连接件须经防腐处理,并在窗框与窗洞相交的型材侧面上涂刷防腐剂。窗框上还应缠绕保护胶带,以免用嵌缝材料进行塞口处理时,污染铝型材的表面。

窗框在安装时,先用木楔将窗框临时固定在安装位置上,然后用水平尺和吊锤调平找正,使窗框的水平度和垂直度符合要求,并用水泥钢钉或膨胀螺栓将 Z 形连接件固定在窗洞上,最后再校正窗框的水平度和垂直度。当窗框的水平度、垂直度和固定方法都符合要求时,即可进行窗框的填缝处理。

铝合金窗框与窗洞之间的缝隙应按设计要求进行处理。当设计无要求时，应采用矿棉条或玻璃棉毡条分层填嵌，在填缝材料的外表留出 5～8 mm 深的槽口，再用水泥砂浆和密封胶作塞口处理，如图 3.12 所示。待塞口处的水泥砂浆和密封胶凝结固化后，将窗框上的保护胶带撕去。

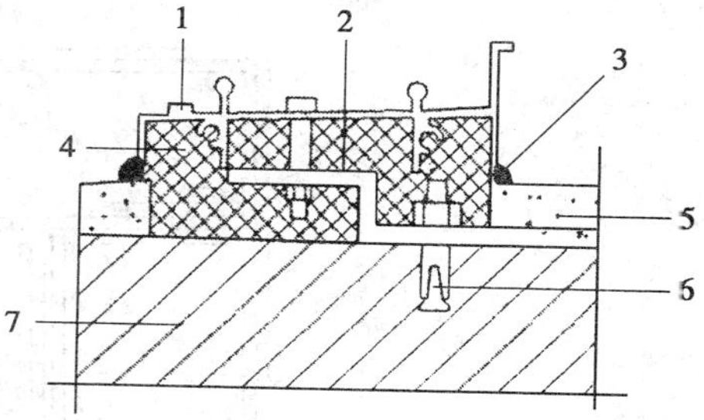

图 3.12 窗框与窗洞的连接示意图

1－窗框料；2－连接件；3－密封胶；4－填缝材料；5－抹灰层；6－膨胀螺栓；7－墙体

(2) 窗扇的安装。首先调节滑轮上的调节螺丝，使滑轮缩在下横内。再将窗扇框置于窗框内，使上下横与上下滑道对齐。再用螺丝刀调节滑轮上的调节螺丝，使滑轮从下横内伸出，并使下横上的密封毛条接触到下滑的表面。这样，窗扇框既能灵活地在窗框内移动，又可以保证铝合金推拉窗的密闭性能。

(3) 上亮玻璃的安装。上亮玻璃的尺寸一般比上亮的内框尺寸小 3～5 mm，这样可保证玻璃在热胀冷缩时，能自由变形.玻璃在安装时，将上亮一侧的铝合金压条取下，玻璃就位后，再将铝合金压条重新固定就位，同时在玻璃与压条之间用密封胶密封(内外各打一道密封胶)，从而可以防止雨水渗入到室内。

(4) 锁舌盒的安装。铝合金推拉窗勾锁的锁舌盒一般装在侧框料的凹槽内，如图 3.13 所示。锁舌盒的位置与窗扇框上的锁舌洞位置相对应。锁舌盒的位置确定后，用手电钻打孔，并用自攻螺钉将锁舌盒固定住。再将窗扇框移到窗框的侧框料的凹槽内，检查窗扇框上的锁舌是否能与侧框料上的锁舌盒很好地锁定。如果缩舌的就位不准，应进行适当调整，最终使窗扇框能很好地锁定。

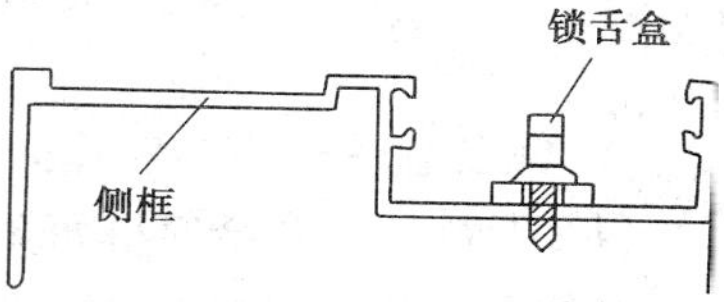

图 3.13 锁舌盒安装示意图

铝合金推拉窗安装完成后，在型材连接处的接缝应用密封胶密封，以防雨水渗透。这样，铝合金推拉窗的制作及安装就全部完成了。

二 铝合金平开窗

1. 铝合金平开窗的组成材料

铝合金平开窗的型式有 38 系列、50 系列等，种类有单扇窗、双扇窗和组合窗等。铝合金平开窗由窗框和窗扇两部分组成。其中窗框各边的型材端面形状相同，窗扇各边的型材端面形状也相同。平开窗一般由窗框料、窗工料、窗扇料、五金配件、连接件、玻璃和密封材料等材料组成，图 3.14 是带活动上亮的 38 系列铝合金平开窗的立面及剖面示意图。

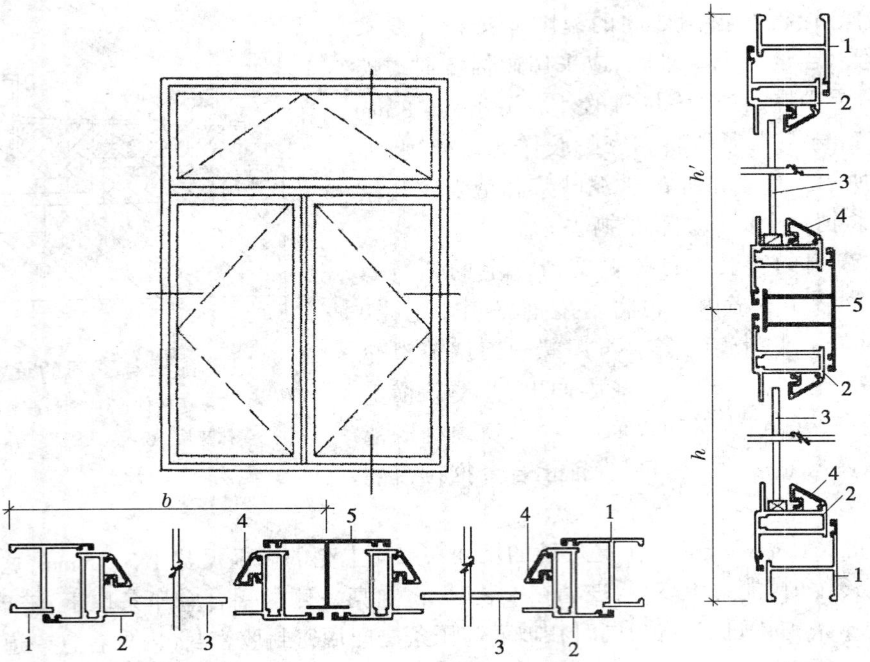

图 3.14　铝合金平开窗组成示意图(38 系列带上亮)

1－窗框料；2－窗扇料；3－玻璃；4－玻璃压边料；5－窗工料

2. 铝合金平开窗的制作

(1) 下料。铝合金窗框每条边的尺寸比窗洞处每条边的尺寸要小 20 mm 左右。

窗框和窗扇型材的连接是经过 45°切角后,用连接件连接固定的,因此,窗框的高度和宽度为窗洞的高度和宽度减去 20～30 mm。窗框内的横向窗工料的下料长度即等于窗框的宽度,竖向窗工料的下料长度等于窗洞的高度加上 20 mm。

窗扇的横向尺寸为窗框中间的竖向窗工料的中心线至窗框料外边的距离(b),窗扇的竖向尺寸为窗框的上部横向窗工的中心线至窗框料外边的距离(h),上亮框料的高度和宽度的下料尺寸即为上亮的高度(h')和宽度。

(2) 窗框及窗扇框的连接。窗框的连接分三部分:窗框料之间的连接、窗框料与窗工料之间的连接、窗工料之间的连接等。

窗框料经 45°切角后,在窗框型材的空腔中插入专用的铝角件。在铝角件与窗框型材的结合处,用手电钻钻两个孔,洞穿至铝角件,并用自攻螺钉将铝角件和型材一起固定住。固定前应保证窗框料之间对正对平。有条件的施工单位可用撞角机将型材撞角连接固定,这样可使型材的连接更加美观。窗扇框料和上亮框料的连接方法与窗框料的连接方法相同。

窗工料之间的连接方法有两种,如图 3.15。这两种施工工艺都是在横向窗工上开出榫眼,在竖向窗工的一端做好榫头。榫眼的高度约为 20 mm,宽略大于窗工料的壁厚,采用斜角榫肩连接时,还需在榫眼所对应的窗工料的上肢和下肢的一侧各开一个 90°角的缺口。榫头的长度为 8～10 mm 左右,宽度比榫眼大 0.5～1 mm,榫头的两侧应进行倒角处理,并在榫头的顶端中间开出一个 5 mm 深的槽口,如图 3.16 所示。榫头及榫眼加工后,即可将窗工料连接起来。连接时先将榫头插入榫眼中,把榫头的外伸部分从槽口从槽口的中间向两边分开,以使榫头紧锁在榫眼处,这样就将横向窗工与竖向窗工连接在一起了。同样地,窗工料与窗框料的连接方法也与这种方法相同。最后,在型材的接口处用密封胶进行封口处理,并将窗框料上的密封毛条安装好,同时窗框料的平直度应符合要求。

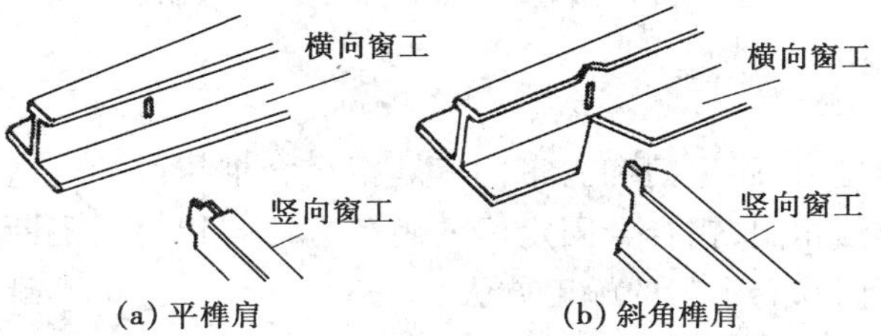

图 3.15　铝合金平开窗窗工料的连接示意图

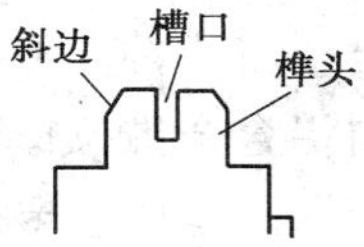

图 3.16　窗工料的榫头

3. 铝合金平开窗的安装

(1) 窗框部分。平开窗在安装前,先用水泥砂浆将窗洞修补平直,使窗洞的尺寸比窗框的尺寸略大 20～30 mm。窗框每一条边的型材背面应安装至少两只或两只以上的 Z 形连接件,并在窗框型材的背面刷防腐剂,然后用胶带把窗框缠绕好。

窗框在安装时,用木楔将铝合金窗框临时固定在安装位置上,校正窗框的垂直度和水平度,再用水泥钢钉或膨胀螺栓将窗框固定在墙体上。窗框固定后,须再次检查其垂直度和水平度,待窗框的水平度和垂直度满足要求后,用保温隔热材料做填缝处理。铝合金平开窗窗框的填缝和塞口处理方法与推拉窗的处理方法相同。塞口处的水泥和密封胶固化后,再撕去窗框上的保护胶带。

(2) 上亮部分。如果上亮是固定式的,只需将玻璃直接安装在上亮处的窗框和横向窗工上,再用铝合金玻璃压条将玻璃固定住,并用塔形橡胶或玻璃胶密封,其方法与推拉窗中固定式上亮的施工方法一样。如果上亮是开启式,则用不锈钢合页将上亮窗扇的上部与上亮处的窗框连接在一起。每一樘上亮窗扇的下部安装一个风撑和一个拉手。

(3) 窗扇部分。铝合金平开窗的窗扇与窗框之间一般用风撑或不锈钢合页连接。如果用风撑连接,下风撑安装在窗扇框的底部和窗框的缝隙之间,而上风撑安装在窗扇框的上部和窗框的缝隙之中。施工时首先将上下风撑的一端用铝铆钉固定在窗扇框顶部和底端的某一位置上,同时将窗扇框打开,并使风撑开启在最大位置上,此时再将上下风撑的另一端用铝铆钉固定在窗框的相应位置上,如图 3.17 所示。如果用不锈钢合页连接,在与窗框相交的窗扇框的型材上各安装两只合页,然后将合页的另一面用铝铆钉或自攻螺钉固定在窗框上。平开窗的执手一般安装在竖向窗工的高度中间,执手的位置应向室内。执手安装后应进行调试,使执手连动杆上的钩头紧扣在窗扇框的扣件上。

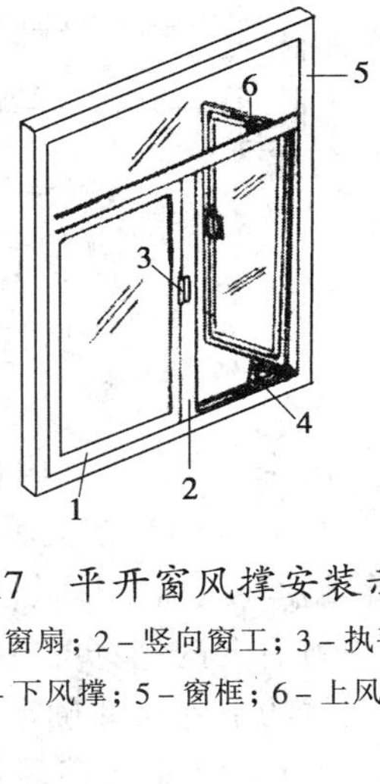

图 3.17　平开窗风撑安装示意图

1－窗扇; 2－竖向窗工; 3－执手; 4－下风撑; 5－窗框; 6－上风撑

窗扇框在安装时，应使窗扇的水平度和垂直度满足要求，同时使窗扇框与窗框之间的缝隙符合规定。

(4) 玻璃部分。玻璃的裁切尺寸一般比窗扇框的内边尺寸小 5 mm 左右。把裁好的玻璃放在窗扇框内，用铝合金压条将玻璃卡在窗扇框的卡槽上，再在玻璃的内外两边各压一道塔形密封橡胶条。最后检查型材各部位处的密封条是否全部装好，如发现密封条缺少时，则应立即补齐。

三　铝合金门

铝合金门的常见种类有：平开门、推拉门、固定门和卷帘门等。铝合金推拉门的构造及施工方法与铝合金推拉窗的构造及施工方法相同；铝合金固定门的施工方法与铝合金隔断的施工方法相同。本书主要介绍铝合金平开门和卷帘门的施工方法。

1. 铝合金平开门的制作及安装

铝合金平开门又称地簧门，它由门框、门扇及地弹簧等部分组成。铝合金平开门的门框料一般是 76 mm × 44 mm 或 100 mm × 44 mm 的扁方管，门扇料用 46 系列铝合金门型材，地弹簧则根据设计选用轻型、中型和重型等。图 3.18 是 100 系列铝合金平开门的组成示意图。

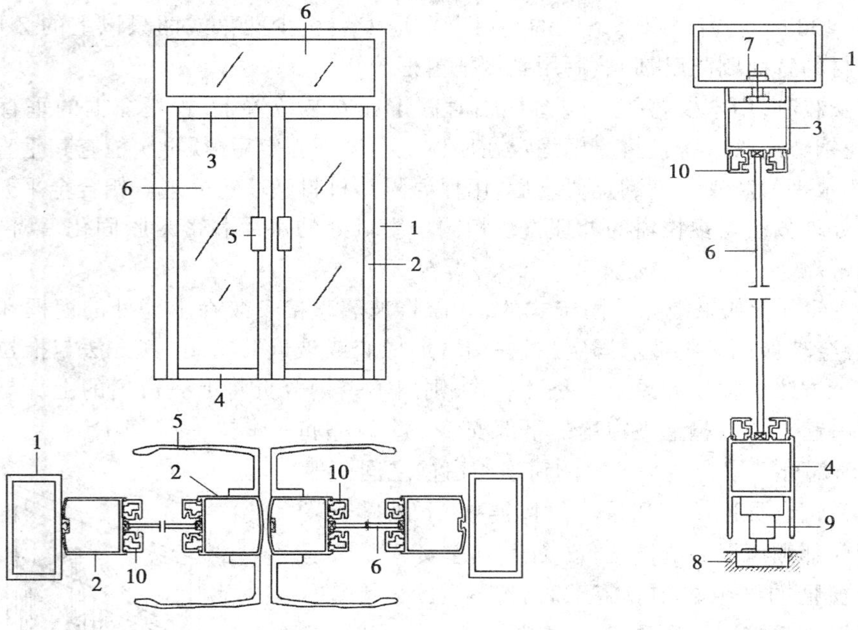

图 3.18　100 系列带上亮铝合金平开门组成示意图

1 – 门框料；2 – 门扇边框；3 – 上横；4 – 下横；5 – 把手；6 – 玻璃；7 – 定位销；8 – 地面；9 – 地弹簧；10 – 铝合金压条

(1) 下料。平开门的门框料一般用扁方管制作，门框竖向型材的下料长度为门洞的高度减去 10 ~ 15 mm；门框横向型材的下料长度为门洞的宽度减去 20 ~ 30 mm 后，再减去两倍的竖向扁方管的厚度；门扇框的高度尺寸为门框上横料至地面的高度距离减去 10 ~ 15 mm；门扇框宽度尺寸为门框内侧宽度的一半减去 3 mm 后，再减去两倍的门扇边框料的厚度。

各型材的下料尺寸确定后，用铝型材切割机进行切割。

(2) 组装。门框竖向扁方管与横向扁方管的连接方式与推拉窗的上亮扁方管的连接方式相同,也是用铝角件进行连接固定,但是横向扁方管内应预先安装好地弹簧的门扇定位轴销。门扇定位轴销一般安装在扁方管的空腔内,安装时先在横向扁方管下侧面的宽度方向上划出中心线,再按定位轴销上的定位销、调节螺钉和固定螺钉的大小及位置,在中心线上划出定位轴销上的调节孔和固定孔,定位销的中心线距横向扁方管的端部距离不少于 100 mm。定位轴销在横向扁方管上的所有孔洞开好后,将调节螺钉和定位销从空洞中拉出,并用固定螺钉在固定孔位置上将定位轴销固定在扁方管内。最后再用铝角件将横向扁方管与竖向扁方管连接在一起,如图 3.19 所示。

门扇框的上下横与门扇边框的连接方式有两种,既可以采用铝角件连接,又可采用对拉螺栓连接,如图 3.20 所示。采用对拉螺栓连接时,先在两根门扇边框料之间穿入一根对拉螺栓,对拉螺栓的长度等于门扇上下横的长度加上 25 mm,然后将螺栓两端的螺母固定好,并使螺栓处于拉紧状态。对拉螺栓在安装前,应检查它的安装位置,保证对拉螺栓的位置不妨碍地弹簧在门扇下横处转动臂的固定。

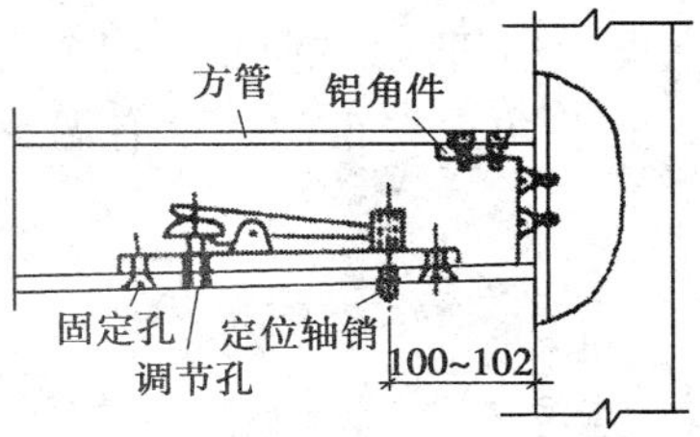

图 3.19　定位轴销安装示意图

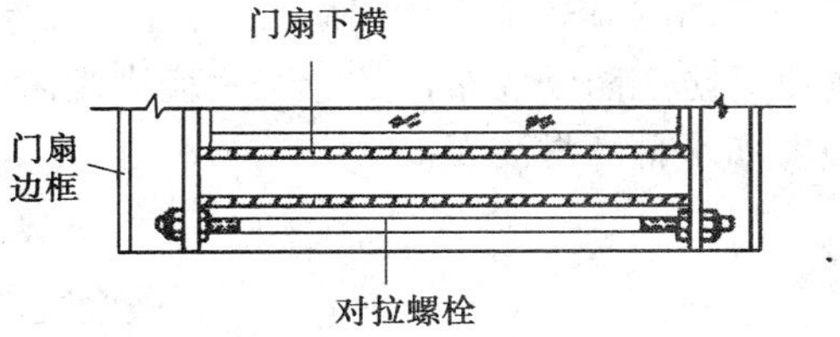

图 3.20　门扇边框与上下横连接示意图

(3) 安装。门洞处用水泥砂浆修整好。门框扁方管与门洞交接处的侧面上应设置数量不少于两个的连接件,安装前应预先用保护胶带包好。

门框在安装时,先用木楔将门框临时固定在安装位置上,校正好门窗的水平度和垂直度后,再用水泥钢钉或膨胀螺栓将门框固定在墙体上,并再次检查门框的水平度和垂直度。门框与墙体之间的填缝和塞口方法与铝合金窗框与墙体之间的处理方法相同。待塞口处的水泥砂浆和密封胶固化后,将门框上的保护胶带撕去。

地面上的地弹簧盒安装时应使盒面与地面相平,并保证地弹簧盒上转动轴的轴线与门框上横扁方管内的定位销轴的轴线在同一条垂直线上。

门扇在安装前,先将定位销轴的有关附件和地弹簧的转动臂分别安装在门扇的上横和下横内,并确保附件上的轴销孔与转动销轴、地弹簧盒上的转动轴在一条垂直线上。门扇在安装时,将地弹簧盒上的转动臂拧至门扇的开启位置处,在转动臂端头孔洞与下横相对应的位置上开孔,并使连接螺栓穿过孔洞,从而把地弹簧盒上的转动臂与门扇框的下横连接在一起,如图 3.21 所示。调节横向扁方管上的调节螺钉,

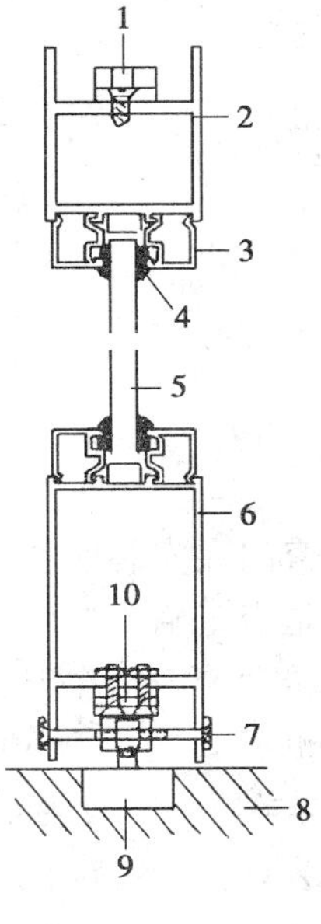

图 3.21　门框安装示意图

1 – 定位销附件; 2 – 上横; 3 – 玻璃压条; 4 – 玻璃胶; 5 – 玻璃; 6 – 下横; 7 – 对拉螺栓; 8 – 地面; 9 – 地弹簧; 10 – 垫块

使定位销伸入到门扇上横内的定位销附件的凹槽中。最后用对拉螺栓将门拉手固定在门扇边框料上。

门扇在安装后,其水平度和垂直度应满足有关要求,并使门扇框与地面、门框之间有一定的空隙,以便门扇能灵活地启闭。在门扇框型材的有关位置上,还应安设密封毛条,使门扇有较好的密闭性能。门扇上的玻璃一般用铝合金压条固定,同时还需用玻璃胶密封,以防雨水渗入。

2. 铝合金卷帘门的安装

铝合金卷帘门由卷帘片(网)、转动轴、支座、导轨和传动装置等部件组成,图 3.22 是卷帘门组成示意图。

卷帘门按使用功能不同分为普通卷帘门和防火、防烟卷帘门等。普通卷帘门按动力机构不同又分为手动、电动和手动电动混合型等三种。手动卷帘门适用于宽 × 高 = 4 200 mm × 3 600 mm 以下的门洞,若门洞宽度超过 4 200 mm 时,可在门洞处设置中柱做成组合门;电动卷帘门适用于宽 × 高 = (3 600 ~ 6 900)mm × (3 600 ~ 6 000)mm 的门洞。电动卷帘门如遇停电时,可采用手动的方式来启动门扇,此外还可在卷帘门的门扇上设置小门,以方便卷帘门关闭后人员进出。防火防烟卷帘门的卷帘片应满足防火防烟的要求,有些防火卷帘门还设有温感或烟感报警和水幕喷淋装置。

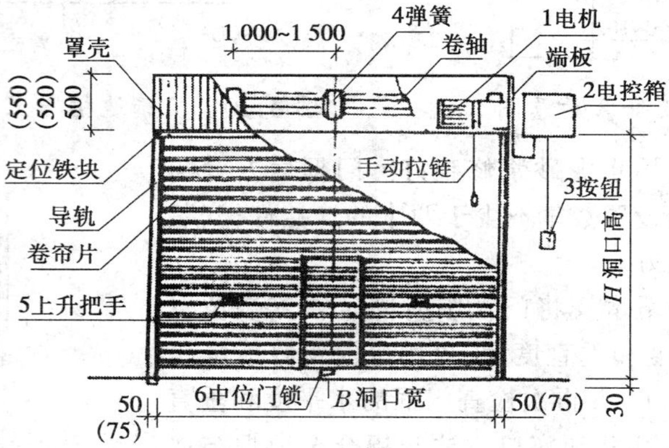

图 3.22　卷帘门组成示意图

卷帘门在安装前首先应检查门洞的尺寸是否与卷帘门相符,各预埋件和相关线路的位置及数量是否正确。然后根据卷帘门的安装方式(有墙中安装、墙外安装和墙内安装)将支座的端板和转动轴固定在墙上,支座端板安装时应保证转动轴的轴线位置水平。在墙体上弹出卷帘片两侧的导轨位置线,并使导轨位置线保持垂直,再将导轨焊接固定在预埋件上。卷帘片(网)固定在转动轴上后,将其置于导轨内,转动轴应转动灵活。再将动力装置安装好(包括电气控制装置)。卷帘门安装后应进行调试,启动电机或手动装置数次,卷帘片(网)应运行灵活,无阻滞及异常噪声等现象。最后将转动轴上的防护罩安装好。

铝合金门窗的品种还有自动门、转门和遥控窗等,由于这些门窗的结构较复杂、安装方法特殊,因而这类门窗一般由专业厂家施工。

第三节　木门窗

木材具有装饰性好、易于加工和油漆的特点，因而在装饰工程中使用较多。但由于木材如果使用不当，容易变形和腐烂，所以木制门窗主要用于室内装饰。

一　木门窗的组成

木门窗是由门窗扇和门窗框两部分组成。根据构造形式不同，门有蒙板门和镶板门两种，蒙板门和镶板门的构造组成见图 3.23。窗的组成见图 3.24。

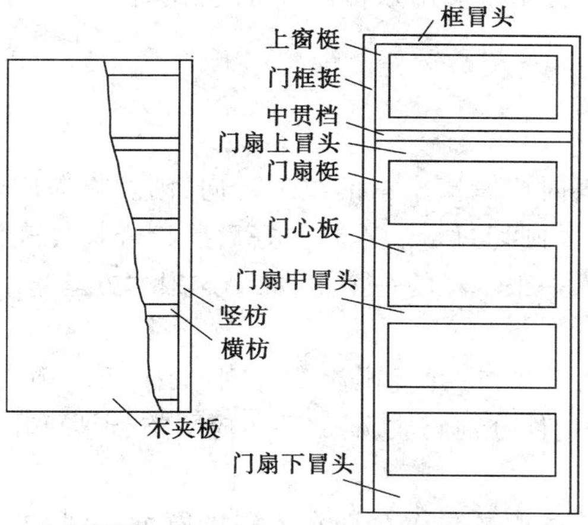

(a) 蒙板门　(b) 镶板门

图 3.23　木门构造示意图

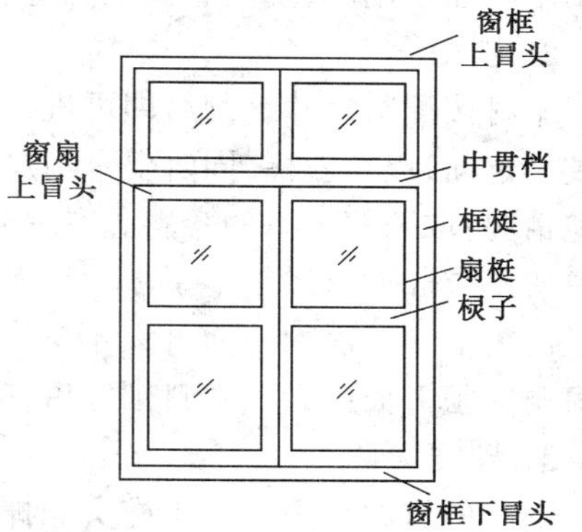

图 3.24　木窗构造示意图

木门窗中的木构件之间大都采用榫接方式。门框是由冒头和门梃组成的。冒头与门梃的连接是在冒头和门梃上分别开出榫眼和榫头；门梃与中贯档的连接是在门梃上打眼、中贯档两头做榫头，如图 3.25 所示。在镶板门的门扇框中，上冒头、中冒头和下冒头与门扇梃的固定是在门扇梃上开榫眼，冒头两端开榫头后进行连接，再将门芯板嵌在门扇框的凹槽内如图 3.26 所示。蒙板门的门扇框中，在门扇框的竖枋上开榫眼横枋两端开榫头进行连接；如果门扇高度和宽度尺寸不大时，竖枋和横枋之间可用钉胶结合的方法进行连接。

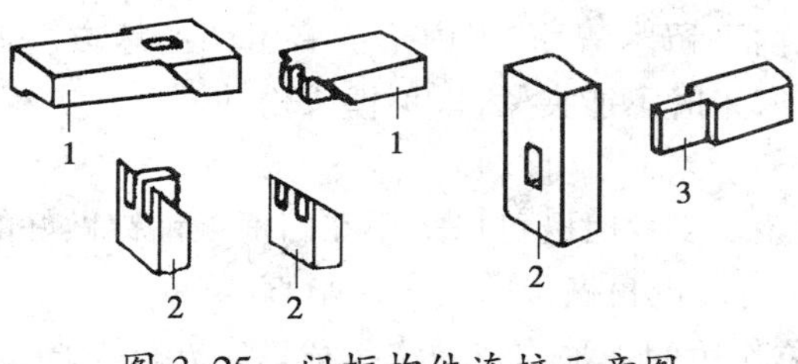

图 3.25　门框构件连接示意图

1 – 冒头；2 – 框梃；3 – 中贯档

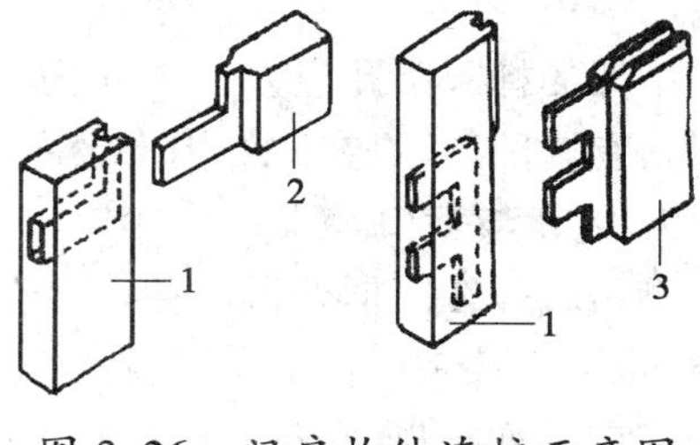

图 3.26　门扇构件连接示意图

1 – 门扇梃；2 – 上下冒头；3 – 下冒头

二　木门窗的制作

木门窗的制作程序如下：

1. 选料及配料

木门窗上所用的木材应干燥，含水率一般低于12%，无腐朽、开裂和大节疤等缺陷。

配料前应计算出门窗各部件的尺寸和数量，列出相应的配料单。配料时为了充分利用木材，应先配长料后配短料，先配框料后配扇料。门窗框有走头时，冒头两端各加长120 mm，最终根据安装时的实际情况决定取舍。当门框需埋入地坪以下时，门框梃应加长60 mm；楼层上的门框梃加长20～30 mm。窗框梃、门窗冒头、窗棂等构件一般加长10～15 mm，门窗扇梃加长30～50 mm。

木材在锯割时，应留出2～3 mm的损耗量；木方如采用双面或单面刨光时，应留出4～5 mm和2～3 mm的损耗量。

木材在锯割时，要注意锯线平直、端面平整。

2. 刨切

木材按配料尺寸锯割后即可进行刨切。刨料时应看清木料的纹理走向，刨切方向应顺着木纹的走向，以免戗槎，同时要常用尺子测量，不要刨切过量。木料刨好后要检查构件表面的平整情况：取两根刨好的木料叠在一起，按动上面一根木料的一个角，如果这根木方丝毫不动，就说明木方表面已经刨平了。

门窗框靠墙面的一面可以不刨，只需刨出两道灰口，并且刷涂防腐剂，其余面均须刨光。门窗扇料须四面刨光。木料刨好后，应按不同的构件分别码放，码放场所应平整、干燥和洁净。

3. 划线

划线的目的是为了定出榫头和榫眼的位置。榫眼的位置一般在木料的宽度中间，榫眼的宽度不超过木料宽度的1/3，并与凿子的宽度相适应。榫头的厚度与榫眼的宽度相适应，半榫的长度为木料厚度的1/2。

木料的划线用角尺、划线竹笔和勒子等工具，划线的位置及尺寸应准确、清楚、齐全。

4. 凿眼

凿眼用的凿子宽度与榫眼的宽度相等，凿刃应锋利。先凿透眼，后凿半眼。凿透眼时先凿背面，凿到1/2～2/3的榫眼深度后，把木料翻过来再凿正面，直到把榫眼凿透为止，从而避免将木料凿裂。眼的正面边线应凿去半条线，留另半条线不凿，榫眼的背面按线凿，不留线；做榫头时在榫头上留半条线。这样既可使榫头与榫眼结合紧密，又能有效防止榫头在安装时挤裂榫眼的周边。

凿好的榫眼眼孔应方正光滑、边线整齐，孔内不留木渣，孔眼内不能有凿凹的地方。如果孔眼内有凿凹处，可在凹处用木楔塞入，但木楔塞入时不能夹紧，以免榫头松动。

5. 倒角与裁口

倒角就是在门框处做出各种形式的装饰线条。倒角时既可以采用在门框上铺钉做好的木线条，也可直接在门框上车出线条，如图3.27所示。倒角做出的线条应平直，宽度均匀。

裁口又称止口，它是对门扇在关闭时起限位作用的一种构造做法。裁口应方正平直，无戗槎起毛和凹凸不平的现象。在施工时为了保证裁口处的方正平直，可以在裁口处铺钉一根平口木线条，木线条宽度与裁口宽度相同。

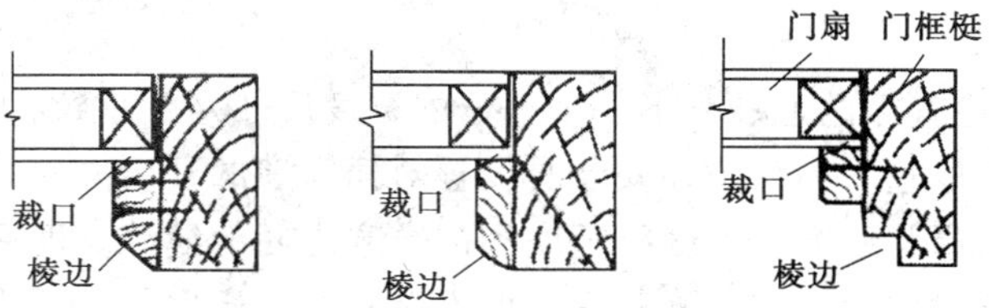

图 3.27　棱边与裁口

6. 开榫

开榫头时,顺着榫的纵向线用细齿锯锯切至榫头的根部,锯割时应留半条线。开半榫时,其长度为木料宽度的1/2,比半眼深度短1～2 mm,以防止榫头受潮后体积膨胀。然后对榫头进行断肩,用锯子将榫头两边的多余部分锯断。断肩时也应留线,并防止锯伤榫根。开好的榫头应方正平直。

榫头在插入榫眼前应四面磨角倒棱。榫头上抹上乳胶后,用锤子将榫头打入到榫眼中。

7. 组装与净面

门窗构件料在组装前首先选出其正面,以使构件组装后正面在同一面上。榫眼内壁及榫头表面在组装时应涂抹乳胶。

门窗框在组装时,先把一根边梃平放,正面向上,再将中贯档和上冒头的榫头插入此边梃的榫眼内,然后将另一根边梃上的榫眼对准中贯档和上冒头的榫头,把木块垫在边梃的侧面,用锤子轻轻敲打组合。整个门窗框拼好后应检查其直角度,如无问题,则将门窗框上的所有榫头敲实,并锯断边梃侧面露出的榫头。

门窗扇框架的组装方法与门窗框的组装方法相似。对于镶板门而言,门芯板按尺寸裁好后应四边去棱刨光,先将冒头安装在一根边梃上,再将门芯板插入冒头与门梃的凹槽内,最后把另一根门梃与冒头连接固定。蒙板门的面板一般用钉子直接固定在门扇框上,然后用平口扁线条收边。

为了使门窗框扇的连接更为牢固,应在榫头上加装木楔。加木楔时,用凿子在组装好了的榫头端部上凿出一道缝,将木楔两面抹胶并插进缝内,用锤子将其打入缝里。锤子敲打时要先轻后重,当锤子敲不动时停止敲打,最后用锯子或凿子将外露的木楔去除。

门窗框扇组装后应根据其方正要求,对框扇及时进行调整修正,并用细刨或砂纸修光。为防止门框变形,在中贯档与边梃上各钉一道斜拉杆,在门框的下端钉一道水平拉杆。

三　木门窗的安装

木门窗的安装分为框和扇两部分。门窗框安装前应注意检查门窗的开启方向及预埋位置,门窗框靠墙和接地的一面须涂防腐剂,其他各面以及门窗扇的表面应涂刷一道清漆。门窗框一般在抹灰施工前安装,门窗扇在抹灰施工后进行安装。

门窗框的安装方法有先立口和后塞口两种。先立口就是按照图纸要求,在砌墙的过程中将门窗框临时固定在相应的位置上,并找正吊直。具体方法可以先立门窗框后砌墙体,也可一边砌墙体一边立门窗框,门窗框用斜撑临时固定。后塞口是按照图纸规定的门窗位置和尺寸,预先留好门窗洞,并在门窗洞口的两侧预埋防腐木砖,木砖的间距不大于1.2 m,且每一侧木砖的数量不应少于两个，然后将门窗框放入洞口中，经过找正吊直后，用钉子将其与防腐木砖固定。

安装门窗扇时应检查框的上、中、下三个部位的宽度尺寸是否一致，如尺寸误差超过 5 mm 时，则应对门窗框进行修整。门窗扇在安装时先核对门窗扇的开启方向，然后量出门窗框内口的净尺寸，考虑到门窗扇与门窗框的缝隙宽度和门窗扇之间的缝隙宽度后，再确定门窗扇的高度和宽度，最后用刨子对门窗扇进行修整。高度方向只需在扇框的上冒头处修整，宽度方向上按照门扇对口处缝隙宽度为 1.5～2.5 mm、窗扇竖缝宽度为 2 mm 的标准进行修整。

经过修整后的门窗扇，用木楔将其临时固定在门窗框中，并确定好合页的位置，合页的位置一般在门窗扇的 1/10 高度处。然后将门窗扇从框中取下，用扇铲和凿子做出合页槽。合页槽应外浅里深，深度以将合页合上后框与扇平正为准。合页槽做好后，将合页放入，上下合页各用一棵木螺钉把门窗扇临时固定在门窗框上，检查门窗框与门窗扇之间是否齐平、门窗扇能否关闭严密、门窗扇安装的允许偏差是否符合国家的有关规定。检查结果符合要求后，再将木螺钉全部上好。

门窗扇安装后应试开，以门窗扇开在那里就应停在那里为准，不得有自开或自关现象，否则对门窗扇应进行修整，直到满足要求为止。

门窗扇安装后就可安装玻璃和五金配件。玻璃的尺寸应比裁口的尺寸略小 2～3 mm。玻璃在安装时，先将裁口处清理干净，然后在玻璃底边的裁口上涂抹一道 1～3 mm 厚的油灰，将玻璃推压在裁口内，使部分油灰挤出，待油灰初凝后，将裁口内多余的油灰清理干净。最后用木压条将玻璃固定在裁口上，每根木压条上的钉子不少于 2～3 枚，木压条与玻璃之间应涂抹油灰，不得有缝隙，如图 3.28 所示。

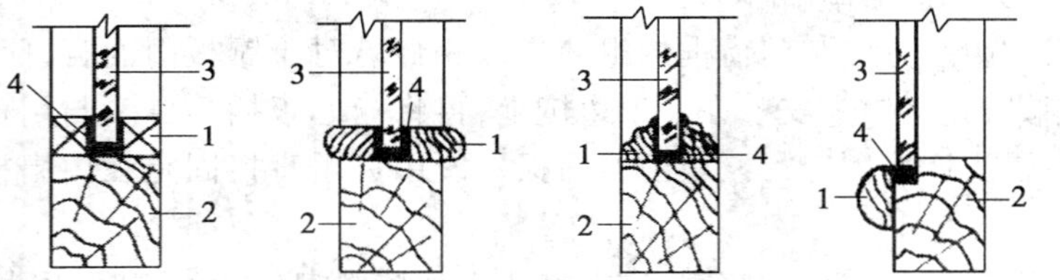

图 3.28　门窗扇木压条固定玻璃示意图

1－木压条；2－门窗扇框；3－玻璃；4－油灰

玻璃安装后即可安装五金配件。常用的五金配件有风钩、插销、把手和门锁等。

四　木门窗的装饰形式

蒙板门一般是在门扇框上铺钉胶合板，然后在胶合板上铺钉各式木线条，并用木线条组成一定的图案造型；镶板门在装饰时常将芯板做成一定的立体造型；窗的装饰形式则多种多样，设计和施工时可根据实际情况来定。尽管木门窗的装饰形式千变万化，但是它们的组成结构及加工制作工艺基本一致。图 3.29 是常见的木门窗装饰形式。

(a) 蒙板门　(b) 镶板门　(c) 固定窗　(d) 活动窗

图 3.29　木门窗的常见装饰形式

第四节　塑料门窗

塑料门窗又称塑钢门窗，其组成原材料主要是改性硬质聚氯乙烯，它是以各种断面的塑料空腔异型材(内腔中衬以钢质型材加强筋)为基本材料，经过热熔焊接机焊接组装后制作而成的。因而塑料门窗的制作一般是在工厂内完成的，在施工现场主要进行塑料门窗的安装工作。

一　塑料门窗的组成材料及质量要求

塑料门窗一般由塑料异型材、玻璃、五金配件和密封条组成。它的技术性能指标要求有强度、耐候性、保温隔热性、气密性、水密性、耐腐蚀性、防火性和外观质量等。

塑料门窗的种类按门窗框型材的宽度分有：45、58、60 系列平开窗；45、58、60、85 系列推拉窗；58、60、100 系列平开门和 60、70、85 系列推拉门等。图 3.30 和图 3.31 分别是 60 系列平开窗和 53 系列推拉窗的组成示意图。

塑料门窗的材料质量应符合下列规定和要求：

(1) 门窗上所用的紧固件、五金件、增强型钢和金属衬板等应进行表面防腐处理。其质量应符合国标的有关规定。

(2) 滑撑铰链不得使用铝合金材料；固定片厚度应大于或等于 1.5 mm，最小宽度应大于或等于 15 mm，材质采用 Q235 – A 冷轧钢板，表面应进行镀锌处理。

(3) 组合窗及连窗门的拼樘料应采用与其内腔紧密吻合的增强型钢作为内衬，型钢两端应比拼樘料长 10 ~ 15 mm。外窗的拼樘料截面尺寸及型钢形状、壁厚应能使组合窗承受该地区的瞬时风压值。

(4) 玻璃的质量应符合国标的规定，并附有出厂合格证，中空玻璃应有检测报告。玻璃的安装尺寸应比框扇的内口尺寸小 4 ~ 6 mm。

(5) 玻璃垫块应用硬质橡胶或塑料，不得使用硫化再生橡胶、木片或其他吸水性材料。垫块的长度宜为 80 ~ 150 mm，厚度按框扇与玻璃的间隙确定，一般为 2 ~ 6 mm。

(6) 门窗与洞口密封用的嵌缝膏应具有弹性和粘接性。

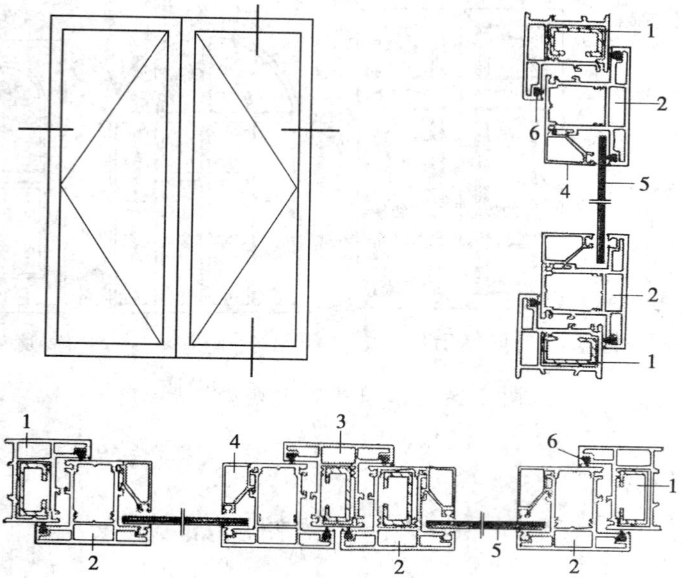

图 3.30　60 系列平开窗组成示意图

1－窗框料；2－窗扇框料；3－中梃；4－压条；5－玻璃；6－密封条

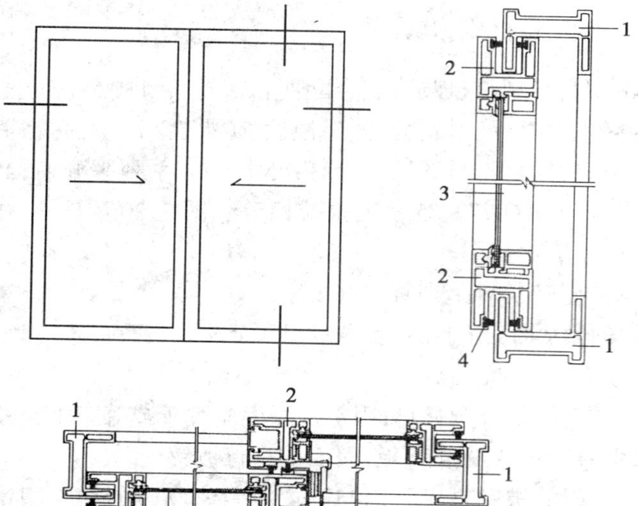

图 3.31　53 系列塑料推拉窗组成示意图

1－窗框料；2－窗扇框料；3－玻璃；4－密封条

(7) 与聚氯乙烯型材直接接触的五金件、紧固件、密封条、玻璃垫块、嵌缝膏等材料，应与 PVC 塑料具有相容性。

塑料门窗的质量除了应符合国家规定的质量要求以外，还应符合以下规定：

(1) 门窗表面不得有影响外观质量的缺陷,不得有焊角开焊、型材断裂和划伤等损坏现象。

(2) 密封条装配后应均匀、牢固;接口应粘接严密、无脱槽现象。

(3) 塑料型材的表面应贴保护膜,每樘门窗的四角用硬纸板包扎。

二　塑料门窗的安装

塑料门窗的安装一般采用预留洞口后塞口的方法。施工前应检查门窗洞口的尺寸,表3.1是洞口宽度和高度的尺寸允许偏差。洞口与门窗框的缝隙应符合表3.2的规定。洞口处预埋件的数量、规格和位置等应符合图纸规定。洞口处应平整洁净,无灰渣。

表3.1　门窗洞口与门窗框的间隙规定

墙体饰面层材料	洞口与窗框间隙/mm
清水墙	10
墙体外饰面抹水泥砂浆或贴马赛克	15～20
墙体外饰面贴釉面瓷砖	20～25
墙体外饰面贴大理石或花岗岩	40～50

注:窗下框与洞口的间隙可根据设计要求选定。

表3.2　门窗洞口宽度和高度尺寸的允许偏差

洞口宽度或高度/mm		<2 400	2 400～4 800	>4 800
墙体表面	未粉刷墙面/mm	±10	±15	±20
	已粉刷墙面/mm	±5	±10	±15

根据墙面的标高线,在门窗预留洞口的墙面上用仪器测出洞口的水平基准线、水平中心线、洞口垂直基准线和垂直中心线,并逐一做出标记,再用钢尺和吊垂线按设计要求找出洞口两侧门窗框进出垂直线,并在墙体上用墨线弹出。洞口上方必须设置过梁,绝不允许在塑料窗框上直接砌墙。

在门窗框与墙体接触的型材背面设置固定件。固定件的位置应距窗角、中竖框和中横框150～200 mm,固定件之间的距离小于或等于600 mm,不得将固定件直接安装在中横框和中竖框的挡头上。安装固定件时,握住固定件上带长孔的一端,将固定件的另一端放入门窗框的燕尾槽内,逆时针方向旋转于型材的沟槽内,使长柄与门窗框垂直,并用 $\phi4\times20$ mm 的自攻螺钉将固定件固定在门窗框上。

将装好固定件的门窗框放在门窗洞口上,把固定件的带长孔的一端调整至预埋木砖或预埋铁件的位置,同时使门窗框调整至墙体厚度方向的安装位置处,用木楔将门窗框临时固定好,并使上下框中线与洞口中线对齐。门窗框在固定时,先固定上框,后固定边框。

门窗框的固定方法有以下几种:

(1) 在墙体内预埋防腐木砖,再用沉头木螺钉将固定件固定在木砖上。

(2) 在墙体内预埋铁件,将固定件与预埋铁件焊接。焊接时应用石棉布等物保护好门窗框,以免门窗框表面受损变形。

(3) 在砖墙上用冲击电钻打一个直径为6～8 mm、深约35 mm的孔洞,孔洞不得打在砖缝上。将 $\phi 6\times 30$ mm 的尼龙胀管塞入洞中，再用 ZT4 × 25 mm 的自攻螺钉或胀管螺钉将固定件固定在砖墙上。

(4) 在混凝土墙上安装门窗框时，一般用尼龙胀管或射钉将固定件固定在墙上。

(5) 在空心砖、加气混凝土砌块墙上安装门窗框时，应在墙体处预埋木砖或预埋铁件，严禁直接固定。

图 3.32 是塑料门窗框常见的几种连接形式。

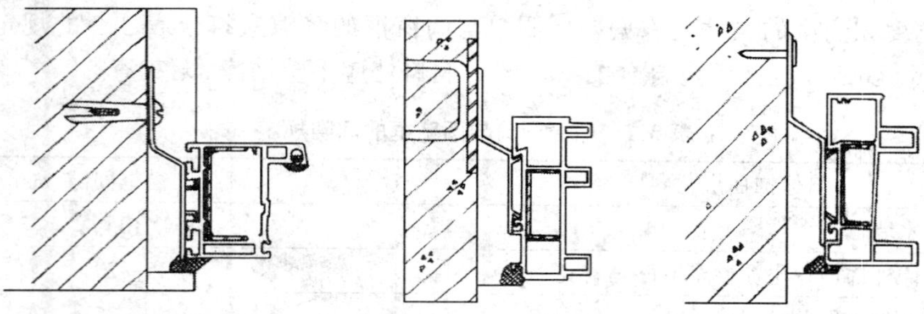

(a) 塑料胀管连接　　(b) 焊接　　(c) 射钉或水泥钢钉连接

图 3.32　塑料门窗框的固定件与墙体连接示意图

门窗框用固定件固定后，窗框的下部固定件应埋入至墙体的预留孔洞内，然后再用 C20 细石混凝土灌实，这时可将临时固定用的木楔拔去。门窗框与门窗洞之间的间隙用发泡聚苯乙烯或闭孔泡沫塑料等弹性材料填充，填充厚度不应超出门窗框料。严禁用麻刀或砂浆直接填实。内外墙与门窗框的缝隙用水泥砂浆填充抹平，待水泥砂浆硬化后，外侧用密封膏密封，以防雨水渗漏。

塑料门框在安装时，先做好室内的楼地面装饰，楼地面处应平整，门框下口的锯口线应与楼地面处于同一标高位置上，门框与楼地面交接处可留出与墙体等宽的一块地坪不做，待门框安装后再找补。门扇与地坪的间隙为：外门 3 ~ 5 mm，内门 5 ~ 7 mm，卫生间 7 ~ 10 mm。

门窗框安装后，再将门窗扇和玻璃安装好，然后按照有关质量要求对塑料门窗进行验收。最后对门窗的表面进行清理，特别要注意不要将排水孔堵塞。清理时应用软质材料擦拭，严禁用砂纸或金属硬物打磨。

第五节　全玻璃装饰门

一　全玻璃装饰门的组成形式

全玻璃装饰门具有较好的通透性能，现代感较强，商场、宾馆等许多公共场所都采用这种门。全玻璃装饰门一般由门框、门套、上亮、玻璃、拉手和地弹簧等组成。常用的玻璃为 12 mm 厚的白玻、雕花玻璃和钢化玻璃等。门框和门套可用镜面或亚光不锈钢板、镜面或亚光黄铜板和材装饰。图 3.33 为常见全玻璃装饰门的外形及材料组成。

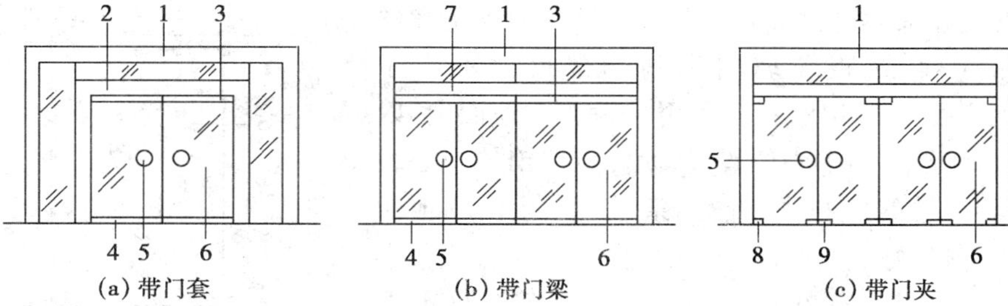

图 3.33 全玻璃装饰门的常见外形及组成示意图

1－门框；2－门套；3－上横；4－下横；5－拉手；6－玻璃；7－门梁；8－门夹；9－地锁

二 全玻璃装饰门的施工

全玻璃装饰门的施工可分为固定部分和活动部分。固定部分包括门框、门套、门过梁和固定玻璃等；活动部分主要是玻璃门扇、地弹簧、门拉手和门夹等五金配件。

全玻璃装饰门的门框、门套和门过梁一般是用角钢或木方制成的。先根据施工图纸的尺寸和形状，用电焊将角钢分别制成门框骨架、门套骨架或门过梁骨架。然后再用电焊或螺栓将这些骨架分别固定在相应的位置上。固定前应用测量工具进行检查，以确保骨架结构的水平度和垂直度满足安装的有关规定。骨架固定后，在钢结构的表面一般应涂刷防锈漆进行防腐。

门框、门套或门过梁的表面一般用不锈钢或石材等材料进行装饰。如果用不锈钢饰面时，先用自攻螺钉将木工板固定在骨架上，以此作为钢骨架的衬板，再在木工板表面涂刷防腐剂，然后用胶粘剂将不锈钢与木工板粘接在一起；如果用石材装饰时，既可以采用与不锈钢饰面相同的固定方法，又可采用在钢骨架上安装不锈钢专用连接件，用连接件将石材固定在骨架上。

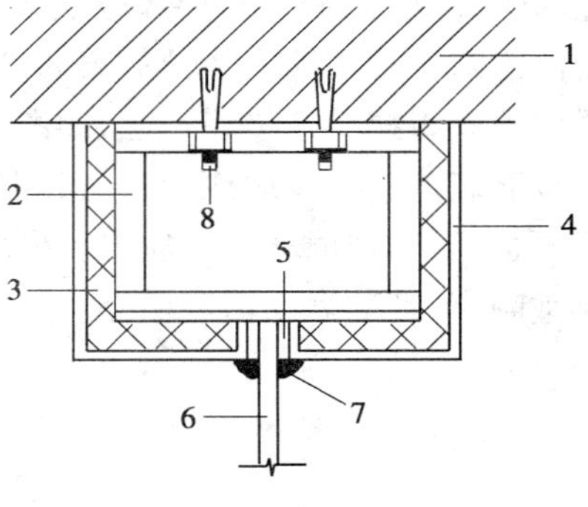

图 3.34 全玻门固定玻璃定装示意图

1－基体；2－钢骨架；3－木工板；4－饰面材料；5－限位槽口；6－玻璃；7－密封胶；8－固定螺栓

全玻璃装饰门上的固定玻璃可用限位槽口进行就位固定，如图 3.34 所示。根据施工现场的实际尺寸裁切好玻璃。玻璃宽度的裁切尺寸比实际尺寸小 2～3 mm，玻璃的高度尺寸比实际尺寸小 3～5 mm。活动门扇处玻璃的周边应倒角，倒角宽度为 2 mm。由于全玻璃装饰门上采用的玻璃较厚，因而玻璃一般在工厂里定型加工，加工后再运到施工现场进行安装。固定玻璃就位时，应检查其立面的垂直度，待其垂直度符合要求后，再用玻璃胶进行封口处理。玻璃与饰面材料之间所有的缝隙均须用玻璃胶封口。饰面上多余的玻璃胶迹应及时擦去。

全玻璃装饰门活动门扇部分与门框及地面之间是依靠地弹簧或门夹连接的，如图 3.35 所示。用地弹簧连接时，门扇上横的固定是由上横内的定位销附件与门过梁或门套内的定位销轴相互连接而成的；门扇下横固定时，用对拉螺栓将楼地面处地弹簧盒上的转动臂固定在下横内即可，具体连接形式可参见铝合金平开门的有关连接构造图施工时,首先将定位轴销安装在门过梁或门套的钢架内,并在木工板和饰面材料上开出调节螺丝孔和固定螺丝孔,定位销的中心线距玻璃门扇的端部尺寸不小于100 mm。然后将定位轴销的中心线用吊锤放至地面上,以此作为地弹簧转动轴的中心位置,从而使定位销的中心线与地弹簧盒转动轴的中心线在同一条垂直线上。在地面上把地弹簧盒安装好,使盒面与楼地面保持水平。

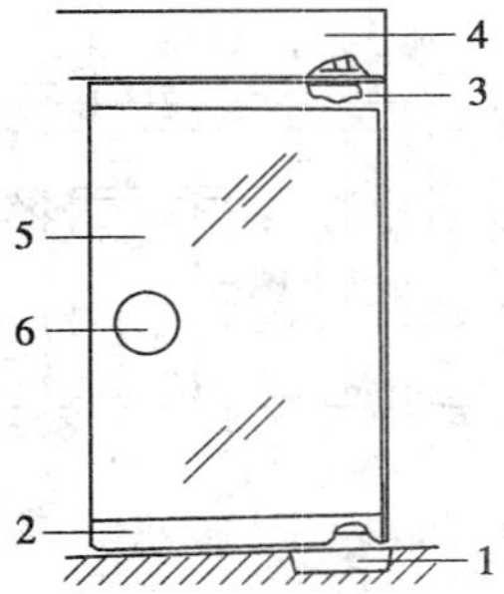

图 3.35　全玻门门扇构造示意图

1－地弹簧;2－下横;3－上横;4－过梁或门套;5－玻璃;6－拉手

安装玻璃门扇时,先在玻璃高度的两端安装好上下横,上下横与玻璃门扇之间的空隙用玻璃胶密封,然后在门扇的上横内固定好定位轴销的附件。其次,将过梁或门套上的调节螺丝旋出,调节螺丝一般超出梁底饰面 2 mm 左右,使定位销伸至附件的凹槽内。再在下横的两侧钻孔,并使钻出的孔洞对准地弹簧转动臂端头的孔洞,用对拉螺栓将转动臂与下横连在一起。门扇在安装时应保证其与楼地面垂直,门扇与门套或楼地面之间大约有 5 mm 左右的空隙。门扇应开启灵活,无倒翘、阻滞等现象。

玻璃门扇如果用门夹固定时,在玻璃高度方向的两端一般不用上下横,而是使用上下门夹来固定门扇,其施工方法可以参考地弹簧的安装固定方法。

玻璃门扇上拉手安装时,先在玻璃的拉手安装高度位置上打孔,孔径应以拉手的连接部分能插入孔内,并与孔洞之间有一定的空隙。拉手插入部分的表面涂上玻璃胶后插入孔内,再用紧固螺丝将拉手连接在一起,如图 3.36 所示。

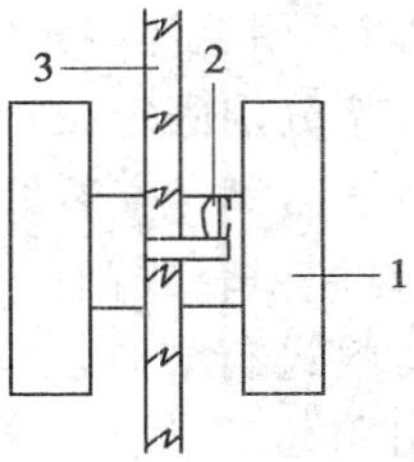

图 3.36　门拉手安装示意图

1－门拉手;2－固定螺丝;3－玻璃

玻璃装饰门安装后应检查各部位的垂直度、水平度,门扇与门框、门套和地面的空隙应符合要求,玻璃门扇开启应灵活、无异常响声,玻璃表面洁净明亮。

第六节　幕墙工程

幕墙工程主要讲述玻璃幕墙、石材幕墙和金属幕墙的施工工艺。

幕墙属维护结构,它不仅影响到建筑物的外观装饰效果,还会影响建筑物的结构安全。幕墙的造型优美,自重轻,有较好的保温隔热和隔音效果,但造价较高,一般用于高档场所的室外装饰。玻璃幕墙给人以轻盈柔美的感觉,石材幕墙的外观大方凝重,金属幕墙则有较强的现代感。幕墙对安全及其他方面的性能要求很高,需要有专门资质的单位进行设计和施工,需要按照国家规范的要求进行设计和施工。

一　幕墙的种类

幕墙按饰面材料的组成不同分为玻璃幕墙、金属幕墙和石材幕墙;按外观形式和组成结构来分,有明框幕墙、隐框幕墙、半隐框幕墙、点式幕墙和无骨架幕墙(悬挂式幕墙)等。

幕墙的骨架材料一般用型钢和铝合金,饰面材料有玻璃、石材和金属等。玻璃常用镀膜玻璃、钢化玻璃或半钢化玻璃、中空玻璃等;石材一般用镜面板或毛面板;金属饰面材料有铝塑板、铝合金板和铝合金蜂窝板等。此外,幕墙材料还有密封材料、固定材料(如各种连接件、结构胶)。

二　玻璃幕墙

1. 玻璃幕墙的种类和构造

玻璃幕墙按幕墙的骨架形式分有:钢骨架幕墙、铝合金骨架幕墙和无骨架幕墙;按幕墙表面的装饰形式分有:明龙骨幕墙、隐框幕墙和半隐框幕墙(横向隐框竖向明框、横向明框竖向隐框)、点式玻璃幕墙和悬挂式玻璃幕墙。在玻璃幕墙中,主要用铝合金骨架作为骨架材料。

根据玻璃幕墙的外观形式不同,玻璃与骨架之间的连接构造形式也不一样。明框玻璃幕墙是用铝合金压板和螺栓将玻璃固定在骨架的立柱和横梁上,压板的表面再扣插铝合金装饰板,如图 3.37 所示。隐框玻璃幕墙用的常用构造形式有两种:一种是用结构胶将玻璃粘贴在铝合金框架上,再用连接件将铝合金框固定在铝合金骨架上;另一种形式是在玻璃上打孔,再用专用连接件(如接驳器)穿过玻璃孔将玻璃与钢骨架连接在一起,这种玻璃幕墙又称点式幕墙。图 3.38 是隐框玻璃幕墙的构造示意图。半隐框玻璃幕墙的构造特点是:水平方向上如果

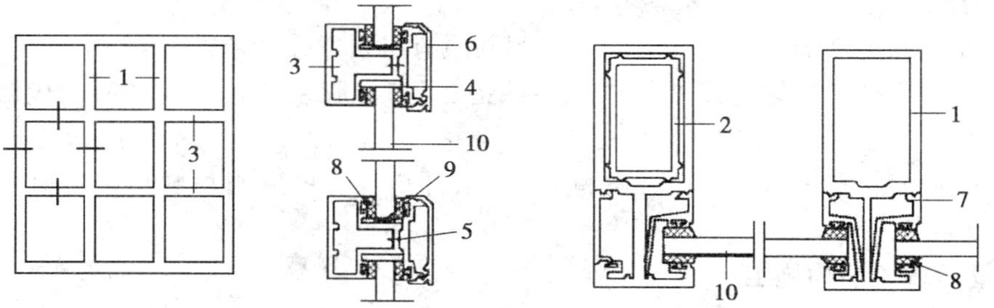

图 3.37　明框玻璃幕墙构造示意图

1－立柱; 2－套管; 3－横梁; 4－压板; 5－螺栓; 6－装饰扣板;
7－附件; 8－橡胶压条; 9－定位垫块; 10－玻璃

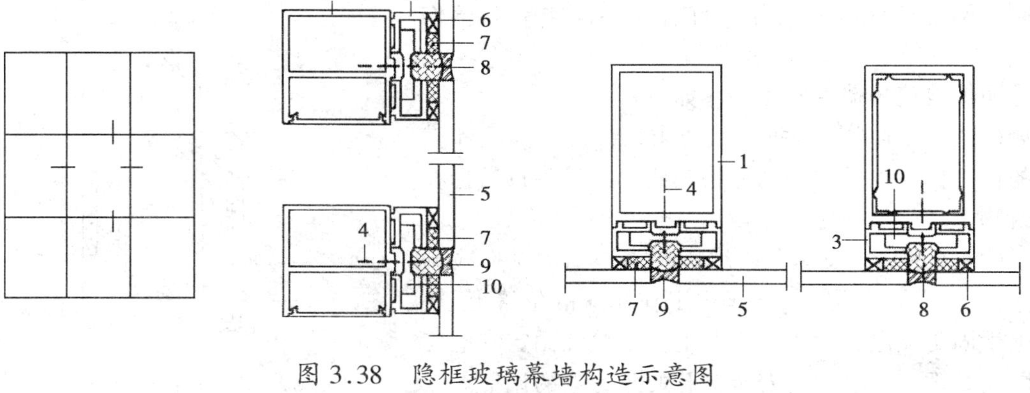

图 3.38　隐框玻璃幕墙构造示意图

1－立柱; 2－横梁; 3－铝合金框; 4－紧固螺栓; 5－玻璃; 6－垫条;
7－结构胶; 8－泡沫棒; 9－耐候胶; 10－固定件

是隐框，竖直方向上即为明框；反之则相反。隐框方向的连接构造与隐框玻璃幕墙的连接构造相同，明框方向的连接构造与明框玻璃幕墙的连接构造相同。本书主要介绍明框玻璃幕墙和隐框玻璃幕墙的施工工艺。

2. 玻璃幕墙的组成及材料要求

明框玻璃幕墙一般由固定支座、铝合金骨架、玻璃、各种连接件及固定件、密封材料等组成。

隐框玻璃幕墙的常用构件和材料有：固定支座、铝合金骨架、玻璃、铝合金框、结构胶、各种连接件及固定件、密封材料等。

在选用玻璃幕墙的材料时，材料的质量除了应符合《玻璃幕墙工程技术规范》(JGJ102-96)的要求以外，还应注意以下几点：

(1) 玻璃幕墙中的所用材料均应符合国家现行材料标准的规定，并附有出厂合格证。同时还应满足消防的规定要求，符合难燃或不燃材料的性能。

(2) 幕墙中的金属材料除了不锈钢以外，均应作防腐处理。

(3) 结构硅酮密封胶应有与接触材料相容性试验报告，并附有保险年限的质量保证书。

(4) 玻璃幕墙宜采用岩棉、矿棉、玻璃棉和防火板等不燃材料或难燃材料作为保温隔热材料，防水或防潮材料采用铝箔或塑料薄膜。

(5) 主体结构与玻璃幕墙构件之间应采用硬质有机材料作为垫片。

(6) 幕墙的立柱与横梁连接处须加设柔性垫片(如橡胶垫片)，不同材料的接触处应设置绝缘垫片。

(7) 幕墙嵌缝材料一般采用耐候硅酮密封胶；开启部分的密封材料应采用氯丁橡胶或硅橡胶制品。

3. 明框玻璃幕墙的施工

玻璃幕墙在施工前应做好技术交底工作，施工人员应明确预埋件的位置和数量、玻璃的分格形式和尺寸、立柱和横梁的标高位置、玻璃与骨架的连接方法和要求等。施工人员要做好熟悉图纸和勘测现场等基础性工作后方能进行施工。

玻璃幕墙的施工一般要搭设脚手架或架设吊篮。脚手架和吊篮在搭设时须保证其安全性，预留出施工人员的操作空间，脚手架上应设置安全防护网，吊篮作业时篮下不许有人，以防物体坠落伤人。

明框玻璃幕墙的施工工序如下：

(1) 弹线放样。根据图纸要求，将支座、立柱和横梁的位置标高以及玻璃的分格轴线等经过测量后标在建筑物上。

(2) 安装固定支座。幕墙固定支座的常见形式见图3.39。用高强螺栓将支座固定在相应的位置上，并使上下固定支座在一条垂直线上。螺栓和固定支座应经防腐处理。支座上的安装槽孔便于骨架的调节。

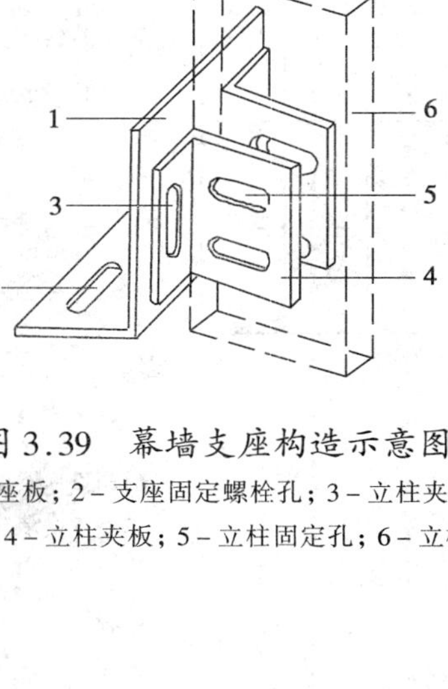

图3.39　幕墙支座构造示意图

1－支座板；2－支座固定螺栓孔；3－立柱夹板固定孔；4－立柱夹板；5－立柱固定孔；6－立柱

(3) 安装立柱。在立柱夹板间设置立柱，使螺栓穿过夹板和立柱上的安装孔，将立柱固定在支座上，在立柱和夹板间设置橡胶垫片。立柱的安装标高偏差不应大于3 mm,轴线前后偏差不应大于2 mm,左右偏差不应大于3 mm。相邻两根立柱的安装标高偏差不大于3 mm,同层立柱的最大标高偏差不大于5 mm,相邻两根立柱的距离偏差不应大于2 mm。

(4) 安装横梁。首先将横梁两端的连接件和橡胶垫安装在立柱的预定位置,再用铆钉或自攻螺钉将横梁与连接件连接。横梁的安装应牢固可靠,接缝严密。同一层的横梁安装应由下而上进行。当安装完一层高度时,应进行检查、调整、校正和固定。相邻两根横梁的水平标高偏差不应大于1 mm。同层标高偏差:当一幅幕墙的宽度小于或等于35 m时,不应大于5 mm;当一幅幕墙宽度宽度大于35 m时,不应大于7 mm。

(5) 安装玻璃。明框玻璃幕墙的玻璃是用压板和橡皮压条将其固定在立柱和横梁上的。施工时,首先根据玻璃的分格尺寸和玻璃与铝合金框的间隙要求裁切玻璃。钢化玻璃、夹层玻璃和中空玻璃应按要求定制加工,其他品种的玻璃可在现场裁切,裁切后的玻璃断面应符合规定。然后在横梁上设置弹性定位垫块,定位垫块的宽度与槽口宽度相同,长度不小于100 mm,垫块的搁置点离玻璃垂直边缘的距离宜为玻璃宽度的1/4,且不小于150 mm,每块玻璃下部的垫块数量不少于两块。玻璃与构件不得直接接触,玻璃四周与构件槽口应保持一定的空隙。玻璃安装前表面应洁净、无灰尘,镀膜玻璃的镀膜面应朝向室内,非镀膜面朝向室外。玻璃就位后应及时在玻璃四周镶嵌橡胶条,橡胶条镶嵌应平整,其长度比边框内槽口长1.5%~2%,断口位置留在四角,斜面断开后应拼成预定的设计角度,并用胶粘剂粘结牢固后嵌入槽口内。

(6) 用螺栓将铝合金压板固定在立柱和横梁上,压板与橡皮压条之间固压紧密。在压板上安装装饰扣板。扣板表面应平整、色彩一致,不得有肉眼可见的变形、波纹和凹凸不平,接缝严密不漏水。

(7) 安装窗扇。幕墙上的框扇在安装前应核对窗扇的规格,安装时应注意窗扇与窗框的上下、左右和前后的间隙,保证窗扇关闭后的密闭性。窗扇连接件应采用不锈钢。

(8) 其他细部安装。玻璃幕墙的大面玻璃安装成功后,再进行细部构造的要求进行施工。细部构造包括:幕墙四周、幕墙内表面与主体结构之间的间隙处理;幕墙变形缝及墙面转角的节点安装;幕墙防雷接地装置的安装等。

玻璃幕墙完工后应对玻璃和铝合金构件表面进行清扫,清扫时应用中性清洁剂清洗,清洗完后及时用清水冲洗干净。

4. 隐框玻璃幕墙的施工

隐框玻璃幕墙的施工程序为:放样定位→安装固定支座→安装立柱、横梁→固定铝合金框→安装密封材料→安装窗扇→细部处理→清理。

隐框玻璃幕墙中的施工方法及要求与明框玻璃幕墙的安装要求基本相同,不同之处主要是玻璃的安装工序。隐框玻璃幕墙中的玻璃用结构胶直接固定在铝合金框格上,这道工序一般是在有恒温恒湿要求的加工场所内用专用打胶机完成。玻璃在铝合金框上固定后,再用保护膜对镀膜玻璃的表面保护,幕墙交工后再将保护膜揭去。玻璃就位后,用固定螺栓和固定件将铝合金框固压在立柱和横梁上,从而完成玻璃的固定。玻璃在安装时应注意保护,避免碰撞、损伤或跌落;当玻璃框的面积较大或重量较重时,可采用机械安装。玻璃的色泽应均匀一致,玻璃的镀膜面应向室内。隐框玻璃的分格缝处用聚乙烯泡沫棒和耐候胶填缝,分格缝应横平竖直,缝宽均匀,并符合设计及偏差要求。相邻的玻璃应保证拼缝质量符合规定。

玻璃幕墙在施工过程中,应及时检查骨架和固定件的连接质量,以保证骨架的安全性和安装偏差符合规范，同时还应注意各节点的施工质量，确保幕墙的开启窗、防火、防雷、防渗以及保温隔热措施等符合设计和规范的要求。

三　石材幕墙

石材幕墙是利用金属挂件将板材钩挂在钢骨架的一种施工工艺。它的施工方法和要求与玻璃幕墙相似。石材幕墙不仅能够承受自重荷载、风荷载、地震荷载和温度应力的作用，还应满足保温隔热、防火、防水和隔声等方面的要求，因此石材幕墙应进行强度和刚度方面的计算。石材幕墙的设计和验收标准应参照《金属与石材幕墙工程技术规范》(JGJ133－2001)有关条款的规定。

1．石材幕墙的组成材料

石材幕墙主要由石材面板、固定支座、骨架结构、各种连接件及固定件、密封材料等组成。

由于花岗岩的强度高、耐久性好，因而一般用花岗岩作为石材幕墙的面板材料。为保证板材的安全性，防止板材与连接件处产生裂缝，板材的厚度一般在 30 mm 以上。花岗岩板材的色泽应基本一致，板体上不应有影响安全要求的明显缝隙，毛面板的正反面和镜面板的背面应刷涂透明隔离剂，以防雨水的侵蚀作用，板材的规格公差不能超过规定的范围。石材的吸水率应小于 0.8%，弯曲强度不应小于 8.0 MPa。石材的放射性应符合《天然石材产品放射性防护分类控制标准》(JC518)的规定。

骨架结构材料有铝合金型材和碳素钢型材。铝合金型材的质量应符合石材幕墙规范的规定，碳素钢型材的质量应满足《钢结构设计规范》的要求。碳素钢构件应采用热镀锌防腐处理焊接部位处必须刷富锌防锈漆。

石材幕墙的连接件和固定件有挂件和螺栓。挂件一般用不锈钢和铝合金。不锈钢挂件用于无骨架体系和钢骨架体系，它的材质品种有 1Cr18Ni9 和 0Cr18Ni9。铝合金挂件与铝合金骨架配套使用，它的牌号有 LD30 和 LD31。螺栓有热镀锌钢螺栓或不锈钢螺栓。固定支座用螺栓固定时须做现场拉拔实验，以确定螺栓的承载力。

2．石材幕墙的构造

石材幕墙的构造有直接式、骨架式、背栓式、粘结式和组合式等。

直接式石材幕墙就是用挂件将石材直接固定在主体结构上的一种构造形式；骨架式是在主体结构上安装相应的骨架体系，然后在骨架上安装金属挂件，通过金属挂件将石材固定在骨架上；背栓式是在石材的背面用柱锥式钻头钻出专用孔，将专用锚栓固定在孔洞内，通过锚栓和金属挂件将板材固定在骨架上；粘结式是在板材背面的某些位置上用干挂石材胶将石材直接粘贴在主体结构上的一种施工工艺；组合式则是将石材、保温材料等在工厂内加工后形成组合框架，再将组合框架固定在钢骨架上。图 3.40 是直接式石材幕墙的构造示意图。骨架式石材幕墙的挂件是固定在金属骨架上，而不是直接固定在建筑结构上。

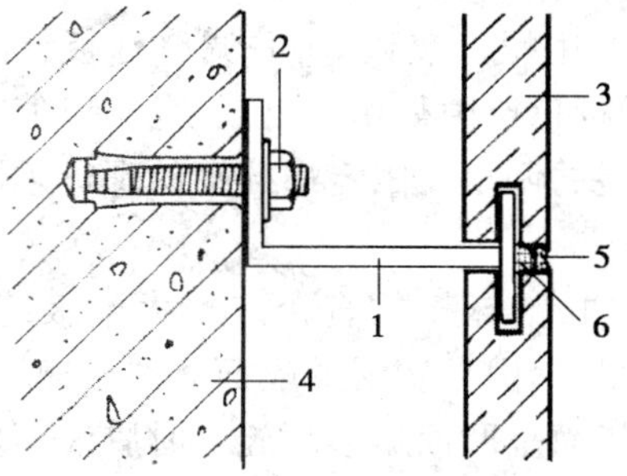

图 3.40　直接式石材幕墙构造示意图

1－挂件；2－膨胀螺栓；3－石材；4－基体；
5－耐候胶；6－泡沫棒

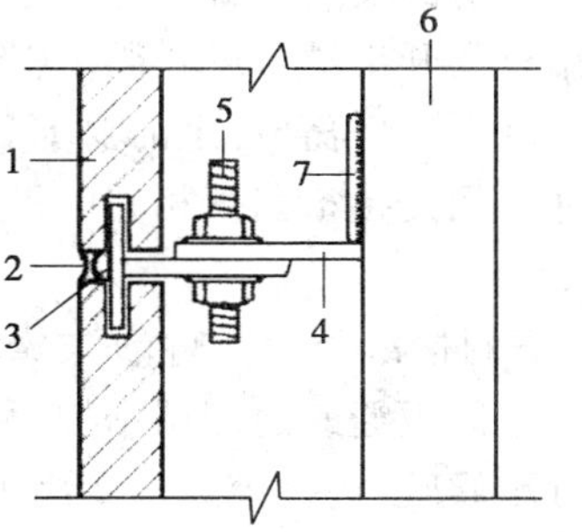

图 3.41　骨架式石材幕墙构造示意图

1－石材；2－耐候胶；3－泡沫棒；4－挂件；
5－螺栓；6－骨架；7－焊缝

3. 石材幕墙的施工

石材幕墙在施工时，应根据幕墙的不同构造形式进行施工。石材幕墙的常见施工工序为：安装预埋件→测量放样→安装骨架→石材面板的安装→接缝处理→清洗扫尾。

(1) 预埋件的安装。预埋件一般直接安装在建筑物的梁柱等结构上。它可以在土建施工时埋设，也可在土建施工结束后安装。在选用膨胀螺栓固定时，膨胀螺栓的数量及规格大小应由设计单位经过验算，在施工现场还应做拉拔实验，设计验算和拉拔实验合格后方能用于实际工程中。

(2) 测量放样。根据建筑物的水准点和基准轴线进行测量。首先在建筑物的底层确定幕墙的定位线和分格线位置；然后用经纬仪或激光垂直仪找出幕墙的阴阳角线，并用钢丝线定好位置；再用水平仪和钢卷尺找出各楼层的标高位置；最后在各立面上找出立面的中线和立柱的位置。测量时应控制好测量误差，测量时的风力不应超过四级，整个测量工作完成后应及时复测和校核。

(3) 骨架的安装。测量放样工作完成后接着进行立柱的安装。根据阴阳角处钢丝控制线的位置安装好每一立面两端处的立柱，再根据设计要求安装两根立柱之间的其他立柱。立柱与建筑物之间的连接一般用连接支座，钢制连接支座与铝合金立柱之间应设置橡胶垫片。所有的立柱均应用经纬仪或激光垂直仪校准好垂直度，立柱的间距误差不应超过规定的要求。然后再按照设计图纸的要求安装骨架的横梁。铝合金横梁与立柱之间需设橡胶垫片，横梁与立柱之间的连接用铝合金连接件。横梁的位置、间距和水平度等必须符合规定。如果骨架的材质是钢材，则须在骨架材料上、焊缝处、螺栓连接处等部位做好防锈工作。

(4) 幕墙的保温、防火构造安装。石材幕墙的接缝和窗框四周的嵌缝处应用保温材料进行填嵌。板材背面做保温层时，保温层处应做好防水层，保温层与骨架之间的缝隙应严密。每一层楼板与石材幕墙之间的空档处经防腐处理且厚度不小于 1.5 mm 的耐热钢板和矿棉等防火材料进行密封，形成良好的防火隔离层。

(5) 石材面板的安装。石材面板的形状规格是由设计师确定的，施工人员在固定板材前应先根据设计图纸的安装要求，确定好每一块板材在幕墙上的位置，并在板材上编号，单块石材板面面积不宜大于 1.5 m^2。板材在图纸上的形状尺寸须与实际情况符合，以免产生安装偏差。石材不应有裂缝和风化现象。石材安装的顺序一般为先下后上，先门窗洞口后大面。根据每一块板材的安装位置在骨架上安装金属挂件或专用螺栓,板材与金属挂件或专用螺栓的连接处用机具开出槽口或孔洞。将板材与金属挂件或专用螺栓连接好,并调整好板材的水平度和垂直度,使之符合规定的要求。板材与金属挂件的槽口空隙处用石材胶填注,以使板材与金属挂件之间连接牢固。相邻的板材之间应注意高低差的调整。固定螺栓用的螺母须固定牢固,防止螺母松动。

(6) 石材嵌缝处理。将泡沫棒填装在石材的板缝内,泡沫棒的直径应略大于板缝宽度。在石材正立面板缝的两侧粘贴护面胶带纸,并用清洗剂将缝隙处板材的表面清洗干净,然后在板缝处打耐候胶,边打胶边用专用工具勾缝,使嵌缝胶表面呈凹面弧形。施工时胶液不应污染墙面,如果墙面沾有胶液,应立即擦去,并用清洁剂清洗剩余的胶液。遇有大风和下雨的天气情况应停止打胶工作。

(7) 墙面清理。幕墙施工完成后,将接缝处的接缝纸带揭去,并用清水和清洗剂将石材表面擦洗干净。

四　金属幕墙

由于金属饰面板具有色彩丰富、板面平整、易于加工、耐久性能好、防火和施工方便等特点,所以在幕墙工程中作为饰面材料被广泛地使用。与玻璃幕墙和石材幕墙相比,金属幕墙的强度高、重量轻,防火性能好、施工周期短,可用于各类建筑物上。

1. 金属幕墙的组成材料

金属幕墙主要由金属饰面板、固定支座、骨架结构、各种连接件及固定件、密封材料等组成。

(1) 骨架材料。金属幕墙的常用骨架结构体系有型钢骨架体系和铝合金骨架体系。型钢骨架体系的结构强度高、造价低、锚固间距大,一般用于低层建筑或者对安装精度要求不高的金属幕墙中。但由于型钢骨架易生锈,在施工前必须进行相应的防腐处理,而且型钢骨架对使用维护的要求较高,所以金属幕墙的骨架采用铝型材骨架的情况较多。

铝型材骨架一般有竖向杆件(立柱)和横向杆件(横梁),它的常用断面尺寸有 110 mm、130 mm、160 mm 和 180 mm 等,型材的壁厚一般不小于 3 mm。金属幕墙所使用的铝合金型材应符合《铝合金建筑型材》(GB/T5237)中规定的高精级和《铝及铝合金阳极氧化、阳极氧化膜总规定》(GB8013)的规定。

(2) 饰面材料。金属幕墙饰面板的常用材料有彩色涂层复合钢板、铝合金板、蜂巢铝合金复合板和塑铝板等。

彩色涂层复合钢板是以彩色涂层钢板为面层,以轻质保温材料为芯板,经过复合后而形成的一种板材。

金属幕墙上所用的铝合金板一般是 LF21 铝合金板,其厚度为 2.5 mm。为了提高较大规格的铝合金板的板面强度,可在铝合金板的背面设置加强筋,加强筋用与板面相同质地的铝合金带或角铝制成,铝合金带的宽度为 10 ~ 25 mm,厚度为 2 ~ 2.5 mm。铝合金板的表面常用粉末喷涂或氟碳喷涂工艺进行处理,这样既能使铝合金板面的色调基本一致,又大大地提高了板材的使用寿命。粉末喷涂的厚度为 20 ~ 30 μm,氟碳涂层的厚度为 40 ~ 60 μm。

蜂巢铝合金复合板是在两块铝板中间加上用各种材料制成的蜂窝状夹层,外侧铝板的厚度为 1.0 ~ 1.5 mm,内侧铝板的厚度为 0.8 ~ 1.0 mm,蜂窝板的总厚度为 10 ~ 25 mm。蜂窝铝合金板的夹层材料以铝箔为主。

塑铝板是以铝合金板为面层材料、聚乙烯或聚氯乙烯等热塑性塑料为芯板材料，经复合而成的装饰板。单层铝合金板的厚度不应小于 2.5 mm。

(3) 辅助材料。辅助材料主要指填充材料、保温隔热材料、防火防潮材料、密封材料和粘结材料等。

填充材料主要是聚乙烯发泡材料。

保温隔热材料主要用岩棉、矿棉和玻璃棉等。

防火材料常用防火板。防潮材料则用铝箔或塑料薄膜包装的复合材料。

密封胶宜采用中性的耐候硅酮胶，不得将过期的密封胶用于金属幕墙工程上，且密封胶的性能应满足规范规定的要求。

双面胶在选用时应考虑到金属幕墙所承受的风荷载的大小。当风荷载大于 1.8 KN/m^2 时，则选用中等硬度的聚胺基乙酯低发泡间隔双面胶带；当风荷载小于或等于 1.8 KN/m^2 时，宜选用聚乙烯低发泡间隔双面胶带。

结构胶采用高模数中性胶，并不得使用过期的结构胶，结构胶的性能应满足国家规范的有关规定。

(4) 其他材料。其他材料包括预埋件和连接件。预埋件和连接件是将金属幕墙与土建结构连接在一起的有关构件。预埋件和连接件在施工前均应进行防锈处理。

预埋件一般用钢板或型钢制成，它可以在土建施工时埋设在建筑物结构上，也可待土建结构完成后进行安装。

连接件则常用角钢、槽钢、方钢和钢板等材料制成。

2. 金属幕墙的构造组成

金属幕墙的构造组成决定了金属幕墙的施工工艺。

图 3.42 和图 3.43 分别是铝合金板或塑铝板幕墙以及铝合金蜂窝板幕墙的构造示意图。

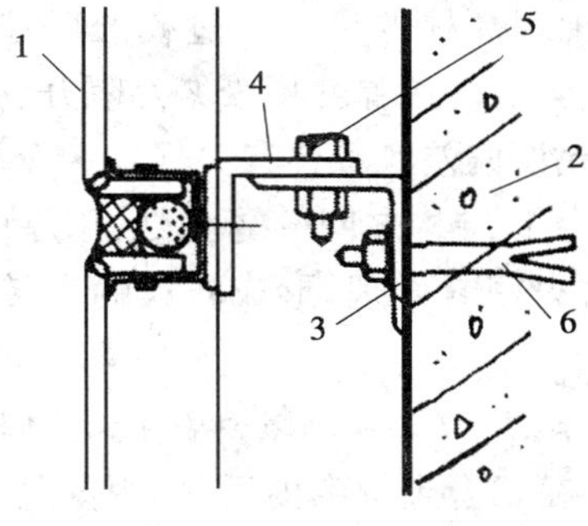

图 3.42 铝合金板或塑铝板幕墙构造示意图

1 – 铝合金板或塑铝板；2 – 建筑结构；3 – 角钢连接件；4 – 直角形铝型材横梁；5 – 调节螺栓；6 – 锚固膨胀螺栓

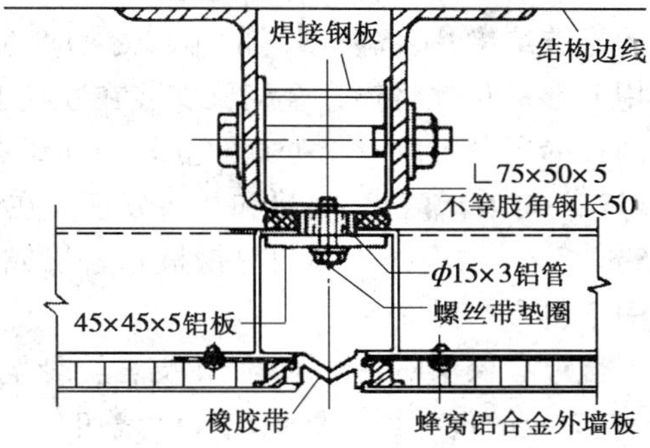

图 3.43 铝合金蜂窝板幕墙构造示意图

3．金属幕墙的施工工艺

金属幕墙在施工前应按照施工图纸，对照现场尺寸的实际情况进行详细的核查。发现图纸与施工现场情况不相符合的地方时，应会同有关人员进行现场会审。

当幕墙施工需要搭设脚手架或安装吊篮时，应确保脚手架和吊篮的安全性能。

金属幕墙的施工流程为：安装预埋件→测量放样→骨架的安装→保温隔热和防火材料的安装→防雷处理→面板的安装→节点的处理→清理。

(1) 安装预埋件。在实际施工中，预埋件的设置与土建部分往往是脱节的，所以幕墙预埋件的安装一般是由幕墙施工单位进行施工。

金属幕墙的预埋件主要是指与建筑结构相连接的预埋铁板和幕墙骨架的固定支座等。预埋铁板用厚钢板制成，其表面应用防腐漆进行处理，然后按照幕墙施工图纸规定的位置进行安装。预埋铁板的安装可用焊接的方法将其与建筑结构的钢筋固定，也可用高强膨胀螺栓直接将其固定在建筑结构上。预埋铁板的表面沿垂直方向的倾斜误差较大时，应采用厚度适中的钢板垫平后焊牢，严禁用钢筋头等不规则金属件进行垫焊或搭接焊。预埋铁板的安装偏差不得超过有关的尺寸规定。

预埋铁板固定后，再用高强螺栓或焊接的方法将支座固定在预埋铁板上，固定支座可用不锈钢板或经过镀锌处理过的角钢制成。

(2) 测量放样。将预埋件和建筑物轴线的位置复测后，再将竖向骨架和横向骨架的位置定出，并用经纬仪定出幕墙的转角位置。测量时应控制好测量误差，测量时的风力不超过四级。放样后应及时校核相关尺寸，确保幕墙的垂直度和立柱位置的正确性。

(3) 骨架的安装。骨架在安装前应检查铝合金骨架的规格尺寸、连接件加工处理的情况等是否符合图纸和规范的要求。

将经过热浸镀锌处理过的连接角钢焊接在预埋铁板上，焊接时应采用对称焊接，以防止产生焊接变形。预埋铁件上的连接铁件焊接后需对焊缝进行防锈处理。

用不锈钢螺栓将立柱固定在连接角钢上，在立柱与连接铁件的接触处固定厚度为 1 mm 左右的橡胶绝缘片，以防不同的金属之间产生电化学腐蚀。立柱的尺寸经过校准后拧紧螺栓。再用 L 形铝角件将铝合金横梁安装在立柱上，立柱与横梁之间用弹性橡胶垫片隔开，横梁与立柱的接缝用密封胶密封处理。立柱与横梁的安装尺寸允许偏差应符合有关规定。

(4) 幕墙的防火、隔热和防雷处理。在金属幕墙与楼板结构之间的缝隙处，用厚度不小于 1.5 mm 经过防腐处理的耐热钢板和岩棉或矿棉进行防火密封处理，形成防火隔离带，隔离带中间不得有空隙。

幕墙有保温隔热要求时，在铝合金骨架的空挡内用阻燃型聚苯乙烯泡沫板等材料进行填充，泡沫板的尺寸可根据现场尺寸裁切。将泡沫板固定在铝合金框架内后，再用彩色涂层钢板或不锈钢板等材料进行封闭。金属幕墙的饰面板如果用铝合金蜂窝板时，由于蜂窝板本身具有较好的保温隔热性能，则在板的背面可以不做上述的保温隔热处理。

幕墙的防雷体系应与建筑结构的防雷体系有可靠的连接，以确保整片幕墙框架具有连续而有效的导电性，保证防雷系统的接地装置安全可靠。防雷系统与供电系统不得公用接地装置。

(5) 饰面板的安装。饰面板在安装时应做好保护工作，避免板面被硬物撞击或划伤。

按照幕墙上饰面板的分格布置要求将饰面板固定在铝合金骨架上，固定时应注意分格缝的水平度和垂直度应满足有关要求。

饰面板固定后，在板的接缝内安装泡沫棒。板的接缝四周须用保护胶纸粘贴，以防密封胶污染板面。注胶的宽度与深度的比例一般为2:1。密封胶固化后再将保护胶纸撕去。

(6) 节点的处理。金属幕墙的节点主要是指幕墙的转角处、不同材料的交接处、女儿墙的压顶、墙面边缘的收口、墙面下端部位和幕墙的变形缝等部位。

金属幕墙的节点处理应根据这些部位处的施工大样图的做法要求进行施工。施工时应保证节点的防渗、保温隔热、美观等方面的要求。

幕墙的转角一般用断面为直角形的、材质与饰面板相同的材料进行处理。转角材料可与饰面板直接连接或固定在金属骨架上。

不同材料的交接部位通常在横向或竖向骨架处，可在不同材料的交接处用定型收口板收口，同时在收口板与不同材料之间加设橡胶垫或注密封胶，以防雨水渗漏。

女儿墙的压顶常用与幕墙材料相同材质的金属板进行封盖。封盖的金属板应固定在骨架结构上，并在压顶板与幕墙或女儿墙的交接处用密封胶进行密封处理。

幕墙边缘的收口可用金属板或异型板材进行封盖，收口用的封盖板应固定在骨架上。

幕墙的下端一般用挡水板进行处理，挡水板应将幕墙的下端盖住，同时将板与幕墙之间的缝隙盖住，防止雨水渗入室内。

幕墙的变形缝处用异形金属板和氯丁橡胶带进行处理。

(7) 清理。清理工作主要是指对幕墙板面的清洗。

由于在施工的过程中，金属面板的表面容易被密封胶等材料污染，另外有些饰面板的表面往往带有保护胶纸，因此幕墙施工后的最后一道工序是对幕墙的表面进行清理。有保护胶纸的板面应将保护胶纸及时撕去，撕胶纸时应按从上至下的方向进行。板面清洗时所用的清洗剂应是中性清洗剂，不得用碱性或酸性清洗剂，以免板面被污损。

五　幕墙施工时应注意的问题

由于幕墙的施工是属于高空作业，往往带有一定的危险性，因此在施工时应注意相应的安全操作规程。具体应注意以下事项：

(1) 幕墙施工时搭设的脚手架或施工吊篮必须符合有关的安全规定。

(2) 施工现场用电应满足安全用电的有关规定。

(3) 高空作业时必须系好安全带、戴好安全帽，严禁高空坠物、穿拖鞋和凉鞋进入施工现场。

(4) 禁止在外脚手架上上下攀爬，应由专用上下通道通行。

(5) 幕墙的作业面下方禁止人员通行和施工。

(6) 电焊操作时应在电焊火花的下方设置焊花接料斗，以防焊花损坏已安装好的饰面板，同时也防止火灾的发生。

(7) 遇有六级以上的大风、大雾、雷雨、大雪等恶劣天气时严禁高空作业。

(8) 施工人员每天进入施工现场时，施工负责人应做好安全教育和技术交底工作。

(9) 幕墙施工中所使用的施工机具使用前应做好检查工作。吊篮须做荷载试验和安全保护装置的运转试验，电焊机、手枪钻等施工机具应检查其绝缘性能。

第七节 门窗及幕墙工程的质量验收和通病的防治方法

一 门窗工程的质量验收

1. 门窗工程的检验批应按如下方法划分

相同品种、类型和规格的木门窗、金属门窗、塑料门窗及门窗玻璃每100樘应划分为一个检验批,不足100樘也应划分为一个检验批。

同一品种、类型和规格的特种门每50樘应划分为一个检验批,不足50樘也应划分为一个检验批。

2. 门窗工程的检查数量

(1) 木门窗、金属门窗、塑料门窗及门窗玻璃,每个检验批应至少抽查5%,并不得少于3樘,不足3樘时应全数检查;高层建筑的外窗,每个检验批应至少抽查10%,并不得少于6樘,不足6樘时应全数检查。

(2) 特种门每个检验批应至少抽查50%,并不得少于10樘,不足10樘时应全数检查。

3. 门窗工程的文件资料检查

(1) 门窗工程的施工图纸、设计说明及其他设计文件。

(2) 材料的产品合格证、性能检测报告、进场验收记录和复验报告。

(3) 特种门及其附件的生产许可文件。

(4) 隐蔽工程验收记录。

(5) 施工记录。

4. 门窗工程的外观质量

1) 木门窗

(1) 木门窗的木材品种、材质等级、规格、尺寸、框扇的线型及人造木板的甲醛含量应符合设计要求。设计未规定材质等级时,所用木材的质量应符合规范中附录的有关要求。

(2) 木门窗的结合处和安装配件处不得有木节或填补的木节。木门窗如有允许限值以内的死节及直径较大的虫眼时,应用同一材质的木塞加胶填补。对于清漆制品,木塞的纹理和色泽应与制品一致。

(3) 门窗框和厚度大于50 mm的门窗扇应用双榫连接。榫槽应用胶粘剂严密嵌合,并用胶楔加紧。

(4) 胶合板门、纤维板门合模压门不得脱胶。胶合板不得刨透表层单板,不得有戗搓。制作胶合板门、纤维板门时,边框和横楞应在同一平面上,面层、边框及横楞应加压胶结。横楞和上、下冒头应各钻两个以上的透气孔,透气孔应通畅。

(5) 木门窗框的安装必须牢固。预埋木砖的防腐处理、木门窗框固定点的数量、位置及固定方法应符合设计要求。

(6) 木门窗扇必须安装牢固,并应开关灵活,关闭严密,无倒翘。

(7) 木门窗配件的型号、规格、数量应符合设计要求,安装应牢固,位置应正确,功能应满足使用要求。

(8) 木门窗的表面应洁净,不得有刨痕、锤印。

(9) 木门窗的割角、拼缝应严密平整。门窗框、扇裁口应顺直,刨面应平整。

(10) 木门窗上的槽、孔应边缘整齐,五毛刺。

(11) 木门窗与墙体间缝隙的填嵌材料应符合设计要求,填嵌应饱满。寒冷地区外门窗(或门窗框)与砌体间的空隙应填充保温材料。

(12) 木门窗批水、盖口条、压缝条、密封条的安装应顺直,与门窗结合应牢固、严密。

2) 金属门窗

(1) 金属门窗的品种、类型、规格、尺寸、性能、开启方向、安装位置、连接方式及铝合金门窗的型材壁厚应符合设计要求。金属门窗的防腐处理及填嵌、密封处理应符合设计要求。

(2) 金属门窗框和副框的安装必须牢固。预埋件的数量、位置、埋设方式、与框的连接方式必须符合设计要求。

(3) 金属门窗扇必须安装牢固,并应开关灵活、关闭严密,无倒翘。推拉门窗扇必须有防脱落措施。

(4) 金属门窗配件的型号、规格、数量应符合设计要求,安装应牢固,位置应正确,功能应满足使用要求。

(5) 金属门窗的表面应洁净、平整、光滑、色泽一致,无锈蚀。大面应无划痕、碰伤。漆膜或保护层应连续。

(6) 铝合金门窗推拉窗扇开关力应不大于 100 N。

(7) 金属门窗框与墙体之间的缝隙应填嵌饱满,并采用密封胶密封。密封胶表面应光滑、顺直,无裂纹。

(8) 金属门窗扇的橡胶密封条或毛毡密封条应安装完好,不得脱槽。

(9) 有排水孔的金属门窗,排水孔应畅通,位置和数量应符合设计要求。

3) 塑料门窗

(1) 塑料门窗的品种、类型、规格、尺寸、开启方向、安装位置、连接方式及填嵌密封处理应符合设计要求,内衬增强型钢的壁厚及设置应符合国家现行产品标准的质量要求。

(2) 塑料门窗框、副框和扇的安装必须牢固。固定片或膨胀螺栓的数量与位置应正确.连接方式必须符合设计要求。固定点应距窗角、中横框、中竖框 150 ~ 200 mm,固定点间距应不大于 600 m。

(3) 塑料门窗拼樘料内增强型钢的规格、壁厚必须符合设计要求,型钢应与型材内腔紧密吻合,其两端必须与洞口固定牢固。窗框必须与拼樘料连接紧密,固定点间距应不大于 600 mm。

(4) 塑料门窗应开关灵活、关闭紧密,无倒翘。推拉门窗扇必须有防脱落措施。

(5) 塑料门窗配件的型号、规格、数量应符合设计要求,安装牢固,位置应正确,功能应满足使用要求。

(6) 塑料门窗框与墙体间的缝隙应采用闭孔弹性材料填嵌饱满,表面应采用密封胶密封。密封胶应粘结牢固,表面应光滑、顺直、无裂纹。

(7) 塑料门窗表面应洁净、平整、光滑,大面应无划痕、碰伤。

(8) 塑料门窗扇的密封条不得脱槽。旋转窗间隙应基本均匀。

(9) 塑料门窗的开关力应符合:平开门窗扇平铰链的开关力应不大于 80 N;滑撑铰链的开

关力应不大于 80 N,并不小于 30 N;推拉门窗扇的开关力应不大于 100 N。

(10) 玻璃密封条与玻璃及玻璃槽口的接缝应平整,不得卷边、脱槽。

(11) 排水孔应畅通位置和数量应符合设计要求。

4) 特种门窗

(1) 特种门的质量和各种性能应符合设计要求。

(2) 特种门窗的品种、类型、规格、尺寸、开启方向、安装位置及防腐处理应符合设计要求。

(3) 带有机械装置、自动装置或智能化装置的特种门,其机械装置、自动装置或智能装置的功能应符合设计要求和有关标准的规定。

(4) 特种门的安装必须牢固。预埋件的数量、位置、埋设方式、与框的连接方式必须符合设计要求。

(5) 特种门的配件应齐全,安装应牢固,位置应正确,功能应满足使用要求和特种门的各项性能要求。

(6) 特种门的表面装饰应符合设计要求,表面应洁净,无划痕、碰伤。

5) 门窗玻璃

(1) 玻璃的品种、规格、尺寸、色彩、图案和涂膜朝向应符合设计要求。单块玻璃的面积大于 1.5 m^2 时应使用安全玻璃。

(2) 门窗玻璃的裁割尺寸应正确。安装后的玻璃应牢固,不得有裂纹、损伤和松动。

(3) 玻璃的安装方法应符合设计要求。固定玻璃的钉子或钢丝卡的数量、规格应保证玻璃安装牢固。

(4) 镶钉木压条接触玻璃处,应与裁口边缘整齐。木压条应互相紧密连接,并与裁口边缘紧贴,割角应整齐。

(5) 密封条与玻璃、玻璃槽口的接触应紧密、平整。密封胶与玻璃、玻璃槽口的边缘应粘结牢固、接缝平齐。

(6) 带密封条的玻璃压条,其密封条必须与玻璃全部贴紧,压条与型材之间应无明显缝隙,压条接缝应不大于 0.5 mm。

(7) 玻璃表面应洁净,不得有腻子、密封胶、涂料等污渍。中空玻璃内外表面应洁净,玻璃中空层内不得有灰尘和水蒸气。

(8) 门窗玻璃不应直接接触型材。单面镀膜玻璃的镀膜层及磨砂玻璃的磨砂面应向室内。中空玻璃的单面镀膜玻璃应在最外层,镀膜层应朝向室内。

(9) 腻子应填嵌饱满、粘结牢固;腻子边缘与裁口应齐平。固定玻璃的卡子不应在腻子表面显露。

(10) 玻璃密封条与玻璃及玻璃槽口的接缝应平整,不得卷边、脱槽。

5. 门窗工程的尺寸允许偏差

(1) 木门窗。木门窗制作的尺寸允许偏差和检验方法见表 3.3 的规定。

表 3.3　木门窗制作的允许偏差和检验方法

项次	项　　目	构件名称	允许偏差/mm		
			普通	高级	
1	翘曲	框	3	2	将框、扇平放在检查平台上，用塞尺检查
		扇	2	2	
2	对角线长度差	框、扇	3	2	用钢尺检查，框量裁口里角，扇量外角
3	表面平整度	扇	2	2	用 1 m 靠尺和塞尺检查
4	高度、宽度	框	0; -2	0; -1	用钢尺检查，框量裁口里角，扇量外角
		扇	+2;0	+1;0	
5	裁口、线条结合处高低差	框、扇	1	0.5	用钢直尺和塞尺检查
6	相邻棂子两端间距	扇	2	1	用钢直尺检查

木门窗安装的留缝限值、允许偏差和检验方法应符合表 3.4 的规定。

表 3.4　木门窗安装的留缝限值、允许偏差和检验方法

项次	项　　目		留缝限值/mm		允许偏差/mm		检 验 方 法
			普通	高级	普通	高级	
1	门窗槽口对角线长度差		—	—	3	2	用钢尺检查
2	门窗框的正、侧面垂直度		—	—	2	1	用 1 m 垂直检测尺检查
3	框与扇、扇与扇接缝高低差		—	—	2	1	用钢尺和塞尺检查
4	门扇缝对口缝		1~2.5	1.5~2	—	—	用塞尺检查
5	工业厂房双扇大门对口缝		2~5	—	—	—	
6	门窗扇与上框间留缝		1~2	1~1.5	—	—	
7	门窗扇与侧框间留缝		1~2.5	1~1.5	—	—	
8	窗扇与下框间留缝		2~3	2~2.5	—	—	
9	门扇与下框间留缝		3~5	3~4	—	—	
10	双层门窗内外框间距		—	—	4	3	用钢尺检查
11	无下框时门扇与地面间留缝	外门	4~7	5~6	—	—	用塞尺检查
		内门	5~8	6~7	—	—	
		卫生间门	8~12	8~10	—	—	
		厂房大门	10~20	—	—	—	

(2) 金属门窗。钢门窗安装的留缝限值、允许偏差和检验方法见表 3.5 的规定。

表 3.5 钢门窗安装的留缝限值、允许偏差和检验方法

项次	项目		留缝间隙/mm	允许偏差/mm	检验方法
1	门窗槽口宽度、高度/mm	≤1 500	—	2.5	用钢尺检查
		>1 500	—	3.5	
2	门窗槽口对角线长度差/mm	≤2 000	—	5	用钢尺检查
		>2 000	—	6	
3	门窗框的正、侧面垂直度		—	3	用 1 m 垂直检测尺检查
4	门窗横框的水平度		—	3	用 1 m 水平尺和塞尺检查
5	门窗横框标高		—	5	用钢尺检查
6	门窗竖向偏离中心		—	4	用钢尺检查
7	双层门窗内外框间距		—	5	用钢尺检查
8	门窗框、扇配合间隙		≤2	—	用塞尺检查
9	无下框时门扇与地面间隙留缝		4~8	—	用塞尺检查

铝合金门窗安装的允许偏差和检验方法见表 3.6 的规定。

表 3.6 铝合金门窗安装的允许偏差和检验方法

项次	项目		允许偏差/mm	检验方法
1	门窗槽口宽度、高度/mm	≤1 500	1.5	用钢尺检查
		>1 500	2	
2	门窗槽口对角线长度差/mm	≤2 000	3	用钢尺检查
		>2 000	4	
3	门窗框的正、侧面垂直度		2.5	用垂直检测尺检查
4	门窗横框的水平度		2	用 1 m 水平尺和塞尺检查
5	门窗横框标高		5	用钢尺检查
6	门窗竖向偏离中心		5	用钢尺检查
7	双层门窗内外框间距		4	用钢尺检查
8	推拉门窗扇与框搭接量		1.5	用钢直尺检查

涂色镀锌钢板门窗安装的允许偏差和检验方法见表 3.7 的规定。

表 3.7 涂色镀锌钢板门窗安装的允许偏差和检验方法

项次	项目		允许偏差/mm	检验方法
1	门窗槽口宽度、高度/mm	≤1 500	2	用钢尺检查
		>1 500	3	
2	门窗槽口对角线长度差/mm	≤2 000	4	用钢尺检查
		>2 000	5	
3	门窗框的正、侧面垂直度		3	用垂直检测尺检查
4	门窗横框的水平度		3	用 1 m 水平尺和塞尺检查
5	门窗横框标高		5	用钢尺检查
6	门窗竖向偏离中心		5	用钢尺检查
7	双层门窗内外框间距		4	用钢尺检查
8	推拉门窗扇与框搭接量		2	用钢直尺检查

(3) 塑料门窗。塑料门窗安装的允许偏差和检验方法见表 3.8 的规定。

表 3.8 塑料门窗安装的允许偏差和检验方法

项 次	项 目		允许偏差/mm	检 验 方 法
1	门窗槽口宽度、高度/mm	≤1 500	2	用钢尺检查
		>1 500	3	
2	门窗槽口对角线长度差/mm	≤2 000	3	用钢尺检查
		>2 000	5	
3	门窗框的正、侧面垂直度		3	用 1 m 垂直检测尺检查
4	门窗横框的水平度		3	用 1 m 水平尺和塞尺检查
5	门窗横框标高		5	用钢尺检查
6	门窗竖向偏离中心		5	用钢直尺检查
7	双层门窗内外框间距		4	用钢尺检查
8	同樘平开门窗相邻扇高度差		2	用钢直尺检查
9	平开门窗铰链部位配合间隙		+2; -1	用塞尺检查
10	推拉门窗扇与框搭接量		+1.5; -2.5	用钢直尺检查
11	推拉门窗扇与竖框平行度		2	用 1 m 水平尺和塞尺检查

(4) 特种门窗。推拉自动门安装的留缝限值、允许偏差和检验方法见表 3.9 的规定。

表 3.9 推拉自动门安装的留缝限值、允许偏差和检验方法

项 次	项 目		留缝间隙/mm	允许偏差/mm	检 验 方 法
1	门槽口宽度、高度/mm	≤1 500	—	1.5	用钢尺检查
		>1 500	—	2	
2	门槽口对角线长度差/mm	≤2 000	—	2	用钢尺检查
		>2 000	—	2.5	
3	门框的正、侧面垂直度		—	1	用 1 m 垂直检测尺检查
4	门构件装配间隙		—	0.3	用塞尺检查
5	门梁导轨水平度		—	1	用 1 m 水平尺和塞尺检查
6	下导轨与门梁导轨平行度		—	1.5	用钢尺检查
7	门扇与侧框间留缝		1.2~1.8	—	用塞尺检查
8	门扇对口缝		1.2~1.8	—	用塞尺检查

推拉自动门安装的感应时间限值和检验方法见表 3.10 的规定。

表 3.10 推拉自动门的感应时间限值和检验方法

项 次	项 目	感应时间限值/s	检 验 方 法
1	开门响应时间	≤0.5	用秒表检查
2	堵门保护延时	16~20	用秒表检查
3	门扇全开启后保持时间	13~17	用秒表检查

旋转门安装的允许偏差和检验方法见表 3.11 的规定。

表 3.11　旋转门安装的允许偏差和检验方法

项次	项　　目	允许偏差/mm		检验方法
		金属框架玻璃旋转门	木质旋转门	
1	门扇正、侧面垂直度	1.5	1.5	用 1 m 垂直检测尺检查
2	门扇对角线长度差	1.5	1.5	用钢尺检查
3	相邻扇高度差	1	1	用钢尺检查
4	扇与圆弧边留缝	1.5	2	用塞尺检查
5	扇与上顶间留缝	2	2.5	用塞尺检查
6	扇与地面间留缝	2	2.5	用塞尺检查

二　幕墙工程的质量验收

1. 幕墙工程的检验批应按如下方法划分

相同设计、材料、工艺和施工条件的幕墙工程每 500～1 000 m^2 应划分为一个检验批，不足 500 m^2 也应划分为一个检验批。

同一单位工程的不连续的幕墙工程应单独划分检验批。

对于异型或有特殊要求的幕墙，检验批的划分应根据幕墙的结构、工艺特点，由监理单位(或建设单位)和施工单位协商确定。

2. 幕墙工程的检查数量

(1) 每个检验批每 100 m^2 应至少抽查一处，每处不得小于 10 m^2。

(2) 对于异型或有特殊要求的幕墙，应根据幕墙的结构和工艺特点，由监理单位(或建设单位)和施工单位协商确定。

3. 幕墙工程的文件资料检查

(1) 幕墙工程的施工图纸、结构计算书、设计说明及其他设计文件。

(2) 建筑设计单位对幕墙工程设计的确认文件。

(3) 幕墙工程所用各种材料、五金配件、构件及组件的产品合格证、性能检测报告、进场验收记录和复验报告。

(4) 幕墙工程所用硅酮结构胶的认定证书和抽查合格证明；进口硅酮结构胶的商检证；国家指定检测机构出具的硅酮结构胶相容性和剥离粘结性试验报告；石材用密封胶的耐污染性试验报告。

(5) 后置预埋件的现场拉拔强度检测报告。

(6) 幕墙的抗风压性能、空气渗透性能、雨水渗透性能及平面变形性能检测报告。

(7) 打胶、养护环境的温度、湿度记录；双组分硅酮结构胶混匀性试验记录和拉断试验报告。

(8) 防雷装置测试报告。

(9) 隐蔽工程验收记录。

(10) 幕墙附件和组件的加工制作记录；幕墙安装施工记录。

4．幕墙工程的外观质量

1）玻璃幕墙

(1) 玻璃幕墙工程使用的各种材料、构件和组件的质量，应符合设计要求及国家现行产品标准和工程技术规范的规定。

(2) 玻璃幕墙的造型和立面分格应符合设计要求。

(3) 玻璃幕墙使用的玻璃应符合以下规定：幕墙应使用安全玻璃，玻璃的品种、规格、颜色、光学性能及安装方向应符合设计要求；幕墙玻璃的厚度不应小于 6.0 mm，全玻璃幕墙玻璃肋的厚度不应小于 12 mm；中空玻璃应采用双道密封。明框幕墙的中空玻璃应采用聚硫密封胶及丁基密封胶；隐框和半隐框幕墙的中空玻璃应采用硅酮结构密封胶及丁基密封胶；镀膜面应在中空玻璃的第 2 或第 3 面上；幕墙的夹层玻璃应采用聚乙烯醇缩丁醛(PVB)胶片干法加工合成的夹层玻璃。点式幕墙上用的夹层玻璃的夹层胶片厚度不应小于 0.76 mm；钢化玻璃的表面不得有损伤，8 mm 以下的钢化玻璃应进行引爆处理；所有幕墙玻璃均应进行边缘处理。

(4) 玻璃幕墙与主体结构连接的各种预埋件、连接件、紧固件必须安装牢固，其数量、规格、位置、连接方法和防腐处理应符合设计要求。

(5) 各种连接件、紧固件的螺栓应有防松动措施；焊接连接应符合设计要求和焊接规范的规定。

(6) 隐框或半隐框玻璃幕墙，每块玻璃下端应设置两个铝合金或不锈钢托条，其长度不应小于 100 mm，厚度不应小于 2 mm，托条外端应低于玻璃外表面 2 mm。

(7) 明框玻璃幕墙的玻璃安装应符合以下规定：玻璃槽口与玻璃的配合尺寸应符合设计要求和技术标准的规定；玻璃与构件不得直接接触，玻璃四周与构件凹槽底部应保持一定的空隙，每块玻璃下部应至少放置两块宽度与槽口宽度相同、长度不小于 100 mm 的弹性定位垫块，玻璃两边嵌入量及空隙应符合设计要求；玻璃四周橡胶条的材质、型号应符合设计要求。镶嵌应平整，橡胶条长度应比边框内槽长 1.5%～2.0%，橡胶条在转角处应斜面断开，并用胶粘剂粘结牢固后嵌入槽内。

(8) 高度超过 4 m 的全玻璃幕墙应吊挂在主体结构上，吊夹具应符合设计要求，玻璃与玻璃、玻璃与玻璃肋之间的缝隙，应采用硅酮结构密封胶填嵌严密。

(9) 点式玻璃幕墙应采用带万向头的活动不锈钢爪，其钢爪间的中心距离应大于 250 mm。

(10) 玻璃幕墙四周、玻璃幕墙内表面与主体结构之间的连接节点、各种变形缝、墙角的连接节点应符合设计要求和技术标准。

(11) 玻璃幕墙应无渗漏。防雷装置必须与主体结构的防雷装置可靠连接。

(12) 玻璃幕墙的结构胶和密封胶的打注应饱满、密实、连续、均匀、无气泡，宽度和厚度应符合设计要求和技术标准的规定。

(13) 玻璃幕墙开启窗的配件应齐全，安装应牢固，安装位置和开启方向、角度应正确；开启应灵活，关闭应严密。

(14) 玻璃幕墙的表面应平整、洁净；整幅玻璃的色泽应均匀一致；不得有污染和镀膜损坏。

(15) 每平方米玻璃的表面质量和检验方法应符合表 3.12 的有关规定。

表 3.12　每平方米玻璃的表面质量和检验方法

项次	项　　目	质量要求	检验方法
1	明显划伤和长度 > 100 mm 的轻微划伤	不允许	观察
2	长度 ≤ 100 mm 的轻微划伤	≤ 8 条	用钢尺检查
3	擦伤总面积	≤ 500 mm^2	用钢尺检查

(16) 一个分格铝合金型材的表面质量和检验方法应符合表 3.13 的有关规定。

表 3.13　一个分格铝合金型材的表面质量和检验方法

项次	项　　目	质量要求	检验方法
1	明显划伤和长度 > 100 mm 的轻微划伤	不允许	观察
2	长度 ≤ 100 mm 的轻微划伤	≤ 2 条	用钢尺检查
3	擦伤总面积	≤ 500 mm^2	用钢尺检查

(17) 明框玻璃幕墙的外露框或压条应横平竖直,颜色、规格应符合设计要求,压条安装应牢固。单元玻璃幕墙的单元拼缝或隐框玻璃幕墙的分格玻璃拼缝应横平竖直、均匀一致。

(18) 玻璃幕墙的密封胶缝应横平竖直、深浅一致、宽窄均匀、光滑顺直。

(19) 防火、保温材料填充应饱满、均匀,表面密实、平整。

(20) 玻璃幕墙隐蔽节点的遮封装修应牢固、整齐、美观。

2) 金属幕墙

(1) 金属幕墙工程使用的各种材料和配件,应符合设计要求及国家现行产品标准和工程技术规范的规定。

(2) 金属幕墙的造型和立面分格应符合设计要求。

(3) 金属面板的品种、规格、颜色、光泽及安装方向应符合设计要求。

(4) 金属幕墙主体结构上的预埋件、后置埋件的数量、位置及后置埋件的拉拔力必须符合设计要求。

(5) 金属幕墙的金属框架立柱与主体结构预埋件的连接、立柱与横梁的连接、金属面板的安装必须符合设计要求,安装必须牢固。

(6) 金属幕墙的防火、保温、防潮材料的设置应符合设计要求,并应密实、均匀、厚度一致。

(7) 金属框架及连接件的防腐处理应符合设计要求。

(8) 金属幕墙的防雷装置必须与主体结构的防雷装置可靠连接。

(9) 各种变形缝、墙角的连接节点应符合设计要求和技术标准。

(10) 金属幕墙的板缝注胶应饱满、密实、连续、均匀、无气泡,宽度和厚度应符合设计要求和技术标准的规定。

(11) 金属幕墙应无渗漏。

(12) 金属板表面应平整、洁净、色泽一致。

(13) 金属幕墙的压条应平直、洁净、接口严密、安装牢固。

(14) 金属幕墙上的滴水线、流水坡向应正确、顺直。

(15) 每平方米金属板的表面质量和检验方法应符合表 3.14 的规定。

表 3.14　每平方米金属板的表面质量和检验方法

项次	项　　目	质量要求	检验方法
1	明显划伤和长度 > 100 mm 的轻微划伤	不允许	观察
2	长度 ≤ 100 mm 的轻微划伤	≤ 8 条	用钢尺检查
3	擦伤总面积	≤ 500 mm^2	用钢尺检查

3）石材幕墙

（1）石材幕墙工程使用的材料品种、规格、性能和等级，应符合设计要求及国家现行产品标准和工程技术规范的规定。石材的弯曲强度不应小于 8.0 MPa；吸水率应小于 0.8%。石材幕墙的铝合金挂件厚度不应小于 4.0 mm，不锈钢挂件厚度不应小于 3.0 mm。

（2）石材幕墙的造型、立面分格、颜色、光泽、花纹和图案应符合设计要求。

（3）石材孔、槽的数量、深度、位置、尺寸应符合设计要求。

（4）石材幕墙主体结构上的预埋件、后置埋件的数量、位置及后置埋件的拉拔力必须符合设计要求。

（5）石材幕墙的金属框架立柱与主体结构预埋件的连接、立柱与横梁的连接、连接件与金属框架的连接、连接件与石材的连接必须符合设计要求，安装必须牢固。

（6）石材幕墙的防火、保温、防潮材料的设置应符合设计要求，填充应密实、均匀、厚度一致。

（7）金属框架及连接件的防腐处理应符合设计要求。

（8）石材幕墙的防雷装置必须与主体结构的防雷装置可靠连接。

（9）各种变形缝、墙角的连接节点应符合设计要求和技术标准。

（10）石材表面和板缝的处理应符合设计要求。幕墙的板缝注胶应饱满、密实、连续、均匀、无气泡，宽度和厚度应符合设计要求和技术标准的规定。

（11）石材幕墙应无渗漏。

（12）石材表面应平整、洁净，无污染、缺损和裂痕。颜色和花纹应协调一致，无明显色差和修补痕迹。

（13）石材幕墙的压条应平直、洁净、接口严密、安装牢固。

（14）石材幕墙上的滴水线、流水坡向应正确、顺直。

（15）石材接缝应横平竖直、宽窄均匀；阴阳角石板压向应正确，板边合缝应顺直；凹凸线的出墙厚度应一致，上下口应平直；石材面板上的洞口、槽边应套割吻合，边缘整齐。

（16）石材幕墙的密封胶缝应横平竖直、深浅一致、宽窄均匀、光滑顺直。

（17）每平方米石材的表面质量和检验方法应符合表 3.15 的规定。

表 3.15　每平方米石材的表面质量和检验方法

项次	项　　目	质量要求	检验方法
1	裂痕、明显划伤和长度 > 100 mm 的轻微划伤	不允许	观察
2	长度 ≤ 100 mm 的轻微划伤	≤ 8 条	用钢尺检查
3	擦伤总面积	≤ 500 mm^2	用钢尺检查

5. 幕墙工程的安装尺寸允许偏差

(1) 明框玻璃幕墙。明框玻璃幕墙安装的允许偏差和检验方法见表3.16。

表3.16 明框玻璃幕墙安装的允许偏差和检验方法

项次	项目		允许偏差/mm	检验方法
1	幕墙垂直度	幕墙高度≤30 m	10	用经纬仪检查
		30 m<幕墙高度≤60 m	15	
		60 m<幕墙高度≤90 m	20	
		幕墙高度>90 m	25	
2	幕墙水平度	幕墙幅宽≤35 m	5	用水平仪检查
		幕墙幅宽>35 m	7	
3	构件直线度		2	用2 m靠尺和塞尺检查
4	构件水平度	构件长度≤2 m	2	用水平仪检查
		构件长度>2 m	3	
5	相邻构件错位		1	用钢直尺检查
6	分格框对角线长度差	对角线长度≤2 m	3	用钢尺检查
		对角线长度>2 m	4	

(2) 隐框、半隐框玻璃幕墙。隐框、半隐框玻璃幕墙安装的允许偏差和检验方法见表3.17。

表3.17 隐框、半隐框玻璃幕墙安装的允许偏差和检验方法

项次	项目		允许偏差/mm	检验方法
1	幕墙垂直度	幕墙高度≤30 m	10	用经纬仪检查
		30 m<幕墙高度≤60 m	15	
		60 m<幕墙高度≤90 m	20	
		幕墙高度>90 m	25	
2	幕墙水平度	层高≤3 m	3	用水平仪检查
		层高>3 m	5	
3	幕墙表面平整度		2	用2 m靠尺和塞尺检查
4	板材立面垂直度		2	用垂直检测尺检查
5	板材上沿水平度		2	用1 m水平尺和钢直尺检查
6	相邻板材板角错位		1	用钢直尺检查
7	阳角方正		2	用直角检测尺检查
8	接缝直线度		3	拉5 m线,不足5 m拉通线,用钢直尺检查
9	接缝高低差		1	用钢直尺和塞尺检查
10	接缝宽度		1	用钢直尺检查

(3) 金属幕墙。金属幕墙安装的允许偏差和检验方法见表3.18。

表 3.18　金属幕墙安装的允许偏差和检验方法

项次	项　　目		允许偏差/mm	检验方法
1	幕墙垂直度	幕墙高度≤30 m	10	用经纬仪检查
		30 m < 幕墙高度≤60 m	15	
		60 m < 幕墙高度≤90 m	20	
		幕墙高度 > 90 m	25	
2	幕墙水平度	层高≤3 m	3	用水平仪检查
		层高 > 3 m	5	
3	幕墙表面平整度		2	用 2 m 靠尺和塞尺检查
4	板材立面垂直度		3	用垂直检测尺检查
5	板材上沿水平度		2	用 1 m 水平尺和钢直尺检查
6	相邻板材板角错位		1	用钢直尺检查
7	阳角方正		2	用直角检测尺检查
8	接缝直线度		3	拉 5 m 线，不足 5 m 拉通线，用钢直尺检查
9	接缝高低差		1	用钢直尺和塞尺检查
10	接缝宽度		1	用钢直尺检查

(4) 石材幕墙。石材幕墙安装的允许偏差和检验方法见表 3.19。

表 3.19　石材幕墙安装的允许偏差和检验方法

项次	项　　目		允许偏差/mm		检验方法
1	幕墙垂直度	幕墙高度≤30 m	10		用经纬仪检查
		30 m < 幕墙高度≤60 m	15		
		60 m < 幕墙高度≤90 m	20		
		幕墙高度 > 90 m	25		
2	幕墙水平度		3		用水平仪检查
3	板材立面垂直度		3		用垂直检测尺检查
4	板材上沿水平度		2		用 1 m 水平尺和钢直尺检查
5	相邻板材板角错位		1		用钢直尺检查
6	幕墙表面平整度		2	3	用 2 m 靠尺和塞尺检查
7	阳角方正		2	4	用直角检测尺检查
8	接缝直线度		3	4	拉 5 m 线，不足 5 m 拉通线，用钢直尺检查
9	接缝高低差		1	—	用钢直尺和塞尺检查
10	接缝宽度		1	2	用钢直尺检查

三　门窗及幕墙工程的通病防治

1. 门窗工程

(1) 门窗框渗水。门窗框的渗水主要由框体与墙体之间的缝隙处理不当、门窗框的排水不畅和框体的安装方向错误等因素造成的。

门窗框在施工时应按照规定的要求进行固定和填缝处理，填嵌应密实可靠。铝合金门窗框与墙体之间的连接为弹性连接，铝合金门窗框与墙体之间除了用保温材料进行填缝外，还应在型材与墙体交接处的内外各打一道密封胶；木门窗框与墙体之间的连接可以是刚性连接，木门窗框与墙体之间的缝隙用水泥砂浆填嵌时，应使水泥砂浆填嵌饱满。铝合金窗框的下口应做好流水孔的设置，防止异物堵塞流水孔。门窗框在安装时还应注意框体的安装方向，防止出现倒泛水。

(2) 门窗框扇的变形。当门窗框扇的变形较大时，门窗关闭后门窗框与扇的间隙过大或门窗扇关不严实，这样则易产生鸣叫声、室内的能量损失、雨水渗漏和扇框不能关闭等现象。

门窗框扇变形的原因有加工精度不够、木材含水率过高、框扇在安装时保护措施不当等。门窗在施工下料时应严格按照有关尺寸加工制作；木门窗在制作时应控制好木材的含水率，一般控制在12%以下，木材构件在加工后则不会由于含水率过高而产生变形；门窗框扇在安装后应采取适当的保护措施，禁止在框扇上安装脚手架或悬挂重物。

(3) 门扇的阻滞现象。造成门扇的出现阻滞现象的原因可能有门扇与楼地面之间的空隙尺寸过低、门扇的垂直度误差过大、地弹簧的上下轴线位置不准等因素。

在安装门扇前应使地弹簧的上下轴在同一条垂直线上；安装门扇时应使门扇与楼地面之间留有足够的空隙，以保证门扇启闭的运动空间；门扇安装时必须严格控制其垂直度，防止门扇出现倾斜。

(4) 窗扇的阻滞现象。窗扇的阻滞现象是由于窗扇与窗框之间没有足够的缝隙余量。

窗户在加工和安装时应使窗扇和窗框之间留有一定的空隙，以方便窗扇的启闭。此外材料的变形、五金配件的质量等因素也会造成窗扇阻滞。在施工过程中应控制木材的含水率、铝型材或塑钢型材的变形程度、五金配件的运动灵活性能等，这样可有效地控制窗扇的阻滞现象。

(5) 门窗表面的外观质量。门窗表面的外观质量经常存在的问题是门窗构件表面的颜色不均、有污迹、划痕等。

构件表面的颜色不均是由于门窗材料在进料时没有严格把关、油漆操作存在质量问题，对于铝合金和塑料装饰制品应把好进货质量关，避免铝合金或塑料装饰制品的表面出现颜色不均的质量问题；木门窗表面在油漆时应控制好油漆的调配，使门窗成品表面的颜色尽可能一致。

门窗在施工过程中可能有水泥砂浆、密封胶等材料污染到门窗制品的表面，从而在制品的表面留下污迹。在门窗制品表面易受污染的部位用保护胶纸贴好，待门窗施工完成后再将保护胶纸撕去，这样可有效地防止门窗表面产生污迹。

门窗制品表面的划痕常常是由于搬运方法不当造成的，可采取在门窗制品的表面用软质材料进行保护的方法，能有效地避免门窗制品表面的划伤。铝合金或塑钢门窗在安装时需要敲击就位时，应用软质材料衬垫在门窗制品上，以免制品表面留下锤击的痕迹。

2．幕墙工程

(1) 幕墙渗水。幕墙的渗水主要发生在饰面板的接缝处、门窗与幕墙的结合处、压顶板与屋面的交接处、幕墙的转角等部位。

以上部位产生渗水现象的原因主要是防水构造处理不当造成的。饰面板接缝处的密封胶的打胶方式不正确或打胶量不够时，接缝处的密封胶带易产生脱胶，雨水极易渗透到室内。在打胶时，应使密封胶在接缝内形成相对两面粘结，不得三面粘结，以免密封胶带在受拉时产生撕裂现象。门窗与幕墙结合处的型材应根据厂方的构造规定选取配套的型材种类，可使门窗与幕墙结合严密，在开启部位处设置滴水线和挡水板，并用密封材料进行密封处理。压顶板与屋面交接处应连接可靠，不易脱落，同时用密封胶密封。幕墙转角处选用配套的型材或封边板，转角处的材料与幕墙连接的接缝用密封胶填嵌。明框玻璃幕墙的明龙骨与玻璃交接处应用橡胶条衬垫，橡胶条的长度宜比边框内槽口长 1.5% ~ 2%，其断口应留在四周；橡胶条的断口应拼成预定的设计角度，并用胶粘剂粘结牢固后嵌入在骨架的槽口内，使玻璃与骨架的连接密实。

(2) 幕墙的变形。幕墙的变形是可能是由于骨架结构的强度和稳定性不足，或者骨架和固定支座在施工时就位不准确造成的。

骨架整体结构的强度和稳定性应经过计算后确定，严禁采取估算的方法选用骨架材料的型号。骨架结构与固定支座的连接也应由结构计算后确定。此外，固定支座与骨架的连接构造、骨架之间的连接构造必须考虑到温度变形的作用因素，应使这些地方的连接有足够的活动余量，以满足温差变化带来的结构变形的需要。幕墙变形缝的处理也应按照设计的构造要求进行施工，并保证变形缝处的连接可靠密实。加强骨架和支座在安装时的测量控制，使其安装偏差控制在允许的误差范围内。

幕墙的固定支座若采用普通膨胀螺栓固定时应做抗拉拔试验。

(3) 幕墙的防火处理。在幕墙与楼层的连接处应做好幕墙的防火构造。防火层的托板位置应在幕墙横梁上或与饰面板接触。在防火托板内用岩棉或矿棉等防火材料填充密实，不得有空隙出现。

(4) 幕墙的饰面板质量。幕墙上相同饰面板的表面应保证色调均匀一致，对于表面颜色相差较大的金属板、石材和玻璃则应剔除不用。板材的接缝处应贴保护胶纸，防止密封胶污染板材表面。如果板材表面被密封胶污染后，应及时用二甲苯、乙酮等清理，否则易在板材的表面留下明显的污迹。

明框玻璃幕墙的玻璃在安装时，应在玻璃的下口安装橡胶垫块，使其与玻璃不直接接触，以免玻璃产生温度变形时挤压玻璃，使玻璃爆裂。

隐框玻璃单元体的制作应在恒温恒湿、高洁净度的场所内，用专用注胶机打胶。

石材面板与不锈钢连接件的连接处须用石材胶填嵌固定，防止板材移动。石材表面不得有缺棱掉角现象。

(5) 其他。由于幕墙属特种结构，因而它的饰面板、骨架材料、密封材料和结构胶均需由专门的检测部门出具检测报告，材料经试验合格后方能用于工程上。所有的钢质材料和焊缝均应进行防腐处理。

复习思考题

1. 门窗工程的质量规定有哪些？

2. 90 系列铝合金推拉窗和 38 系列铝合金平开窗的组成材料有哪些？

3. 90 系列铝合金推拉窗是怎样安装的？

4. 如何安装38系列铝合金平开窗？

5. 怎样对塑钢窗与墙体之间的缝隙进行处理？

6. 明框玻璃幕墙、隐框玻璃幕墙和半隐框玻璃幕墙的构造组成有什么不同？

7. 明框玻璃幕墙是怎样施工的？施工时应注意什么问题？

8. 石材幕墙和金属幕墙的施工工艺是什么？

9. 门窗工程中的验收内容有哪些？

10. 幕墙工程的验收内容有哪些？

11. 塑料门窗的安装允许偏差的项目有哪些？

12. 金属幕墙和石材幕墙的安装偏差有哪些规定？

13. 幕墙工程的质量通病有哪些？如何防治？

第四章　吊顶工程

第一节　概述

吊顶又称天花、顶棚,是建筑装饰的重要组成部分,也是室内灯具的主要安装部位。吊顶具有保温、隔热、隔音或吸音和划分室内空间的功能,能够渲染室内的装饰气氛,增强室内的装饰功能。工程技术人员在进行吊顶的设计和施工时应充分考虑吊顶的强度、功能和装饰形式与空间环境的协调等因素。

一　吊顶的种类

吊顶的造型和使用的材料品种较多,通常的划分方法有:

(1) 按吊顶中使用的龙骨材料的材质不同分为:木龙骨吊顶、轻钢龙骨吊顶、铝合金龙骨吊顶和钢架龙骨吊顶等。

(2) 按吊顶中使用的饰面板材料不同分为:纸面石膏板吊顶、石膏板吊顶、木质板吊顶、金属板吊顶、塑料饰面板吊顶、玻璃吊顶、矿棉板吊顶和玻璃棉吊顶等。

(3) 按吊顶饰面板的固定形式分为:固定式、活动式和开敞式吊顶等。

(4) 按吊顶饰面板的造型不同分为:平面式、凹凸式、弧形、圆形和拱形等。

二　吊顶的组成材料和有关要求

1. 吊顶的组成材料

吊顶一般由吊杆、龙骨、饰面板和各种连接件组成。

吊杆是吊顶龙骨和楼板结构的连接杆件,设计时应充分考虑吊杆的强度能否承受相应的荷载。龙骨是吊顶的骨架,吊顶的骨架组成形式应与吊顶的造型一致。龙骨的断面形式和尺寸大小也应根据吊顶所承受的荷载大小而定,如上人吊顶与不上人吊顶的骨架尺寸是不同的。饰面板的材质和表面的装饰性是影响吊顶整体效果的重要因素。开敞式吊顶往往没有饰面板,它的龙骨直接暴露在外面,龙骨按照一定的排列方式组合形成某一种造型,它的表面一般涂饰各种颜色。吊顶的连接件是指连接吊杆与龙骨、龙骨与龙骨、龙骨与饰面板的各种专用构件。

不同形式吊顶的装饰构造方法是不同的。施工时应根据吊顶的连接构造设计图纸的要求进行安装。

2. 吊顶工程的有关要求

吊顶工程中使用的材料和吊顶施工时应满足以下要求:

(1) 吊顶工程所用的材料品种、规格、颜色以及相应的构造方法应符合设计要求。

(2) 吊顶的吊杆应有足够的承载力,与建筑物结构和吊顶龙骨的连接应牢固可靠。吊杆应顺直不得扭斜。预埋的吊杆需要加长时,连接处必须牢固。

(3) 吊顶工程中使用的木龙骨、轻钢龙骨、铝合金龙骨、钢架龙骨及其配件应符合现行国家的质量标准。龙骨的外形应顺直,弧形龙骨的外形尺寸应符合设计要求。龙骨在运输安装时不得扔摔、碰撞。龙骨储存时宜放在地面平整的室内,以防变形、生锈。吊杆和龙骨在安装前应作防腐处理。

(4) 吊顶中使用的饰面板表面应平整、边缘整齐、色泽一致,不得有气泡、起皮、裂纹、缺角、污垢和图案不完整等缺陷。各类饰面板的质量应符合现行国家或行业的标准。饰面板在运输和安装时,应轻拿轻放,不得损坏板材的表面和边角。运输时应采取相应的措施,防止板材受潮变形。饰面板在储存时应按品种、规格分类存放在地面平整、通风干燥处。人造木板的甲醛含量应在规定的范围内。

(5) 胶粘剂的类型应按所用的饰面板品种配套选用,现场配置的胶粘剂的配合比应由试验确定。

(6) 安装饰面板用的紧固件宜采用镀锌制品,预埋的木砖应作防腐处理。

(7) 吊顶工程施工时应对隐蔽项目进行验收。吊顶的隐蔽项目有:吊顶内的管道、设备的安装及试压;木龙骨的防火和防腐处理;预埋件或拉结筋的安装位置和牢固程度;吊杆的安全性和安装位置;龙骨的安装;填充材料的设置等。

三　吊顶工程的准备工作

1. 材料的准备

根据施工图纸列出龙骨、饰面板及其相应配件材料的品种、规格和用量。材料的质量应符合国家或行业标准,储存和运输时应满足有关规定。

2. 施工机具的准备

吊顶工程施工时常用的施工机具和工具有:型钢切割机、铝材切割机、冲击电钻、电锤、电焊机、透明塑料管、线坠和墨线盒等。

电动施工机具在使用前应检查运转情况是否正常,特别要检查机具的绝缘性能是否良好。

3. 施工的作业条件

吊顶工程在正式施工作业前应具备的施工作业条件如下:

(1) 与吊杆相连的基层应具有足够的强度,基层须经验收合格后方可施工。

(2) 在现浇板或预制板的板缝中应按设计要求设置好预埋件或吊杆。如果吊杆是在楼板施工以后设置时,可在楼板下方安装膨胀螺栓,并将吊杆与螺栓焊接在一起。吊杆和膨胀螺栓应做拉拔试验,试验结果须满足使用安全的要求。

(3) 吊顶中的重型灯具和吊扇不得与吊顶中的龙骨连接,应另设吊钩。

(4) 吊顶内的通风管道、水电管道、上人吊顶内的人行通道等应预先安装好,并经检查合格,管线、设备和支架的标高应进行交接检验。水管还应进行试压测试,测试合格后方能进行吊顶的施工。

第二节　木龙骨吊顶

木龙骨吊顶是指以木材作为龙骨制作材料的一类吊顶。木龙骨吊顶的制作简单、施工方便，能够满足造型和构造比较复杂的吊顶施工需要。当用轻钢龙骨或铝合金龙骨难以满足吊顶的复杂造型要求时，可优先考虑使用木龙骨或混合龙骨(木龙骨与轻钢龙骨组合、木龙骨与铝合金龙骨组合等)。由于木材易腐朽变形、不防火，因此在施工前应对木龙骨构件作防火和防腐处理，木材的含水率应符合有关规定。

一　木龙骨吊顶的组成

木龙骨吊顶的组成如图 4.1 所示，它由吊杆、主次龙骨和饰面板组成。

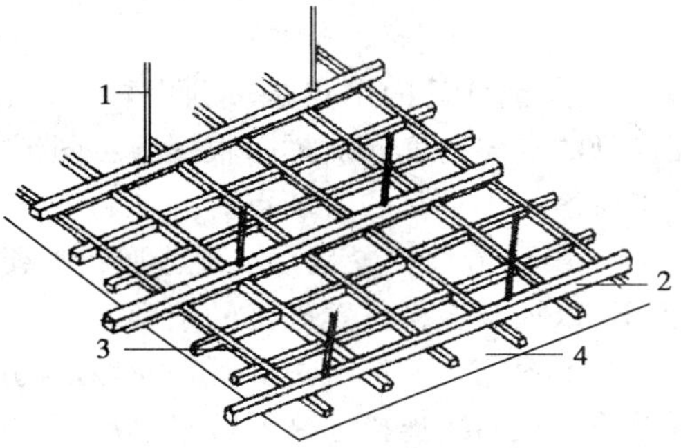

图 4.1　木龙骨吊顶组成示意图

1－吊杆；2－主龙骨；3－次龙骨；4－饰面板

二　木龙骨吊顶的施工

1．下料

下料前先将有腐朽、结疤、虫眼、树皮等缺陷的木材剔除，并将木材烘干处理。然后根据施工图纸中规定的主次龙骨的规格尺寸，用电锯开出所需规格的木方。在木方的表面分别月防腐剂和防火剂涂刷 2～3 遍，并将其晾干后待用。

2．放样

放样是吊顶施工的重点之一。吊顶放样的内容有：吊点布置、吊顶标高位置线、大型灯具位置、吊顶造型位置线等。

(1) 吊点的布置。吊点的位置即是确定吊杆的位置。吊杆的设置点应尽可能避开吊顶内的管线位置，以免与管线位置发生冲突。如果没有特殊要求时，吊点的间距一般为 1 m 左右。造型变化处应加设吊点。吊杆距主龙骨端部的距离不得超过 300 mm，当超过 300 mm 时，应增设吊杆。上人木龙骨吊顶的吊点间距应加密。

(2) 标高线的确定。吊顶的标高线应以室内地坪为基准。放样时首先找出室内地坪的基准线，室内地坪的基准线位置应包括楼地面装饰材料和构造层的厚度。

用墨斗线将室内地坪的基准线弹在四周的墙面上。在地坪基准线的基础上量出吊顶的高度，并用笔在墙面上标出吊顶的高度点。如图4.2所示，在透明塑料管内灌满水后，将塑料管的一端水平面对准墙面上所画的高度点，塑料管的另一端水平面则放在同侧墙面的另一位置上。当管内两端的水平面静止不动时，用笔在墙面上将塑料管内的另一端水平面的位置标出。将先前所画的高度点与后画的高度点连接起来即为吊顶标高的水平位置线。

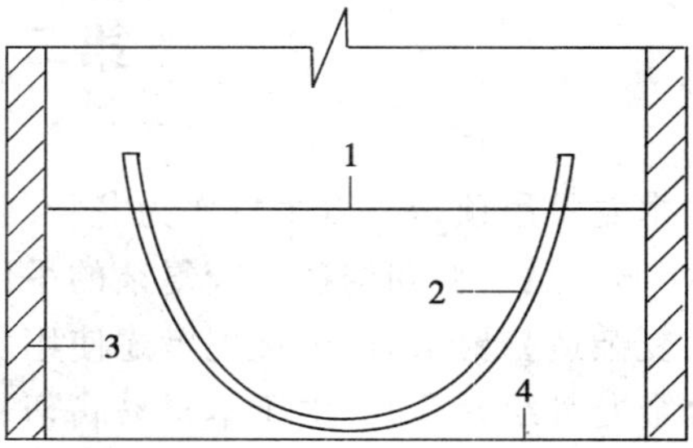

图4.2 水平标高施工标注示意图
1－吊顶标高线；2－塑料管；3－墙面；4－楼地面

再用同样的方法画出其他墙面上的吊顶标高线。同一施工场所的基准高度线只能用一个点作为参照标准，其他墙面的高度线应同样以该点为参照标准进行测量放样。吊顶标高线的水平偏差为±5 mm。

(3) 大型灯具的位置。由于大型灯具的吊点是单独设置的，因此应在楼板的下方定出大型灯具的安装位置，以保证灯具的安装精度。放样时根据施工图纸的有关尺寸要求，在楼板下确定出大型灯具的位置，并用粉笔标出灯具的安装点。

(4) 吊顶造型位置的确定。吊顶造型位置是指吊顶造型轮廓线的安装位置。放样的目的就是将造型轮廓线弹在楼板下，以控制造型位置施工的精度。

在施工现场放样时，按照施工图纸上各造型边缘距相应墙面的距离，将造型轮廓线用墨线盒弹在楼板表面，然后把所弹的各轮廓线连接起来，从而形成吊顶造型的轮廓大样。当造型轮廓线比较复杂时，还应用胶合板另行放样，以确保放样的准确。

3. 设吊杆

木龙骨的吊杆形式有木方吊杆、扁铁吊杆和角钢吊杆等，如图4.3所示。

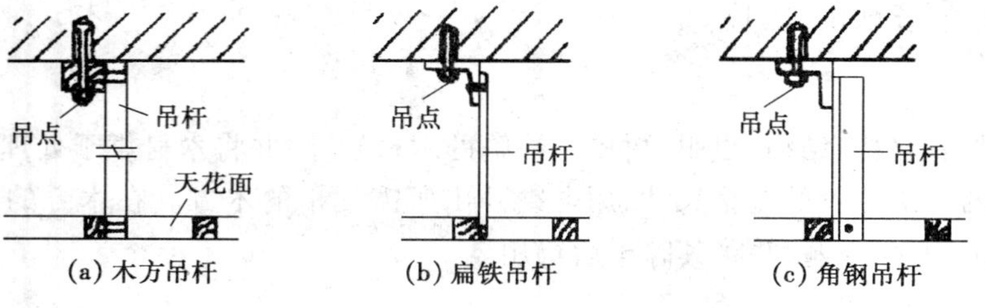

图4.3 水平标高施工标注示意图

用木方吊杆时，先用膨胀螺栓将防腐木块固定在楼板下方的吊点处，再用铁钉将木方吊杆的一端固定在木块上。当木龙骨骨架调整到标高位置时，将木方吊杆的另一端与龙骨骨架连接，并裁去吊杆多余的端头料。用扁铁或角钢做吊杆时，应根据龙骨骨架与吊点的实际距离定出扁铁或角钢的长度，再在吊杆与吊点相连的一端用电钻钻出2～3个调节孔，以便调整木龙骨框架的安装标高。当龙骨框架调整至实际标高时，用木螺钉将吊杆的另一端与框架连接固定。但这种连接固定方法不便于龙骨框架标高的微调，所以有时将吊杆截成两段，在断头的两端加工成槽形连接孔，将吊杆两端的槽形孔对准后再用连接螺栓固定，当龙骨框架的标高需要微调时，只需将连接螺栓松开后进行调整，最后再将连接螺栓固定，如图4.4所示。

吊杆在安装时必须保证它与楼板结构之间的连接强度。吊杆与吊点连接后用力拉一下，如果吊杆产生移动，则须重新安装吊点。吊杆安装后，与龙骨框架相连的吊杆端部不应伸出框架平面的外面，否则会影响吊顶饰面板的安装。

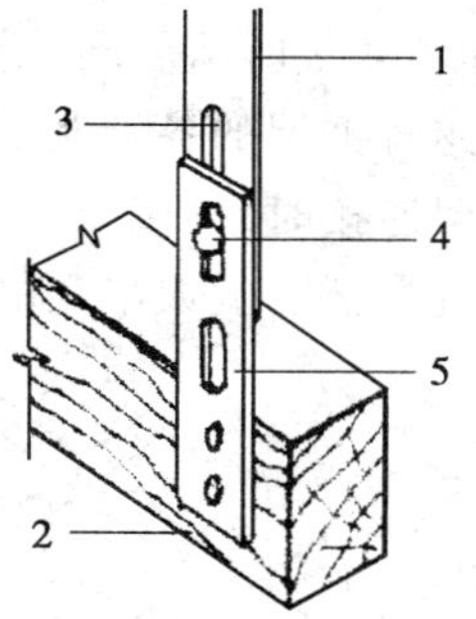

图4.4 木龙骨可调吊杆示意图

1－上吊杆；2－木龙骨；3－槽形孔；4－连接螺栓；5－下吊杆

4. 木龙骨框架的安装

为了施工方便和节约用料，木龙骨框架在吊装前可按照造型要求，预先在地面上分片拼接。

首先定出木龙骨框架分片的尺寸大小和在整个吊顶中的安装位置，单片框架的最大尺寸不超过10 m^2。图4.5是单片木龙骨框架的加工制作示意图。在裁好的木方上开出凹槽，然后按照凹槽对凹槽的方法用铁钉和白乳胶进行固定。如果吊顶的造型是弧形或曲线形时，龙骨须专门放样制作，但龙骨的安装方法与普通木龙骨框架的施工方法相同。此外，木龙骨框架的龙骨间距必须满足吊顶上灯具的安装孔径的大小。

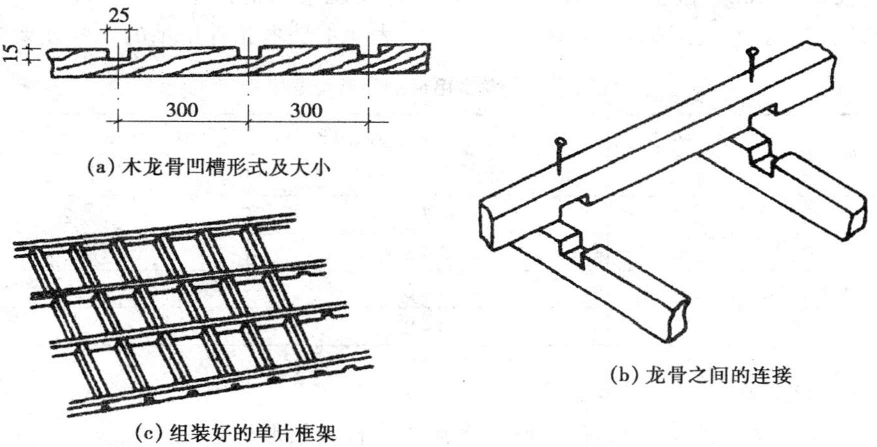

(a) 木龙骨凹槽形式及大小

(b) 龙骨之间的连接

(c) 组装好的单片框架

图4.5 单片木龙骨框架制作示意图

木龙骨框架在安装时，一般先安装尺寸较大的木框架，然后拼接尺寸较小的木框架；先安装标高最高的木龙骨框架，再依次安装标高较低的木龙骨框架；先从一个墙角开始，然后安装整个大面。

在墙面上弹出的水平线位置处铺钉好边龙骨。然后用木托架将一片木框架托至标高位置，并临时固定。再在墙面上已弹好的吊顶标高线处，用尼龙线拉出水平线和交叉的标高基准面。将木龙骨框架慢慢下移至与标高基准面齐平的位置上使其就位，用铁钉把该片框架与边龙骨固定在一起，并将其与吊杆连接固定。

各片龙骨框架调平固定后，应将相邻的各片木龙骨框架连接固定。木龙骨框架的固定分两种情况：一种是在同一标高平面内框架的对接，如图4.6所示；另一种是不同平面内框架的连接，如图4.7所示。同一标高平面内的相邻两片木龙骨框架之间用木方连接在一起，连接时先将木龙骨框架的各端头对齐对正，再在框架龙骨的两侧或上方用木方进行加固。不同平面内的框架连接时，不仅要满足吊顶的造型变化，而且要保证吊顶的整体性，同时在造型变化处还应设置吊杆。上人吊顶的木龙骨的框架连接处宜用铁件连接加固。

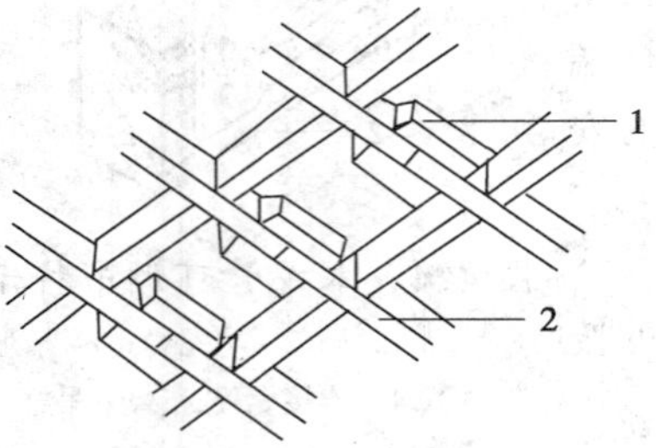

图4.6 同一平面内木龙骨框架的连接

1－连接木方；2－木龙骨框架

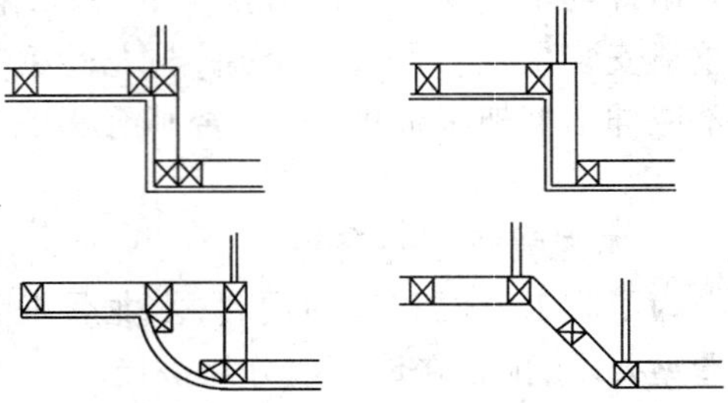

图4.7 吊顶造型变化处的连接形式

各片木龙骨框架连接完毕后，在整个木龙骨框架的下面拉出十字交叉线检查吊顶的整体平整度。为了抵消重力的影响，确保吊顶不下凸，可在吊顶龙骨的中部起拱，起拱高度一般为房间短向跨度的1/200。检查吊顶的平整度时，如果发现吊顶框架不平整时，应将向下凸部位处的吊杆收紧，或者将向上凹部位处的吊杆放松。表4.1是木龙骨吊顶的平整度要求。

表4.1 木龙骨吊顶的平整度要求

面 积 /m^2	允 许 误 差 值 /mm	
	上 凹（起拱）	下 凹
20内	3	2
50内	2~5	—
100内	3~6	—
100以上	6~8	—

5. 饰面板的安装

木龙骨吊顶中常用的饰面板有胶合板、水泥压力板和条形塑料装饰板。

由于普通三合板的厚度较薄，易受空气中湿度变化的影响而产生变形，所以木龙骨吊顶的胶合板一般用加厚三合板、九合板等。胶合板的外观质量应符合要求，表面不得有严重碰伤、断裂、脱胶起皮、翘曲变形和色差过大等质量缺陷。

为了节约用料和提高板面的装饰性，应事先排板。排板时可整板居中、小板在两侧，也可整板铺大面、小板归边，如图4.8所示。如果吊顶的表面采用薄木贴面板时，可用加厚三合板、九合板等材料作为底衬板，再在底衬板上铺钉薄木贴面板。薄木贴面板在施工时须注意相邻板面的花型图案应尽可能保持一致，整个吊顶板面的花纹变化宜均匀，不得有过大的变化。

胶合板排好后，即可进行划孔、倒角和防火处理。胶合板上的孔洞是指吊顶上的空调器、烟感器、喷淋头、排风扇和灯具等设备的安装孔。施工时应根据施工图上这些设备的安装位置和尺寸大小，在板的正面划出孔洞的位置和大小，待板材铺钉后，再检查孔洞的大小及位置是

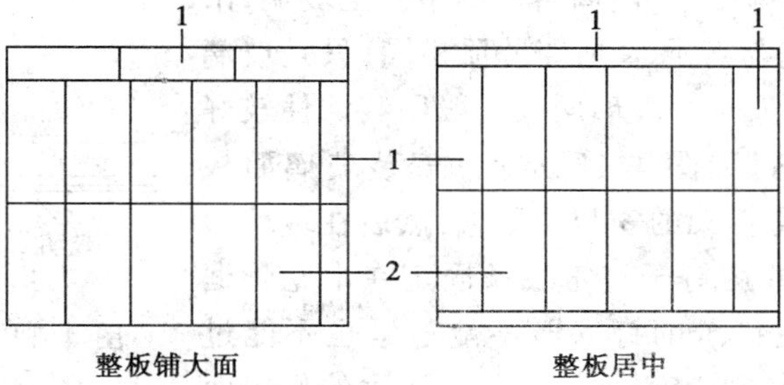

图 4.8　木龙骨吊顶饰面板排板方式

1 – 非整板；2 – 整板

否正确，最后用曲线锯或开孔锯开出孔洞。在胶合板的正面四周按宽度为 2 ~ 3 mm 刨出 45°倒角，以防止板材的接缝在施工结束后开裂。胶合材的背面应刷三度防火涂料，晾干后再铺钉。

将胶合板的正面向下托至木龙骨框架的下方，使板的边缘与龙骨的中心线对齐。再用气钉枪按照从板的中间向两端的方向进行铺钉，钉子应贯穿胶合板固定在木龙骨上。钉距为 100 ~ 150 mm，钉眼用油性腻子抹平，板缝处也用腻子填嵌密实。水泥压力板用自攻螺钉固定，钉距为 100 mm 左右，钉帽应没入板面 0.5 ~ 1.0 mm，钉帽须作防锈处理，钉眼用油性腻子填平，板缝宽度应小于 5 mm，并用石膏腻子填实。

条形塑料装饰板安装时应注意板的走向。由于条形塑料装饰板的一端带榫槽，另一端带榫头，施工时只需将带榫槽的一端固定在龙骨骨架上，另一端的榫头插入榫槽内即可，如图 4.9 所示。与墙面相交的塑料装饰板则固定在塑料阴角线上。

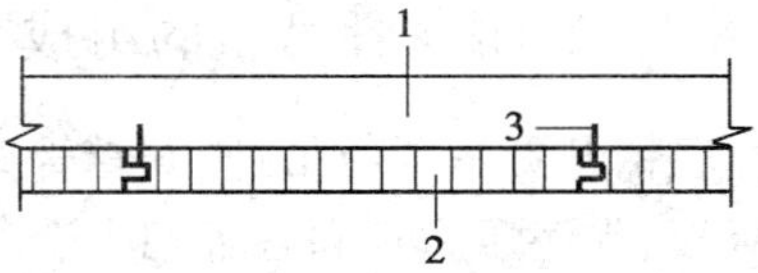

图 4.9　条形塑料装饰板与木龙骨的连接

1 – 木龙骨；2 – 塑料装饰板；3 – 自攻螺钉

6. 木龙骨吊顶的节点处理

木龙骨吊顶的节点有：吊顶与灯具的连接、吊顶与灯槽的连接、吊顶与窗帘盒的连接、吊顶与墙柱面的连接等。图 4.10 是木龙骨吊顶的常见节点示意图

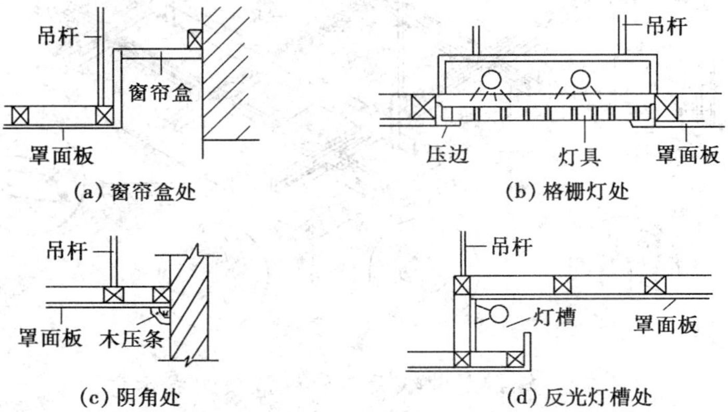

图 4.10　木龙骨吊顶节点示意图

在玻璃发光吊顶的施工中，玻璃面板应用安全玻璃，吊杆和木龙骨的施工工艺与普通木龙骨吊顶相同，只是玻璃面板的固定应注意牢固安全。玻璃面板一般用装饰性较好的木线条作为固定材料，如图4.11所示。安装玻璃面板时，先将玻璃放在木龙骨框架的安装位置上，然后在玻璃边缘处加装固定木线条，并用钉子将木线条固定在木龙骨框架的底部。固定时应使钉子的钉入既不能过紧也不能过松。钉子钉入过紧时易使玻璃受到不均匀挤压力的作用而破裂，钉入过松则玻璃受到振动后易坠落。玻璃面板在安装时如果有拼花图案要求，还应注意图案的拼装顺序和完整性，不得影响面板的装饰性。

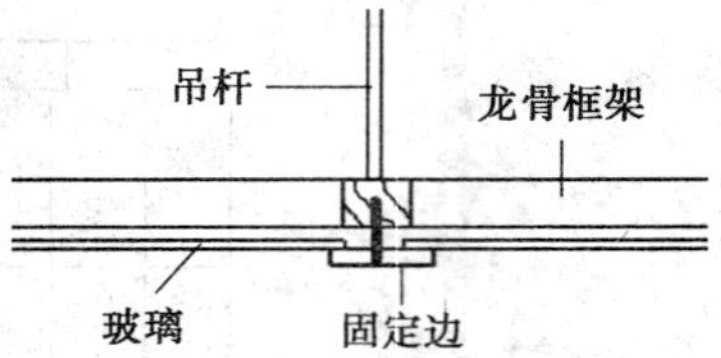

图4.11　玻璃面板的固定

第三节　轻钢龙骨吊顶

轻钢龙骨吊顶是指用薄钢板冷弯加工制作的薄壁型钢作为龙骨材料的吊顶。轻钢龙骨吊顶的施工方法简单，效率高，防火性能好。

一　轻钢龙骨吊顶的组成

轻钢龙骨吊顶由吊杆、龙骨骨架体系和饰面板组成。轻钢龙骨吊顶的常用饰面板有纸面石膏板、水泥压力板和各种铝合金板等。轻钢龙骨纸面石膏板(或水泥压力板)吊顶的组成材料有吊杆、主龙骨、次龙骨、横撑龙骨、边龙骨、饰面板和各种配件等，如图4.12所示。

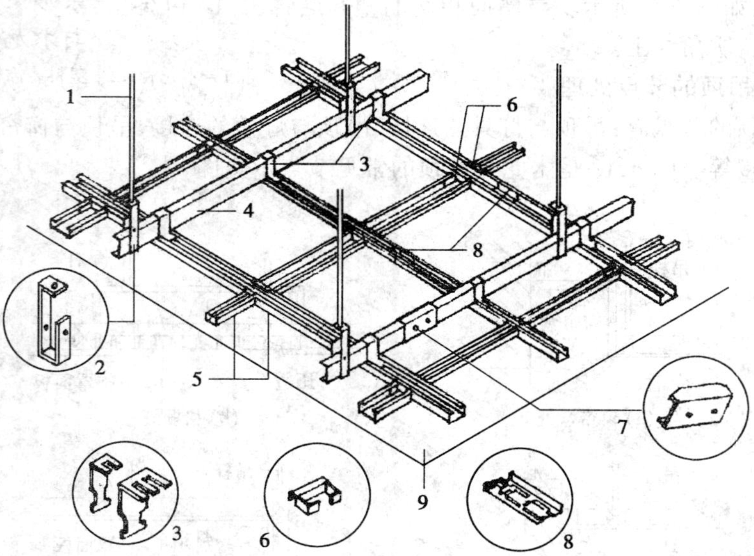

图4.12　轻钢龙骨纸面石膏板吊顶组成示意图

1－吊杆；2－吊件；3－挂件；4－主龙骨；5－次龙骨；6－支托；7－主龙骨加长件；8－次龙骨加长件；9－饰面板

轻钢龙骨铝合金饰面板吊顶的组成材料有吊杆、龙骨、饰面板和固定件等，如图 4.13 所示。

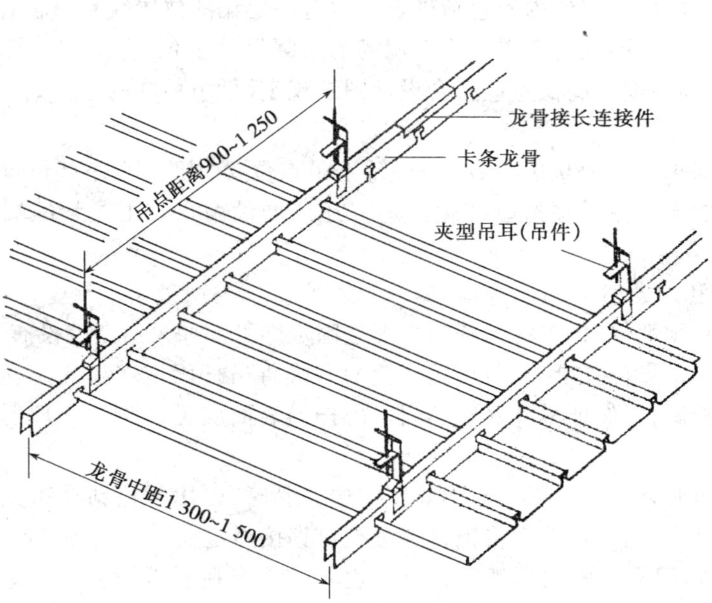

图 4.13　轻钢龙骨铝合金饰面板吊顶组成示意图

二　轻钢龙骨吊顶的施工

1. 材料的准备

轻钢龙骨的吊杆应根据吊顶的使用情况来定。如果吊顶是上人吊顶，吊杆规格大小应经过受力计算后确定；不上人吊顶的常用吊杆规格有 $\phi6$、$\phi8$ 和 $\phi10$ 等。

轻钢龙骨的断面有 U 型、C 型、T 型和 L 型等。根据施工图纸和施工现场的实际情况，将龙骨材料按规定的尺寸用型钢切割机裁切。当龙骨需加长时，则用自攻螺钉将龙骨加长件固定在两根被连接的龙骨端部，并保证连接牢固可靠。当骨架有造型变化时，还应对龙骨进行专门的加工制作。例如圆弧形龙骨在弯圆时，先在龙骨的弧型内侧边上按一定的距离间隔(以弯圆方便为准)，用切割机切出一个小缺口，但不得切割太深。龙骨的圆弧越大，切口的间距越大；龙骨的圆弧越小，则切口的间距就越小。龙骨的切口做好后，即可向弯圆的方向进行弯曲处理。对变形较小的龙骨应进行校正处理，变形严重的龙骨则应切除。

轻钢龙骨吊顶一般有专用的吊杆、龙骨和配件。选用吊杆、龙骨和配件时应根据吊顶是否上人来确定其型号。吊杆一般采用镀锌螺纹杆，且吊杆的长度与龙骨骨架至楼板底面的距离相适应。

轻钢龙骨吊顶所用的饰面板有纸面石膏板、铝合金板和水泥压力板(FC 板)等。纸面石膏板的长度为 2 400 m、2 700 mm、3 000 mm 和 3 300 mm 等，宽度为 1 200 mm，厚度为 9 mm、12 mm、15 mm和 18 mm 等；铝合金板的外形有条形和方形两种，施工时有条形或方形单独排列的，也有将方形板和条形板按一定的方式进行图案组合的。水泥压力板的常用规格有 2 400 mm × 1 200 mm × (4 ~ 5)mm。

2. 放样定位

轻钢龙骨吊顶的放样定位内容包括确定吊顶造型变化的位置线和吊顶各层底面的标高位置。放样时应结合施工图纸的要求和施工现场的实际尺寸定位，保证同一标高的吊顶面在一个平面内，不同标高顶面的高低差应符合设计图纸规定，且吊顶内的净空高度应满足设备的安装和检修的需要。

吊顶的吊点间距一般为 900 ~ 1 200 mm。确定吊点位置时要注意吊杆位置不应与吊顶内的管道等设备产生矛盾。在吊顶造型变化的地方还应增设吊点。主龙骨的端部外伸长度超过 300 mm 时应增加吊点。

3. 固定吊杆和边龙骨

如果吊点处有预埋件时，则将吊杆与之焊接固定即可。如果吊点处没有预埋件，则用膨胀螺栓或射钉固定在吊点位置上，然后再用焊接的方式将吊杆固定在膨胀螺栓或射钉上。吊杆固定后应做拉拔测试，以保证吊杆安装牢固。吊杆的表面应经过防腐处理（如镀锌、刷防锈漆等）。

轻钢龙骨的边龙骨断面一般为 L 形。固定边龙骨时，先用手枪钻在边龙骨的竖直侧面上钻出比钢钉直径略小的孔口，然后将钢钉穿过孔口直接固定在墙面上；或者在墙面的边龙骨安装位置上口先预埋防腐木楔，再用镀锌铁钉将边龙骨固定在安木楔上。边龙骨在固定时应使边龙骨的位置就位准确，符合吊顶的造型变化要求。

4. 骨架的安装

安装轻钢龙骨骨架时，应先安装高跨部分，然后安装低跨部分。

用吊杆将每根主龙骨固定在预定的高度上，并用定距件临时固定使主龙骨的间距符合设计要求，如图 4.14 所示。金属吊杆与龙骨吊件相连接的一端往往加工出螺纹，固定主龙骨时应先将吊杆穿过吊件上端的孔洞后，再在吊杆的端部套上螺帽即可，然后将主龙骨固定在吊件上。当主龙骨的高度位置需要进行微调时，只需将螺帽旋紧或放松，就能使主龙骨的位置上下调节。主龙骨的间距为 900 ~ 1 000 mm。

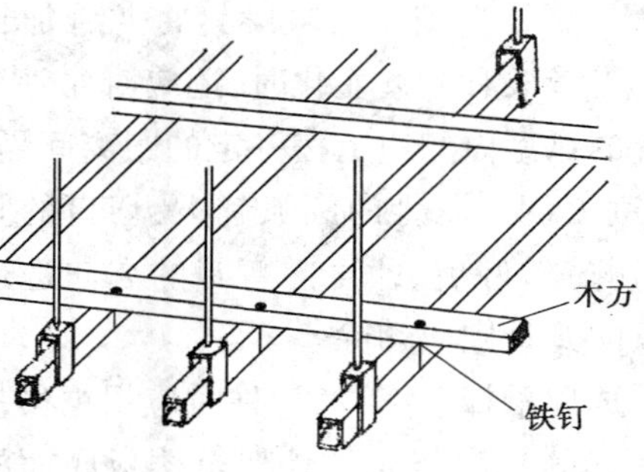

图 4.14　龙骨定距件安装示意

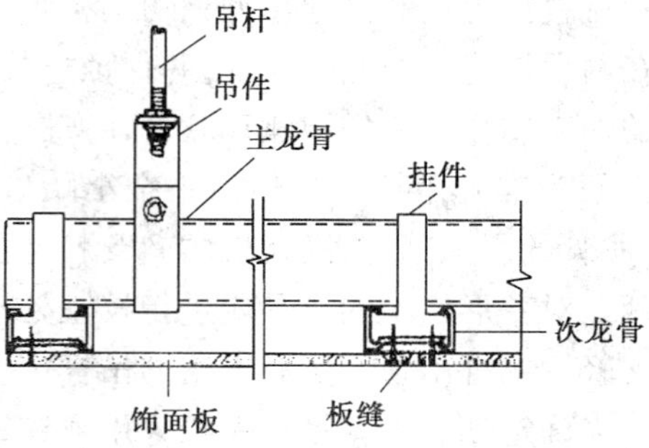

图 4.15　主次龙骨与饰面板连接示意

主龙骨安装就位后接着进行次龙骨的安装。在次龙骨与主龙骨的交接处先将挂件固定在主龙骨上，然后将次龙骨钩挂在挂件上，如图 4.15。次龙骨在安装时应使其间距与饰面板的规格相适应，以节约材料，次龙骨的间距一般为 600 mm。次龙骨的安装顺序应从吊顶的一端向另一端进行，这样使吊顶龙骨的安装紧凑，减少龙骨骨架的变形。在次龙骨之间按照一定的间距要求用支托将横撑龙骨安装在次龙骨上，这样既能提高次龙骨的侧向稳定性，又能使饰面板的每一条边能够固定在骨架上。

整个骨架体系安装后应按照图纸要求检查骨架的形状尺寸、位置和相应的平整度，对于不符合要求的骨架部分应进行调整或修改。

5. 安装面板

在安装面板前应进行排板、定位和划孔等工序，具体方法与木龙骨吊顶相同。安装饰面板时宜从吊顶的一个方向开始向另一个方向进行。

纸面石膏板和水泥压力板安装时应注意板材的固定方向，应从板的中间向两端固定，防止板材产生变形。板材的固定用平头自攻螺钉，螺钉的间距为 150 ~ 170 mm 、距板的边缘 10 ~ 15 mm。自攻螺钉在固定前应用手枪钻钻孔，手枪钻的钻头直径应比选用的螺钉直径小 0.5 ~ 1.0 mm。钉头略埋入板面以下，钉头用防锈漆处理后再用腻子填嵌。

纸面石膏板和水泥压力板在安装时还应注意板缝的处理，相邻的板材宜留出一定的板缝宽度。直角边纸面石膏板的板缝宽度在 10 mm 左右，水泥压力板的板缝宽度为 5 ~ 8 mm。在板缝处填嵌腻子时，先填底层腻子，使底层腻子满填板缝，再用专用贴缝纸带封住接缝，并用底层腻子覆盖，底层腻子的覆盖宽度宽出板缝两边各约 150 mm；待底层腻子干燥后，再在其上覆盖第二层腻子，第二层腻子的覆盖宽度约为 400 mm；以此方法覆盖第三层腻子，第三层腻子的覆盖宽度为 440 mm，完成后的接缝表面略外凸。最后用 150 号砂纸打磨接缝表面，打磨时应注意不得划伤接缝。

饰面板用嵌装式石膏板时，只需将石膏板边缘的企口槽插入与之相配套的轻钢龙骨的肢翼上。嵌装式石膏板的板缝不需另行处理，如图 4.16。

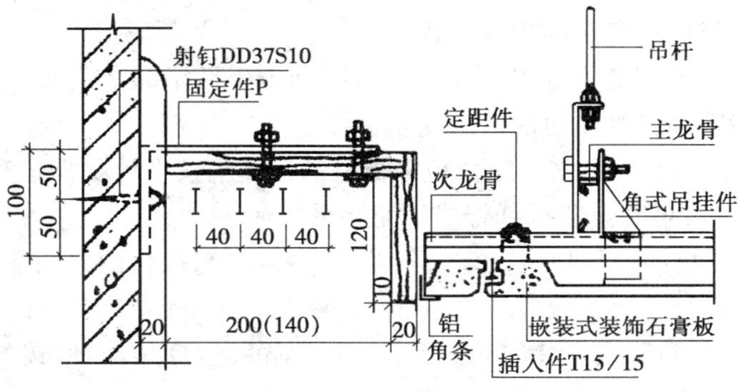

图 4.16　轻钢龙骨与嵌装式石膏板、窗帘盒连接示意

轻钢龙骨的面板采用铝合金面板时，应根据面板与轻钢龙骨骨架的具体连接方法进行施工。吊顶用铝合金饰面板一般有方形板和条形板两种，龙骨则为特殊断面的专用龙骨。这类吊顶通常属轻型吊顶（不上人），它的龙骨只在一个方向布置，面板与龙骨的连接非常简单，可用螺钉固定，也可将面板直接卡扣在龙骨上，如图 4.17 所示。

6. 轻钢龙骨吊顶的施工注意要点

(1) 轻钢龙骨吊顶在安装时应留好空调口、灯具等电器设备的位置和尺寸，使面板上的灯具、烟感器、喷淋头等设备的位置应合理、美观，设备与饰面板的交接应吻合、严密。

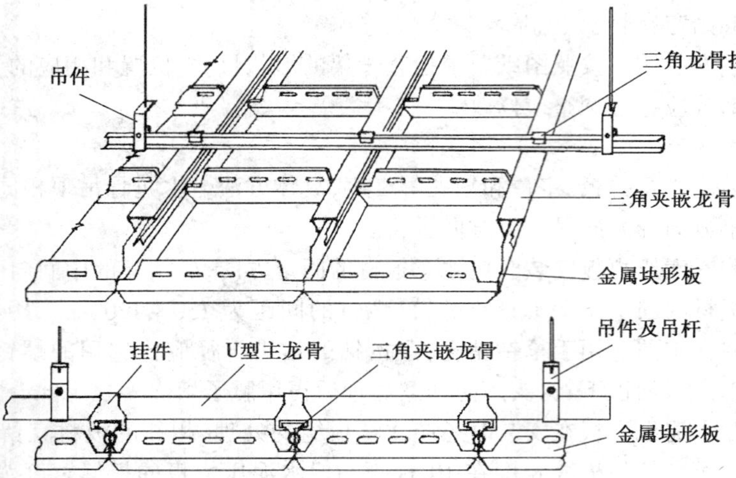

图 4.17　轻钢龙骨与铝合金方形板连接示意

(2) 吊杆的位置不得与吊顶内的管线和设备产生矛盾,安装后应检查吊点的安装质量是否符合要求。

(3) 板材在安装前应进行选板、排板,在板材表面需要安装灯具设备的位置上开好相应的孔洞,确保吊顶表面的美观性。

(4) 嵌装式石膏板和铝合金板在安装时应避免碰撞、污染和划伤板面,以保证吊顶的装饰效果。嵌装式石膏板在安装时用力要轻,防止板面企口损坏或脱落,要注意相邻板企口槽的安装方向,使相邻板的板面图案花纹吻合一致。

(5) 条状铝合金板的端部接缝应设在不明显的地方,且端部尽量避免出现通缝。块状铝合金板宜按整板排列安装,避免切割而出现非整板。

(6) 纸面石膏板、胶合板和水泥压力板等板材的接缝应按设计要求进行处理,设计无要求时可用嵌缝腻子处理后再贴上穿孔纸带或尼龙网带。

(7) 安装面板时,板的四周边应有效地与龙骨连接固定,铺板的方向应从吊顶的一端向另一端进行。

(8) 轻钢龙骨吊顶的节点安装(吊顶与墙柱面、窗帘盒、灯具等)应按设计要求施工,并使吊顶与墙柱面、窗帘盒和灯具设备等部位的连接牢固可靠。

(9) 吊顶如果采用双层纸面石膏板时,面层板与基层板的接缝应错开,并不得在同一根龙骨上固定。

第四节　铝合金龙骨吊顶

铝合金龙骨吊顶属轻型吊顶,一般不用于上人,常用在公共建筑的大厅、楼道、会议室、办公室、卫生间和厨房间等场所。按龙骨与饰面板的连接方式不同,铝合金龙骨吊顶分为暗龙骨吊顶和明龙骨吊顶两种。由于铝合金龙骨吊顶的型材表面是经过阳极氧化处理或表面喷涂烤漆的,因而龙骨型材的表面有较好的装饰性、耐酸碱腐蚀性和防火性等。

铝合金吊顶主次龙骨的断面通常为C型和倒T型,边龙骨断面为L型。吊顶饰面板的边缘分为直角边和企口边。直角边的饰面板常用于明龙骨吊顶中,面板直接搁置在龙骨的肢翼上,再用卡具将饰面板固定在肢翼上。企口边的饰面板用于暗龙骨吊顶上,将龙骨的肢翼穿过板边的企口即可,如图4.18。

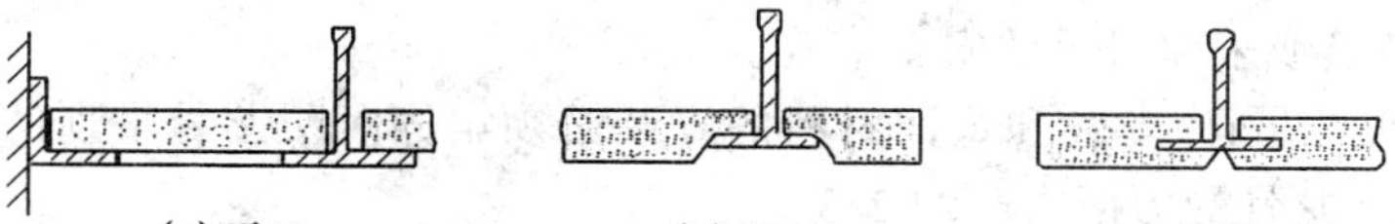

(a) 平口　　(b) 凹口　　(c) 插口

图4.18　铝合金龙骨与饰面板的连接示意图

铝合金龙骨吊顶的常用面板有矿棉板、玻璃(2~3 mm)、玻璃棉板、透明有机玻璃板和卡普隆板等轻质板材,板材的规格主要有600 mm×600 mm和600 mm×1 200 mm,因而铝合金龙骨的间距尺寸常为600 mm、1 200 mm。

铝合金龙骨吊顶的施工工序为:施工准备→弹线放样→设置吊杆→龙骨安装→面板安装。

施工前首先根据房间的形状尺寸和施工图纸的要求进行排板分格,尽可能将非整板排列在不明显的部位或吊顶的四周边。然后将吊顶标高和造型位置线放样,并将吊杆固定在楼板底面上,吊杆一般用$\phi 4\sim\phi 6$的镀锌螺纹杆。铝合金龙骨吊顶的弹线放样、吊杆的设置方法与木龙骨吊顶和轻钢龙骨吊顶的操作工艺相同。

吊杆固定后安装龙骨框架。龙骨框架根据饰面板的安装方式不同有主次龙骨框架和单层龙骨框架。主次龙骨框架施工时先安装主龙骨,主龙骨直接与吊杆连接,再用挂件将次龙骨固定在主龙骨的下方。次龙骨的间距与饰面板的规格相配套。单层龙骨框架的主次龙骨在同一个平面上,安装时先将主龙骨与吊杆或吊索连接固定,然后再把次龙骨穿过主龙骨侧面上的固定孔后固定在主龙骨上即可。主次龙骨的间距与饰面板的规格相同。主次龙骨在安装时需拉线找直,以保证主次龙骨骨架的平直度。饰面板如果采用平放搭设法铺设时,须用压板将其固定在主次龙骨上,不宜浮搁。

第五节　吊顶工程的质量验收和通病的防治方法

一　吊顶工程的质量验收

吊顶工程在验收时应检查的文件资料有:

(1) 吊顶工程的施工图、设计说明和其他设计文件。

(2) 材料的产品合格证书、性能检测报告、进场验收记录和复验报告。

(3) 隐蔽工程验收报告。

(4) 吊顶工程的施工记录。

吊顶工程在验收时的检查数量应符合:同一品种的吊顶工程每50间(大面积房间和走廊

按吊顶面积30 m² 为一间)应划分为一个检验批,不足50间也应划分为一个检验批。每个检验批应至少抽查10%,并不得少于3间;不足3间时应按全数检查。

吊顶工程质量验收内容分为外观质量验收和尺寸允许偏差验收。

1. 外观质量

吊顶工程的外观质量按如下要求进行验收:

(1) 吊顶工程中所用材料的品种、规格、图案和颜色应符合设计要求。饰面材料为玻璃板时,应使用安全玻璃或采取可靠的安全措施。

(2) 吊顶工程的吊杆、龙骨和饰面材料的安装必须牢固。明龙骨吊顶的饰面材料与龙骨的搭接宽度应大于龙骨受力面宽度的2/3。

(3) 吊杆、龙骨的材质、规格、安装间距和连接方式应符合设计要求。金属吊杆、龙骨应进行表面防腐处理;木龙骨应进行防腐和防火处理。

(4) 吊顶的饰面材料表面应洁净、色泽一致,不得有翘曲、裂缝和缺损。表面的压条应平直、宽窄一致。饰面板与明龙骨的搭接应平整、吻合。

(5) 饰面板上的灯具、烟感器、喷淋头、风口篦子等设备的位置应合理、美观,与饰面板的交接应吻合、严密。

(6) 金属吊杆、龙骨的接缝应均匀一致,角缝应吻合,表面应平整,无翘曲、锤印。木质吊杆、龙骨应顺直,无劈裂、变形。明龙骨的金属龙骨表面颜色应一致,不得有划伤、擦伤等表面缺陷。

(7) 吊顶内填充吸声材料的品种和铺设厚度应符合设计要求,并应有防散落措施。

2. 吊顶工程的安装尺寸允许偏差

吊顶工程的安装尺寸允许偏差应符合表4.2和表4.3的规定。

表4.2 暗龙骨吊顶工程安装的允许偏差和检验方法

项次	项 目	允许偏差/mm				检验方法
		纸面石膏板	金属板	矿棉板	木板、塑料板、格栅	
1	表面平整度	3	2	2	2	用2 m靠尺和塞尺检查
2	接缝平直度	3	1.5	3	3	拉5 m线,不足5 m拉通线,用钢直尺检查
3	接缝高低差	1	1	1.5	1	用钢尺和塞尺检查

表4.3 明龙骨吊顶工程安装的允许偏差和检验方法

项次	项 目	允许偏差/mm				检验方法
		石膏板	金属板	矿棉板	木板、塑料板、格栅	
1	表面平整度	3	2	3	2	用2 m靠尺和塞尺检查
2	接缝平直度	3	2	3	3	拉5 m线,不足5 m拉通线,用钢直尺检查
3	接缝高低差	1	1	2	1	用钢尺和塞尺检查

二　吊顶工程的通病防治

吊顶工程常见的质量问题有：吊顶龙骨起拱不均匀、面层变形、板面开裂等。

1．吊顶龙骨起拱不均匀

造成吊顶龙骨起拱不均匀的原因有：龙骨本身的材质较差，施工时难以成型；施工时未按规定起拱；吊杆间距过大，龙骨拱度调整不均等。

龙骨材料应选用优等品。施工时按设计要求起拱，吊顶的起拱高度一般为房间短向跨度的1/200。龙骨起拱处的吊杆应适当增加，并微调各吊杆的高度，使之符合龙骨的起拱要求。龙骨的接点处应连接牢固、受力均匀，保证龙骨骨架的整体刚度。

2．吊顶面层变形

与饰面板相连接的龙骨间距过大、板缝处未预留空隙、施工时板的铺设方向不正确以及板材与龙骨连接不紧密等均会造成吊顶面层的变形。板材厚度过薄也会造成吊顶变形。

与饰面板相连接的龙骨间距一般应控制在500～600 mm，湿度较大地区的龙骨间距宜为300 mm。相邻板材的接缝应预留一定的宽度，双层板的接缝应错开；饰面板铺钉时应从中心向四周铺钉，整个吊顶的饰面板铺钉宜从房间的一端向另一端进行。木质板材的厚度至少在4 mm以上。

3．吊顶板面开裂

吊顶板面开裂的原因有：环境湿度的变化；受外荷载的作用；板缝处理方法不正确。

施工现场的湿度不应超过70%，以免由于湿度变化过大而造成板面开裂。非上人吊顶严禁人为踩踏。板缝的处理应严格按照施工规范或设计要求进行。木质板材的边缘宜做修边处理，刨成倒角。

4．板面污损、明龙骨型材歪斜

施工时严禁将板面有破损或划伤等影响吊顶装饰效果的板材用在工程上。此外，在安装面板或电器设备时应注意半成品的保护，避免二次污损。

明龙骨吊顶在施工时应按照明龙骨的走向拉直线控制龙骨的平直度，同时明龙骨型材本身的平直度应符合要求，不得有影响装饰性的变形。

5．相邻板的高低差过大

相邻板的高低差过大主要出现在金属条板的安装中。施工时应使条形板固定后受力均匀。对于变形的条形板应调直后再用，变形严重者则不能用于工程上。

复习思考题

1．吊顶有哪些种类？吊顶的组成材料有哪些？

2．吊顶工程在施工前应具备哪些条件？

3．木龙骨吊顶和轻钢龙骨吊顶是如何施工的？

4．木龙骨吊顶如何处理节点？

5．铝合金明龙骨吊顶在施工时应注意哪些问题？

6．吊顶工程常见的质量问题有哪些？如何防治这类质量问题？

第五章 隔断(墙)工程

第一节 概述

隔断是进行室内空间划分时常用的一种设计形式。设计师在设计时根据业主的需要,用隔断可以将大空间的建筑物内部隔成各种尺寸和形状的使用区域。由于隔断属非承重构件,具有自重轻、隔音性能好、有一定的刚度、拆卸和安装方便等特点,因而隔断在对空间进行划分时使用比较灵活。有些隔断如果使用某些性能比较特殊的龙骨和饰面板,则隔断除了具有普通隔断的功能以外,还具有防水、防火等方面的性能。

一 隔断的种类

1. 按使用情况不同分有

(1) 永久性隔断。这类隔断常由菱苦土板、GRC 板等材料组成,材料施工后不能任意拆装。板材在隔断中既是骨架材料,同时又是其他饰面材料的基层。

(2) 可拆装式隔断。可拆装式隔断常用木材、轻钢龙骨、铝合金等作为隔断的骨架材料,以胶合板、纸面石膏板等为饰面材料。这种隔断由于安装简便易行,因而它是装饰工程中最常见的一种隔断类型。

(3) 活动式隔断。活动式隔断通常由几块拼接的板材连接而成,布置比较灵活,能够按照不同的室内布置要求进行分隔。

拼接板的材料一般有实木板、胶合板、铜板和塑料板。拼接板表面的装饰性强,可制成漆画、浮雕等装饰艺术图案。拼接板之间由于用合页连接,因而能够折叠放置。可折叠式隔断按照折叠板的固定方式不同又分为有轨道式和无轨道式两种。有轨道式活动隔断放开或收起时,可沿着轨道的方向运行,能节约空间。无轨道活动式隔断的布置则比较灵活,但是收放则比较费事。

2. 按龙骨布置情况不同分为

(1) 无骨架隔断。无骨架隔断没有龙骨体系,仅用面板本身进行分隔。

(2) 有骨架隔断。有骨架隔断由龙骨和饰面板组成。

二 隔断的组成构造

无骨架隔断又称板材隔断,这种隔断的板材有 GRC 空心板、三维板、菱苦土板、玻璃砖等材料。隔断安装时可直接将隔断板用连接件固定在建筑结构上,施工简单方便。

无骨架隔断一般属永久性隔断。这类隔断的板材施工后重新安装时的拆卸工作非常困难,因为板材与板材之间往往用水泥进行粘结,玻璃砖与玻璃砖之间则用白水泥或玻璃胶进行粘结。

有骨架隔断一般由骨架材料和饰面板材料组成。

有骨架隔断常用的骨架材料有木龙骨、轻钢龙骨、铝合金龙骨等,饰面板有纸面石膏板、FC板(水泥压力板)、胶合板、塑料装饰板、玻璃等。有骨架隔断在施工时先将骨架材料按预定的位置固定后,再用固定材料将板材固定在龙骨上。这种隔断如需重新安装时,只需将固定饰面板和龙骨骨架的固定件卸下即可。

三　隔断工程对材料的要求

隔断工程对材料的要求如下:

(1) 隔断工程中所用的材料品种、规格和颜色应符合设计要求。

(2) 饰面板应表面平整、边缘整齐,不应有污垢、裂纹、缺角、翘曲、起皮、色差过大和图案破损等质量问题。各类饰面板的质量均应符合现行国家和行业标准的规定。

(3) 隔断工程中的龙骨材料和配件质量等也应符合先行国家和行业标准的规定。

(4) 木龙骨、钢龙骨等材料应作好防腐处理,膨胀螺栓、自攻螺钉等固定件均应做防腐处理。

(5) 隔断工程中使用的胶粘剂应按饰面板的品种选用,现场配置胶粘剂的配合比应经过试验后确定。

(6) 人造木板的甲醛含量应在使用前进行复验,甲醛含量应符合国家制订的环保标准。

四　隔断工程的有关规定

隔断工程的有关规定要求如下:

(1) 隔断工程中使用的材料在运输和安装时应轻拿轻放,不得随意扔摔,轻钢龙骨和铝合金龙骨应平放整齐,防止变形。铝合金龙骨还应保护表面的氧化膜,使之不被硬物划伤。

(2) 纸面石膏板、石膏装饰板、人造木板等材料在储存运输时应注意防潮,避免制品变形。

(3) 隔断在安装前应留好隔断上的有关线管。隔断安装后应采取保护措施,防止隔断损坏。

(4) 隔断下口易受损的部位宜设置踢脚板。用木板覆盖时,隔断饰面板的下口应离楼地面 20~30 mm;如用石材做踢脚板时,饰面板与石材踢脚板相连接的交接处应保证表面平整,接缝平直、密实。

(5) 轻钢龙骨隔断如果采用通贯系列龙骨时,低于 3 m 的隔断应安装一道通贯横撑龙骨;3~5 m 高的隔断安装两道通贯横撑龙骨;5 m 以上高度的隔断安装三道通贯横撑龙骨。

(6) 隔断工程中的饰面板在安装时应符合规范的要求。

(7) 玻璃隔断中的玻璃宜用钢化玻璃或者厚度较大的普通建筑玻璃等,这样可有效地防止外力冲击对玻璃的破坏作用。搬运大面积玻璃时,应用玻璃吸盘搬运。玻璃摆放应使用专用玻璃架,以防止玻璃滑移损坏。

(8) 隔断中的设备管线安装后应及时验收测试,合格后方能进行填充材料和饰面板的安装。

第二节　无骨架隔断工程的施工

一　施工准备工作

1. 材料的准备

由于无骨架隔断使用的材料品种较为单一,因而在施工前的材料准备工作主要是根据施工现场的实际情况,复核好板材的数量和尺寸。尽量使隔断的尺寸符合板材的模数,从而做到经济节约,减少浪费。对于不能切割的材料,在施工放样时,应保证材料的铺设不出现非整板或非整砖。

2. 施工作业条件的准备

施工前根据施工图纸的要求检查隔断内的管线种类、数量和施工质量,发现问题后及时整改,避免返工浪费。

隔断高度超过3.0 m以上时,施工前应搭设脚手架平台,并确保脚手架平台的使用安全和移动方便。

隔断的高度如果伸至吊顶时,应先完成吊顶工程的施工,预留出吊顶龙骨与隔断龙骨的相交位置。隔断工程宜在地面装饰工程完成后再施工。

二　施工过程

1. 三维板隔断的施工

三维板又称泰柏板,是一种新型的轻质墙体材料。三维板的结构组成是:以自熄型聚苯乙烯泡沫板为芯板,用14#镀锌钢丝网作为增强骨架。三维板的表面可用水泥砂浆粉刷,然后在砂浆粉刷层上再用其他装饰材料饰面。它的常用规格是1 220 mm×2 440 mm×76 mm。

三维板隔断在施工前一定要弄清楚隔断内各种连接构造的形式。如板的加长连接、墙体转角部位、与门窗框的连接大样、与其他墙体的连接等。如图5.1~5.3所示。

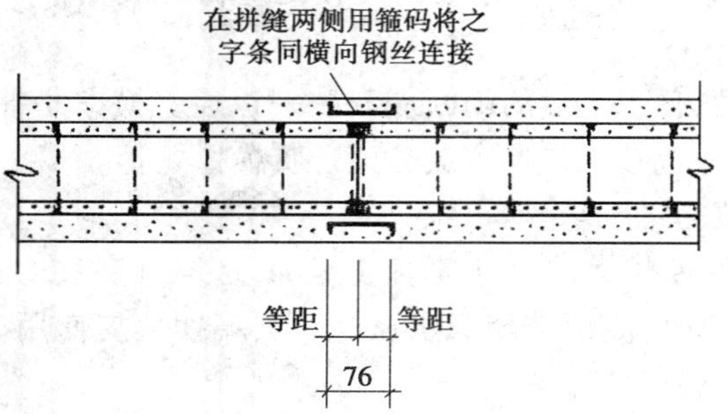

图5.1　板的加长连接

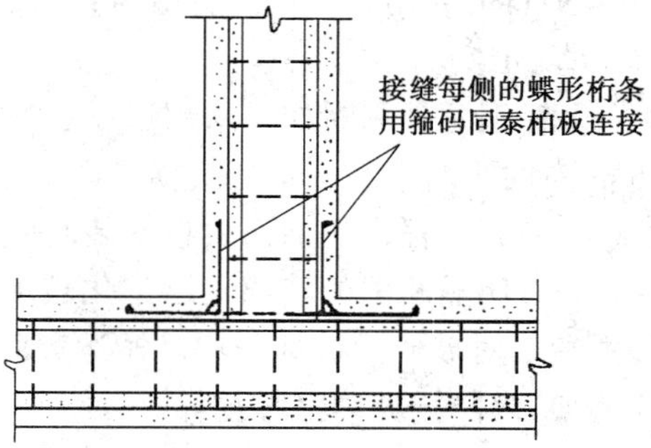

图5.2　板与板的T型连接

三维板安装时应首先测量隔断的形状尺寸,对需要裁切的板材应预先切割,切断处的钢丝应用U型钢丝条进行补强处理。弧形板安装前应按照一定的间距将三维板弯曲一面的横向

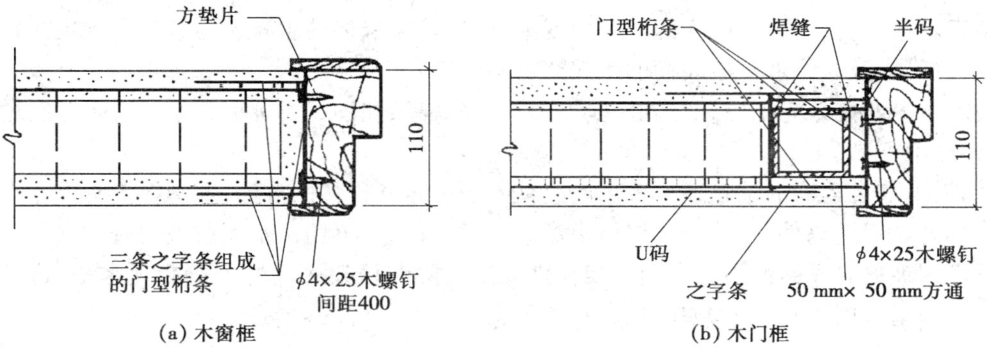

图 5.3 三维板与木门窗框的连接大样

钢丝剪断，曲率半径越小，则剪断的横向钢丝间距就越小，然后再用之字钢丝条对切断处的钢丝沿横向或纵向进行补强处理。当剪断的横向钢丝间距小于或等于 400 mm 时，用之字条沿横向补强；当剪断的横向钢丝的间距大于 400 mm 时，则用之字条沿纵向对板材进行补强处理。

三维板裁割后用 U 型码或组合 U 型码将其固定在隔断的安装位置上，安装时应注意隔断的垂直度和平整度，使之符合有关的安装尺寸偏差的规定。

板与板之间的竖向和横向接缝处均应用之字条或平联网补强。板的阴角处和板与其他墙体的连接阴角处均用蝴蝶网片补强，阳角处用角网补强。三维板安装后应检查其牢固程度，对于强度较弱的部位用钢丝网片进行补强。

最后在三维板上粉刷水泥砂浆。水泥砂浆一般分两层进行涂抹，抹灰层在没有形成强度之前严禁碰撞。

菱苦木板、GRC 板隔断的施工工艺和要求与三维板基本相同。

2. 玻璃砖隔断的施工

玻璃砖有空心和实心之分，常用的玻璃砖是一种带有干燥空气层空腔、周边密封的玻璃制品，空腔的内壁有各种花型图案。玻璃砖按外形分有正方形、矩形和异形等，常用的玻璃砖规格为 190 mm × 190 mm × 80 mm 、240 mm × 240 mm × 80 mm 等。玻璃砖隔断的面积不宜过大，面积过大的隔断应设支撑柱。

玻璃砖隔断的砌筑方法与砖墙的施工方法相似。当隔断高度较低时(2.0 m 以下)，玻璃砖之间用白水泥砂浆进行粘结即可；玻璃砖隔断的高度超过 2.0 m 以上时，每隔三至四皮砖在砖的接缝处设置两根 $\phi6$ 的拉接钢筋，并使整个玻璃砖墙体与原来建筑物的墙地面和吊顶有可靠的连接，以保证玻璃砖隔断的整体稳定性。

玻璃砖隔断在施工前应进行放样定位和排砖。排砖时不能出现非整转，因为玻璃砖不能切割。砖的接缝形式为通缝。

当玻璃砖隔断直接砌筑在建筑物的楼地面上时，先检查楼地面的平整度是否符合有关规定，楼地面的平整度一般控制在 ± 2.0 mm 以内。与玻璃砖隔断相连接的墙柱面也应平整垂直。

将白水泥和细砂按照 1:1 的比例配制成水泥砂浆，把水泥砂浆涂抹在玻璃砖的底部及侧面进行砌筑。砌筑时应保证砖与砖之间的砂浆饱满、接缝平顺，玻璃砖隔断表面的花纹图案应有较好的整体性。在每皮玻璃砖的上口拉水平通线，以控制砖缝的平直度。玻璃砖的砌筑速度以每天不超过五皮为宜，防止砖墙产生变形，同时检查墙体的垂直度是否符合规定。每砌筑完一皮砖后，应及时将玻璃砖表面的水泥浆清除干净。

玻璃砖隔断砌筑完工后，对砖缝还应进行勾缝处理，如图 5.4 所示。勾好的砖缝应做到横平竖直、光滑饱满。

此外，玻璃砖隔断的砌筑还可采用间隔框专用固定件连接的方法，如图 5.5 所示。在砖与砖的交接处设置间隔框，砖缝处仍用白水泥砂浆进行砌筑，再用白水泥或玻璃胶勾缝。

大面积玻璃砖隔断的周边常用框架构件固定。隔断框架底座的上口必须水平，这样才能保证墙体的垂直度和平整度，如图见 5.6 所示。

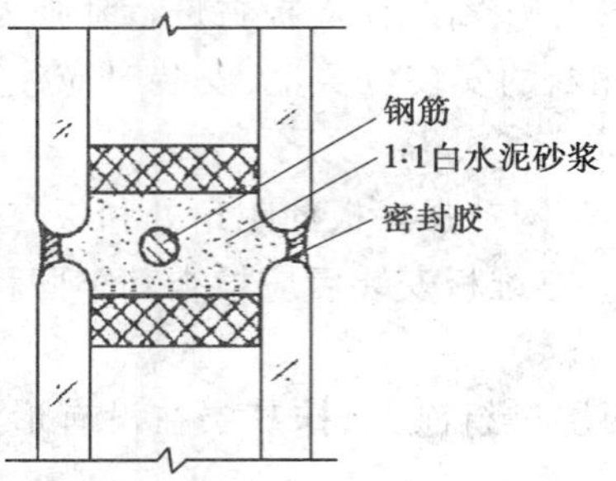

图 5.4　玻璃砖的接缝构造

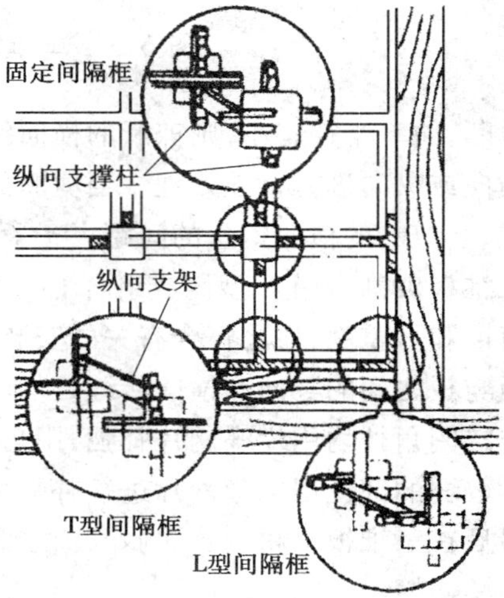

图 5.5　间隔框固定的构造

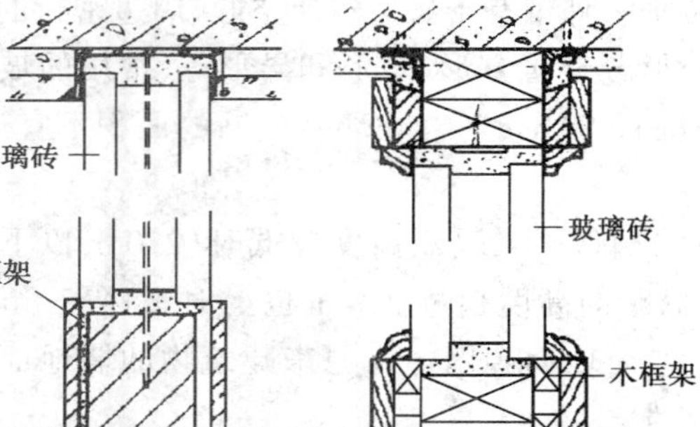

图 5.6　玻璃砖框架固定示意

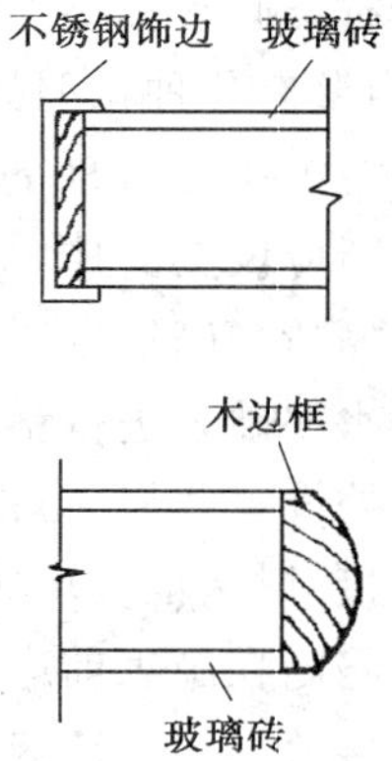

图 5.7　玻璃砖隔断的端部压边形式

在隔断框架端部可用各种木制装饰板或不锈钢板等材料进行装饰，如图 5.7 所示。大面积玻璃砖隔断的顶部和侧部与结构相交接的地方应留有适当的空隙，空隙处用保温材料填缝，外口用弹性密封材料填嵌。

第三节　有骨架隔断工程的施工

一　施工准备工作

1. 材料的准备

首先根据设计要求选好龙骨和饰面板,并按照有关质量标准对材料进行验收,特别应注意材料的环保指标是否符合有关规定,如木制人造板材的甲醛含量。

然后按照隔断的尺寸进行下料,下料的内容包括龙骨的切割和饰面板的裁切。轻钢龙骨和铝合金龙骨用切割机锯割,龙骨加长则用加长件连接,木龙骨用木工电锯进行锯割,且用防腐剂和防火剂对木龙骨进行处理。饰面板则按照龙骨的布置情况排列,排板时应尽可能将非整板排列在次要或不明显的部位。根据排板的尺寸对饰面板进行裁割。不能裁割的饰面板(如钢化玻璃、夹层玻璃等),应向厂家订做。

隔断内敷设线管时,龙骨和饰面板上还需留出线管或设备的安装孔洞位置。

2. 作业条件的准备

有骨架隔断的施工作业条件与无骨架隔断的施工作业条件相似。

二　隔断的施工

1. 木龙骨隔断

木龙骨隔断的骨架由上槛、下槛、立筋和横撑等构件组成,如图5.8所示。

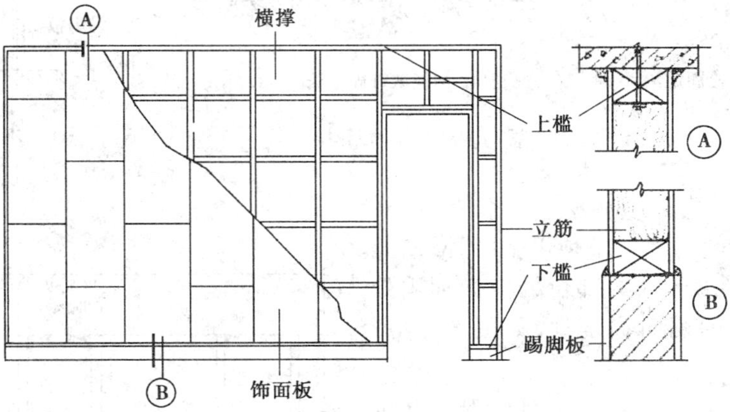

图5.8　木龙骨隔断构造示意图

木龙骨隔断的龙骨形式有两种:一种是单层龙骨,另一种是双层龙骨。单层龙骨的木方规格有25 mm×30 mm、50 mm×80 mm、50 mm×100 mm,立筋龙骨的间距为300~600 mm,横撑的间距为1.2~1.5 m。双层龙骨是用木方规格为25 mm×30 mm、间距为300 mm的单层木框架进行拼接组装,单层木方骨架之间用木拉杆连接组装。单层木龙骨适用于高度在3.0 m以下的隔断,双层木龙骨和大规格单层木龙骨的隔断可做至高度3.0 m以上。

木龙骨隔断施工时用墨斗线将隔断在楼地面上的位置弹出，同时在隔断厚度中心线上按 300～400 mm 的间距定出固定点的位置。固定点的位置应与隔断上的立筋错开。

用电锤在固定点处钻出与膨胀螺栓或木楔直径相配套的孔洞、洞深约为 40 mm 左右。然后在孔洞内放置 M6 或 M8 的膨胀螺栓，用膨胀螺栓将木龙骨安装在固定点上。或者在孔洞内打入木楔，木楔应经过防腐处理，再用铁钉将龙骨固定在木楔上。

在木骨架上标出骨架与地面、墙面相交处的固定点位置。骨架与墙地面之间如果用膨胀螺栓连接时，应在木骨架的固定点处开孔，以使螺栓能够伸入木方内，如图 5.9(a)所示。如果骨架与墙地面之间用采用长铁钉固定时，则无需在木龙骨上开孔，可直接将长铁钉打入木方内，最终伸入到墙地面上固定孔内的木楔里，如图 5.9(b)。

木龙骨隔断的骨架在施工固定时应注意以下几点：

(1) 如果隔断的高度伸至吊顶面时，必须将骨架的上槛与吊顶内的骨架和楼板结构进行有效地连接，如图 5.10 所示。

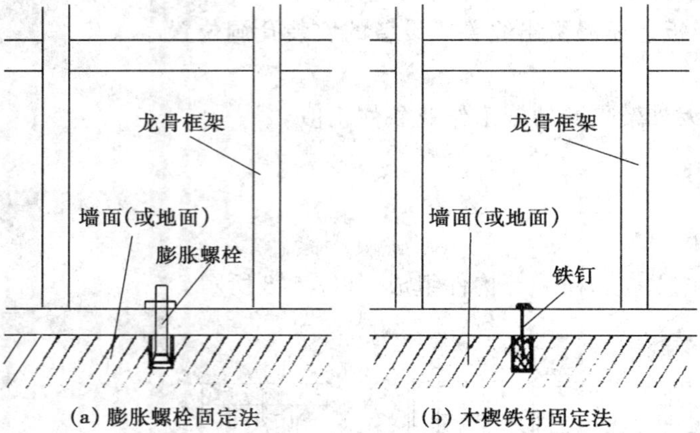

图 5.9　木龙骨隔断骨架与墙地面的连接

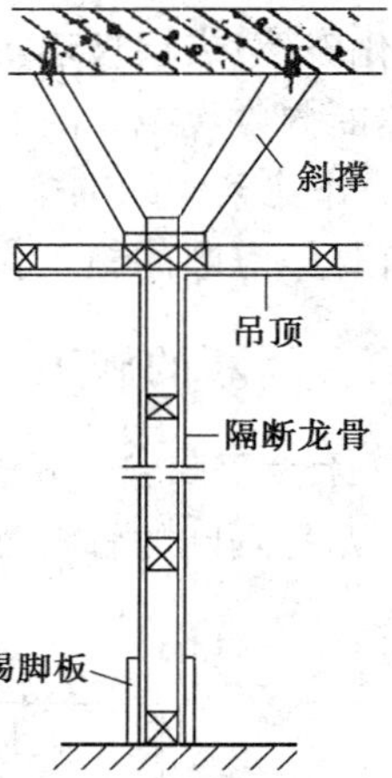

图 5.10　木龙骨隔断与吊顶龙骨的连接

(2) 当隔断的高度在吊顶以下时，隔断龙骨上的门窗等受力较大的部位处应做加固处理，以提高隔断的侧向稳定性，如图 5.11 所示。

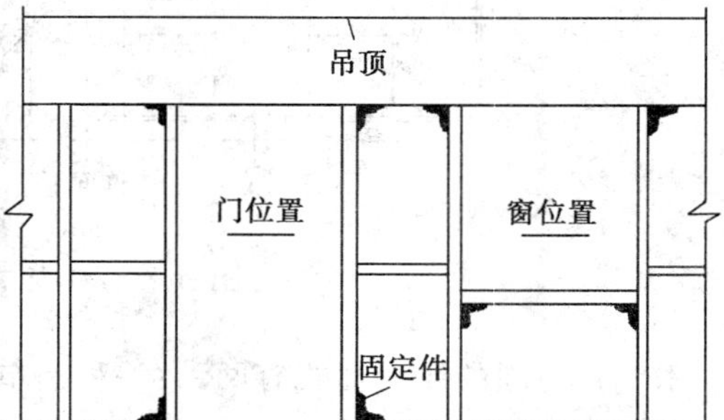

图 5.11　木龙骨隔断的加固

木龙骨隔断的骨架在固定时应保证其垂直度不超过有关规定。骨架固定后用力摇晃，以检查龙骨的牢固程度。如果发现龙骨有晃动现象，则需增设固定点将龙骨重新固定牢固。

龙骨骨架安装后即可进行隔断内相关管线的安装，管线与龙骨之间的连接应牢固，不得有松动现象。

龙骨固定后再铺设饰面板。木龙骨隔断的饰面板常用胶合板、纸面石膏板等。木制人造板一般用排钉或铁钉固定，钉距为80～150 mm，铁钉的钉帽应打扁并进入板面0.5～1 mm，钉眼用油性腻子抹平。排钉由于钉眼较小，且无钉帽，因而无须另行处理。纸面石膏板宜竖向铺设，长边的接逢宜落在竖向龙骨上。纸面石膏板一般用平头自攻螺钉固定，沿石膏板周边螺钉的间距不应大于200 mm，中间螺钉的间距不应大于300 mm，螺钉与板的边缘距离应为10～16 mm，自攻螺钉的钉帽应埋入板面以下，不得损坏纸面，并用防锈漆处理。板面的钉眼处再用石膏腻子抹平。

木龙骨隔断的饰面板宜用整板安装。安装时应从板的中部向四周固定，以免板面产生安装变形。饰面板铺设后应在板面上开出设备(如灯座开关、接线盒等)的安装孔洞，孔洞的边缘应整齐平直，洞口尺寸比设备外型尺寸略大。隔断端部与周围的墙面或柱面应留有3 mm的槽口。施工时先在槽口处注入嵌缝膏，然后铺板，挤压嵌缝膏使其和邻近的表层紧紧接触。隔断以丁字形或十字形相连时，阴角处应用腻子嵌满，贴上接缝带。

相邻板材应留出一定的接缝空隙，空隙处用腻子填平，再用接缝材料进行贴缝处理。所有板的接缝均应铺钉在木龙骨骨架上，不得有虚铺的边线存在。

木龙骨隔断的节点按图纸要求进行处理，如隔断与墙地面的接缝处理、门窗框与隔断的包边处理等。

2. 轻钢龙骨隔断

轻钢龙骨隔断的施工要求与木龙骨隔断相似，它的施工过程也分为龙骨骨架施工和饰面板安装两部分。

轻钢龙骨隔断的龙骨型号有C50、C75和C100三种系列。骨架部分由沿顶龙骨、沿地龙骨、横撑龙骨、通贯横撑龙骨、竖向龙骨和相应的配件组成，饰面板种类有水泥压力板(FC板)、纸面石膏板、石膏条板等，图5.12是轻钢龙骨隔断的组成示意。

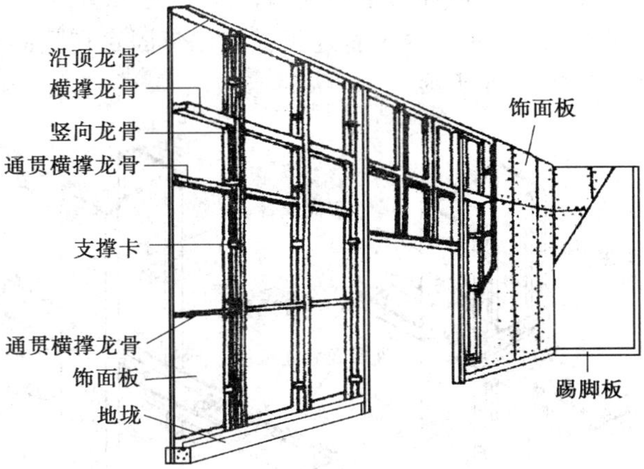

图5.12　轻钢龙骨隔断的组成

1) 骨架体系的安装

施工时首先弹出轻钢龙骨隔断的位置线(包括墙体厚度线、墙体中心线)，在墙体厚度中心线上标出龙骨与墙地面相连处的固定点，固定点按500～1 000 mm的间距来定，固定点应与竖向龙骨的安装位置错开，并在位置线上标出隔断上门窗的位置。

按隔断的尺寸、饰面板的规格和现场的实际情况对龙骨进行裁切。根据施工尺寸用切割机裁切轻钢龙骨，下料时按先裁大料后裁小料的原则。

隔断下料后即可进行骨架的装配工作。装配时用电锤在楼地面上钻出 ϕ10.8 mm的孔洞，孔深45 mm左右，然后在孔内放置M8的膨胀螺栓。在沿地龙骨、沿顶龙骨和与墙面相连接的竖向龙骨上钻孔，将龙骨上开出的孔洞对准龙骨上开出的孔洞后拧紧螺母，使沿地龙骨、沿顶龙骨和与墙面相连接的竖向龙骨固定就位，如图5.13a所示。固定膨胀螺栓的螺母前，应调整龙骨，使沿顶龙骨和沿地龙骨在同一个面上，以确保饰面板安装时的平整度。沿顶、沿地和沿墙的竖向龙骨也可采用连接件加铁钉进行安装固定，如图5.13b。竖向龙骨可采用焊接、连接件或自攻螺钉等方法与沿顶和沿地龙骨连接，如图5.14所示。竖向龙骨的间距一般不大于600 mm。安装后的竖向龙骨与沿顶、沿地龙骨应在同一个面内。

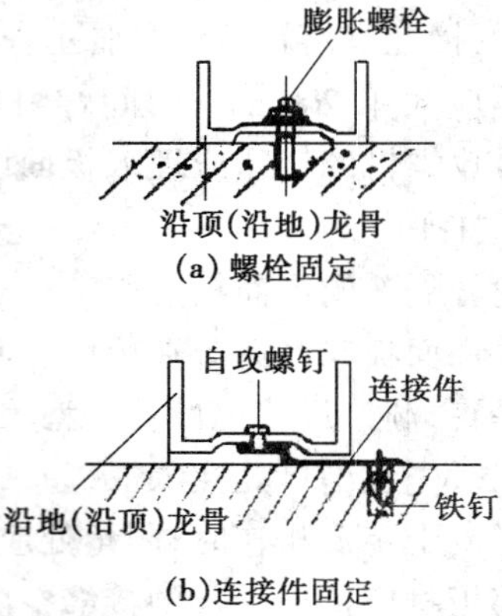

图5.13　沿地、沿顶或沿墙龙骨的固定

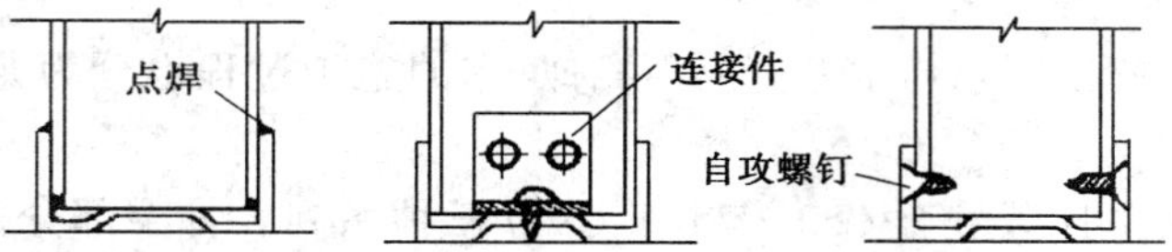

图5.14　竖向龙骨与沿顶、沿地龙骨的连接形式

在竖向龙骨之间安装横撑龙骨或通贯横撑龙骨。安装通贯横撑龙骨时，在竖向龙骨的背面开出通贯横撑龙骨的贯通孔，并用支撑卡将通贯横撑龙骨固定在竖向龙骨的开口面，通贯横撑龙骨可用连接件加长，如图5.15所示。

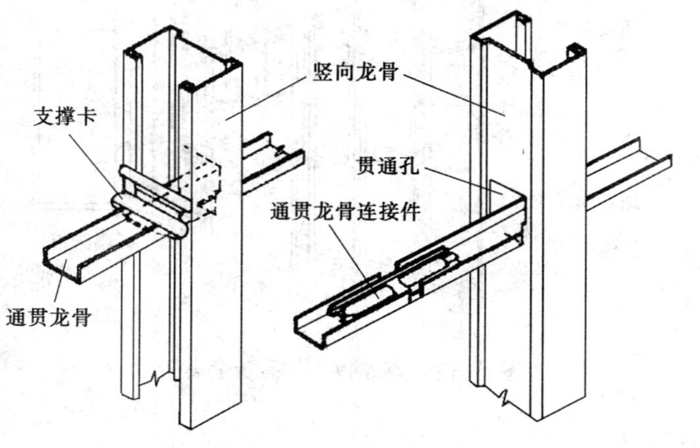

图5.15　竖向龙骨与通贯横撑龙骨的连接

横撑龙骨与竖向龙骨之间用卡托或角托进行连接,如图 5.16 所示。

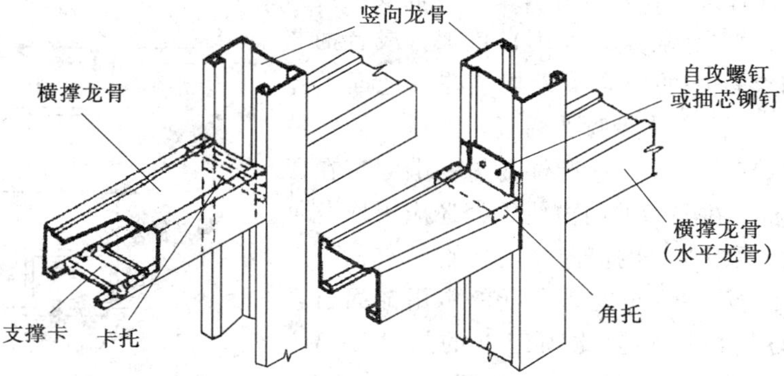

图 5.16　竖向龙骨与横撑龙骨的连接

横撑龙骨与通贯横撑龙骨的区别在于:横撑龙骨是在两根竖向龙骨之间的水平构件,长度仅局限于两根竖向龙骨之间,主要用于非通贯系列的骨架上;通贯横撑龙骨则贯穿于整个隔断的长度方向上,与每一根竖向龙骨之间都有有效的连接。

门窗处的轻钢龙骨骨架应采取加强措施,在门窗洞口外的骨架上增设竖向或横向龙骨,以提高骨架的整体性和侧向稳定性。

最后对骨架体系进行检查,检查合格后方能进行饰面板的铺钉。

骨架安装完成后再敷设骨架内的线管。管线在安装时应使管线与骨架之间的连接可靠,接线盒与龙骨之间应固定牢固,不得有位移现象。

2) 饰面板的安装

轻钢龙骨隔断饰面板的安装方法和要求除了与木龙骨隔断的方法相同以外,同时还应注意以下几点:

(1) 板材在固定时应保证板的四周与龙骨之间的连接有效,不得有虚铺边缘存在。

(2) 板材内如果填塞保温、隔热和隔音材料时,应先安装隔断上一个侧面的板材,待填充材料装好后再安装隔断另一侧面的板材。

(3) 在隔断的丁字或十字相交的阴角处、板的接缝处应填嵌石膏腻子后再贴接缝带,以免板材表面的饰面层开裂。

(4) 隔断如果是防火隔断时,板材的铺设应按照竖向进行铺设;曲面隔断的板材铺设宜采用横向铺设。

3. 铝合金龙骨隔断

铝合金龙骨隔断是以铝合金方管型材为骨架、玻璃或铝合金板为饰面板的一种隔断。铝合金龙骨隔断的施工步骤如下:

(1) 下料。根据隔断的尺寸和玻璃的规格要求,确定铝合金型材的下料长度,然后用铝型材切割机裁割型材。下料时应将切割机的锯片对准下料线的外侧,不能放在下料线上,以免下料后的型材长度比实际需要的长度小。下料的尺寸误差应控制在 2 mm 范围内。

(2) 装配铝合金框架。铝合金龙骨中的竖向扁方管和横向扁方管的具体连接方式可参见铝合金推拉窗中固定上亮的竖向扁方管与横向扁方管的连接形式。

(3) 放样定位。将龙骨位置用墨斗线弹在墙地面上,并在线上标出门窗的安装位置。

(4) 固定龙骨骨架。在铝合金骨架的背面安装镀锌连接件,镀锌连接件与铝合金之间用自攻螺钉或者抽芯铝铆钉固定。将装配好的铝合金骨架立在墙地面上弹好的安装位置线上,再将骨架调平调直。然后用固定件(如膨胀螺栓、钢钉等)将镀锌连接件的另一端固定在楼地面上,如图 5.17。在隔断的门窗位置处还应采取龙骨加固措施,以确保隔断龙骨的侧向稳定性能。

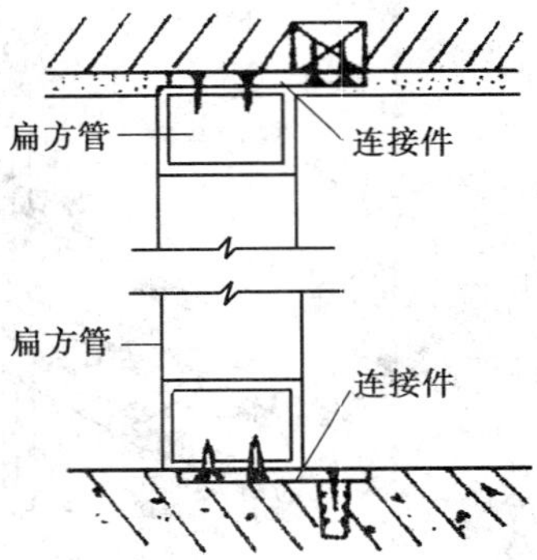

图 5.17　铝合金龙骨骨架的固定

(5) 安装饰面板。铝合金龙骨隔断的常用饰面材料是玻璃。玻璃的裁切尺寸应比固定框的尺寸小 3 ~ 5 mm。隔断的饰面材料如果用钢化玻璃或夹层玻璃时,应按施工现场的实际尺寸订制,因为这类玻璃不能切割。夹丝玻璃在裁割时,先用玻璃刀沿裁口裁切,然后用手将玻璃拗断,再将切断处的玻璃上下摆动,使切口处的铁丝折断,最后在玻璃断口处的铁丝上涂刷防锈漆。厚度过大的玻璃应用专用设备裁切。

玻璃与铝合金骨架之间的连接应保证安装牢固,饰面板不得有晃动现象。玻璃一般用压条固定,压条与玻璃之间的缝隙处用玻璃胶密封,如图 5.18 所示。

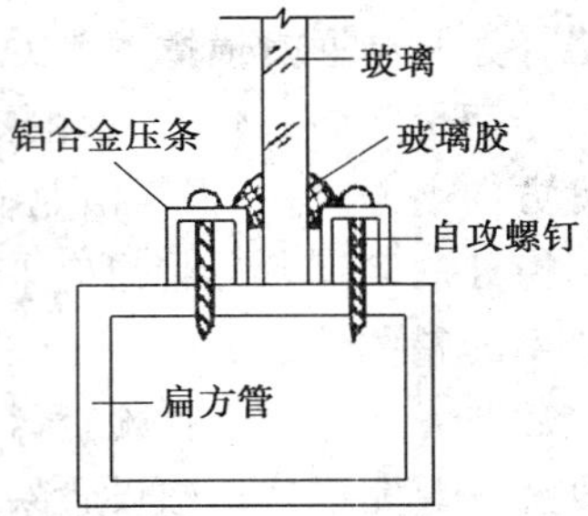

图 5.18　玻璃与隔断的连接固定

铝合金龙骨隔断也可用铝合金条形板饰面。安装条形板时,先用自攻螺钉将条形板的两端固定在扁方管型材上,再用装饰压条盖在条形板的两端上。条形板的接缝应平直,无变形、立缝等现象。

隔断处的节点应按设计要求施工,如隔断龙骨与窗帘盒之间、隔断与墙地面之间的缝隙处理、隔断龙骨与吊顶内龙骨的连接。

三　隔断的施工要点

隔断在施工时应注意以下几点:

(1) 隔断施工时的放样定位应准确,减少放样的尺寸误差。在墙地面和顶棚上应预先弹出隔断的位置线。

(2) 隔断内的电气管线应敷设好,安装饰面板和填充材料时不得损坏敷设好的管道线路,以免管线发生意外。

(3) 隔断龙骨固定时应避免竖向龙骨、横向龙骨与固定点的位置发生重合,不得影响施工。龙骨的间距应按隔断的形式和饰面板的规格确定,隔断的垂直度应符合有关规定。

(4) 饰面板安装前应进行预排,尽量减少材料的浪费,预排时宜先大面后小面。饰面板的安装方法及方向应符合设计要求和规范的规定。

(5) 隔断与其他墙体交接处、与顶棚交接处、隔断的丁字或十字相交的阴角等处均应做加强处理,防止此处的装饰表面开裂。

(6) 隔断与墙地面及吊顶处的接缝应按规定要求处理。

第四节　隔断工程的质量验收和通病的防治方法

一　隔断工程的质量验收

隔断工程的质量验收内容分为外观质量验收和尺寸允许偏差验收。各分项工程的检验批应按如下方法划分:同一品种的隔断工程每 50 间(大面积房间和走廊按隔断墙面 30 m^2 为一间)应划分一个检验批,不足 50 间也应划分一个检验批。

板材隔断工程的检查数量应符合下列规定:每个检验批应至少抽查 10%,并不得少于 3 间;不足 3 间应全数检查。

1. 外观质量

隔断工程的外观质量验收要求如下:

(1) 隔断工程中所用材料的品种、面层的颜色和花纹等应符合设计要求。材料应有产品合格证、性能检测报告、进场记录和复验报告。

(2) 隔断工程中的预埋件或拉结筋、木龙骨的防腐和防火、设备管线、填充材料、龙骨规格等隐蔽项目应有验收记录。

(3) 饰面板的表面应平整,不得有污染、折裂、缺棱、掉角、锤伤等缺陷,接缝应均匀、顺直。

(4) 隔断上的孔洞、槽、盒应位置正确、套割方正、边缘整齐

(5) 饰面板的铺设方向、位置应符合规定要求,安装牢固,接缝密实光滑。

(6) 隔断与其他墙体交接处、隔断的丁字或十字相交的阴角等处应做加强处理,防止此处的装饰表面开裂。

(7) 活动隔断的轨道必须与基体结构连接牢固、位置正确。活动隔断的构配件必须安装牢固、位置正确,推拉时必须安全、平稳、灵活。

(8) 玻璃砖隔断内埋设的拉结筋必须与基体结构连接牢固,并应位置正确。玻璃砖隔断不得有位移、翘曲和松动现象,砖缝应均匀、平直、密实,勾缝光滑饱满。

(9) 隔断与墙地面及吊顶处的接缝应按规定要求处理。

(10) 无骨架隔断的板材与建筑结构之间所需的预埋件、连接件的位置数量及连接方法应符合设计要求。用专用连接件连接时,应保证板材连接牢固。

2. 隔断工程的尺寸允许偏差

隔断工程的安装尺寸允许偏差和检验方法按照隔断的形式不同分有:板材隔断、骨架隔断、活动隔断和玻璃隔断。

板材隔断、骨架隔断、活动隔断和玻璃隔断的尺寸允许偏差和检验方法分别见表 5.1、表 5.2、表 5.3 和表 5.4 的有关要求。

表 5.1　板材隔断安装的允许偏差和检验方法

项次	项　目	允许偏差/mm				检 验 方 法
		复合轻质板		石膏空心板	钢丝网水泥板	
		金属夹芯板	其他复合板			
1	立面垂直度	2	3	3	3	用 2 m 垂直检测尺检查
2	表面平整度	2	3	3	3	用 2 m 靠尺和塞尺检查
3	阴阳角方正	3	3	3	4	用直角检测尺检查
4	接缝高低差	1	2	2	3	用钢直尺和塞尺检查

表 5.2　骨架隔断安装的允许偏差和检验方法

项次	项　目	允许偏差/mm		检 验 方 法
		纸面石膏板	人造木板、水泥纤维板	
1	立面垂直度	3	4	用 2 m 垂直检测尺检查
2	表面平整度	3	3	用 2 m 靠尺和塞尺检查
3	阴阳角方正	3	3	用直角检测尺检查
4	接缝平直度	—	3	拉 5 m 线，不足 5 m 拉通线，用钢直尺检查
5	压条平直度	—	3	拉 5 m 线，不足 5 m 拉通线，用钢直尺检查
6	接缝高低差	1	1	用钢直尺和塞尺检查

表 5.3　活动隔断安装的允许偏差和检验方法

项次	项　目	允许偏差/mm	检 验 方 法
1	立面垂直度	3	用 2 m 垂直检测尺检查
2	表面平整度	2	用 2 m 靠尺和塞尺检查
3	接缝平直度	3	拉 5 m 线，不足 5 m 拉通线，用钢直尺检查
4	接缝高低差	2	用钢直尺和塞尺检查
5	接缝宽度	2	用钢直尺检查

表 5.4　玻璃隔断安装的允许偏差和检验方法

项次	项　目	允许偏差/mm		检 验 方 法
		玻璃砖	玻璃板	
1	立面垂直度	3	2	用 2 m 垂直检测尺检查
2	表面平整度	3	—	用 2 m 靠尺和塞尺检查
3	阴阳角方正	—	2	用直角检测尺检查
4	接缝平直度	—	2	拉 5 m 线，不足 5 m 拉通线，用钢直尺检查
5	接缝高低差	3	2	用钢直尺和塞尺检查
6	接缝宽度	—	1	用钢直尺检查

二　隔断工程的通病防治

抹灰层的质量通病主要有：板面开裂、板面变形、饰面锈迹等。

1. 板面开裂

隔断板面开裂的主要的原因有:龙骨固定不牢固、饰面板边缘铺钉不牢、钉距过大、接缝处理不当等。隔断面板在安装时应注意以下几点:

(1) 龙骨固定时应确保其牢固程度,用力摇动龙骨时,龙骨不应有明显的晃动。

(2) 板材铺钉时应按照施工规范的要求确定钉子的间距和钉入深度,使板材紧贴在龙骨上,保证板材与龙骨之间密实牢固。

(3) 板缝处应该采用专用的嵌缝材料和接缝纸带,对于重要部位的板缝还应使用玻璃纤维网格取代接缝纸带。在隔断的丁字和十字交接处应加设玻璃纤维网或钢丝网,以加强这些部位的连接强度。三维板的板材与板材的连接处应用相应的配件进行连接和加固,确保砂浆抹灰层的抗裂性能。

2. 板面变形

骨架本身变形、饰面板的铺钉形式、隔断与建筑物的墙柱面的交接处理不当等原因均会造成板面变形。

(1) 隔断的骨架必须经过验收合格后方可进行饰面板的铺钉。

(2) 板材铺钉的方向应从中间向两侧进行或者从一端向另一端进行,同时注意相邻板材的接缝应保证错缝排列。

(3) 隔断的端部与建筑墙柱面的交接处宜留出一定的空隙,并用弹性密封胶填充。

(4) 经常受力作用的隔断部位处,龙骨应作加强处理,从而提高骨架的强度和侧向稳定性,确保保证板材的平整度。

(5) 由于环境场所的湿度变化过大会造成饰面板的变形,因而安装饰面板时环境场所的湿度不能过大,场所的干湿变化不能显著。

(6) 木制人造板的厚度不能过小,因为板材厚度过小则板面的刚度较差,受温度和湿度变化的影响就大,隔断上使用的木制人造饰面板常用加厚三合板、九合板和细木工板等刚度较好的板材。

3. 饰面锈蚀

由于空气中的水气以及涂料中的水分容易造成板材上的螺钉锈蚀,因而螺钉固定后应在板材的钉眼处刷防锈漆,并用腻子填嵌。

复习思考题

1. 隔断有什么作用?它分哪些种类?
2. 常用隔断的组成材料有哪些?
3. 隔断工程在施工中有哪些规定和要求?
4. 无骨架隔断是如何施工的?
5. 怎样进行有骨架隔断的施工?
6. 如何验收隔断工程的施工质量?
7. 隔断工程中的常见质量问题有哪些?如何防治这些质量问题?

第六章　饰面板(砖)工程

第一节　概述

饰面板(砖)工程是指在基体的表面用各类板状或块状材料进行装饰的一种施工项目,它包括石材、陶瓷地砖、玻璃、胶合板、地毯等材料的施工。

一　材料的有关要求

(1) 饰面材料及配套附件的品种、规格应符合设计要求,其质量标准应符合国家标准或行业标准的规定。

(2) 饰面板(砖)应表面平整、边缘整齐、棱角不影响外观,并附有产品合格证。外墙面砖的吸水率不得大于10%。

(3) 安装饰面板(砖)用的金属连接件除不锈钢外,均应作防腐处理。

(4) 饰面板(砖)的颜色不得与样板有明显的色差。天然大理石除汉白玉外,不宜用于室外场所的装饰,石材在施工时一般有拼花要求。

(5) 陶瓷马赛克的质地应坚硬、棱角整齐,脱纸时间不得大于40 min。

(6) 施工时所用的胶结材料的品种及掺加量应符合设计要求,如配制前不能确定时,还应进行配制试验。

二　饰面板(砖)工程的有关规定

(1) 基体应具有足够的强度、刚度和稳定性,质量应符合砖石结构、混凝土结构、钢结构和木结构等工程的施工及验收规范的要求,并经有关部门验收合格后方能施工。

(2) 室外突出的檐口、腰线、窗口、雨篷等处,应预先做好流水坡度和滴水线(槽)。

(3) 基体表面用砂浆镶贴饰面板(砖)时,在保证基体表面平整度的基础上,应使表面具有一定的粗糙度,以便饰面板(砖)的镶贴。

饰面板(砖)工程在施工前应做好有关的准备工作。室内外铺贴饰面板(砖)的工作高度在3.0 m以上时,必须搭设钢管脚手架,并保证脚手架的牢固程度。饰面板(砖)材料在贮运时还应防潮、防污染等。

饰面板(砖)工程中所用的金属配件应在生产车间里制作完成,并经防腐处理。

第二节　饰面板(砖)的施工

一　墙柱面处石材的施工

墙柱面上的石材在施工前首先应对基层进行处理,用钢筋绑网扎法和楔固法进行施工时还应清除基层表面的污渍等,用粘贴法施工时应在基层上用砂浆做好平层,并使找平层表面具有一定的粗糙度,用干挂法施工时,基层可不作处理。

然后根据现场基体的形状尺寸和板材的造型尺寸要求,在基体饰面上弹线放样。石材饰面如果有拼花要求时,应在墙柱面上按照拼花图案的形状和板材的位置进行编号,同时将石材本身也编号。柱面上安装石材时,应尽可能减少板材接缝的数目,或将板的接缝安排在柱子的边角处,甚至可根据实际尺寸向厂里定制加工相应尺寸的板材,以满足外形的美观要求。石材安装前应进行试拼和挑选,要求板材无缺棱、掉角、裂纹、污染和变色现象。为了提高饰面的整体装饰效果,还可从厂家直接定购大尺寸的板材(长×宽=(1.5~2.0)m×(2.0~3.0)m 左右的规格板)在现场进行切割拼花,使装饰后石材表面的图案基本完整。板材的阴角处还应作倒角磨光处理,使得大面与边角的光泽基本一致。

墙柱面石材类饰面板的施工工艺有:钢筋网绑扎法、楔固法、干挂法、湿作业改进法等。但是无论何种施工工艺,操作时所用的辅助材料(如水泥、胶粘剂、各种附件等)应避免与石材发生化学反应,防止石材受到污染。

1. 钢筋网绑扎法

钢筋网绑扎法是一种传统的石材铺贴施工方法。它的施工程序如下:

设置钢筋网→试拼编号→板材背面开槽→绑扎板材→找平吊直并临时固定→灌浆→养护→嵌缝。

如果墙柱面上设有预埋件时,可用铜丝或不锈钢丝将 $\phi 8$ 的钢筋,按图 6.1a 的形式制成钢筋网片,钢筋之间需用钢丝或不锈钢丝进行固定。当墙柱面上没有预埋铁件时,可在墙柱面上

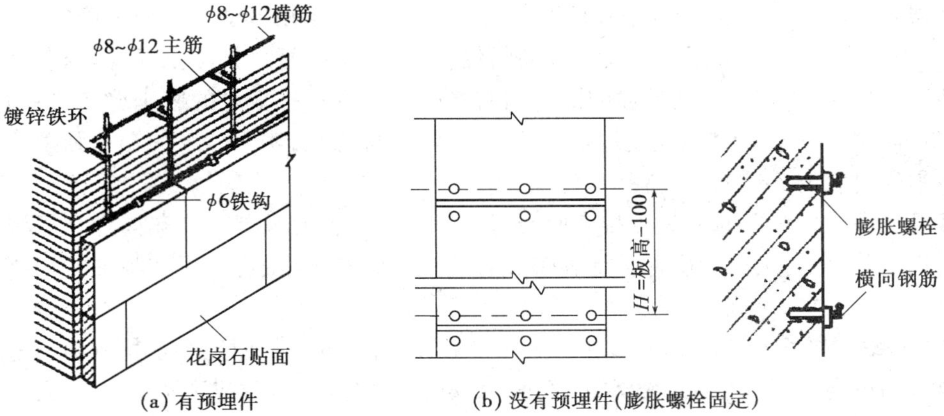

(a) 有预埋件　　(b) 没有预埋件(膨胀螺栓固定)

图 6.1　钢筋网绑扎法示意图

用电锤打孔,并在孔内安入 M10 ~ 16 的膨胀螺栓,再用电焊将 $\phi 8$ 的钢筋与膨胀螺栓焊牢,如图 6.1b。钢筋网中的竖向间距应视板材的规格和安装方便的要求而定,钢筋网还应涂刷 2 ~ 3 遍防锈漆。

(1) 板材处理。石材的处理主要指板材背面的开槽和板材端部的倒角加工。用手提式石材切割机在需要绑扎钢丝或不锈钢丝的位置处分别开四道槽口,槽口的深度一般为 10 ~ 15 mm,具体尺寸见图 6.2。板材的阳角拼接形式应根据板缝的排列方式而定,但要将板材的外露部位磨光,如图6.3。板材的背面应进行防碱处理。

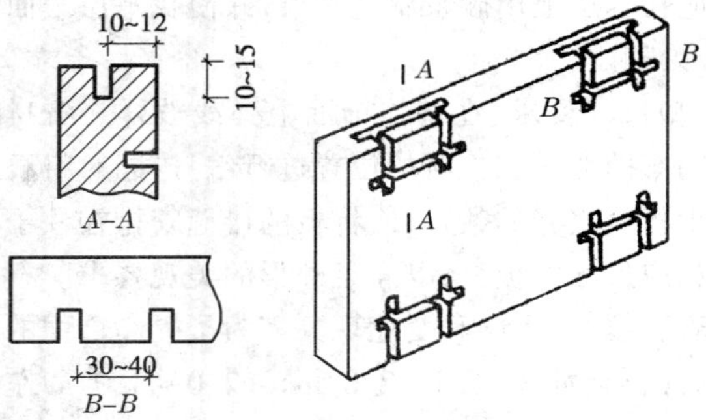

图 6.2　板材背面槽口形式

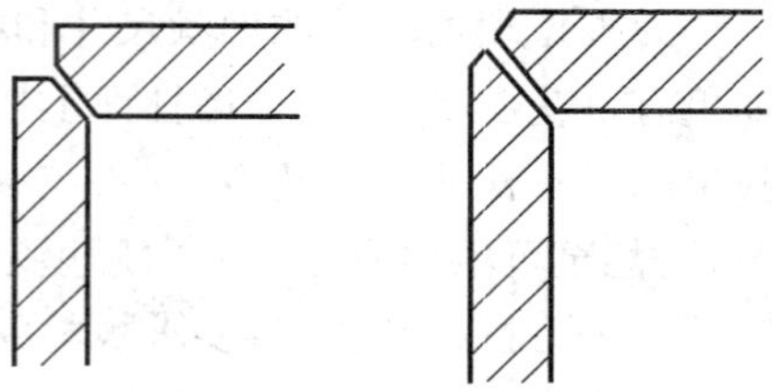

图 6.3　阳角的拼接形式

(2) 安装板材。板材在安装前应根据表面的纹理图案及拼花要求进行预排,并按所在位置的不同进行编号。安装时,按编号从正面开始,由下向上分层安装。每一层石材的安装顺序可以从中间向两边铺设,也可从一边向另一边铺设。

铺设第一块板材时,先把板材的下端槽口用不锈钢丝或钢丝绑扎在钢筋网上,然后再绑扎板材的上端槽口。第一排板材的下口应用木楔垫平,再用水准尺和吊锤对铺设好的板材进行找平对直,确保板材在同一个垂直面上,板材的上口在同一条水平线上。最后紧固不锈钢丝或铜丝。在板材的接缝位置上用胶粘剂将小木块固定在板缝处,以防止板材移位和灌浆时砂浆泌浆。

灌注砂浆前,先浇水将板材的背面和基体表面湿润,再用 1:2.5 的水泥砂浆分层灌注。砂浆的每层灌注高度为 150 ~ 200 mm,且不得大于板高的 1/3,并用短钢筋插捣密实。砂浆初凝后,应检查板面的位置,如果板材发生移动错位,应将移位的板材拆除重新安装;若无移动,方可灌注上层砂浆,每层砂浆的灌注间隔时间为 1 ~ 2 h。每一排板材的施工缝应留在板缝下口 50 ~ 100 mm 处。板材的铺设速度以每天不超过 3 ~ 4 排为宜,避免砂浆的初始强度不高时,下层板材承受过大的荷载而产生移动错位。

砂浆在灌注后应及时清理板材表面残留的污物。浅色的大理石或花岗岩在灌浆时,应采用白水泥砂浆,以使板材的底色不受影响。为了防止砂浆污染板面,可在板的背面刷 1 ~ 2 道清漆,作为封闭层。

(3) 嵌缝。整个饰面上的板材在安装完毕后,应将板缝上的固定小木块剔除,并用白水泥和颜料调制成与板材底色相近的水泥浆进行嵌缝。嵌缝后的缝隙应密实干净,颜色一致,缝隙的宽度应满足:镜面板材为 1 mm,毛面板材为 5 mm,蘑菇面板材为 10 mm。对于镜面板材,如面层光泽受到施工的影响,还应待施工结束后重新打蜡上光。

2. 楔固法

楔固法是用特制的不锈钢连接件,将板材直接固定在基体的孔眼中,从而使板材与基体固定。将石材直立固定后,用电钻在距板材两端 1/4 处的厚度中心线上钻孔,孔径为 6 mm,深为 35 ~ 40 mm。板宽在 500 mm 以上时,只需钻两个孔。板宽在 500 ~ 800 mm 之间时,打直孔三个;板宽大于 800 mm 以上时,打直孔四个。在距板两侧边下端 100 mm 处,各打一个深为 35 ~ 40 mm、直径为 6 mm 的孔,如图 6.4 所示。最后再用錾子在直孔的旁边剔槽,槽深 7 mm,且不小于连接件的直径。板材的背面应刷防碱隔离层。

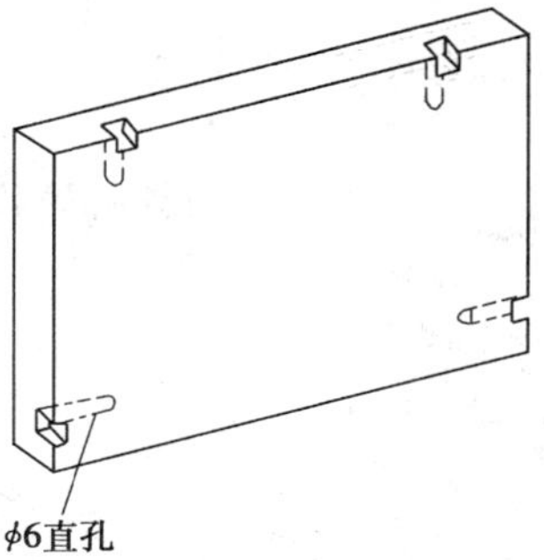

图 6.4 楔固法的板材钻孔位置

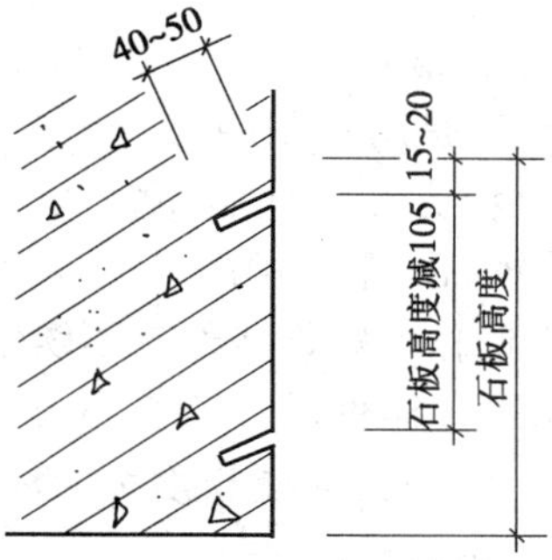

图 6.5 楔固法的基体钻孔位置

在基体表面上按照板材的尺寸大小进行放样,并用冲击钻或电锤在基体上的每块板的安装位置处,对应石材背面槽口位置进行钻孔,孔与基体成 30° ~ 40°,孔径 6 mm,孔深 40 ~ 50 mm,如图 6.5 所示。

将专用的不锈钢连接件的一端伸进板材背面的槽孔内,并用聚合物水泥砂浆固定。再将连接件的另一端伸入基体的孔内,用吊锤和水平尺检验板材的垂直度及水平度,并使相邻板材的接缝严密,用木楔或水泥砂浆将不锈钢连接件固定在孔内。

最后用 1:2.5 的水泥砂浆灌浆固定,灌浆方法及要点与钢筋网绑扎法工艺同。最后再用与板材底色相近的素水泥作嵌缝。图 6.6 是用楔固法施工后石材饰面的构造示意。

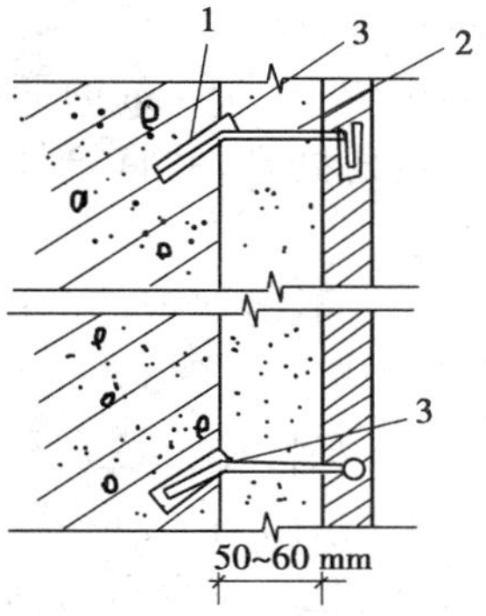

图 6.6 楔固法安装示意图

1 – 基体上的斜孔; 2 – 专用不锈钢钉; 3 – 防腐木楔

3. 粘贴法

粘贴法就是用聚合物水泥砂浆或胶粘剂,将板材粘贴到基体表面的一种施工工艺。此法适用于面积较小、厚度在 10 mm 以下的板材和高度较低的基体上。其施工工艺如下:

用水泥砂浆在基体上进行抹灰,并做好找平层。找平层表面的尺寸偏差应满足抹灰工程的有关规定。找平层的表面还应平整粗糙。在找平层表面上按石材的铺贴尺寸和造型要求进行弹线放样,板材的背面做好防碱处理。再将聚合物水泥砂浆或胶粘剂涂抹在基层表面和板材的背面,涂抹应均匀饱满。按弹线位置和板材的编号顺序将板材就位,就位后应马上挤紧、找平找正，并用临时工具进行固定，图 6.7 是柱面铺贴的一种临时固定方法。临时固定后应及时清除板缝中被挤出的灰浆或胶粘剂。

待水泥砂浆或胶粘剂固化 2 – 4 天后，再拆除临时固定装置，用与板材底色相近的素水泥浆进行嵌缝，最后将板材表面多余的污物清理。

粘贴法施工工艺的铺板速度以每天不超过 3 排为宜，防止板材在重力的作用下移位错动。

4. 干挂法

干挂法是用特制的不锈钢连接件将石材固定在基体上的一种方法。此法不需用水泥砂浆灌注，方便简捷，工效较高。干挂法的施工步骤如下：

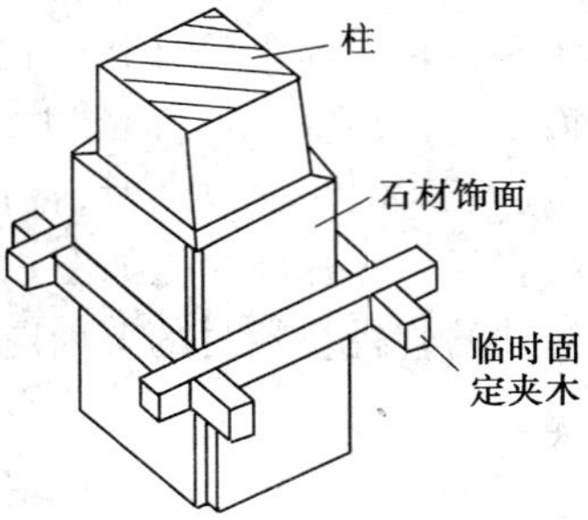

图 6.7　柱面板材的临时固定

(1) 制作不锈钢挂件。不锈钢挂件的形式如图 6.8 所示，挂件的厚度为 3、5、6 mm，宽为 25、30 mm，挂件的锚固端长度为 20 ~ 25 mm，其外长度为 30 ~ 50 mm。

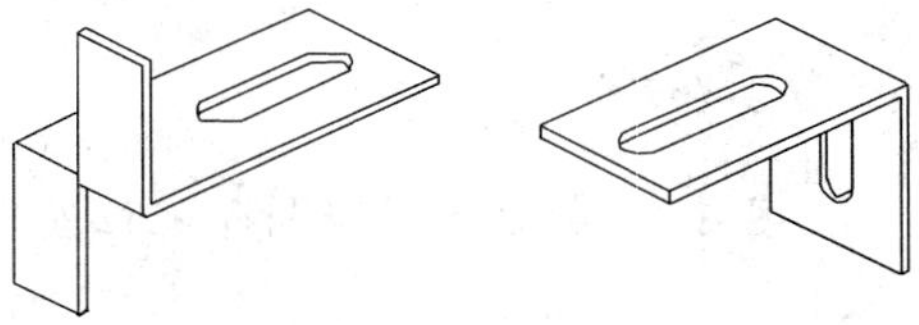

图 6.8　不锈钢挂件

(2) 板材处理。首先按基体的大小及形状进行放样排板，并按装配要求对板材进行编号，然后在板材上开孔开槽，槽口位置在距板材上下边端部 40 mm 处。开槽时，用手提式石材切割机开出深为30 mm、宽为 35 mm 的凹槽。在板材的阴角位置做好倒角处理，并将石材外露的侧边表面打磨抛光。

(3) 安装不锈钢挂件。用电锤在平整的基体上钻孔，并用膨胀螺栓按图6.9 的位置尺寸，将不锈钢挂件固定在基体上，安装时一定要保证挂件的位置与板材上的槽口位置相吻合。有时也可在基体上先安装镀锌钢骨架，骨架的安装应符合石材面板的造型要求，然后将不锈钢挂件固定在骨架上，这样就省去了对基层的另行处理工作了。

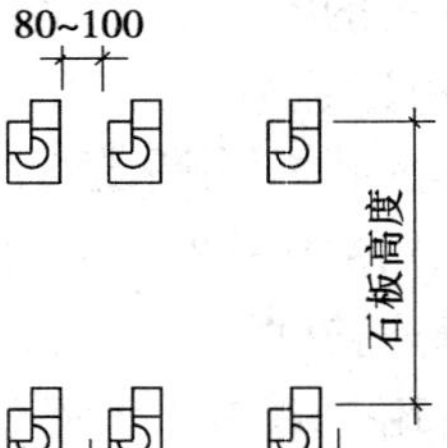

图 6.9　不锈钢挂件的布置

(4) 干挂板材。干挂石材的施工工艺与第三章中的石材幕墙的干挂工艺相似，这里就不重复论述了。

二　地面处石材类面板的施工

地面处石材饰面的铺贴形式分为规则石材地面和不规则石材地面两种。

1. 规则石材地面

所谓规则石材地面是用有一定形状和尺寸的石材，按照设计要求在地面上铺贴而成的施工工艺。这类石材地面的施工方法如下：

(1) 基层处理。基层处理时应检查地面处有无管线的敷设要求，并将基层用水冲刷干净，如果基层是光滑的钢筋混凝土楼面,还应将表面凿毛。

(2) 找规矩。按室内地坪标高及地面构造厚度的要求,将地坪标高线弹在墙脚的立面上。根据板材的规格在室内取中点,拉十字线。与走道相交的门口处还要拉通线,线的位置一般在门框的中间,拉出的标准线固定在墙体面上。

(3) 试拼和试排。根据十字标准线确定石材的铺砌顺序和标准块的位置,按照板材的颜色、纹理和图案进行试拼,试拼后的板材应编号,以作为铺贴石材时放样依据。

在十字标准线的位置处铺出两条宽度大于板材尺寸的干性砂浆带。按设计要求排好板材,以检查板材与墙柱面等建筑部位的相对位置,确定找平层的厚度。

(4) 板材的铺贴。将板材的背面洒水湿润,再用1:2的干硬性水泥砂浆铺摊在湿润过的基层上。每次铺摊的砂浆长度在1 m以上,宽度超过板材宽度的20~30 mm,厚度10~15 mm,虚铺砂浆的高度应比地坪标高线高出3~5 mm。砂浆铺摊的方向应从室内向门口铺抹。

铺板前先用木杠将砂浆刮平拍实,再用木抹子抹平,并在找平层上均匀地撒一层水泥粉,用刷子蘸水后,将水弹在水泥粉上,使之吸水湿润。把背面湿润后的板材对准纵横板缝的位置处轻轻下落,下落时应四角同时着地。用橡皮锤轻轻敲实,并用水准尺找平。铺贴时应使板的接缝与控制准线相吻合。板材的接缝处无镶条时,应将水泥浆灌入缝内约2/3的板厚,待水泥浆凝结后,再用与板面同色的素水泥浆擦缝。擦缝后及时清除板面的水泥浆。当板的接缝处有镶条(铜条或铝合金条)时,先将两块相邻板铺贴平整,使板的接缝略小于镶条宽度,并在缝内灌注与板面同色的素水泥浆,灌到2/3的板厚,随后用木锤将压条敲入缝隙内,并使压条略高于板材平面,然后再擦去溢出的水泥浆。

板材在铺贴时应严格控制板材接缝的宽度,磨光石材的板缝须控制在1 mm以内。地面的石材如果有图案拼花时,应预先在胶合板上放出拼花的图案大样,最后根据模板的大小裁切石材,这样才能保证图样尺寸的精确度。板材铺贴后应养护3天以上,此时间内板面上禁止有人走动或搬运物品。

预制水磨石板和混凝土面砖的施工方法与上述方法相同,预制水磨板的板缝在2 mm内、混凝土地面砖的板缝在3 mm以内。

地面板材铺贴后再镶贴踢脚板。镶贴踢脚板时,先在墙面的两端镶贴一块踢脚板,使两板的上沿高度在同一水平线上,并保证两板的出墙厚度一致,以这两块板为标志再逐块按顺序镶贴。镶贴时用1:(2~2.5)的水泥砂浆抹底,在底层砂浆上划出条纹。待底层砂浆干硬后,在湿润后的板材背面抹上厚为2~3 mm的素水泥浆进行粘贴。粘贴时用橡皮锤敲实,并用水平尺和直角靠尺找平找直。板缝处用与板面同色的素水泥擦缝。

2. 不规则石材地面

不规则碎拼石材饰面就是将不规则的、经过选择的碎块石材用水泥砂浆粘贴在地面上,并在碎块间用水泥砂浆填缝的一种施工方法。

这类饰面可做成有图案的,也可做成无图案的。施工时,应按图案的色彩组成要求进行选料,然后再用水泥砂浆把碎块的石材按图案的组成要求铺贴在地面上。它的具体施工方法同规则石材饰面做法一致,但前者对板缝的缝宽控制较严,而后者的板缝宽度只要达到目视均匀即可。

不规则碎拼石材饰面可用于庭院小道、公园路面以及建筑小品的装饰。

三　陶瓷饰面砖的施工

1. 外墙面砖的施工

外墙面砖具有强度高、耐久性好、吸水率低、抗冻性及装饰效果好等特点。建筑物的立面在设计时,用不同颜色的面砖和排砖方式搭配后,能使建筑物显得生动活泼,增加建筑物的美感。但是在高层建筑的外墙面上铺贴外墙面砖后存在掉砖的隐患,因而在高层建筑的外墙面上,外墙面砖的使用受到了一定的限制。目前,外墙面砖主要用于中小型建筑的外墙装饰。图6.10是常见的外墙面砖的排砖方式。

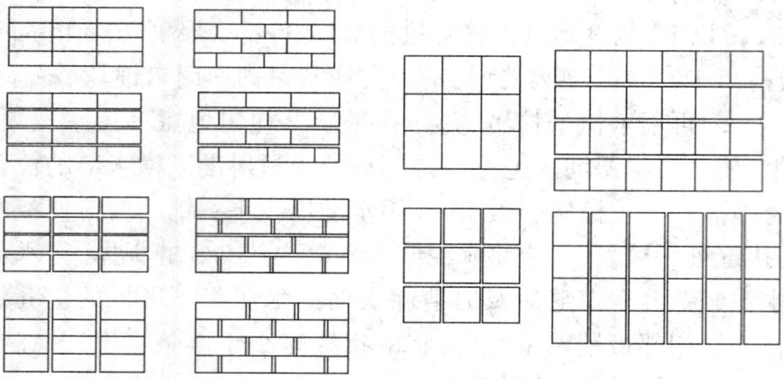

图6.10　外墙面砖的常见排布形式

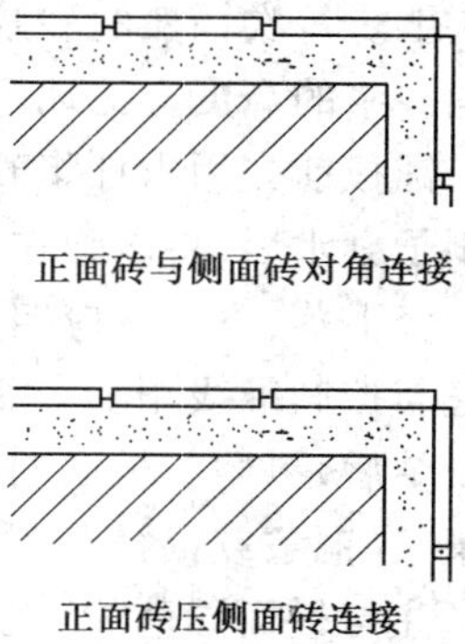

图6.11　阳角处外墙面砖的排布

外墙面砖在铺贴时应处理好有关的节点构造。在阳角处应将拼缝留在侧边,或用整砖进行对角粘贴,如图6.11所示。在窗台处墙面砖的铺贴方式如图6.12所示,窗台上面的砖应叠放在立面砖的上口,且立面砖向下突出3 mm左右,窗台底面还应留出一定的流水坡度。

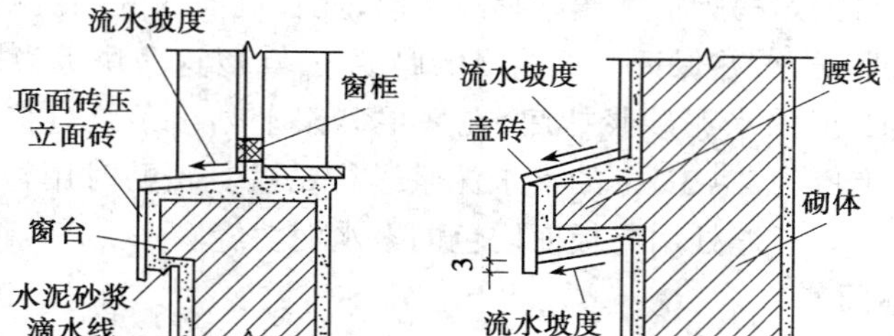

图6.12　窗台及腰线处外墙面砖的排布形式

外墙面砖在镶贴前,先在墙体上用水泥砂浆做出找平层,再根据墙面上找平层的形状尺寸及砖的排布方式进行弹线分格和排砖。排砖时应使外墙面砖的横缝与门窗旋脸和窗台相平,竖向要求窗台阳角处排设整砖。弹线时应弹出砖缝或分格缝的水平线或垂直线,在阳角的高度方向上用尼龙线吊垂直,并每隔2.0 m左右做出标志砖。整个外墙面砖在镶贴时应分层分段进行施工,每段的施工顺序是自下而上,先贴好墙面凸出的部分(如柱子),后贴大面,再贴窗间墙部分。施工时在表面粗糙的找平层上抹上一层 1:2 的水泥砂浆或聚合物水泥砂浆。砂浆的厚度为 6 ~ 10 mm,再将经过浸水处理后的外墙面砖铺贴到墙面上,并用灰刀轻轻击实。同一皮外墙砖的上口在铺贴时,应尽量使其上口保持在一条直线上;如外墙面砖在水平方向上有分格缝时,可在铺贴上一皮面砖之前,将木分格条粘贴在下一皮砖的上口,以控制水平缝的大小与平直度。竖直方向的分格缝则用吊锤和木分格条划分。

整个施工段的墙面砖贴好后,应进行面层的清理检查工作,在面砖的接缝处用 1:1 的水泥砂浆或素水泥砂浆进行勾缝处理。勾缝应平滑,缝深 3 ~ 5 mm。

2. 内墙面砖的施工

内墙面砖又称瓷砖。它的形状有正方形、长方形和异形配件砖,正方形和长方形属通用面砖,这类形状的面砖主要铺贴在墙的大面上,而异形配件砖则用于阴阳角、上口压边等墙面边角部位的装饰。

内墙面砖的铺贴一般采用密缝形式,这种铺贴形式对面砖的尺寸公差要求较高,在现场应对面砖的尺寸进行逐步检查,具体方法是:按面砖的标准形状尺寸要求,用小木方做一个"□"形木框,并钉在木板上。检查时将面砖从"□"形木框的开口处塞入,目测面砖的形状尺寸与木框的尺寸之间的差异,再把面砖转动 90°后再放入开口处,依照前面的方法检查面砖的形状尺寸,从而分出符合标准尺寸和大于或小于标准尺寸的三类面砖,分类堆放。同一类尺寸的面砖用于同一墙面处,以使砖的接缝均匀一致,对外观质量不符合要求的面砖应予以剔除。

在基体的表面做好水泥砂浆找平层,并划毛。根据基体及内墙面砖的尺寸进行划线定位,为保证墙面铺贴后的饰面平整度,在横向和纵向每隔 1.5 m 设一个标志瓷砖块,标志块之间的平整度必须满足规定要求。当铺贴的饰面面积较大时,这种方法能够有效地保证饰面整体的平整度,排砖时,应将非整块砖放在不明显的位置处,如墙角、墙面的最上端和最下端等。

内墙面砖铺贴前,应将面砖放入水中浸泡 2 小时以上,从水中拿出后阴干。面砖铺贴用的聚合物水泥浆按一定的比例进行配制。面砖的铺贴方向应自下而上,从左到右进行。镶贴时,用灰刀将聚合物水泥砂浆均匀地涂抹在面砖的背面,并在砖的四周边刮成厚为 5 mm 左右的斜面。按墙面弹线的位置将砖镶贴后,用橡皮锤轻轻击实,使面砖与灰浆结合紧密。每一皮砖铺贴后应用长的靠尺,以标志砖为依据,校正每一块砖的铺贴厚度。若某块瓷砖的铺贴厚度高于标志块时,应用橡皮锤轻轻将其击实;若某一块瓷砖的铺贴厚度低于标志块时,应取下瓷砖重新铺贴。这样才能保证整个瓷砖饰面上下左右平整一致。内墙面砖铺贴后应及时将砖面上的多余灰浆擦除,面砖的接缝用干性的白水泥或与砖面颜色相同的干性水泥浆进行擦缝。

内墙面砖如有拼花要求时,还须按图案的拼花进行铺贴,以保持图案的完整性。阴阳角条应按设计要求铺贴在相应的位置处。对于阳角处相交的两块面砖,应作 45°切口处理,以使面砖的阳角线垂直挺括。在有设备突出的墙面上铺贴瓷砖时,应先铺贴设备周围的整块砖,与设备相交的面砖则应按设备的外形和尺寸要求,用专用切割机对内墙砖进行套割,使铺贴好的面砖与设备的结合完整平顺,如图 6.13 所示。

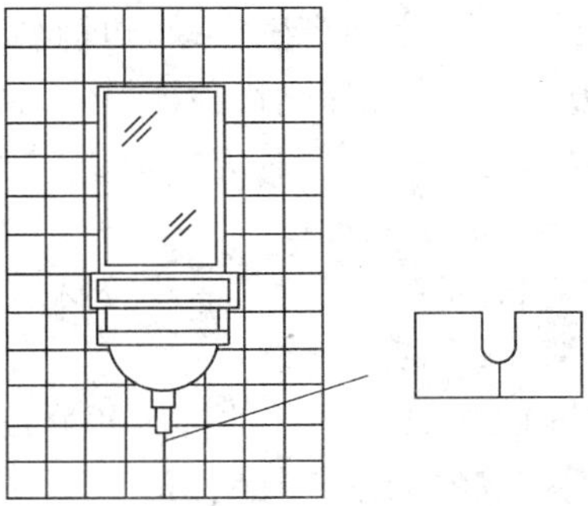

图 6.13　内墙面砖的套割

3. 地面砖的施工

地面砖的种类有缸砖、彩釉地面砖、磨光同质砖、复古砖、麻石砖等，这些地面砖的尺寸大小不一，但施工方法相似。

地面砖在施工前应对楼地面基层进行处理，楼地面上的光滑面应凿毛，对表面残留的砂浆、灰尘和油渍等应清洗干净，并洒水湿润。对吸水率较大的地面转，在施工前应浸水 2 h 以上，取出后晾干备用。吸水率较小的地面砖可不做浸水处理。

地面砖的铺贴方法有对角法和直角法。对角法施工后的砖接缝与墙面成 45°，直角法施工后的砖缝则与墙面平行。图6.14 中的 a、b 两图是地面砖直角法的铺贴形式，图 6.14c 是地面砖对角法的铺贴形式。

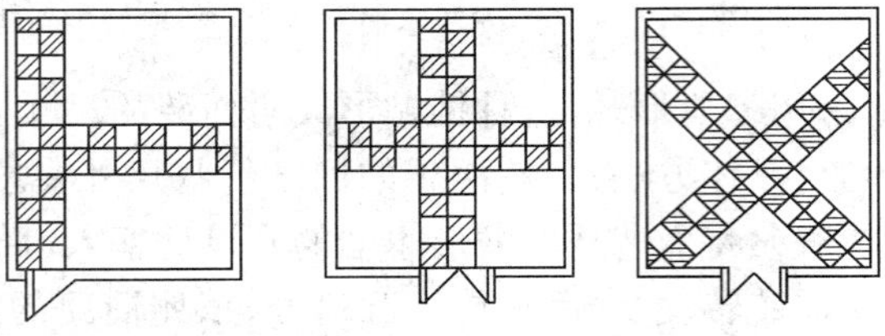

(a) 丁字形排布　(b) 十字形排布　(c) 对角形排布

图 6.14　地砖标准带的排布形式

地面砖在铺贴前应进行弹线定位和预排。弹线定位就是在墙的四周弹出地面砖的标高位置，并在房间的中心点处弹出两条互相垂直的定位线，再根据地砖的尺寸及房间的形状尺寸进行排砖。排砖时应使楼地面的主要面上尽可能不出现非整砖，非整砖留在不明显边角位置处。

在干净湿润的楼地面上，铺摊 1:3.5 的水泥砂浆，厚度在 10 mm 以下，用尼龙线拉出定位线和标高线的位置，用灰刀将 1:2 的水泥浆抹在地面砖的背面，并拉尼龙线为铺贴标准线。铺贴时首先做出标准带，以拉出的尼龙线为标准进行铺贴，如图 6.14 所示。砖在铺贴后应用灰刀轻轻击实，使砖与水泥浆结合严密，高出地墙标高线的面砖应用灰刀击实压紧，低于标高线的面砖应起出后用水泥浆垫高。

铺贴大面时以标准带为基础进行施工。铺贴时紧靠已铺好的标准带，在标高线上拉出尼龙线来控制面砖的铺贴高度和砖缝的平直度。铺贴地面砖时应用灰刀或橡皮锤击实严密，防止砖与地面之间产生空鼓，边铺贴边用水平尺检查校正。室内地面的施工方向应从室内向门口方向进行。铺贴后应及时擦去面砖表面多余的水泥浆，并用与地面同色的干性水泥浆进行擦缝。地面砖铺贴后应养护 2~3 天方能上人行走。

4. 锦砖的施工

锦砖又称马赛克，锦砖按材质分有陶瓷锦砖和玻璃锦砖。锦砖的施工工艺分为排砖、弹线、粘贴、揭纸和擦缝。

(1) 排砖。锦砖的排砖和分格必须按照建筑物立面的实际形状和尺寸进行。排砖时，应注意外墙的墙角、墙垛、雨篷、天沟及窗台等部位的细部构造处理和尺寸，并按锦砖的排列要求确定墙面的分格线。水平分格缝应和窗台及门窗贴脸相平，竖向分格缝的设置应使在窗台及窗口两边的锦砖排布为整张排列。

(2) 弹线。在墙体上用水泥砂浆做出找平层，弹出墙面的阳角垂直线和施工段的上口水平线。按一联锦砖弹一道水平准线的要求，将水平准线弹在墙面上，再按每 2～3 联锦砖的尺寸间距弹出垂直标准线。此外，还应弹出整个饰面上的水平及垂直分格线。在分格线的位置处，用素水泥浆将木分格条固定。

(3) 粘贴。在找平层上洒水湿润基层，将锦砖铺在木垫板上，锦砖的纸面朝着垫板，光面（粘结面）向上。如锦砖是陶瓷的，还需在陶瓷锦砖的粘结面上刷水，刷水后随即刮 2 mm 厚的水灰比为 0.3～0.36 的素水泥浆。如果用的是玻璃锦砖，刮浆用的水泥必须是白水泥。刮浆时，应一边刮一边用铁板抹子向下挤压，并轻轻震动木板，使水泥浆填满锦砖单粒间的缝隙中。刮浆后，将整联锦砖的两角提起，按墙面上所弹的水平和垂直线的位置进行粘贴，粘贴时用铁板或木锤轻轻拍敲压实，使锦砖紧贴在墙面上。

(4) 揭纸。在铺贴时，应使相邻锦砖的接缝对齐。当粘结层中的水泥开始凝固时（1～2 h），可在锦砖的纸面上刷水湿润，待底纸吸水泡开后即可揭纸。揭纸时应按一定的顺序用力向下揭，切勿用力向外拉扯，如图 6.15 所示。

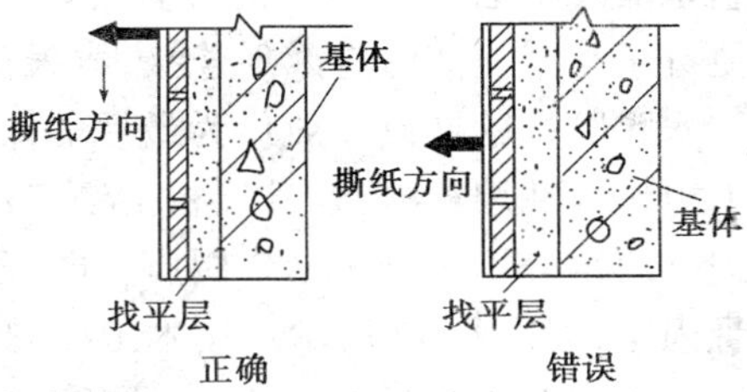

图 6.15　陶瓷锦砖的揭纸方式

护面纸应在水泥浆初凝前揭去。揭纸后如有锦砖单粒脱落，应及时将其补上。如发现锦砖有"跳块"或"瞎缝"现象，应用开刀进行调整。具体方法是：在水泥初凝前，将开刀置于要调整的锦砖的缝隙中，同时用铁板抹轻轻拨动开刀，将需要调整的缝隙逐条调直、调匀。锦砖单粒拨好后，压上木拍板并用橡皮锤轻敲拍板，使锦砖单粒与基体粘拉牢固。

(5) 擦缝。由于锦砖在铺贴时，个别马赛克单粒的缝隙中所填的水泥浆不饱满，或存在气泡，因而饰面在铺贴后，须用干性的白水泥浆进行擦缝。擦缝时，先用橡皮刮板将白水泥浆在锦砖上满刮一道，在灰浆难以刮填部位，还须用棉纱头蘸上素水泥浆进行嵌补。擦缝后的锦砖表面应及时清理，以防时间过长水泥凝结硬化后难以清除。

陶瓷锦砖和玻璃锦砖的施工方法相似，所不同的是：玻璃锦砖的粘结层必须用白水泥，因为玻璃锦砖有一定的透明性，白水泥打底后可防止锦砖的底层透色，而陶瓷锦砖的粘结层可以是普通硅酸盐水泥。另外，陶瓷锦砖有一定的吸水率，在底面刮浆前须预先刷水湿润，而玻璃锦砖的吸水率较低，底面刮浆时无须刷水湿润。

四　木质类材料饰面的施工

1. 木质材料墙柱面的施工

木质材料墙柱面在施工前应检查基体内的有关线管敷设是否就位、基体墙面的质量是否符合国家的有关质量要求等。

木质材料墙面施工时首先根据设计图纸要求，在墙面上弹出饰面造型龙骨的位置线，龙骨的间距尽量与饰面板的规格相适应，以节约饰面材料用量。

按龙骨的规格要求下料，如果墙柱面的木龙骨对龙骨的规格无具体要求时，可按 25 mm×30 mm 的规格开料。木龙骨所用的木材应干燥，无腐朽等，再将龙骨以 300 mm 或 400 mm 的间隔尺寸拼成木框架，在木龙骨和饰面板的背面上各刷三遍防腐涂料。当木制墙柱面有特殊的装饰造型要求时，木龙骨的布置形式及尺寸应按设计图纸的要求确定。

用 $\phi16\sim20$ mm 的冲击钻头在基体上钻孔,孔的位置一般设在横向与竖向龙骨的交叉点上,孔深在 60 mm 以上。在孔内打入木楔后,把木龙骨框架临时固定在墙面处,再用工具校正木龙骨框架的垂直及水平度,等其符合要求后方可安装木龙骨框架。用铁钉将木龙骨框架固定在墙面的木楔上,固定时应保证木框架的垂直度,必要时可用木片进行调整,如图 6.16 所示。

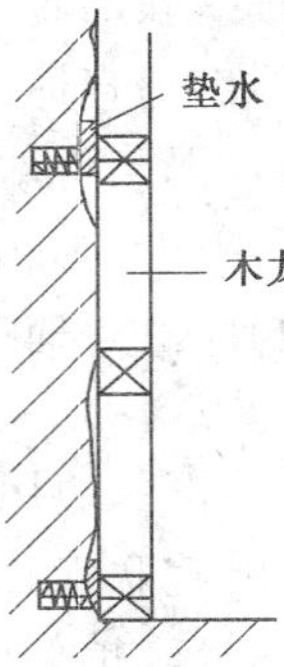

图 6.16　木骨架的固定

木龙骨安装后即可进行饰面板的铺设,饰面板如有拼花要求时,应注意相邻板之间的花纹图案应尽可能符合要求。饰面板可用钉枪将其铺钉在木龙骨框架上,钉距为 100 mm 左右。面板铺钉后,再将木制装饰线条铺钉在相应的位置上。如果木线条用气钉固定,则必须使钉子与基面能够有效地连接,木线条不能出现虚钉现象。

木踢脚板的铺设一般作为最后的操作工序。木踢脚板可用实木板制作,也可用胶合板或木工板作为基层板,再在基层板上铺钉薄木贴面板。实木板可直接用铁钉与墙体上预留的木楔进行固定。用胶合板制作踢脚板时,先在踢脚处的位置上固定两根木龙骨,再将胶合板与木龙骨固定,如图 6.17 所示。用木工板制作踢脚板时,先将木工板裁成所需要的高度尺寸,将其用钢钉固定在踢脚板的位置后,再用气钉将薄木贴面板和木线条固定在木工板上。木踢脚板的安装时应注意留设通风排气通道,防止板材受潮后变形或发霉。

木质材料的装饰墙柱面在施工时,还应做好有关装饰大样的构造处理,如墙裙立面上板缝的处理、窗台与墙裙的交接等,如图 6.18 所示。

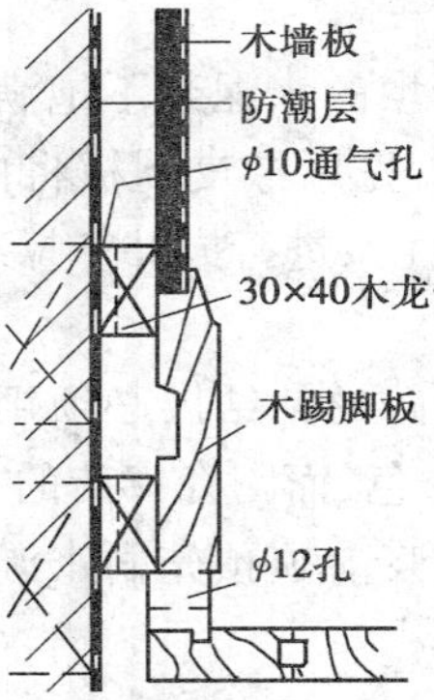

图 6.17　踢脚板的固定

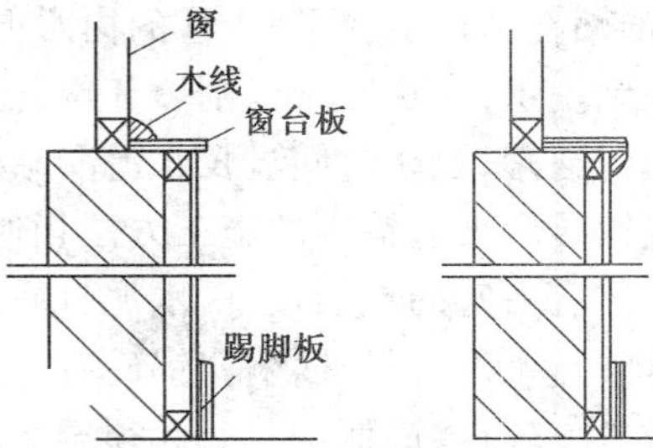

图 6.18　木质墙面与窗台的连接

2. 木地板的施工

木地板按材质分有硬木地板(榆木、水曲柳等)和软木地板(松木、杉木等)。木地板具有质量轻、柔韧性好、保温隔热性好,易于加工和油漆,其拼装形式有条状和块状。

1) 条形木地板

条形木地板一般由木龙骨、基层和面板组成,如图 6.19 所示。

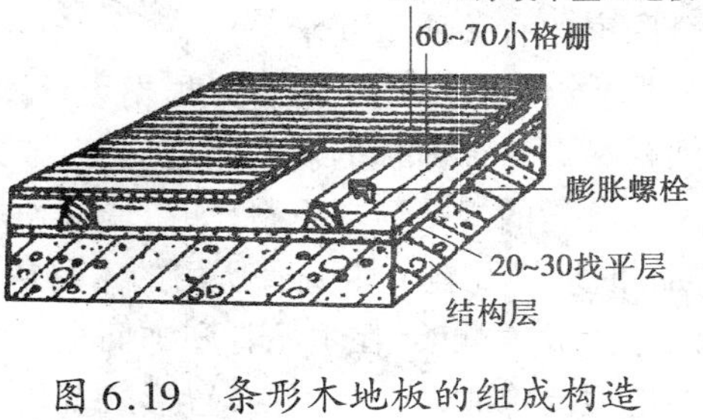

图 6.19　条形木地板的组成构造

条形木地板在施工时，首先应定好地坪的标高线。由于木地板的下部铺设了木龙骨，因而必须考虑木地板与其他相交部位之间的关系，如木地板与门扇的底部、木底板与踢角线的交接处。地板面层的设计标高确定后，将标高线弹于墙面的四周。

按照木龙骨、垫木、剪刀撑的设计尺寸要求开料，如果设计无具体尺寸要求时可参照表6.1的规定。木料开好后，应按要求进行干燥，木料不得有开裂变形和腐朽等缺陷。木龙骨、垫木和剪刀撑等构件经过干燥后，再涂刷防腐剂三遍以上。

表6.1　木龙骨、垫木、剪刀撑的常用规格

名　称		宽/mm	厚/mm
垫　木（包括压檐木）	空铺式	100	50
	实铺式	平面尺寸 120×120	20
剪　刀　撑		50	50
木搁栅（或木楞）	空铺式	根据设计或计算决定	
	实铺式	梯形断面(上 50，下 70)，矩形 70	50
毛　地　板		不大于 120	22～25

注：一般按二类木材选用松木、杉木。

在地面上弹出木龙骨的铺设线，木龙骨的间距一般为 400 mm。在弹出的木龙骨铺设线上，按 800 mm 左右的间距，用冲击钻在楼地面上钻出 ϕ16 mm 的孔洞，洞深 40 mm 左右，在孔洞内打入木楔，并用长铁钉将木龙骨固定在孔洞内的木楔上。在相邻的木龙骨之间，每隔 600 mm 左右设一道侧向支撑，用长钉从木支撑的侧面打入木龙骨内即可，最后检查木龙骨表面的平整程度。如果地板木龙骨上有个别高出设计标高的地方，应用刨子刨平；如果有低于设计标高的地方，则在木龙骨的下方塞入木垫板进行垫高找平，再将木垫板与木龙骨钉牢。

木龙骨安装后应根据实际情况决定在其上是否铺钉基层板。木地板的简单做法一般不做基层板，较高级的木地板装饰则采用基层板。目前工程上常用细木工板作为木地板的基层板。施工时按 150～200 mm 的间距，用地板钉将细木工板铺钉在木龙骨上。细木工板铺设后不得有浮起或虚钉现象。基层板在铺设时应使基板端部的接缝错开排布，保证基层的整体性。

基层板铺设后，按设计图纸要求再铺钉面板。面板铺钉时如有拼花要求时，应注意木底板的铺设方向。面板铺钉时先从墙的一面开始，逐根铺钉。铺钉时应用地板钉进行固定，将地板钉从面板的侧面钉入基层板内。相邻两根木地板的接缝应严密，接缝一般不大于 0.5 mm。待铺设好的面层板经过一段时间的变形稳定后，再用磨木地板机进行打磨平整。

目前市场又推出了一种带企口的、表面用高耐磨的树脂处理过的条状木地板——复合木地板。复合木地板铺设时无需铁钉固定，先将基层找平，并清洁干净。然后在基层上铺设一层薄薄的弹性垫层，再将每根复合木地板的企口榫插入相邻地板的凹槽内。依照此法将房间内的地板全部铺好，沿垂直于地板长缝方向上安装数只张紧器，用张紧器施加拉力，使复合地板的接缝严密，同时在地板与墙角的地方加塞小木楔，使木地板与墙体周边固定，如图 6.20。复合木地板的施工十分简单，当用户不需要时，只要将小木楔起出后，复合木地板就可以从楼地面上直接拿起来。复合木地板在铺设时对楼地面的平整度要求较高，而且木地板的端部的接缝应错开排列，如图 6.21。

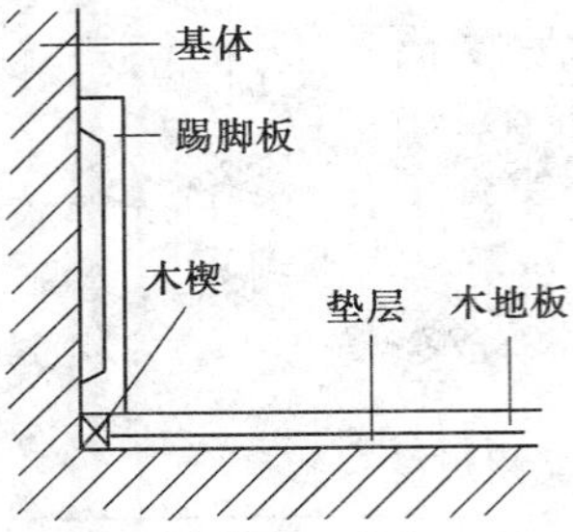

图 6.20　复合木底板与墙面的连接

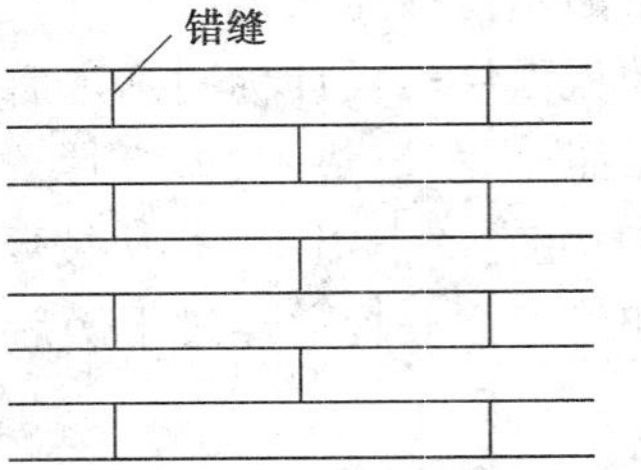

图 6.21　复合木地板的接缝形式

2) 块状木地板

块状木地板是将零碎的硬杂木加工成长为 200～300 mm、宽为 20～30 mm、厚为 5.5～8 mm 的小木条后，再用脲醛树脂胶等粘贴成 300 mm×300 mm 见方的块状木制品。块状木地板经过精心铺贴后，可形成装饰性较好的装饰面，图 6.22 是常见的几种拼花形式。

图 6.22　块状木地板的拼花图案

块状木地板一般用胶粘剂直接粘贴在平整的楼地面上，图 6.23 是它的构造组成。

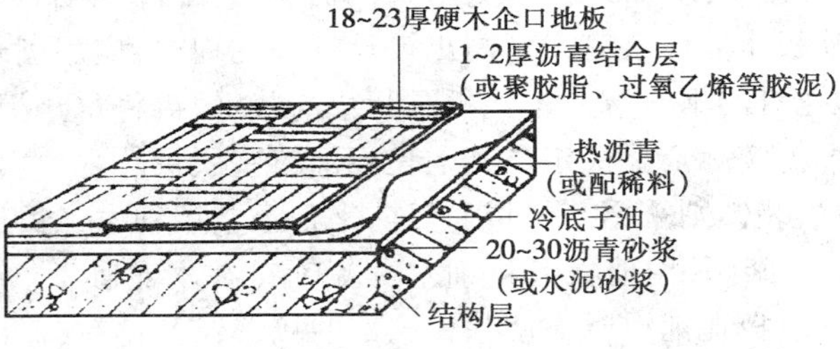

图 6.23　粘贴法的构造组成

块状木地板在施工前应先检查楼地面基体是否符合以下要求：

(1) 基体表面应洁净，不允许有空鼓和起砂现象。

(2) 基体表面含水率不大于 16%，且平整度偏差不超过 4 mm。

施工前先检查块状木地板的质量，块状木地板的表面应无结疤、缺边，木材的颜色应尽可能相近。块状木地板的铺贴方法有直角法和对角法，如图 6.24 所示。铺贴时，在基体上弹出十字线或对角线以及圈边和边线的位置线。在清洁的基体表面，用刮板均匀地刮一遍白乳胶，再在木地板的背面满刮一遍白乳胶，胶的厚度一般控制在 1～1.2 mm。按基面上的弹线位置从中间向四周铺贴。铺贴时须加压力，以挤出块状木地板与基体之间多余的胶液，并将胶液及时擦去。木地板铺贴后须做到粘贴牢固、无空鼓和开裂，板面无溢胶，板与板的拼缝应严密。块状地板与圈边的地板交接处需要裁割时，应保证木地板裁切尺寸的准确。

地板铺贴的胶粘剂固化 2～3 天后才能上人。当地板固化后，用水平尺检查地板的平整度，对高出标高的部分再用磨木地板机打磨平整。

木地板铺贴后，再安装木踢脚板，木踢脚板的形式见图6.25。木踢脚板在安装时应与墙面贴紧，用钉子将其固定在墙面的防腐木块上，并使踢脚上口平直。

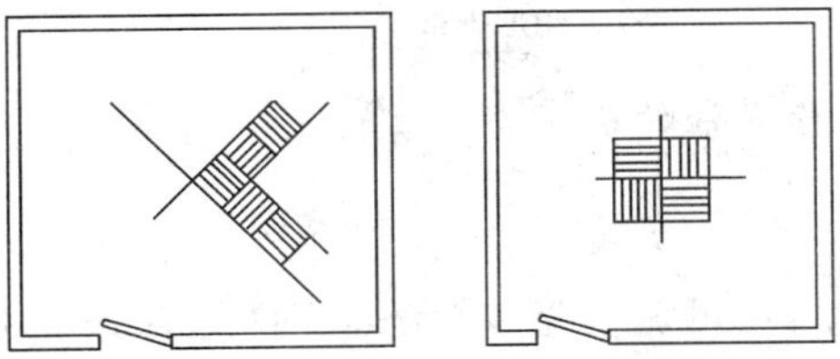
(a) 对角排布　　(b) 十字形排布

图6.24　块状木地板标准带的排布

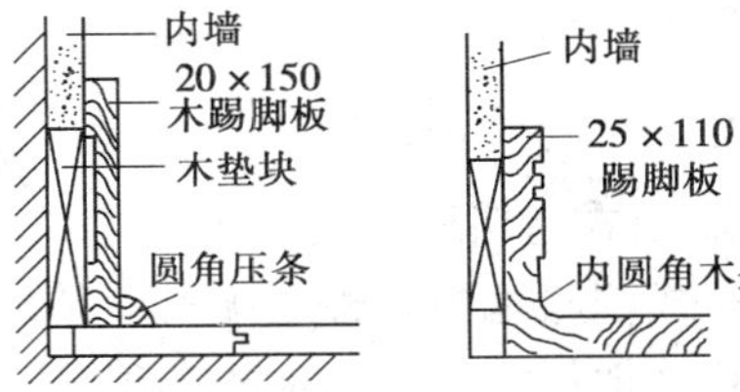

图6.25　踢角线与木地板的连接示意

五　塑料地板的施工

1. 普通塑料地板的施工

塑料地板有块状和卷状之分，这类地板在施工现场多用粘贴法进行施工。

塑料地板一般是直接粘贴到地面上的，因而它对楼地面基体的质量要求较高。基体应平整、坚实、有足够的强度，表面无灰尘和砂粒。基层表面的平整度用2 m的直尺检查，其高低差不超过2 mm，否则应用聚合物水泥砂浆找平。基层表面还应干燥，基层含水率过高时会影响地板的粘结强度。

粘贴塑料地板的基层如果不符合上述要求时，应作相应的处理。旧的水泥砂浆基层在铺贴前应清洗，去除污垢，地面不平整处可用调配好的聚合物水泥砂浆进行批抹，直至基层平整；水磨石或马赛克地面用碱水清洗污垢，再用砂轮打磨至粗糙平整，最后再用清水冲洗；木地板基层表面的突出钉头应敲平，并用磨木地板机将其表面磨平，再用腻子将板缝填嵌密实。

基层处理后即可在其表面铺贴塑料地板。卷状塑料地板的施工较为简单。在施工前一天应将卷状塑料地板进行松卷，使其充分变形，然后再按照房间及卷材的形状尺寸裁剪地板。将塑料地板胶涂抹在基体的表面及卷材的背面，按放线位置把卷材铺贴到塑料地板的固定位置上。铺贴时应保证卷板的表面平整，无凹凸现象，并使相邻板的花形图案满足拼花的要求。

块状塑料地板在铺贴前，应用对角法和直角法在房间的中心处进行定位放样。分格定位时，应在离墙边200～300 mm的地方留出镶边条的宽度。排布地板时应注意板的尺寸及图案的拼花要求，室内与走道的分色线应设在门扇的关闭位置上。铺贴时从定位线开始向四周展开，这样能保证图案的对称性和尺寸的整体性，如图6.26所示。在塑料地板的底部涂上不小于地板面积约80%的胶粘剂，将地板的一端对齐定位线后轻轻放下，使其就位准确，再用橡胶辊筒将塑料地板压平压实，赶走地板与地面之间的气泡。每一块塑料地板铺贴后，应用砂布蘸上松节油或200号溶剂汽油去除板面上多余的胶水。对需要拼花和拼接的地方(如靠墙的踢脚板附近)，应该量取尺寸，用钢尺压住地板上的截切线，并用截纸刀进行截割，将截割好的地板用胶粘好后找平压实。

整个地面的塑料地板铺设完毕后，应进行清理，并用地板蜡上光。

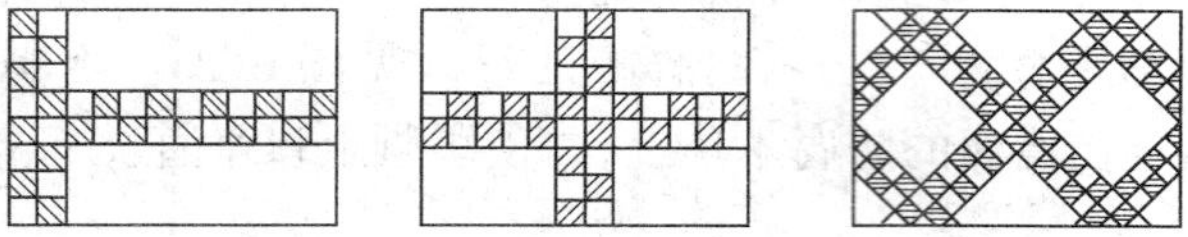

图 6.26 块状塑料地板标准带的排布

2. 活动式塑料地板的施工

活动式塑料地板又称装配式塑料地板，它是由面板、可调支架、檩条等配件组合拼装而成的一种特殊地板。活动式地板的组成如图 6.27 所示。

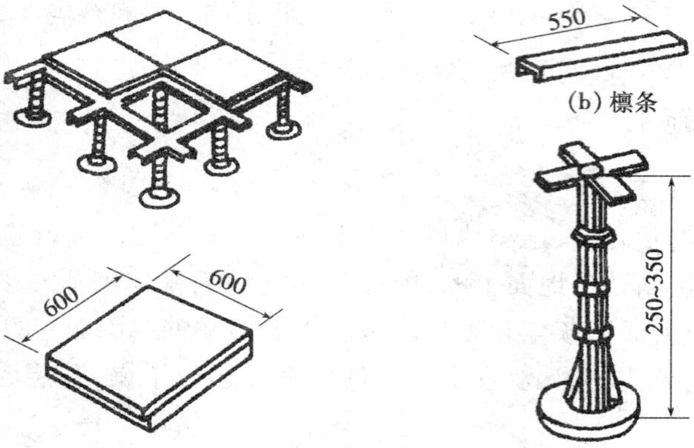

图 6.27 活动塑料地板的组成材料

活动式塑料地板的面板按用途不同分为抗静电地板和不抗静电地板；按板材的材质不同又分为铝合金表面贴塑地板、高压刨花板表面贴塑地板和全塑料地板等品种。所有的骨架及板材质量均应符合国家的有关标准。

活动式塑料地板在施工前应检查楼地面的平整程度。在楼地面上明显的凹凸不平处，用水泥砂浆进行找平。

施工时按照板材的规格尺寸在地面上弹出地板的分格线，并在立面墙的四周弹出地板的顶面标高位置线。在分格线的交叉点四周用冲击钻打孔，再用膨胀螺栓将支架固定在楼地面上，并保证支架中心与分格线交叉点相重合。支架固定后，应在墙四周弹出的标高线上拉尼龙线，找出支架顶面的标高位置，并将所有的支架顶端调至标高位置，同时应保证支架顶面的水平度符合要求。调整支架时，可用木楔塞入支架与楼地面的缝隙中进行调平。支架调整后，其顶面均在同一水平面内。

在支架之间安装连接檩条。檩条是地板的承重构件，用平头螺将檩条固定在支架顶面上或用定位销进行固定。在地板与墙面交接处应将檩条固定在墙上，使地板的每条边都有可靠的支承构件，塑料地板不得有虚铺现象。承重体系安装后再安装地板。地板在安装时，只需用吸盘将地板直接搁在骨架上，调整好板与板之间的接缝，使板缝平直，缝宽均匀。

面板铺设后，应对局部有污物的地方进行清洗，并涂抹地板蜡。塑料地板在使用时应避免重物在地板上拖拉,以免造成表面划伤。在重物集中的地方应加设支架和檩条,以防止地板变形。

六　玻璃饰面的施工

1. 玻璃栏杆

玻璃栏杆是由玻璃、栏杆支架及固定件等组成,玻璃栏杆中的玻璃一般用厚度为 10 mm 以上的厚玻璃或钢化玻璃,玻璃的表面进行雕蚀彩绘等艺术处理,以提高玻璃的装饰效果。玻璃栏杆的骨架常用不锈钢、钢管或铜管等金属材料制作,也可用柚木、枫木等高档木材制作。它的常见形式有全玻式和半玻式两种。全玻式玻璃栏杆是指楼梯踏步板至扶手的立面上全部用玻璃遮拦,如图 6.28。半玻式玻璃栏杆的踏步板至扶手的立面上部分用玻璃遮拦,如图 6.29。

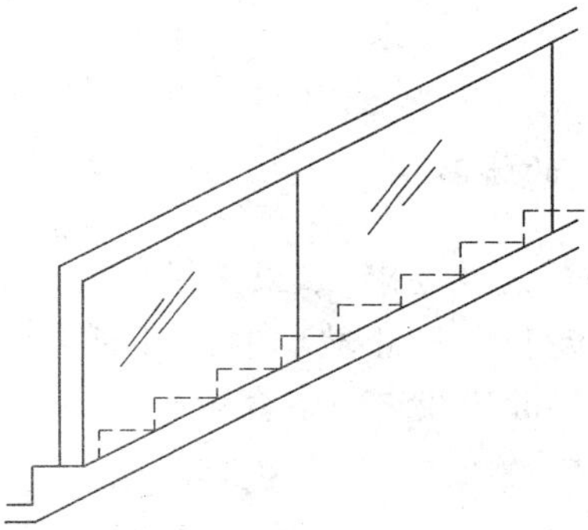

图 6.28　全玻式玻璃栏杆

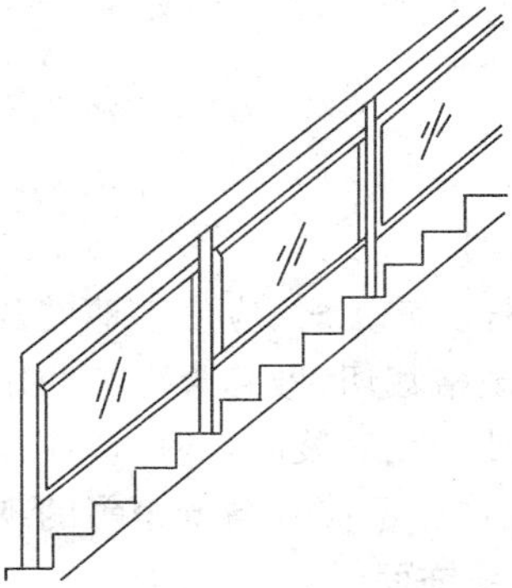

图 6.29　半玻式玻璃栏杆

玻璃栏杆在安装时应按照设计图纸要求,先将栏杆立柱固定在楼梯踏步或楼板的侧边。安装的立柱应牢固可靠,在立柱的侧面用力推动时无明显晃动,且栏杆立柱的垂直度应满足规定的要求。栏杆立柱及扶手上需要开槽的不锈钢管应事先开好槽口。不锈钢管、钢管和铜管扶手安装后,应用角向磨光机将焊接的部位打磨平整光亮,并用抛光机抛光,使得焊接部位不明显。木制栏杆在接缝处应平滑圆顺、无毛刺开裂现象。

全玻式玻璃栏杆在安装玻璃时,用吸盘将玻璃吸牢后,将玻璃的上边斜向插入栏杆扶手钢管的底部槽口内,再将玻璃直立,使其下口对准楼梯踏步上预留好的、与栏杆上部槽口在同一垂直面上的凹槽内,调整好玻璃的高低位置及垂直度后,用玻璃胶将玻璃的上下口封好,如图 6.30 所示。两块相邻玻璃的接缝处用玻璃胶进行嵌缝处理。

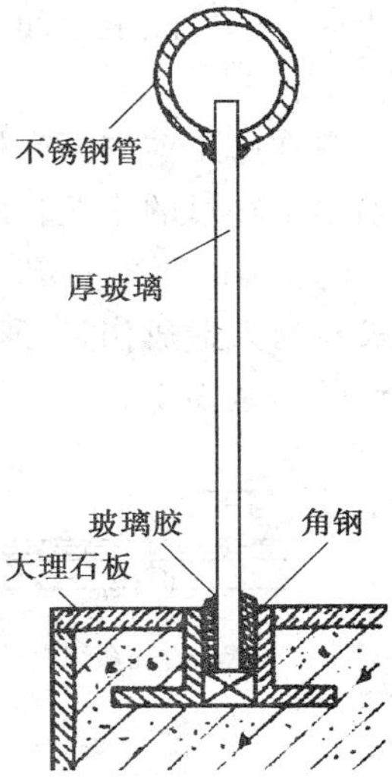

图 6.30　全玻式玻璃栏杆的断面

半玻式玻璃栏杆在安装玻璃前,应根据玻璃在栏杆立柱上的固定位置处设好卡槽或开好槽口。用卡槽安装时,将玻璃的两直立端用不锈钢单槽作为装饰边,并采取措施将玻璃临时固定在两立柱间,再将 L 形支托的一端固定在立柱上,另一端则托住玻璃下口。每块玻璃必须用两只支托托住，如图 6.31(a)。玻璃固定后，拆除临时固定设施，最后在玻璃的上下口用不锈钢单槽压边装饰。用槽口固定时，应预先在立柱的两侧面分别开出宽度及高度略大于玻璃厚度及高度的槽口。安装玻璃时，将玻璃的一端插入一根立柱的槽口后，摆正玻璃位置，再将其另一端插入相邻立柱的槽口内。调整好玻璃的上下高度及插入深度后，用玻璃胶进行固定，如图 6.31(b)的 B–B 剖面所示。

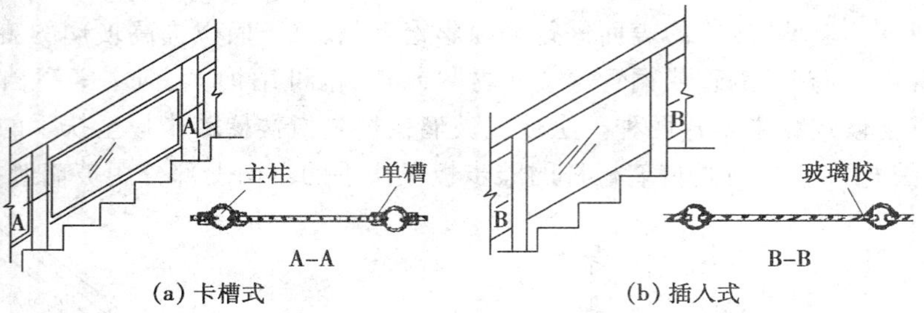

图 6.31　半玻式玻璃栏杆的断面

玻璃栏杆在施工时，应使玻璃的裁切尺寸及形状符合设计要求，如果无设计要求时，应尽量按玻璃的规格裁切，做到合理节约用材，玻璃的裁口应打磨，防止玻璃的裁口划伤手部。半玻式栏杆的玻璃在安装固定时，还应保持相邻玻璃上下口的边线在一条直线上，且上下边应平行，整个玻璃饰面不应有高低歪斜的现象。

2. 玻璃镜饰面

装饰工程中所用的玻璃镜又称为车边镜，它是用经过磨边处理的高质量浮法玻璃作为基料，再用特殊方法经过镀膜而成的。它具有反光性能好、图像变形小、膜层不易腐蚀等特点，可广泛用于商场、舞厅、卫生间等场所的墙柱面或者顶棚的装饰，能起到扩大室内空间尺度的视觉效果。

玻璃镜在施工前应预先做好平整的基层，基层材料一般用胶合板，胶合板基层的施工方法可参见前面讲述过的木龙骨胶合板吊顶和木质墙面装饰的做法。

(1) 玻璃镜的压条固定。基层表面的玻璃在安装时首先应注意其安全性，因为玻璃发生坠落时极易对人造成伤害，所以玻璃镜在构造方法上应保证玻璃镜的安装牢固要求。基体表面玻璃镜的安装固定方法有压条固定、玻璃钉固定和玻璃胶粘贴双重固定，如图 6.32 所示。

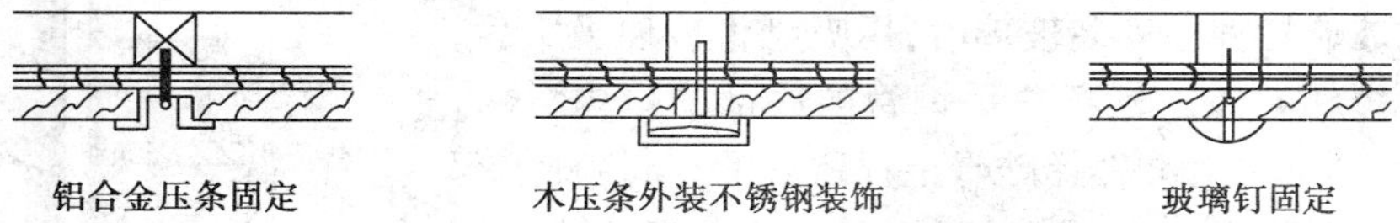

图 6.32　玻璃镜的固定方式

基体内的龙骨间距应以玻璃镜的规格尺寸为依据，将木龙骨的位置中线弹在做好的胶合板基层上。安装玻璃镜时，用螺钉将压条临时固定在木龙骨的中线上，再将玻璃镜的一边卡在压条内，并将压条固定，依此方法分别将玻璃镜的其余几条边固定在基层上。施工操作时应以两人为宜，一人调整玻璃的安装位置，另一人进行压条的固定工作。玻璃镜固定后，应检查其安装的牢固程度,对不符合要求的玻璃镜应重新固定。玻璃镜的压条还可用不锈钢装饰条装饰。

(2) 玻璃镜的钉接工艺。该施工方法就是用玻璃钉将玻璃固定在基层板下面的木龙骨上。首先在玻璃镜的四角上钻孔,打孔的位置应均匀,孔洞距离玻璃边缘的尺寸应在 10 mm 上,这样能够防止固定时玻璃镜发生断裂。再按照玻璃镜的尺寸和排列方式,将玻璃钉穿过玻璃镜上的孔洞后固定在基层板的木龙骨上,拧紧玻璃钉时,以玻璃不晃动为准,不能用力过猛,以免玻璃断裂。最后在玻璃钉的帽头上装上专用的装饰帽。

玻璃镜安装后应对其表面进行擦洗,保持其表面干净光亮。

(3) 玻璃镜的粘贴工艺。玻璃镜在粘贴前,先将其背面清理干净,并除去基体表面的灰尘等污物。在玻璃镜的背面涂上一层对膜层无腐蚀作用的清漆。基体表面应平整,依照玻璃镜的拼贴形式,在镜子的铺贴位置上用墨线弹在基体板上。

在基体的表面和玻璃镜背面的清漆隔离层上涂刷万能胶,当胶液开始固化时(用手摸不粘手),把玻璃镜按照弹出的基准线固定到基体上。固定时应用力抹压玻璃镜,使其与基面板结合紧密。

粘贴玻璃时,应注意胶粘剂与玻璃镜背面镀膜层之间的配套性,不得使用易对清漆膜层和镀膜层产生腐蚀作用的胶粘剂。

玻璃镜在不同的装饰部位固定时,应采用不同的施工工艺。如果吊顶上固定玻璃镜时,宜采用压条或玻璃钉进行固定,也可用胶粘剂与玻璃钉固定相结合的方法,不能只用胶粘剂进行固定,以防胶粘剂失效后玻璃坠落伤人。在墙柱面处固定玻璃时,可用上述两种固定方法或只用胶粘结固定。

玻璃镜安装时还应该注意边角的构造处理,如吊顶处的垂直面与水平面之间的连接,墙柱面阴阳角的处理、玻璃镜的压边等。

七　金属饰面的施工

金属饰面板的施工内容主要包括不锈钢饰面、塑铝板饰面和金属线条的装饰。

1. 不锈钢包柱

不锈钢包柱的常见形式有方形柱和圆形柱两类。无论是方形柱还是圆形柱,柱子表面应有较高的平整度和圆滑度,因而在金属面板施工前,可用胶合板在柱面上做出一层符合面层板铺贴要求的基面。

基面在施工时,首先应在柱面上安装木龙骨或钢龙骨框架,使龙骨框架牢固地附着在柱面上,木龙骨表面涂刷防腐涂料,钢龙骨上应刷防锈漆。对于圆形柱还应注意饰面板的接缝构造处理。木龙骨框架固定后,用吊锤和角尺检查方柱或圆柱的龙骨框架的垂直度、边角的直角度等。基层检查合格后方可安装基层板,基层板的种类有三合板、五合板、多层板木工板和密度板等,视施工的具体要求而定。然后用钉枪将基层板固定在木龙骨框架上,钢龙骨上则用螺钉固定基层板。基层板铺设后应保证板缝的交接平顺光滑,无高低差,钉眼处用防锈漆处理。方形柱在铺设不锈钢面板时,在裁好的不锈钢板的背面和基层板的表面分别涂刷万能胶,铺板时应将金属板与基层板之间的气泡赶平压实。为防止钢板回弹变形,可在金属板的阳角交接部位用装饰压边嵌压,如图 6.33。

圆形柱在装饰时,应根据柱体饰面的大小及高度,在专用机械上将金属板剪切、弯圆、折边,然后在金属板的背面和基体上涂刷万能胶。将板的一条折边卡在柱面上预留的龙骨槽口内,用力压实后,使板材紧贴基板,再将不锈钢板的另一条折边也卡在龙骨的槽口内,最后在金属板的接缝处用玻璃胶填嵌。不锈钢圆形柱的板缝有卡口式和压口式两种形式,如图6.34所示。

金属板装饰的柱子在施工时,应保证板的截切尺寸准确。安装压实时,不得用锤子直接敲击,避免损伤板面,同时应防止硬物划伤金属板面。铺贴后应对金属板的表面进行清理。

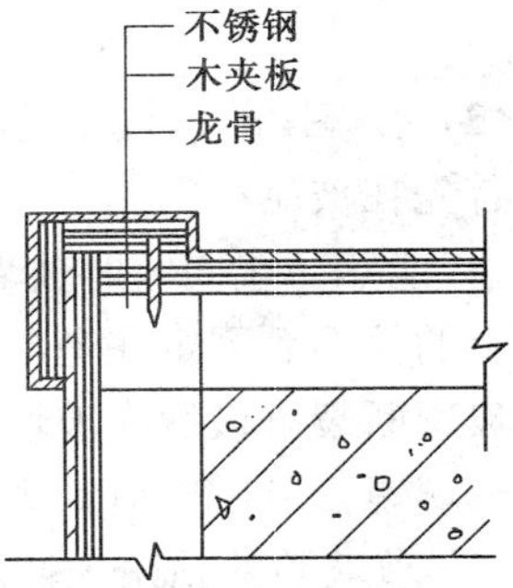

图6.33 金属板的阳角饰边处理

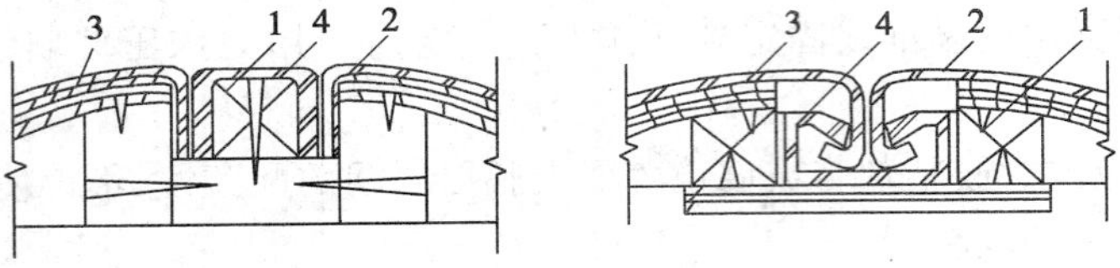

图6.34 不锈钢圆柱构造示意

1－垫木;2－不锈钢板;3－胶合板;4－不锈钢收口条

2. 金属饰边

金属饰边的施工方法较简单,应根据金属饰边的大小及形状,在专用机床上剪切、卷边,用木条做出相应的造型形状,并用铁钉将木条固定在金属饰边的位置上,将玻璃胶涂刷在金属饰边的背面及木条的表面,把金属压边镶压在木压条上即可,如图6.35所示。

金属压边一般用于板材边缘的固定或各类饰面的收口处理。

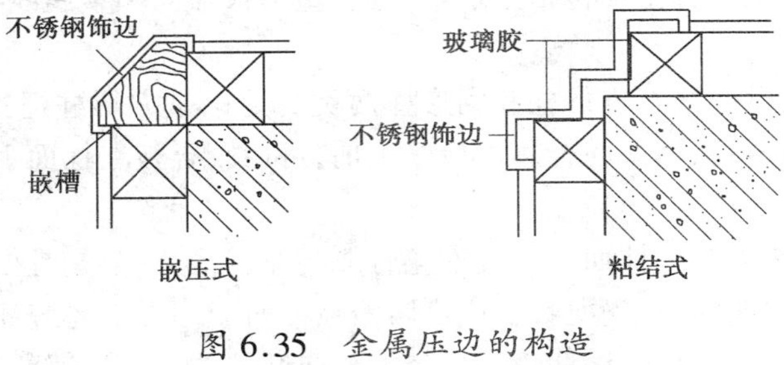

图6.35 金属压边的构造

八　地毯的施工

地毯有良好的弹性和柔软的质感,具有隔音、保温和柔软舒适等特点。它的图案丰富、色彩繁多,有较好的装饰性。但是地毯对保养条件的要求高,表面污染后难以清洁,易滋生病菌。

地毯的品种按毯面的材质分,有羊毛地毯、化纤地毯、混纺地毯和塑料地毯;按其外表形状分有块状地毯和卷状地毯。地毯的铺贴方式有虚铺和实铺两种,虚铺是直接将地毯铺在楼地面上,不作任何固定处理;实铺是用胶粘材料将地毯固定在楼地面上的一种施工方法。

1. 块状地毯

块状地毯又称地毯砖，块状地毯的外形较多，有正方形、长方形、六角形等各种形状，块状地毯的施工方法方便，维修简单，当地毯局部有损坏时，只需将此部分的地毯从基体的表面起出，重新换上一块新的地毯即可。

块状地毯在铺设前，应根据铺设面的形状和大小，在平整洁净的地面上进行弹线放样。地毯在铺设时，以弹线的位置为依据。块状地毯的铺设方式也分虚铺和实铺，周边有凹凸装配槽口拼装连接的块状地毯一般采用虚铺法，如图6.36所示。如果地毯的周边是直边，则采用实铺的方式，施工时将地毯用胶粘剂分别刮涂在楼地面和地毯的背衬上，按铺设位置用力压实地毯即可。

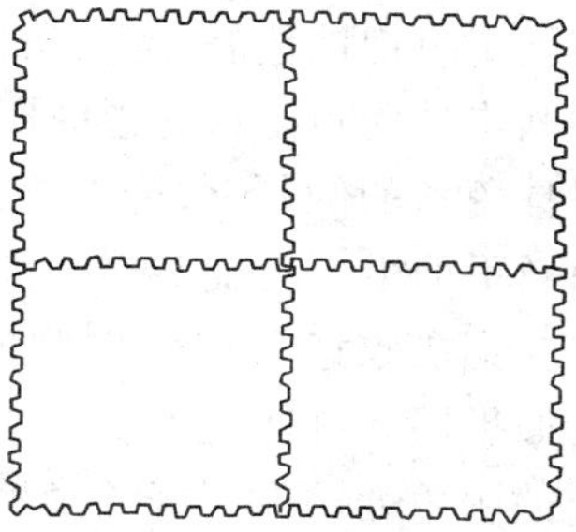

图6.36 块状地毯的拼接形式

块状地毯在铺设时应注意有无图案要求，如有图案拼花要求时，应按色彩的不同搭配进行施工，并保证地毯接缝处图案的完整性。

2. 卷状地毯

卷状地毯是工程中用得较多的一类地毯，它常采用虚铺的方式进行铺设。当楼地面不用地毯装饰时，只需将其卷起搬走即可，使用和施工都比较方便。

卷状地毯在施工前应检查楼地面基层的情况。楼地面的基层应平整干净，对表面平整度偏差超过6 mm的地方应用水泥砂浆修补找平，基层表面的含水率应小于8%。对室内的铺设面应进行测量，并以此为依据对地毯进行裁切，如果地毯的铺设有拼花要求，裁切时还应注意接缝处图案的完整。地毯的下料尺寸一般比房间面积的长宽尺寸大10～20 mm。地毯的拼缝可用地毯熨烫带进行连接，也可用粗针线在地毯的背面缝合后，再用胶粘剂将麻布衬带粘在地毯背面的接缝处。地毯在拼缝时还应注意毯面绒毛及织纹的走向，应按同一走向将两块地毯拼接起来。

地毯在铺设时先在房间周边的地面上，用水泥钢钉将装有倒刺的木卡条固定好，卡条距墙面8～10 mm。将地毯的一端固定在木卡条的倒刺上，并用裁毯刀裁去地毯的多余部分，用扁铲将地毯的一条边缘塞入踢脚板的下端，如图6.37所示。再用地毯撑张紧地毯，使地毯平整地紧贴在基体表面，再用上述方法将地毯的其他几条边缘固定在带有倒刺的木卡条上。地毯在门口处的收口位置应在门扇的下端，并在门口加设一道铝合金或铜质的收口条，收口条内有倒钩扣牢地毯。先将收口条用螺钉固定在地面上，再将地毯插入收口条的开口端内，最后将收口条上盖轻轻敲下压住地毯面，如图6.38所示。

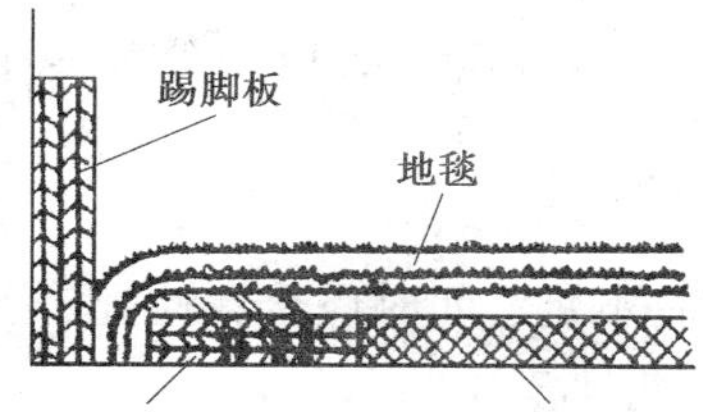

图6.37 地毯的边缘固定方式

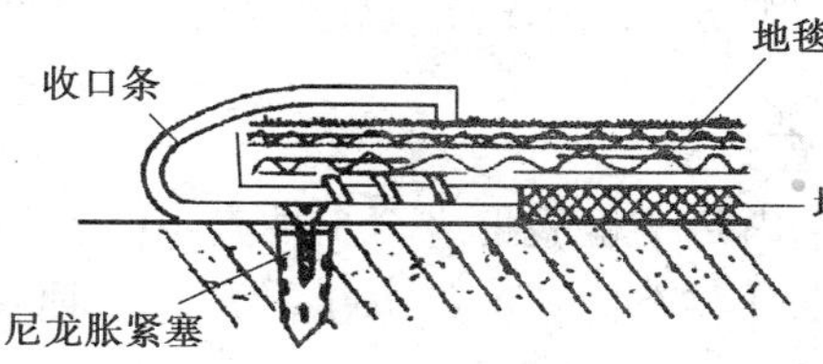

图6.38 地毯的收口条做法

地毯在楼梯处的铺设方法与楼地面的铺设方法有所不同。楼梯处的地毯在铺贴前，先量出楼梯段上所有踏步高度和宽度的总和，楼梯段上的地毯下料长度即为量取的总和值再加上450～600 mm 的余量，增加的余量是为了在使用中对易受磨损的踏步阳角处的毯面进行移位，以免时间长了以后阳角处的地毯磨损断开。

楼梯处的地毯一般用挂角条和铜条杆进行固定。图 6.39 所示是带倒钩的地毯挂角条形式。施工时把地毯展开后，从楼梯的上端向下铺设。在楼梯踏步的阴角处将地毯向阴角推压，使地毯的背衬固定在挂角条的倒刺上，再将地毯拉平使其紧包在踏步的侧面及平面上。当铺到楼梯段的末端时，应将多余的地毯钉在铜质收口条或带倒刺的木卡条上，如图 6.40 所示。如果用压杆固定地毯时，将地毯铺贴在踏步上，在踏步的阴角处用铜压杆压紧地毯，使其紧贴在踏步的阴角处，铜压杆再用相应的配件固定，如图 6.41 所示。依此方法，将毯铺设在楼梯踏步上，地毯在梯段两端处的固定方法与前面介绍的工艺相同。

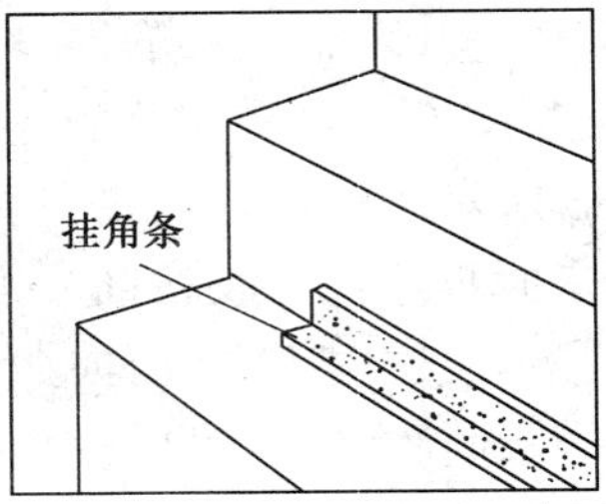

图 6.39　地毯挂角条的固定位置

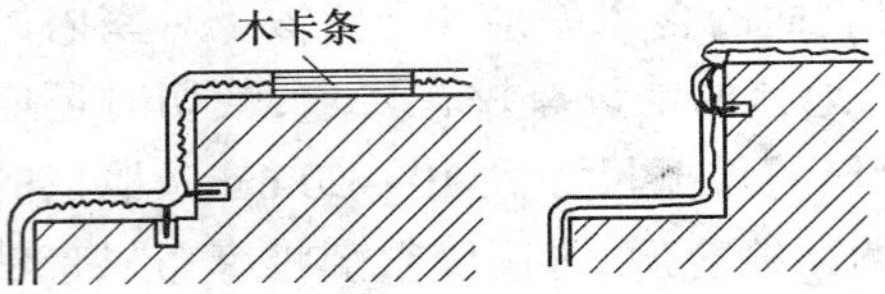

图 6.40　楼梯处地毯的收口做法

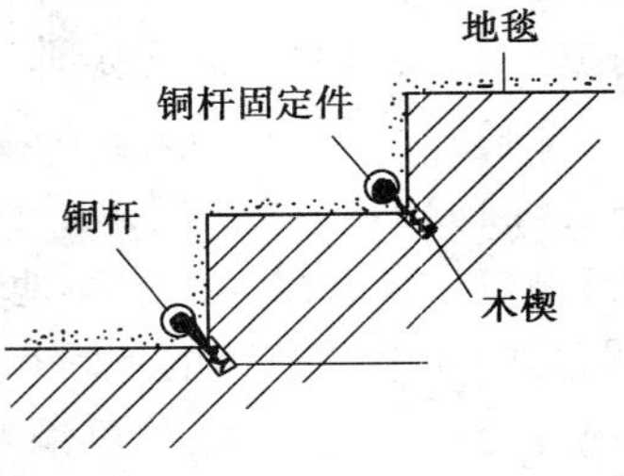

图 6.41　地毯铜压杆的固定

地毯在楼梯处如果需要拼接时，其方法与楼地面地毯的拼缝要求及方法相同。

第三节　饰面板(砖)工程的质量验收和通病的防治方法

一　饰面板(砖)工程的质量验收

1. 各分项工程的检验批应按如下方法划分：

相同材料、工艺和施工条件的室外饰面板(砖)工程每 500～1 000 m^2 应划分为一个检验批。

2. 检查数量

(1) 室内每个检验批应至少抽查 10%，并不得少于 3 间；不足 3 间时应全数检查。

(2) 室外每个检验批每 100 m^2 应至少抽查一处，每处不得小于 10 m^2。

3. 文件资料的检查

(1) 饰面板(砖)工程的施工图、设计说明及其他设计文件。

(2) 材料的产品合格证书、性能检测报告、进场验收记录和复验报告。

(3) 后置埋件的现场拉拔测试报告。

(4) 外墙饰面砖样板件的粘结强度测试报告。

(5) 隐蔽工程(预埋件、连接节点和防水层)验收记录。

(6) 施工记录。

4. 外观质量

(1) 饰面板(砖)工程的材料品种、规格、颜色和性能应符合设计要求,木龙骨、木质饰面板和塑料饰面板的燃烧性能等级应符合设计要求。磨光石材、不锈钢和铜材的表面应无划伤的痕迹。

(2) 饰面板(砖)的表面应平整、洁净、色泽一致,无裂痕等缺陷。石材表面无泛碱等污染现象。

(3) 饰面板的嵌缝应密实、平直,宽度和深度应符合设计要求,填嵌材料色泽应一致。饰面砖的接缝应平直、光滑,填嵌应连续、密实;宽度和深度应符合设计要求。

(4) 饰面板(砖)在安装镶贴后必须牢固,无歪斜和缺棱掉角等缺陷。

(5) 饰面板(砖)上的孔洞应套割吻合,边缘整齐。墙裙、贴脸突出墙面的厚度应一致。

(6) 饰面砖的阴阳角处的搭接方式、非整砖使用部位应符合设计要求。

(7) 有排水要求的部位应做滴水线(槽)。滴水线(槽)应顺直,流水坡向应正确,坡度应符合设计要求。

(8) 骨架材料中的木材应作防腐处理、钢材作防锈处理,且与基体的连接应牢固。

(9) 木材有明显的纹理时,应使相邻板的纹理拼接平顺,过渡自然,板缝严密或满足设计要求。

(10) 地毯铺设时应使毯面绒毛的走向背光,地毯在拼接时应注意毯面纤维的走向,并按同一走向拼接,接缝不明显。

(11) 饰面有拼花图案时,应保证图案完整、尺寸准确,拼缝应不显著,且用同色材料对接缝处进行处理。

(12) 饰面板(砖)表面应平整、洁净、色泽协调,无变色、泛碱、污痕和显著的光泽受损处。

5. 尺寸允许偏差

允许偏差见表6.2、表6.3。

表6.2 饰面板安装的允许偏差和检验方法

项次	项 目	允许偏差/mm							检验方法
		石材			瓷板	木材	塑料	金属	
		光面	剁斧石	蘑菇石					
1	立面垂直度	2	3	3	2	1.5	2	2	用2 m垂直检测尺检查
2	表面平整度	2	3	—	1.5	1	3	3	用2 m靠尺和塞尺检查
3	阴阳角方正	2	4	4	2	1.5	3	3	用直角检测尺检查
4	接缝直线度	2	4	4	2	1	1	1	拉5 m线,不足5 m拉通线,用钢直尺检查

续表 6.2

项次	项目	允许偏差/mm							检验方法
		石材			瓷板	木材	塑料	金属	
		光面	剁斧石	蘑菇石					
5	墙裙、勒脚上口直线度	2	3	3	2	2	2	2	拉 5 m 线,不足 5 m 拉通线,用钢直尺检查
6	接缝高低差	0.5	3	—	0.5	0.5	1	1	用钢直尺和塞尺检查
7	接缝宽度	1	2	2	1	1	1	1	用钢直尺检查

表 6.3 饰面板安装的允许偏差和检验方法

项次	项目	允许偏差/mm		检验方法
		外墙面砖	内墙面转	
1	立面垂直度	3	2	用 2 m 垂直检测尺检查
2	表面平整度	4	3	用 2 m 靠尺和塞尺检查
3	阴阳角方正	3	3	用直角检测尺检查
4	接缝直线度	3	2	拉 5 m 线,不足 5 m 拉通线,用钢直尺检查
5	接缝高低差	1	0.5	用钢直尺和塞尺检查
6	接缝宽度	1	1	用钢直尺检查

二 饰面板(砖)工程质量通病的防治

1. 石材饰面

石材饰面常见的质量问题有:接缝不平、板面纹理不顺、色泽差异较大、空鼓、脱落、墙面污染、板材开裂、表面有水印或泛白等。

首先应对板材进行挑选,将有缺棱掉角、色泽差异过大和有裂缝的板材剔除不用。施工前应做好试拼工作,确保相邻板材之间的纹理通顺、颜色协调,并将拼好图案的板材编号,以防施工时板材的铺贴位置混乱。

控制好板材的规格尺寸,特别是对于密缝形式的板材应严格把关。当相邻板材的规格尺寸误差较大时,很容易造成板材的接缝出现歪斜不直的现象。此外墙柱面上的板材在做临时固定时,应保证相邻板材之间有可靠的连接固定方式,避免施工振动造成板材移位。

墙柱面上的板材背面灌浆时,应分层灌注,轻轻插捣,上下板材之间应留施工缝。粘贴法施工用的砂浆应保证有足够的粘结强度。

板材的灌浆法、楔固法和粘贴法施工时,应在板材的背面涂刷封闭剂,避免水泥砂浆中的碱性物质污染板材的表面。

用石材切割机在板材上开槽时,应注意刀口的切割深度,不能损坏板材,也不能在有裂缝隐伤的板材部位切割加工。

由于水泥和外加剂在水化反应时产生大量的碱性物质,这些碱性水化物极易渗入板材内部,又从板材表面蒸发,从而引泛白现象。因此施工时尽量选用碱金属氧化物含量较低的水泥和外加剂。板材的表面应磨光、打蜡,不使水分滞留,或者在板材的背面涂刷有机硅,阻止碱金属水溶液进入板材内部。如果工程造价许可的话,墙柱面上的石材施工用干挂法施工。

楼地面铺贴石材时，防止板材出现空鼓的措施有：基层的表面应干净干燥，结合层的干硬性砂浆应压实，石材的背面应吸水晾干。试铺后，浇 0.45 水灰比的素水泥浆正式铺贴。定位后，将板材均匀轻击压实。

铺贴板材时应使板材的接缝严格按拉线位置铺设，保证板缝整齐一致，并用水平尺骑缝搁置在相邻板上，如果发现板缝处存在高低差，应及时将板材调整齐平为止。

2. 陶瓷饰面

陶瓷饰面在施工中容易出现接缝不平直、缝宽不均匀、空鼓、脱落、砖面不平等质量问题。

陶瓷面砖接缝不平的原因有：面砖的规格尺寸误差过大、施工过程中铺贴的精度控制不好等。特别是当面砖的接缝形式为密缝时，如果砖的规格尺寸相差过大，则相邻砖的接缝就会出现明显的不平直的质量问题，所以在施工前就应将规格公差不符合要求的陶瓷面砖剔除出来。或者将同一类尺寸的面砖用在同一装饰面上，以保证砖的接缝均匀一致。

施工时应根据砖的规格尺寸和基体的实际尺寸，在基体上预排面砖，特别是在窗洞处、阴阳角等部位，应区分整砖和非整砖的铺贴位置。弹好水平准线，每贴好一皮砖后应及时检查砖缝的横平竖直，及时校正横缝与竖缝的平直度，禁止在砂浆收水后进行纠偏移动。

陶瓷面砖用水泥砂浆铺贴时，如果砂浆的铺摊不密实，容易在面砖的背面造成空鼓现象，严重的还会造成面砖脱落。为防止面砖产生空鼓、脱落现象，在施工时应做到：

(1) 面砖在使用前应清洗干净，浸水晾干后方可使用。

(2) 基体的表面应平整干净，同时有一定的粗糙度。

(3) 粘贴面砖时，砂浆应饱满，但砂浆不能过多。因为砂浆用量过多，容易造成浆水集中在砖的底部或溢出，收水后易形成空鼓，面砖的平整度也会受到影响。

(4) 面砖在铺贴时应一次成活，不宜频繁地调整砖的铺贴位置。特别是当砂浆收水后，不能纠偏移动面砖。

陶瓷锦砖粘贴时，宜用纯水泥砂浆做结合层，铺贴位置应准确，仔细拍实。锦砖的拨缝立在水泥砂浆凝固前进行。陶瓷锦砖表面的残留水泥浆可用草酸清洗，然后再用清水洗净。

地面砖的结合层必须用干硬性水泥砂浆，铺贴时应将面砖压紧。严格按施工控制线控制好纵横接缝。砖缝中挤出的水泥浆应及时用棉纱擦拭干净。

3. 木质材料饰面

(1) 木质装饰墙柱面。木质装饰墙柱面的质量问题有：墙面与接缝不平、花纹拼接不顺畅、板面有小黑点等。

墙柱面上的木龙骨含水率过大、龙骨铺钉板材的一面没有刨光、钉子的间距过大等因素都会造成墙面与接缝不平。严格控制好木龙骨的含水率，使之不超过 12%，并做好防腐处理。木龙骨与面板相连接的一面应刨光刨平，龙骨组装后找方找直，固定在墙柱面上应牢固。面板用气钉固定时，钉距应均匀，钉距为 100 mm 左右。

墙柱面的板材在铺设时，应认真选择材料，板材对缝处的花纹应一致，板面的颜色尽可能相近。板缝的接头应严密，保证板的接缝平整。

基体表面的含水率不能过高，应控制在规范规定的范围内。由于基体中的水分蒸发而使得面板的含水率过大，板材中的水分挥发不出后，会在面板上产生霉点。

(2) 木地板。地板行走有响声、板缝不严、板面翘曲、接缝有高低差等问题是木地板的常见通病。

当木地板下面的木龙骨与楼地面的固定部位产生松动时,或者木地板与龙骨的固定不牢固时,都会造成人行走在木地板上时地板会发出响声。应确保木龙骨与楼地面的连接牢固,与木地板连接的木龙骨的上表面应在一个平面上,否则应进行修整。面板铺钉在木龙骨上时,应用专用地板钉进行固定。

第一根条形木地板固定在木龙骨上后,相邻的木地板在铺钉时,应用垫木垫在第二根木地板的长边侧面,用锤子敲击垫木,使两根板的企口接缝结合紧密,再用地板钉将第二根木地板固定在木龙骨上。依此类推,将所有的木地板铺设完毕。条形木地板的规格误差不能过大,否则应将规格不合格的木地板剔除。

引起木地板翘曲的原因主要是地板受潮,或者地板的四周没有设伸缩缝。铺设木地板的楼地面上应做防潮湿处理,如铺设防潮油纸。木龙骨上应设通风孔洞,木地板与四周墙面交接的部位应留 15 mm 宽的伸缩缝。木地板与阳台、卫生间等场所的地面交接的地方应采取措施,严禁有水进入木地板内。

木地板铺设后应用磨木地板机打磨平整,以使木地板表面平整光滑。

4. 塑料地板

普通塑料地板铺设时会出现空鼓、颜色不均、表面不平、错缝等问题。

施工前一定要检查基体表面的平整度,不平整的部位应用 1:1.5~1:2.0 的水泥砂浆找平。基面上有麻面和凹坑的地方用乳胶腻子修补平整。基体表面的含水率应控制在 6%~8%的范围内。涂刷胶粘剂时,应待稀释剂挥发后再进行粘贴。塑料地板粘贴时应从房间的一角或一边开始,一边粘贴,一边用手抹压,将地板与基层之间的空气全部赶出。

塑料地板应尽可能地选用同一品种、同一批号的材料,以保证板材表面的颜色基本一致。

板材的规格公差应控制在国家的标准范围内,对于规格尺寸不符合国家规定的板材应予以剔除。

5. 玻璃栏杆

玻璃栏杆的立柱排列不整齐、立柱不垂直、扶手的转角不通顺、扶手表面的颜色差异较大、焊缝粗糙、玻璃有晃动现象等是玻璃栏杆的常见通病。

栏杆立柱固定在楼梯踏步或楼面上时,应保证立柱的固定简单可靠。同一排立柱应拉线找直,使立柱在一个垂直面内。

对楼梯转角处的放样尺寸应准确,非标准角度的弯头应专门加工。异形或弧形楼梯的扶手也应专门制作加工,以满足楼梯形状尺寸的变化要求。

栏杆上扶手材料的表面颜色和纹理应基本一致,不得将表面色差过大的扶手材料用在同一个楼梯段上。

金属扶手的加长处、扶手与立柱连接的地方、立柱与金属花饰的连接部位在焊接时,不能将被焊接的金属构件焊穿,焊缝应用磨光机打磨平滑。

玻璃的安装连接应符合设计图纸的规定,安装前应清除玻璃固定槽内的杂质,并在固定槽内铺垫氯丁橡胶垫块,用玻璃胶或嵌缝条将玻璃与固定材料之间的缝隙填嵌密实。固定玻璃用的连接件应安装牢固,不得有松动现象。

6. 金属板材饰面

材料的表面有划伤痕迹、饰面板材有松动现象、板面颜色有色差等是金属板材饰面的质量通病。

施工时尽量不要把板材表面的保护纸揭去，避免施工过程中硬物对板材表面的划伤破坏作用，等到施工后再将表面的保护纸揭去。

选用板材时，应保证板材表面的颜色一致，不得有明显的差异。

板材在固定时应用铆钉、自攻螺钉、装饰压条和胶粘剂等材料，将板材固定在基层上或骨架上。

7. 地毯饰面

地毯饰面常常会出现表面不平整、有起鼓皱褶、花形拼接不完整、颜色有色差、地毯发霉、卷边、拼接处露底衬，楼梯处的地毯出现移位、绊脚、转角不顺等质量问题。

地毯在铺设时应逐段进行，发现有不平整的地方，及时用地毯撑推平，同时将展平开来的地毯固定在倒毛刺条上。边角处的地毯裁剪尺寸应合适，并用扁铲将地毯压入墙边，并固定在倒毛刺条上。

有花纹颜色的地毯在拼接的部位应注意花纹拼接的完整性，接缝处的花纹图案应保证图案的完整性。两块连接的地毯还应注意地毯的颜色是否有色差，连接处的地毯颜色应一致。

在墙柱边固定地毯时，应钉好倒毛刺条，将地毯固定在倒毛刺条的上面。用胶粘剂固定地毯时，应使用质量较好的胶粘剂，刷胶均匀，地毯铺贴后应压平拉实。

楼地面上铺设地毯时，基层的含水率不能过大，一般不超过8%，地面应做防潮处理。

有接缝的地毯应将地毯张拉平整后再缝合，这样地毯接缝处的底衬和缝合线就不会露出来了。

楼梯上的地毯在铺设时，应将地毯固定在楼梯阴角处的挂角条上，并用扁铲将拉紧后的地毯塞入楼梯阴角的间隙内。地毯的铺设应从上至下逐级进行，先在踏步面上拉平地毯，然后在楼梯的阳角上用铜质防滑条将其固定，再用挂角条把地毯固定在楼梯的阴角处，按照这种方法逐级铺设即可。

复习思考题

1. 石材用钢筋网绑扎法和干挂法工艺是怎样施工的？
2. 大规格的地面砖是如何铺贴的？
3. 怎样铺贴内墙面砖？
4. 条形木地板的施工应注意哪些问题？
5. 玻璃栏杆是怎样施工的？
6. 金属包柱的施工有哪些工序？
7. 楼梯部位处如何铺设地毯？
8. 饰面板(砖)工程的外观验收有哪些内容？
9. 如何防止木地板的松动响声？
10. 楼梯处的地毯为何出现位移、绊脚现象？如何防治？

第七章　涂饰工程

第一节　概述

涂饰工程是以涂料为主要装饰材料,用各种施工设备和机具对基层表面进行装饰的一种施工项目。

一　涂料

涂料是指涂敷于基体表面、经干燥后能形成坚韧的涂膜,并与基体粘结成一体的材料。涂料具有保护、装饰和某些特殊功能。

涂料干燥后形成的涂膜对基体的表面起着覆盖保护作用,涂膜的各种色彩和质感使得涂料有较好的装饰性。有些涂料在生产的过程中加入了某些成分的物质后,可使涂料产生防霉、防火、隐形、发光等特殊功效。

涂料的施工方法比较简单,可采用刷、滚、喷、批抹等各种手段进行操作。装饰施工中涂料的施工量较大,因而涂饰工程的施工质量好坏直接影响着装饰工程的整体质量。

涂料的品种较多、成分复杂。由于以往的大多数涂料是以油料为主要制作原料,所以称为油漆。现代涂料中的合成树脂和乳液用量已远远超过了油料,但"油漆"的称呼已为大多数人所熟悉,所以工程中的许多涂料品种仍然被称之为"漆"。

按照外观形状分,涂料的品种有液状涂料和粉状涂料;涂料按照涂饰对象不同分为建筑涂料、木制品涂料和金属制品涂料等。涂饰工程中以建筑涂料的用量最大。

建筑涂料是指用于建筑物的内墙、外墙、顶棚、地面等部位的涂料,如内墙乳胶漆、外墙乳胶漆、多彩涂料、防水涂料、彩砂涂料等。建筑涂料的品种按照化学成分不同分为无机涂料、有机涂料和有机—无机复合涂料,其中有机涂料又分为溶剂型、水性和乳液型。

木制品和金属制品用涂料是指用于木材和金属材料上的一类涂料,如丙烯酸清漆、硝基清漆、各色油性调和漆、防锈漆、防火涂料等。

二　涂料的使用要求

各种涂料对基层的处理要求和对配套材料的使用要求是不同的。为了保证涂层的涂饰质量,涂料在使用时应注意涂料的选用原则、基层的处理方法、涂料使用的配套性、涂料的施涂工艺、对腻子的要求和调色配置工艺等。

1. 涂料的选用原则

涂料在选用时应充分考虑到涂料自身的性质、使用的建筑部位、涂料的使用年限、经济性以及基层材料的材质等方面的因素。

表 7.1 是按基层材料的材质不同应选择的涂料种类。

表 7.1　按基层材质选用的涂料品种

涂 料 种 类		基层材料材质类型								
		混凝土	轻质 混凝土	预制 混凝土	加气 混凝土	砂浆	石棉 水泥板	石灰浆	木材	金属
溶剂型涂料	油性漆	×	×	×	×	×	○	○	△	△
	过氯乙烯涂料	○	○	○	○	○	○	○	△	△
	苯乙烯涂料	○	○	○	○	○	○	○	△	△
	聚乙烯醇缩丁醛涂料	○	○	○	○	○	○	○	△	△
	氯化橡胶涂料	○	○	○	○	○	○	○	△	△
	丙烯酸酯涂料	○	○	○	○	○	○	○	△	△
	聚氨酯系涂料	○	○	○	○	○	○	○	△	△
	环氧树脂涂料	○	○	○	○	○	○	○	△	△
乳液型涂料	聚醋酸乙烯涂料	○	○	○	○	○	○	○	○	×
	乙—丙涂料	○	○	○	○	○	○	○	○	×
	乙—顺涂料	○	○	○	○	○	○	○	○	×
	氯—偏涂料	○	○	○	○	○	○	○	○	×
	氯—醋—丙涂料	○	○	○	○	○	○	○	○	○
	苯—丙涂料	○	○	○	○	○	○	○	○	○
	丙烯酸酯涂料	○	○	○	○	○	○	○	○	○
	水乳型环氧树脂涂料	○	○	○	○	○	○	○	○	×
水泥系	聚合物水泥系涂料	△	△	△	△	△	△	×	×	×
无机涂料	石灰浆涂料	○	○	○	○	○	○	○	×	×
	碱金属硅酸盐系涂料	○	○	○	○	○	○	○	×	×
	硅溶胶无机涂料	○	○	○	○	○	○	○	×	×
水性涂料	聚乙烯醇系涂料	○	○	○	○	○	○	○	×	×

注：△—优先选用；○—可以选用；×—不能选用。

2. 基层处理

涂料在施工前应对基层作适当的处理，经过处理后的基层表面应平整洁净，这样可以使得涂膜与基层之间粘结牢固。基层处理的具体做法如下：

1）木基层

当基层表面有凸起、钉子突出、毛刺等木制作质量通病时，应进行补钉、钉入、去毛刺等工作。

基层表面有砂浆、灰尘时，可用铲刀和毛刷进行清除。如果木基层的表面粘有沥青时，先用铲刀清除，然后在沥青污染的部位点刷虫胶清漆，防止产生油漆变色或不干等质量问题。

表面有油污和胶迹的地方用温水或肥皂水、碱水（4%～5%的苛性钠水溶液或5%～6%的碳酸钠水溶液配置）清洗，再用清水洗刷一次，表面干燥后顺木纹方向用砂纸打磨光滑。木基层表面的树脂可用有机溶剂丙酮、酒精等擦洗，也可用热的电烙铁铲除，再刷一道虫胶清漆封闭其表面，可防止树脂再次渗出。

由于木材制品内存在色素分布不均，芯材与边材的颜色深浅不同等问题，木材基层表面的颜色往往不一致,因而需对木材表面进行漂白处理。

漂白时可用100克浓度为30%的双氧水、20克浓度为25%的氨水和100克的水进行调配,或者在1升5%的碳酸钠和碳酸钾(1:1)水溶液加入50克的漂白粉配置。将按第一种方法配置的混合液涂刷在基层表面,经过2~3天的时间,木材表面即能被均匀漂白。用第二种方法调配的混合液涂刷在木材的表面,待其漂白后再用肥皂水或稀盐酸溶液清洗被漂白的表面。这种方法既能漂白又能去除树脂。

木材基层的表面有时还需打磨平整。用木砂纸将木基层表面的刨痕、毛刺等打磨平整,棱边用木砂纸打磨后应平滑圆顺。

木基层处理后应表面平整光滑、颜色均匀一致,无污迹、油渍、树脂、凹凸不平和钉子外露等现象。

2) 金属基层

金属基层的表面处理有手工处理、机械处理和化学处理等。

手工处理是指采用砂布、刮刀、锤凿和钢丝刷等工具,用手工打磨、铲除和扫刷等方法,将金属制品表面的氧化层、锈迹等清除干净,再用汽油、松香水进行清洗,并将制品表面油污擦洗干净的一种处理工艺。

机械处理是用砂轮机、磨光机、喷砂等机械加工的方法,将制品表面的锈斑、氧化层、电焊渣、毛刺等清除干净。机械处理方法的施工效率高,制品表面的质量好。

化学处理的方法主要是采用各种配方的酸性溶液,运用酸性溶液与金属材料进行化学反应的原理,将材料表面的油渍、锈斑和氧化层等物质清理干净。酸性物质处理后的金属材料表面还应用清水冲净,待其晾干后再用。

用化学方法处理金属表面时,需要注意酸性物质的用量和酸的腐蚀时间,否则容易损伤材料的表面。制品表面经过化学处理后往往附着酸液,还需要用碱液进行中和处理,最后再用温水进行冲洗,将酸液清洗干净。化学处理的方法比较适用于形状复杂的金属制品。

3) 水泥基层

水泥基层主要有水泥砂浆、混合砂浆、混凝土制品、水泥压力板等。

新的水泥基层表面一般不可以马上涂饰,最好要经过两个月左右的时间,使水泥中的水分充分挥发和盐分固化后再进行涂饰工作。如果急需在新的水泥基层上进行涂饰时,可采用浓度为15%~20%的硫酸锌或氯化锌溶液,在水泥基层上涂饰几遍,待涂刷的溶液干燥后扫除水泥基层表面的析出物,即可进行涂饰。

旧的水泥制品表面有起霜或粉化现象时,用钢丝刷刷干净后再用清水冲洗,待其表面干燥后即可涂饰。

混凝土和砂浆表面存在质量缺陷时,必须对基层修补找平。混凝土或水泥砂浆基层出现分离现象时,应先将分离的部分铲除,重新做基层。新基层与基体之间、新基层与旧基层之间的粘接必须牢固,接缝平顺。基层表面有裂缝时应根据具体情况而定。砂浆上的小裂缝只需用防水腻子嵌平密实,腻子干燥后再用砂纸打磨即可;混凝土表面的小裂缝可用低粘度的环氧树脂或水泥浆灌注,使裂缝密实。大的裂缝处理时,先将裂缝的周边凿成“V”形口,裂缝口清理干净后在其表面刷涂一道底层涂料,再将密封防水材料嵌填于缝隙内,然后在密封材料的外表用合成树脂或水泥砂浆聚合物腻子抹平,最终将其打磨平整。混凝土或砂浆表面的孔洞较小时,可直接用水泥聚合物腻子填平,孔洞较大时用聚合物砂浆填平。水泥制品表面有凹凸不平现象时，凸出的部分用凿子凿平，凹入的部分用聚合物腻子或聚合物砂浆修补填平。

4) 其他基层

(1) 板材类材料。纸面石膏板、无纸面石膏板、菱苦土板、水泥压力板等材料的板面平整度较好，涂饰时只需批刮一道底层腻子，但板的接缝处一定要做好处理工作。涂饰前先用嵌缝腻子将板缝处嵌平，然后再贴上 50 mm 宽的穿孔纸带或涂塑玻璃纤维网格布，再用腻子刮平。不同的基层结合处还应做防开裂加固处理，如覆钢丝网片等。

(2) 旧漆膜、旧浆皮。旧漆膜处理时应视漆膜的附着力和表面的硬度来定。如果旧漆膜的附着力很好时，只需用肥皂水或稀碱水溶液清洗擦净即可；如果旧漆膜的附着力不好，则应将其清除干净后重新涂饰。

碱水清洗。将少量的氢氧化钠溶于水中，再加入少量石灰配置成火碱水。用排笔将火碱水涂刷在旧漆膜上，待火碱水溶液稍干后再刷一遍，涂刷的遍数一般不超过 3～4 遍。再用铲刀将旧漆膜铲除，然后用温水把残余的碱水清洗干净。这种方法适用于形状比较复杂的木器构件。

火喷处理。用喷灯将漆膜烤至发焦，移去喷灯，立即用铲刀将烤焦的漆膜铲除。用喷灯烧烤时不能将漆膜以下的基层材料烤坏，也不能等到漆膜冷却后再铲除，以免清除困难。

打磨法。用粗号磨石蘸水打磨旧漆膜，将原有漆膜全部磨去露出基层为止。

化学药剂脱膜法。将脱漆剂涂饰在旧漆膜上，经过一段时间后，待旧漆膜上出现膨胀并起皱时，用铲刀将旧漆膜除去，然后将残留物清理干净。脱漆剂不能与其他溶剂混合使用。

旧浆皮是普通内墙涂料时，先将清水涂刷在旧浆皮上，等到浆皮吸收了水分后，再用铲刀把旧浆皮刮去。如果旧浆皮是石灰浆时，可用钢丝刷擦刮；如果旧浆皮是石灰膏，则用砂纸打磨或铲刀刮除。

此外，有些基层损坏时还应及时修补整齐。如钉子松动、腐朽木料等方面。

3. 涂料的配套性

1) 配套原则

底层涂料应选用防腐蚀性能好的、涂膜坚硬、附着力强的涂料品种，并能抵抗上层涂料中溶剂的侵蚀作用。面层涂料则要求与底层或中层涂料的粘接性能好、坚硬结实、耐候、抗腐蚀、整平性好、光亮丰满。

2) 配套分类

(1) 过氯乙烯涂料与硝基涂料、环氧树脂涂料的结合力差，应该与同类涂料配套使用，或与醇酸类涂料、聚氨酯类涂料配套使用。

(2) 沥青涂料由于组分复杂，与其他涂料中的组分差异较大，不宜与其他涂料配套使用。

(3) 油性涂料不宜作挥发性涂料的底层涂料，因为挥发性涂料易将底层涂料咬起，而挥发性涂料可作为油性涂料的底层涂料。

(4) 当涂料采用耐溶剂性不良的颜料(如矿物颜料或有机颜料等)时，则不宜作底层涂料。因为它与上层涂料配套后易造成渗色现象。

(5) 涂料的层与层之间的收缩性、坚硬性和光滑性等一定要协调一致，不能相差过大。上下层之间的热胀冷缩应基本一致，防止出现面层龟裂或脱落。

表 7.2 是木材和常见金属材料的底层涂料与面层涂料的配套关系。

表 7.2 木材与金属材料的底层涂料与面层涂料的配套关系

面层涂料	基层材料		
	木材	黑色金属	铝合金
	底层涂料		
油性涂料类	醇酸底漆	锌黄酚醛底漆	醇酸底漆
醇酸涂料类	酚醛底漆、硝基底漆、过氯乙烯底漆	锌黄酚醛底漆、锌黄过氯乙烯底漆、锌黄环氧底漆	酚醛底漆、过氯乙烯底漆、环氧底漆
氨基涂料类		锌黄环氧底漆	醇酸底漆、环氧底漆
沥青涂料类		沥青底漆	沥青底漆
酚醛涂料类	油性底漆、醇酸底漆、硝基底漆	锌黄过氯乙烯底漆、锌黄油性底漆	硝基底漆、过氯乙烯底漆、醇酸底漆、油性底漆
过氯乙烯涂料类	醇酸底漆	锌黄酚醛底漆、锌黄环氧底漆	醇酸底漆、丙烯酸底漆
丙烯酸涂料类	酚醛底漆、醇酸底漆、硝基底漆	锌黄酚醛底漆、锌黄环氧底漆	醇酸底漆、环氧底漆、过氯乙烯底漆
硝基涂料类	醇酸底漆、丙烯酸底漆、酚醛底漆	锌黄酚醛底漆、锌黄环氧底漆、锌黄丙烯酸底漆	醇酸底漆、酚醛底漆、环氧底漆、丙烯酸底漆
环氧树脂涂料类	锌黄酚醛底漆、锌黄丙烯酸底漆	醇酸底漆、酚醛底漆、丙烯酸底漆	

表 7.3 是抹灰基层的涂料配套层次

表 7.3 抹灰基层的涂料配套层次

底层		中层		面层		效果
涂料名称	层次	涂料名称	层次	涂料名称	层次	
腻子	2	底油、厚漆	2	调和漆	1	中等
腻子	2	底油、厚漆	1,2	调和漆	1	较好
腻子	2	无光调和漆	1	磁漆	2	良好
腻子	2	底油、厚漆	1,1	调和漆、无光油	1,1	较好
腻子	2	底油、厚漆	1,2	假木面	1	较好
腻子	2	底油、厚漆	1,2	假木面	1	较好
腻子	2	石膏腻子拉毛	成活	调和漆或铅油	3	较好

4. 涂料的稀释剂

涂料常用的稀释剂品种有硝基涂料稀释剂(又称香蕉水、天那水)、过氯乙烯涂料稀释剂、醇酸涂料稀释剂、环氧树脂涂料稀释剂、聚氨酯涂料稀释剂、丙烯酸涂料稀释剂和聚乙烯醇缩丁醛涂料稀释剂等。

此外,油性涂料的稀释剂有 200 号溶剂性汽油、松节油、二甲苯;沥青涂料的稀释剂有 200 号煤焦油、200 号溶剂性汽油、二甲苯。金属面涂料稀释剂有醋酸丁酯、醋酸乙酯、无水乙醇和丙酮等。

5. 涂料的涂饰工艺

涂料的施工工艺随着涂料品种的不同而变化,如各层涂料的涂饰顺序、干燥程度等。

6. 腻子

涂饰工程中使用的腻子必须与使用的涂料相配套，其塑性和易涂性应能满足施工要求。腻子干燥后应坚固，不得起皮、粉化和裂纹。潮湿场所使用的腻子应有较好的耐水性。

常用的腻子种类有：石膏腻子、清漆腻子、油粉腻子、水粉腻子、油胶腻子、虫胶腻子、聚醋酸乙烯乳胶腻子、大白腻子和水泥腻子等。

表 7.4 是常用腻子及润粉的配合比。

表 7.4 涂料工程中常用的腻子及润粉的配合比（重量比）

腻子名称	配合比形式	配合比例及调制	用途
石膏腻子	体积比	1. 石膏粉:熟桐油:松香水:水 = 16:5:1:(4～6)另加少量催干剂。调制时，先将熟桐油、松香水、催干剂拌匀，再加石膏粉，并加水调制 2. 石膏粉:白厚漆:熟桐油:松香水(或汽油) = 3:2:1:0.6(或 0.7) 3. 石膏粉:干性油:水 = 8:5:(4～6)室外及干燥环境应适量加入煤油	金属、木材及刷过油的墙面
	重量比	石膏粉:熟桐油:水 = 20:7:50	木材表面
清漆腻子	重量比	1. 大白粉:水:硫酸钡:钙脂清漆:颜料 = 51.2:2.5:5.8:23:17.5 2. 石膏:清油:厚漆:松香水 = 50:15:25:10 3. 石膏:油性清漆:颜料:松香水:水 = 14:1:1:18	木材表面刷清漆
油粉腻子	重量比	大白粉:松香水:熟桐油 = 24:16:2	木材表面刷清漆
水粉腻子	重量比	大白粉:骨胶:土黄(或其他颜料):水 = 14:1:1:18	木材表面刷清漆
油胶腻子	重量比	大白粉:动物胶水(6%):红土子:熟桐油:颜料 = 55:26:10:6:3	木材表面刷油漆
虫胶腻子	重量比	虫胶清漆:大白粉:颜料 = 24:75:1 虫胶清漆浓度为 15%～20%	木器油漆
金属面腻子	体积比	氯化锌:碳黑:大白粉:滑石粉:油性腻子涂料:酚醛涂料:甲苯 = 5:0.1:70:7.9:6:6.5	金属表面油漆
	重量比	石膏粉:熟桐油:油性腻子(或醇酸腻子):底漆:水 = 20:5:10:7:45	
喷漆腻子	体积比	石膏粉:白厚漆:熟桐油:松香水 = 3:1.5:1:0.6，加适量水和催干剂（为白厚漆和熟桐油总重量的 1%～2.5%）	物体表面喷漆
聚醋酸乙烯乳胶腻子	重量比	聚醋酸乙烯乳液:滑石粉(或大白粉):2%羧甲基纤维素溶液 = 1:5:3.5	混凝土表面或抹灰面
大白腻子及大白水泥腻子	体积比	大白粉:滑石粉:聚醋酸乙烯乳液:羧甲基纤维素溶液(2%):水 = 100:100:(5～10):适量:适量	混凝土表面或抹灰面，常用于内墙
	体积比	大白粉:滑石粉:聚醋酸乙烯乳液 = 7:3:2，适量加入 2%羧甲基纤维素溶液	混凝土表面及抹灰面，常用于外墙
内墙涂料腻子	体积比	大白粉:滑石粉:内墙涂料 = 2:2:10	内墙涂料
水泥腻子	重量比	聚醋酸乙烯乳液:水泥:水 = 1:5:1	外墙、内墙、地面、厨房、厕所墙面涂料

7. 涂料的调色

涂料的色漆有调和漆、硝基磁漆、手扫漆、酚醛磁漆、醇酸磁漆等

大面积有色涂料施工前应先做色彩小样。等到色彩小样符合设计要求时，再按实际的材料配合比进行调配，最后展开大面积涂饰。调色时应使用同种类型的涂料，混合料应搅拌均匀，并由专人负责调配。

表7.5是常用色漆的调配比例。

表7.5 常用色漆颜色的调配（重量比）

颜色	配合比	颜色	配合比
奶白色	98份白漆，2份黄漆	天蓝色	95份白漆，4.5份蓝漆，0.5份黄漆
奶黄	96.5份白漆，3.5份黄漆，微量红漆	海蓝色	75份白漆，21.5份蓝漆，3份黄漆，0.5黑漆
桔黄	18份黄漆，80份铁红漆，2份黑漆	深蓝色	13份白漆，85份蓝漆，2份黑漆
灰色	93.5份白漆，6.5份黑漆	紫红色	85份红漆，14.5份黑漆，0.5份蓝漆
蓝灰色	90份白漆，7.5份黑漆，2.5份蓝漆	粉红色	96.5份白漆，3.5红漆
绿色	55份蓝漆，45份黄漆	肉红色	92.7份白漆，3.5份红漆，3.5份黄漆0.25份蓝漆
苹果绿色	94.6份白漆，3.6份绿漆，1.8份黄漆	棕色	62份红漆，30份黄漆，8份黑漆
豆绿色	75份白漆，15份黄漆，10份蓝漆	奶油色	95份白漆，5份黄漆
墨绿色	56份蓝漆，37份黄漆，7份黑漆	象牙色	99份白漆，1份黄漆

三 涂饰工程的施工规定

(1) 涂饰工程应待抹灰、吊顶、地面等装饰工程和水电工程完工后方能进行施工。施工现场的温度不宜低于10℃，相对湿度不宜大于60%。

(2) 涂饰工程的基体或基层的含水率应按以下标准控制：

混凝土和抹灰面施涂溶剂型涂料时，基体的含水率不大于8%；施涂水性和乳液涂料时，基体含水率不得大于10%；木制品含水率不大于12%。

(3) 涂料的粘度或稠度需加以控制，使其在施涂时不流坠、不显刷纹。施工时不得任意稀释涂料。

(4) 双组分或多组分涂料在施涂前，应按产品说明规定的配合比，根据涂料的使用情况分批混合，并在规定的时间内用完。所有涂料在施涂前和施涂过程中，均应充分搅拌。

(5) 施涂溶剂型涂料时，后一遍涂料必须在前一遍涂料干燥后才能进行施涂；施涂水性和乳液涂料时，后一遍涂料的涂饰必须在前一遍涂料表面干燥后进行。每一遍涂料应涂饰均匀，各层必须结合牢固。

(6) 涂料用喷涂工艺施工时，应将不喷涂的部位遮盖，以防玷污。涂料在干燥前应防止雨淋、尘土玷污和热空气的侵袭。用完的施工工具应及时清洗或浸泡在相应的溶剂中，避免工具上的棕毛或纤维变硬而不能使用。

(7) 防锈涂料和第一遍银粉涂料应在设备、管道安装就位前刷涂。最后一遍银粉涂料应在刷浆工程完成后再刷涂。涂料工程施工完工后应注意成品保护，确保已硬化的膜层不受玷污，其他非涂饰部位的涂料必须在涂料干燥前清理干净。

四　涂饰工程的施工方法

涂饰工程的常用施工方法有：刷涂、滚涂、刮涂、喷涂和擦涂等。具体的施工方法应根据涂料的性质、基层情况等因素而定。

1. 刷涂

刷涂工艺就是用毛刷、排笔等工具进行涂饰的一种施工方法。刷涂工艺具有节约涂料、施工简单、易于掌握、灵活性强、适应性好的特点。适用于各种厚漆、调和漆、沥青漆和其他慢干性涂料的施工，但少数流平性较差或干燥太快的涂料不宜采用刷涂。

刷涂施工时应注意刷纹的长短尽可能相近，涂膜厚度均匀一致。一般刷涂二次盖底，待第一层涂膜干燥后再刷第二层，也可刷涂第一遍后立即刷第二层。涂料初干后不可再刷用刷子反复涂刷。

刷涂施工的顺序是先左后右、先上后下、先难后易、先边角后大面。

刷涂的施工质量应满足厚薄均匀、平整光滑、色泽均匀的标准，涂刷部位不应出现流挂、皱纹、漏底、起泡和刷痕等质量问题。

2. 滚涂

滚涂工艺就是用涂料辊进行涂饰的一种操作方法。滚涂施工的方法简单、操作方便、工效高、涂饰质量好和污染程度小。滚涂一般不能涂饰装饰图案比较复杂的高级涂饰。

滚涂施工时先将涂料搅拌均匀至稳定状态，然后取出少量涂料倒入盘中摊开，用滚筒均匀地蘸取涂料，并在底盘或滤网上滚动，从而挤出滚筒上多余的涂料，再在饰面基层上进行涂饰。滚筒开始慢慢滚动，滚动方向先从上至下，再从上向下成“M”形滚动。等到滚筒上的涂料稀少时，再用滚筒将先前滚过的基面轻轻理顺一下，接着沿水平或垂直方向展开滚涂。最后用滚筒按一定的方向滚动一遍。阴角和大面的上下口应用排笔、鬃刷进行刷涂修整，使得这些部位的涂料饰面与大面上的涂料饰面接合平顺。

滚涂施工时应注意以下几点：

(1) 装饰面采用平光面涂饰时，涂料的流平性应良好、粘度较低；而装饰面采用拉毛滚涂时，涂料的流平性则要小、粘度要高。

(2) 滚筒施工时应注意不能用力过猛，不能让滚中的涂料全部挤出后再蘸料，应保证滚内含有一定量的涂料，从而确保大面积涂饰时涂料分布的均匀程度。

(3) 在接茬部位涂饰时，应用不沾涂料的空辊子滚压一遍，使得滚涂饰面保持均匀和完整，避免接茬部位留出明显的接合痕迹。

(4) 滚涂的涂膜应厚薄一致、光滑平整、不流挂、不露底。

3. 刮涂

刮涂是用刮板将厚质涂料均匀地批刮在装饰面上，形成厚度为 1～2 mm 涂层的一种施工工艺。刮涂是厚质涂料常采用的施工方法，如聚合物水泥厚质地面涂料、合成树脂厚质地面涂料。

刮涂施工时一次性刮涂的涂料厚度不应超过 0.5 mm，孔眼较大的基面应将腻子填嵌密实，并高出基面，待腻子干燥后再打磨平整。应待批刮的腻子或底层厚质涂料全部干燥后再进行面层涂料的施工。刮涂时应用力按刀，使刮刀与基面成 50°～60°。刮涂方向只能来回刮 1～2 次，不能多次刮涂。遇到圆形或棱形的基面时可用橡皮刮刀刮涂。

刮涂后的饰面膜层应不卷边、无漏刮、表面平整光滑，无明显白点。

4. 喷涂

喷涂是用喷枪、空气压缩机等将涂料喷射在基体表面上的一种施工工艺。

喷涂施工时应将门窗框等不需要喷涂的部位用纸、塑料薄膜等遮盖住。喷枪的压力一般调至0.4～0.7 MPa，喷枪的运行线路按图7.1所示的要求运行，喷嘴工作时应始终保持与墙面垂直，喷枪距离墙面为0.3～0.5 m，移动速度为40～60 cm/min，喷嘴压力为0.2～0.3 MPa。喷枪移动时应平稳，不能时停时移或跳跃喷涂，以免发生堆料、流挂或漏喷现象。

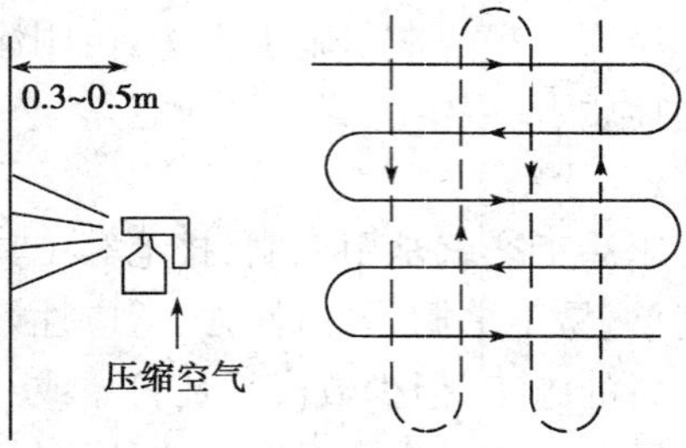

图7.1　喷枪运行路线

喷涂面的搭接宽度应控制在喷涂宽度的1/2～1/3。喷涂一般为两遍成活：横向一遍和竖向一遍，两遍的间隔时间由涂料的品种和喷涂厚度而定。喷涂施工的顺序为：墙面→柱面→顶棚→门窗。

喷涂的膜层应厚度均匀、颜色一致、平整光滑，不得有露底、皱纹、流挂、针孔、气泡和失光现象。

5. 擦涂

擦涂就是用纱布包裹脱脂棉球蘸洋干漆和硝基漆擦涂饰面。擦涂工艺较为费工，但这种工艺能够取得很好的装饰效果。擦涂施工适合外形不规则且尺寸较小的物件。

用纱布棉花球蘸取适当浓度的硝基漆，在预先做好一定涂层的基面上以圈涂、S形横涂、直涂等方法擦涂10～20遍，如图7.2所示。擦涂时应动作快捷、用力均匀、移动连续，途中不得停顿或只固定在一小块地方来回擦。每次蘸漆量不能太多，也不得将油漆滴在被涂基面上。待漆膜干燥后再对表面擦蜡抛光。

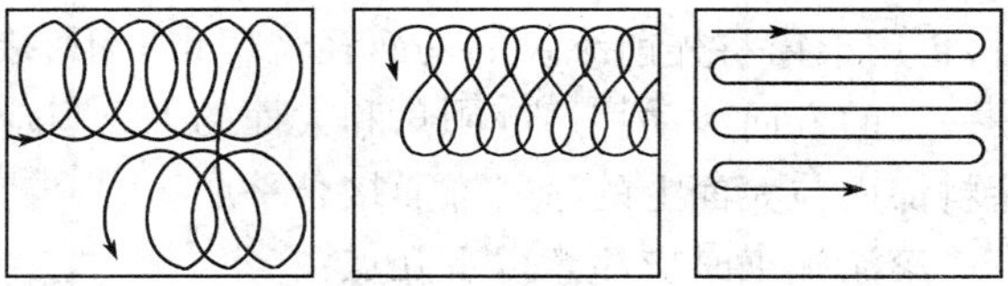

(a) 圈擦　(b) S形横擦　(c) 直线擦

图7.2　擦涂线路示意图

第二节　涂料的施工

一　建筑涂料的涂饰

建筑涂料主要用于建筑物的各种装饰部位，如各种外墙涂料、内墙涂料和防火涂料的涂饰。

1. 多彩内墙涂料

多彩内墙涂料具有色彩丰富、立体感强、耐水、耐碱和耐油污的特点，膜层表面可用湿布进行擦洗。多彩内墙涂料的面层一次性喷涂后可得到多种颜色的立体花纹。

多彩内墙涂料的材料分为底层涂料、中层涂料和面层涂料。底层涂料和中层涂料可用喷、滚、刷等三种工艺进行施工，面层一般多用喷涂工艺施工。它的施工工序见表7.6。

表7.6　多彩内墙涂料的施工工艺

项　目	工序名称	备　注
基层处理	清扫，填补孔洞，磨砂纸	
第一遍满刮腻子	第一遍满刮腻子，磨光	
第二遍满刮腻子	第二遍满刮腻子，磨光	
底层涂料	满涂底层涂料	腻子干透后施工
第一遍中层涂料	第一遍中层涂料，磨光	底层涂料施工至少4 h后施工
第二遍中层涂料	第二遍中层涂料	与第一遍中层涂料间隔至少4 h
多彩面层喷涂	多彩面层涂料	与第二遍中层涂料间隔至少4 h
清扫	清除遮挡物，清扫飞溅物料	

多彩内墙涂料施工前首先应进行基层处理工作。清理后再用水与醋酸乙烯乳胶（配合比为10:1）的混合液将石膏腻子调整至适当的稠度，然后再将腻子填嵌在缝隙、洞眼、麻面等不平整处。待腻子干透后再用铲刀将基层表面多余的腻子铲除，最后用粗砂纸将基层表面打磨平整。

满刮两遍腻子。第一遍腻子用刮板满刮，刮抹时应平整、均匀、光滑，不得漏刮，接头处不显接槎。腻子干透后用粗砂纸打磨平整。第二遍腻子的批刮要求及处理方法与第一遍腻子相同，但第二遍腻子的批刮方向应与第一遍腻子的批刮方向垂直。

基层腻子打磨平整后即可进行底层涂料的涂饰，涂饰时可采用喷涂或滚涂的方法将涂料涂饰在基层上。涂饰时应使涂料的涂布均匀，不得有漏涂的部位。

将底层涂料用喷涂或滚涂的方法涂饰在干燥整洁的基层上，涂饰后的涂层应均匀，不得有漏涂现象。底层涂料施工2 h后即可进行中层涂料的施工。

中层涂料在施工前应在容器内充分搅拌均匀。用滚涂施工工艺分两遍施工。第一遍中层涂料滚涂后需干燥4 h以上，如遇潮湿天气时，还应适当延长干燥时间。第一遍涂层干燥后用细砂纸打磨，打磨时用力要轻而均，不得磨穿涂层。第二遍中层涂料滚涂后不再磨光。

面层涂料在喷涂时先进行试喷，以确定基层与涂料之间的相容性、喷枪的喷距、压力等因素。喷涂时将不需喷涂的部位或物品遮挡起来。喷涂完成后及时将喷枪清洗干净，并把遮挡物移去。

表7.7　内墙乳胶漆的施工工序

项　目	工序名称	备　注
基层处理	基层清扫、填补孔洞、局部刮腻子、磨光	
第一遍满刮腻子	第一遍满刮腻子、磨光	
第二遍满刮腻子	第二遍满刮腻子、磨光	
第一遍涂料	第一遍涂料	腻子干透后施工
第二遍涂料	第二遍涂料	间隔时间至少4 h

2.内墙乳胶漆

内墙乳胶漆是以丙烯酸酯等为原料而制成的一种水溶性涂料。它具有无毒、不燃、耐碱、耐擦洗等特点,是目前室内装饰中使用较为广泛的一种涂料。它的施工工序见表7.7所示。

内墙乳胶漆在施工时首先应对基层处理,用石膏腻子在洁净的基体表面进行填缝、刮平,等腻子干燥后再用粗砂纸打磨,刮腻子的遍数为两遍,并使前后刮抹方向互相垂直。

涂刷乳胶漆前应用搅拌棒在容器内搅拌,使涂料内的组成物质分布均匀。施涂时要注意涂膜厚薄均匀,涂膜过厚易流坠起皱,过薄则易透底。涂刷的遍数一般在两遍以上,且后一遍乳胶漆在涂刷时应待前一遍乳胶漆表干后进行。

3."好涂壁"涂料

"好涂壁"涂料是一种室内使用的纤维状装饰材料。该涂料具有一定的透气、吸音、防潮等性能,表面质感及色彩丰富,有较强的装饰性。

"好涂壁"内墙涂料的施工工序见表7.8。

表7.8 "好涂壁"内墙涂料的施工工序

项目	工序名称	备注
基层处理	清扫、填补孔洞、磨光	
封底漆	满涂封底漆	
面层涂饰	拌和涂料、抹涂料	封底漆干后进行

"好涂壁"涂料在施工前应清扫基层,对局部疏松易剥落的部位用铲刀铲除,用腻子对表面缝隙、麻点等处进行批刮打磨,使基层表面保持平整。在基层的表面上还需刷上一道封闭底漆进行封底处理,等底漆干燥后方才施工。基层表面若有铁钉、铁器等,应清除或涂刷防锈漆,避免产生锈斑。

施工时按白胶浆:水等于1:10的比例配置胶液,即将一份白胶浆放入9份水中搅拌均匀形成胶水。然后将纤维按配比要求投入胶水中搅拌均匀,直至没有粒状为止,再把1份水加入到混合物中搅拌均匀,静置20分钟。

待调配的涂料呈糊状时,可用批抹或喷涂的方式进行操作,如图7.3所示。施工顺序应自上而下,施工方向应纵横交叉进行。批抹或喷涂的涂层不宜过厚,以盖住基体即可,一般不超过1.5 mm。施工结束时,用抹刀将纤维抹压平整,并将施工用具及时清洗干净。

4.真石漆

真石漆属水溶性涂料,适用于室内外装饰场所的墙柱面及顶棚等处的装饰。可在抹灰层、胶合板、玻璃和泡沫等材料的表面上进行施工。真石漆由丙烯酸树脂、彩色砂粒、各类助剂等组成,涂层坚硬、耐久性、耐水性和耐擦洗性较好。

真石漆在施工前应对基层进行处理,使基层保持干燥、平整,再用封闭底漆进行封底,增加基层与涂膜的粘结强度。封闭底漆的涂饰不能有遗漏部分,涂饰均匀一致。用滚子或喷枪在基层上涂饰着色涂料,涂饰时不得有漏涂或透底现象。着色涂料应预先做样板进行调配,它能增加涂料的遮盖力,提高涂料的装饰性。有分格缝的地方应用其他颜色的同种涂料进行勾缝,以增强涂料的仿石效果。

基层着色后再涂饰面层。面层涂料可用喷枪进行喷涂,喷涂次数为二遍,涂层应均匀一致,厚度在3 mm以下。第一遍喷涂时应使涂料的稠度略稀,涂膜干燥后再喷涂第二遍涂料。第二遍喷涂时涂料的稠度略稠,且厚实一些,直到喷出浆为止。当喷斗的料喷完后,用喷枪将空气喷到饰面上,使之产生天然石材的波纹状的质感。如果需在涂层上做出大理石的花纹效果,可用两支喷枪同时施工,喷出两种颜色,也可用一支喷枪分别喷出两种颜色,使涂层产生颜色重叠,从而产生若隐若现的大理石装饰效果。

面层施工结束后,可在其表面涂饰一道硅丙溶剂型透明清漆或有机硅醇溶剂型透明清漆进行饰面,以提高饰面的耐污性、防水性和光泽度等。

彩砂涂料的施工方法与真石漆的施工方法相同。

5.绒面涂料与植绒涂料

绒面涂料是由着色树脂微粒(绒毛粉)、基料树脂、溶剂和助剂等组成,它涂饰后能呈现与皮革等表面起毛时的质感,具有湿润感、柔软感的绒面特点。

植绒涂料是利用静电电场的感应原理,用静电植绒机将纤维绒毛"植"于基层上。

绒面涂料只具有绒面的质感,涂层中没有纤维绒毛,而植绒涂料的涂层上则有一层纤维绒毛,立体感强,其吸音、保湿及防潮性能要好于绒面涂料。

绒面涂料在施工时,可直接用喷枪将配制好的涂料喷涂到平整、洁净的基体上。它适用于家庭、影剧院、舞厅、音乐厅等场所的墙面装饰。

植绒涂料在施工时,应保证基层的平整、干净。先用铲刀将墙体上疏松的地方铲除,并用水泥砂浆补平,再用腻子刮平磨光。基层腻子磨光后,在基层上涂刷胶粘剂,如用植绒涂料做图案时,只需在图案部分涂刷胶粘剂,无图案的部分不刷胶。涂胶的面积和速度应按胶的固化时间和植绒速度来定。把绒毛装入植绒机内,在胶粘剂未干前进行植绒,植绒时要调节好植绒喷头与基体的距离大小和方向,保证植绒密度均匀一致。植绒完毕后,关闭电源,移走机器,并用软毛刷将浮绒从基面的绒毛层上清理下来。

6.仿瓷涂料

仿瓷涂料又称瓷釉涂料,是一种装饰效果与瓷釉相似的建筑涂料,其种类有溶剂型和水溶性两种。溶剂型仿瓷涂料的主要成膜物质是溶剂型树脂,水溶性仿瓷涂料的主要成膜物质是水溶性的聚乙烯醇。装饰工程中以聚氨酯仿瓷涂料使用最多,本书主要介绍该品种的涂料的施工。

聚氨酯仿瓷涂料的涂膜光亮、坚硬、丰满,具有瓷釉的质感,它的耐水性、耐碱性和耐久性较高,与基体的粘接力很强。聚氨酯仿瓷涂料由底层涂料和面层涂料两部分组成。底层涂料的成分有色漆 DA 组分和聚氨酯预聚体 DB 组分;面层涂料的成分有色漆 MA 组分和聚氨酯预聚体 MB 组分。聚氨酯仿瓷涂料可在水泥砂浆、水泥压力板、混凝土、胶合板及金属等材料的表面施工,适用于卫生间、厨房、手术室、化验室、病房等墙面的装饰。

聚氨酯仿瓷涂料施工时,先用聚合物水泥腻子将基体表面的蜂窝麻面等不平整的部位刮平密实,使基层平整、干净、无油渍,基层表面应干燥。然后将底层涂料按要求调好,先在基层上涂饰一遍经稀释过的底层涂料,待其干燥后,再涂饰第二遍底层涂料。用底层涂料调制的腻子在干燥的底层上满刮 1~3 遍,每遍腻子应干燥后打磨。最后再涂饰调制好的面层涂料,涂饰遍数为 2~3 遍,最后干燥养护。

聚氨酯仿瓷涂料在施工时应按规定调制,注意施工顺序,不能与其他涂料混用,要防水、防潮和防火,还须通风干燥。

7.防火涂料

防火涂料属特种涂料,它能阻止火焰传播、保护被饰物和降低火灾损失。按被保护基体不同分,防火涂料的品种有钢结构防火涂料、木结构防火涂料和混凝土涂料;按涂膜透明性不同分，有透明防火涂料和不透明防火涂料。钢结构防火涂料和木结构防火涂料在装饰工程中使用较多。

钢结构防火涂料主要在改性无机高温粘结剂（或无机与有机复合乳液为粘结剂）中加入膨胀蛭石、膨胀珍珠岩等吸热、隔热材料和化学助剂制成的。它具有粘结力好，耐水，热传导性低等特点。钢结构防火涂料施工前，应彻底清除钢材表面的铁锈和灰尘，然后刷上防锈漆。按使用要求配制好防火涂料，并将配好的涂料喷涂在钢结构上。喷涂时应分层喷饰，每层厚度在 2～8 mm之间，各层的喷涂间隔时间在 2～8 h 左右（视现场具体情况定），直至喷到规定的厚度为止。喷好后及时清洗工具，养护膜层时要避免雨淋。

木结构防火涂料是以水为溶剂，用有机和无机复合材料作粘结剂，加入高效阻燃剂和助剂配制而成的。它有各种色彩，附着力强，耐水，阻燃效果好，膜层有一定的柔韧性。木结构防火涂料的涂饰温度在 10℃以上。涂饰时应保证基层表面无灰尘、油污、平整，涂料在施工前应先搅拌均匀，并不得与其他涂料混用。木结构防火涂料可用喷涂、刷涂或滚涂的方法分遍涂饰，间隔时间在 2～4 h 左右，涂料用量不低于 0.6 kg/m^2。

建筑涂料的品种繁多，以上仅列举了几个常用涂料品种的具体施工方法。建筑涂料在施工时除了按前面所介绍的一些工艺施工操作外，还应根据具体的涂料品种要求，按规定进行施工操作。

二　木制品的油漆涂饰

装饰工程的木制品主要指木家具、木地板、木吊顶、木墙裙、木线条等。油漆的施工方式按油漆在木制品表面的装饰特性分，有透明油漆涂饰和不透明油漆涂饰两种。

1. 透明油漆涂饰

透明油漆涂饰又称清漆涂饰或清水涂饰，它不仅能保留木材表面原为的特征，而且可以通过某些特殊的操作工艺来改变木材本身的颜色，使木制品表面的装饰性更好。

透明油漆涂饰的常用颜色有：本色、黄色、茶色（浅茶色、红茶色）、深色（荔枝色、栗壳色、蟹青色）。其施工工艺流程见表 7.9。

表 7.9　木材表面涂饰清漆的施工工序

项　次	工　序　名　称	中 级 涂 料	高 级 涂 料
1	清扫、起钉子、除油污等	+	+
2	磨砂纸	+	+
3	润粉	+	+
4	磨砂纸	+	+
5	第一遍满刮腻子	+	+
6	磨光	+	+
7	第二遍满刮腻子		+
8	磨光		+
9	刷油色	+	+
10	第一遍清漆	+	+
11	拼色	+	+

续表 7.9

项 次	工 序 名 称	中 级 涂 料	高 级 涂 料
12	复补腻子	+	+
13	磨光	+	+
14	第二遍清漆	+	+
15	磨光	+	+
16	第三遍清漆	+	+
17	磨水砂纸		+
18	第四遍清漆		+
19	磨光		+
20	第五遍清漆		+
21	磨退		+
22	打砂蜡		+
23	打油蜡		+
24	擦亮		+

注:1. 表中"+"号表示应进行的工序。

2. 高级涂料做磨退时,宜用醇酸树脂涂料涂刷,并根据涂膜厚度增加 1~2 遍涂料和磨退、打砂蜡、打油蜡、擦亮的工序。

(1) 表面处理。木制品的表面处理内容有脱脂、漂白、去木毛等,处理方法与前面论述的施工方法相同。

(2) 补腻子。腻子的品种有虫胶腻子、油性腻子、猪血腻子、聚氨酯腻子等。将调配好的腻子填嵌在木制品种表面的裂缝、钉孔和节疤等处,腻子的颜色与底色颜色应基本一致。腻子与底色的配合比见表 7.10。

腻子在填嵌前应将缝隙内的杂物清除干净,并将木材表面的灰尘去除。用刮刀将腻子填入孔缝内,并用力压实,使腻子填满孔隙并略凸起,待腻子干燥后,用砂纸包住长方形木块顺木纹方向进行打磨,磨平后把孔缝周围的腻子痕迹磨除即可。

(3) 刷底色。按颜色要求选好所需底色。底色的品种按使用液体不同分为:水底色、油底色和水油混合底色三种。

水底色是用水和老粉、着色颜料或染料调制而成的糊状物,适用于针片树材和阔叶树材的木制品表面油漆的着色。

油底色是用光油和老粉、着色颜料调配而成的糊状物,主要用于软质木材(如杉木、椴木、泡桐木等)表面的油漆着色。

水和油混合底色是用水、石膏粉、着色颜料和少量光油调配而成的膏状物,适用于木眼多而大的木材表面进行不透明油漆的涂饰。

施工时用棉纱头或旧布、油刷蘸上水底色或油底色刷涂在木制品表面上,在底色未干前用软质棉纱头或旧布揩擦。先圈擦和横着木纹方向擦,使底色均匀着色在基面上,并使底色充分填充到木材的毛孔点,然后顺着木纹方向将多余的底色抹净。底色干燥后,用干净的纱头彻底擦去多余的底色,并用刮刀将留在线脚、边角处的底色清除干净。

(4) 拼色。底色涂刷后,木制品的表面由于木材对底色的吸收程度不同会出现颜色深浅不一的现象。为使木制品表面的颜色深浅一致。可采用拼色的方法进行修整。

拼色时应待底色干后,在浅色部位处刷涂第二遍底色,使该处的颜色加深,这样,整个大面上的颜色深浅基本一致。拼色的部位干燥后,可用旧的水砂纸轻轻打磨,将拼色的痕迹磨去,达到平整光滑。再刷涂一道底漆,使拼色更加均匀一致。

表 7.10　透明油漆涂饰中的腻子与底色的配合比(重量比)　　单位:/g

序号	材料	老粉	黄泥粉	中铬黄	铁红	铁黑	黄钠粉	黑钠粉	酸性橙黄	黑烟	墨汁	虫胶漆	光油	水	酒精	底色颜色
1	底色	400	100											250		原木色
	腻子	40	10									4	3.3		适量	
2	底色		500		1									250		浅黄色
	腻子		50		0.1							4	3.3		适量	
3	底色	250	250		0.15									250		
	腻子	25	25		0.015							4	3.3		适量	
4	底色	400	92		2						2			250		
	腻子	40	9.2		0.2							4	3.3		适量	
5	底色	380	380	13	4		1							380		黄色
	腻子	38	38	1.3	0.4		0.1					6.3	5.2		适量	
6	底色	300	201	10	16						6			265		
	腻子	30	20	1	1.6							4	3.3		适量	
7	底色	250	250		0.3									250		浅茶色
	腻子	25	25		0.03							4	3.3		适量	
8	底色	300	225		15									270		茶色
	腻子	30	22		1.5							4	3.2		适量	
9	底色	480		22	64		9.6		6.4		64			320		荔枝核色
	腻子	48		2.2	6.4		0.96		0.64			5	4.3		适量	
10	底色	200	320		160		48	16			168			154		栗壳色
	腻子	20	32		16		4.8	1.6		1		6	5		适量	
11	底色	540		2	4	12								280		蟹青色
	腻子	54		0.2	0.4	1.2						4.5	3.7		适量	

(5) 刷底漆。为防止木材中的内含物质和底色着色物质渗透出来,在刷涂底色后,必须刷涂能起隔离面漆的封闭底漆。底漆的品种有虫胶漆底漆、聚氨酯漆底漆和复合色浆底漆。虫胶漆底漆与聚氨酯漆底漆的施工方法相同:按要求调配好底漆,用排毛蘸适量底漆,顺木纹方向来回刷涂,每次刷涂应从中间位置落笔,从两端起笔,两次下笔刚好与前笔迹接合,不要重叠,落笔重,起笔轻。复合色浆底漆的调配和刷涂方法应按使用说明书的要求进行。

(6) 刷涂面漆。面漆应根据具体的种类进行调配和刷涂,现列举几种常用的油漆品种来论述透明漆饰面的面漆施工。

①硝基清漆。硝基清漆的粘度较大,施工时需进行稀释。采用喷涂时,硝基清漆与天那水

的比例为1:1.5,刷涂时为1:1~1.5,揩涂时为1:1~2。配制时,将硝基清漆和天那水倒入陶瓷或搪瓷容器中,用木棍充分搅拌均匀即可。采用刷涂方法施工时,先用排笔蘸上配好的硝基清漆,涂饰时每笔的涂饰量不宜过多,每笔的长短尽可能一致。不要过多地来回刷涂。待漆膜干燥后,用零号木砂纸打磨,然后刷涂第二遍硝基清漆。采用揩涂方法施工时,用棉花团蘸透硝基清漆后,在基面上不断进行揩擦。揩擦时一般先圈擦,再分段擦,最后直擦。操作时用力应均匀,移动路线要连续,中途不能停顿,也不能固定在一小块地方揩擦次数过多。揩擦第一遍、第二遍和第三遍时硝基清漆与天那水的比例分别是1:1、1:1.5、和1:2。揩擦时还应待前一遍涂料干燥并打磨后方可进行下遍涂料的施工。当空气湿度大于75%时,不宜刷涂硝基清漆,否则会出现漆膜发白的质量问题。

②聚氨酯清漆。聚氨酯清漆在涂饰时,应保证施工场所干净,表面干燥且平整。将聚氨酯清漆按产品说明书要求配制后静置15~30 min再使用。聚氨酯清漆的涂饰方法与硝基清漆相同,刷涂工具用油漆刷子进行刷涂。施工时应自上而下,从左到右,先刷边角线条,后刷大面部分。刷漆时,刷子不宜在中途起落,以免留下刷痕,相邻两道涂膜的搭接宽度不宜过大,也不能过小。面层漆应涂刷二遍以上,且每遍漆膜应干燥打磨后,再刷涂下一道油漆。

③聚酯清漆。不饱和聚酯漆属隔氧型,它在空气中不能固化成膜,须隔绝空气后才能固化成膜。其施工方法有蜡液封闭法和薄膜封闭法。蜡液封闭法是在调制不饱和聚酯漆时加入石蜡溶夜,用排笔将不饱和聚酯漆刷涂在木制品上,石蜡浮在漆膜的表面形成一层很薄的膜蜡,使不饱和聚酯漆的涂层与空气隔离。待漆膜固化后,用木砂纸打磨,将浮在漆膜表面的蜡膜擦去,再对漆膜进行抛光处理,即可得到光亮如镜的膜层。薄膜封闭法是将不含蜡液的聚酯清漆刷在木制品上后,用塑料薄膜或玻璃纸进行覆盖。使不饱和聚酯涂层与空气隔绝,待漆膜干后再揭下覆盖层即可。

(7) 抛光、修整。抛光前应用木砂纸(360~500号)和肥皂水顺着木纹方向打磨,将漆膜上的排笔毛、刷毛和灰尘等磨去,打磨时应防止把漆膜磨穿露底。磨好后,用干毛巾将肥皂水抹干。再将上光蜡涂在木制品上,3~5 min后,用洁净柔软的纱头顺着木纹方向用力来回揩擦,进行抛光作业。

修整就是在露底的部位处进行补色、涂饰油漆、打磨和抛光。

2.不透明油漆涂饰

不透明油漆涂饰不能显露木材的色泽、纹理,但它能遮盖木材表面的节疤、孔隙等缺陷,并可按设计要求涂饰出各种色彩。

不透明油漆的常用品种有调和漆、硝基磁漆、手扫漆、酚醛磁漆和醇酸磁漆。色泽在调配时颜色的比例多者为主色,比例少者为次色、副色。使用时应把次色、副色加入到主色内,混合搅拌均匀,调色的油漆必须使用同类油漆。在大面积施工前,应先做小样,按小样的实际情况确定各种色漆的配合比。表7.11是木材表面涂饰溶剂性混色涂料的主要工序。

表 7.11　木材表面涂饰溶剂性混色涂料的主要工序

项次	工序名称	普通涂料	中级涂料	高级涂料
1	清扫、起钉子、除油污	+	+	+
2	去树脂、修补平整	+	+	+
3	磨砂纸	+	+	+
4	结疤处点漆片	+	+	+
5	干性油或带色干性油打底	+	+	+
6	局部刮腻子、磨光	+	+	+
7	腻子处涂干性油	+		
8	第一遍满批腻子		+	+
9	磨光		+	+
10	第二遍满批腻子			+
11	磨光			+
12	刷底层涂料		+	+
13	第一遍涂料	+	+	+
14	复补腻子	+	+	+
15	磨光	+	+	+
16	湿布擦净		+	+
17	第二遍涂料	+	+	+
18	磨光（高级涂料用水砂纸）		+	+
19	湿布擦净		+	+
20	第三遍涂料		+	+

注：“+”表示应进行的工序

不透明油漆在涂饰前应首先对基层进行处理。在进行基层处理时，脱脂及去毛刺的方法与透明油漆的处理方法相同，不透明油漆涂饰的基层不需进行漂白处理。但不透明油漆涂饰前应在基层表面打底油（又称抄清油），清油的配合比为熟桐油∶松香水＝1∶2.5。底油能够渗入木材内部，起到防止木材受潮变形和防腐蚀的作用，并使批嵌的腻子和刷的铅油能与基层粘接牢固。刷清油的顺序为：先上后下、先难后易、先左后右。

不透明油漆的涂饰补腻子时一般无颜色要求，嵌填方法及要求与透明油漆饰面相同。清油干燥后即可进行腻子的批嵌。腻子批嵌两遍并打磨。打磨平面时，砂纸要紧压在基面上，不要让砂纸在手中来回滑动；线脚处应用砂纸角打磨，或将砂纸折起用砂纸边部打磨，不能用全张砂纸打磨。打磨结束后将基面清扫干净。

腻子打磨后先刷底层涂料，然后再刷铅油。铅油涂饰的方向应顺着木纹方向，线脚处不能刷得过厚，以免产生皱纹。铅油干燥后用 1 号砂纸或旧砂纸轻轻打磨，打磨时应避免将铅油膜层磨穿，打磨后清扫基层。

复补腻子及打磨。对基面中存在的细微缺陷须补嵌腻子，并补刷铅油。

面层油漆的涂饰分为三种情况：普通混色涂料、中级混色涂料和高级混色涂料。

面层涂料采用普通混色涂料（主要是调和漆）时常用旧漆刷子。调和漆的涂饰方法与嵌油的涂饰方法相同,但调和漆的粘度较大,刷涂时应多刷多理,膜层应不显刷纹。面层涂料采用中级混色涂料(如无光漆)时,应待调和漆干燥后,用旧的 1 号木砂纸打磨一遍,打磨后再刷无光漆一遍。面层使用高级混色涂料(如各色聚氨酯磁漆)时,在刷底层涂料时需涂饰一遍聚氨酯磁漆,待其干燥后再打磨。复补聚氨酯腻子并打磨,再刷第二遍聚氨酯磁漆并打磨。以此方法涂饰和打磨第三遍、第四遍和第五遍聚氨酯磁漆,直至最终完成聚氨酯磁漆的刷亮工艺。使用硝基磁漆涂饰时,先用排笔蘸上配好的漆液(硝基磁漆:香蕉水等于 1:1.2~2)在基面上平行地布上 2~3 遍,等漆膜干燥后再用棉布蘸漆擦涂。先圈擦后横擦,最后用硝基磁漆:香蕉水等于 1:2 的漆液横拉 1~2 遍即可。

表 7.12　金属表面涂饰的主要工序

项次	工序名称	普通涂料	中级涂料	高级涂料
1	除锈、清扫、磨砂纸	+	+	+
2	刷涂防锈涂料	+	+	+
3	局部刮腻子	+	+	+
4	磨光	+	+	+
5	第一遍满刮腻子		+	+
6	磨光		+	+
7	第二遍满刮腻子			+
8	磨光			+
9	第一遍涂料	+	+	+
10	复补腻子		+	+
11	磨光		+	+
12	第二遍涂料	+	+	+
13	磨光		+	+
14	湿布擦净		+	+
15	第三遍涂料		+	+
16	磨光(用水砂纸)			+
17	湿布擦净			+
18	第四遍涂料			+

注:1. 薄钢板屋面、檐沟、水落管、泛水等刷涂涂料可不刮腻子。刷涂防锈涂料的遍数不得少于两遍。
2. 高级涂料做磨退时,应用醇酸树脂涂料刷涂,并根据厚度增加 1~3 遍涂料和磨退、打砂蜡、打油蜡、擦亮等工序。
3. 金属构件和半成品安装前,应检查防锈涂料有无损坏,损坏处应补刷。
4. 钢结构刷涂涂料应符合《钢结构工程施工及验收规范》

三　金属制品油漆

金属制品油漆主要指在钢材表面的油漆操作。

表 7.12 是金属表面涂饰的施工工艺流程。

金属制品油漆前应先进行表面处理,其内容有:去毛刺、焊渣、清除油污、除锈。去毛刺和烽渣可用锉刀去除,再用砂纸打磨,最后用汽油或松香水清洗干净。

表面处理后,在表面刷涂 1~2 道防锈底漆,刷涂厚度要均匀。常用的防锈涂料有红丹防锈漆、铁红防锈漆等。刷防锈漆时,金属表面一定要干燥,涂刷要满刷、刷匀。

防锈漆干燥后,用石膏油性腻子填补制品表面的凹陷、擦伤及焊接处凹凸不平的地方。腻子调配时先把适量的颜料(如红丹粉)和少许溶剂搅拌均匀,加入涂料、溶剂和石膏粉,搅拌均匀后加入催干剂,再搅拌均匀即可使用。腻子干燥后应用木砂纸打磨平滑,再用干净的毛巾或棉纱头将制品表面的灰尘清除干净。

腻子打磨后刷磷化底漆,磷化底漆的配合比为磷化液:底漆 = 1:4(重量比)。磷化液也可单独使用。干燥一天以后用清水冲洗或用毛板刷除表面的磷化剩余残余物。然后再刷厚漆,厚漆的涂刷方法与防锈涂料的涂刷方法相同。最后刷面层调和漆即可

第三节　涂饰工程的质量验收和通病的防治方法

一　涂饰工程的质量验收

涂饰工程的质量验收内容主要是外观质量验收。

1. 各分项工程的检验批应按如下方法划分:

(1) 室外涂饰工程每一栋楼的同类涂料涂饰的墙面每 500 ~ 1 000 m^2 应划分为一个检验批,不足 500 m^2 也应划分为一个检验批。

(2) 室内涂饰工程同类涂料涂饰的墙面每 50 间(大面积房间和走廊按涂饰面积 30 m^2 为一间)应划分一个检验批,不足 50 间也应划分为一个检验批。

2. 检查数量

(1) 室外涂饰工程每 100 m^2 应至少检查一处,每处不得小于 10 m^2。

(2) 室内涂饰工程每个检验批应至少抽查 10%,并不得少于 3 间;不足 3 间时应全数检查。

3. 材料检验

涂饰工程所选用的材料品种、型号和性能应符合设计要求。

4. 外观质量

(1) 涂膜表面无掉粉、起皮、反碱、咬色、流挂、疙瘩、桔皮、发笑、龟裂等现象。

(2) 基体表面不得有漏涂处,门窗、灯具、电气开关等部位处应洁净,无涂料沾在上面。

(3) 涂膜的颜色应均匀一致,当膜层表面有图案色彩要求时,图案的轮廓线条应清晰,颜色和图案应符合设计要求,套色漏花的图案不得位移。

(4) 透明油漆涂饰后,基本表面的纹理、质感应能很好地显露出来,漆膜内的颜色应均匀一致,不得有深浅不一的现象,补色处应观察不明显。

(5) 不同颜色的装饰线条应粗细一致,横平竖直。

(6) 美术涂饰工程应涂饰均匀、粘结牢固,不得漏涂、透底、起皮、掉粉和反锈。表面的套色、花纹和图案应符合设计要求。

(7) 涂饰工程中薄涂料、厚涂料、复层涂料、色漆和清漆的涂饰质量和检验方法见表 7.13 ~ 7.17 的规定。

表 7.13　薄涂料的涂饰质量和检验方法

项次	项　目	普通涂饰	高级涂饰	检验方法
1	颜色	均匀一致	均匀一致	观察
2	泛碱、咬色	允许少量轻微	不允许	
3	流坠、疙瘩	允许少量轻微	不允许	
4	砂眼、刷纹	允许少量轻微砂眼，刷纹通顺	无砂眼、无刷纹	
5	装饰线、分色线直线度允许偏差/mm	2	1	拉 5 m 线，不足 5 m 拉通线，用钢直尺检查

表 7.14　厚涂料的涂饰质量和检验方法

项次	项　目	普通涂饰	高级涂饰	检验方法
1	颜色	均匀一致	均匀一致	观察
2	泛碱、咬色	允许少量轻微	不允许	
3	点状分布	—	疏密均匀	

表 7.15　复层涂料的涂饰质量和检验方法

项次	项　目	普通涂饰	高级涂饰	检验方法
1	颜色	均匀一致		观察
2	泛碱、咬色	不允许		
3	喷点疏密程度	均匀，不允许连片		

表 7.16　色漆的涂饰质量和检验方法

项次	项　目	普通涂饰	高级涂饰	检验方法
1	颜色	均匀一致	均匀一致	观察
2	光泽、光滑	光泽基本均匀光滑无挡手感	光泽均匀一致光滑	观察、手摸检查
3	刷纹	刷纹通顺	无刷纹	观察
4	裹棱、流坠、皱皮	明显处不允许	不允许	观察
5	装饰线、分色线直线度允许偏差/mm	2	1	拉 5 m 线，不足 5 m 拉通线，用钢直尺检查

表 7.17　清漆的涂饰质量和检验方法

项次	项　目	普通涂饰	高级涂饰	检验方法
1	颜色	基本一致	均匀一致	观察
2	木纹	棕眼刮平、木纹清楚	棕眼刮平、木纹清楚	观察
3	光泽、光滑	光泽基本均匀光滑无挡手感	光泽均匀一致光滑	观察、手摸检查
4	刷纹	无刷纹	无刷纹	观察
5	裹棱、流坠、皱皮	明显处不允许	不允许	观察

二　涂饰工程的常见质量问题和防治措施

1. 基面引起的缺陷

(1) 毛刺。在基面处理时没有清除干净的毛刺被涂上油漆后会膨胀翘起，使木材表面粗糙不平。去除毛刺时，可用虫胶：酒精等于 1:5 的虫胶清漆涂刷在木材表面，使木毛竖起，干燥后变硬发脆，再用砂纸顺木纹方向打磨即可除去。

(2) 刨痕、鼓泡、离缝。这类缺陷在油漆前应请有经验的木工师傅进行精心修整，修整后方可进行油漆的施工。

2. 油漆过程产生的缺陷

(1) 浑浊。浑浊是透明漆膜下面的木材表面纹理特征，由于漆膜中含有一些杂物而显得不清楚。其原因主要是由于施工时，在稀释剂或清漆中混入了水和杂质，或是溶剂选择不当，或是着色工艺不正确。为防止浑浊现象的发生，施工现场要保持干净和适当的湿度。调制油漆时应使用配套的溶剂，用量适中，施工时按涂饰顺序进行。

(2) 起粒。起粒是指在漆膜表面有颗粒状杂物存在。主要是由于在油漆中混入了杂物颗粒而造成的。施工时要保证现场清洁，减少空气中灰尘，油漆容器中无漆皮和颗粒杂质；漆刷和喷枪等操作工具应保持干净，油漆中所含的成分颗粒不能太粗。

(3) 流挂。流挂是指在重力作用下，垂直面涂饰时涂料产生流淌现象，从而使漆膜厚薄不均。其原因可能是：油漆粒度太低、施工环境温度较高、喷嘴的喷距太近等。涂刷时应少蘸油、勤蘸油，涂饰要均匀，多理顺；施工现场的环境温度在 20℃左右；喷涂前要掌握好喷枪的喷距、喷涂量等。

(4) 纹路。漆膜表面出现一条条高低不平的痕迹称为纹路。纹路产生的原因主要是涂料的粘度太大，流平性差；或刷涂油漆时没有将涂料展开。施工操作时应用稀释剂稀释粘度大的涂料，使粘度适当，漆刷在涂刷时用力均匀，顺着一个方向刷，不要来回刷。

(5) 咬底。底层漆膜被面层漆破坏凸起，没有凸起处的附着力很差，这种现象称为“咬底”。主要原因是：涂料不配套，底漆干燥不够。各层油漆之间应注意按产品说明书的要求配套使用，应待前一道涂料干燥打磨后再进行后一道油漆的涂饰。

(6) 渗色。渗色是由于面层漆溶解底层漆后，底层漆的颜色渗透到了面漆上，从而沾污了面漆的原来颜色。可采用在底层漆上涂刷一层虫胶漆用作隔离的方法施工。

3. 干燥时产生的缺陷

(1) 慢干和返粘。慢干是指油漆涂饰后超过了规定的固化时间后仍未完全干燥，返粘是指油漆固化后仍然粘手的现象。其原因可能是：底漆或氧化型腻子未完全干透就涂刷第二道漆，使溶剂不能挥发，底层得不到干燥，木制品表面有酸碱性污物从漆膜内向外渗透，引起漆膜发粘；漆料内的松香过多。施工时可采取加入催干剂，促进漆膜干燥，刷漆时应待前一道油漆干燥后再进行后道漆的涂饰；木制品表面的污物应清除干净，油漆中的松香掺加量应适当。

(2) 针孔。针孔是存在于漆膜内的针状小孔。主要是由于底层溶剂挥发过快，使涂料在固化时来不及补足空档而形成的。操作时应将基面处理干净，填平孔眼，按照工艺规程进行涂饰。涂料在施涂时应搅拌充分，使空气充分逸出，不得过多使用低沸点的溶剂。

(3) 发花。发花是指复色漆的漆膜固化后，漆膜的颜色分布不均匀。施工时应用配套的涂料和稀释剂，涂料应调均或过滤后使用，涂刷工具保持干净。

(4) 桔皮。桔皮是指涂层干燥后表面呈现许多半圆状的突起,像桔皮样的波纹。产生桔皮的原因有:涂刷时溶剂挥发太快,施工工艺不当等。操作时应采用较多的稀释剂(最好加入适量的高沸点溶剂);控制好喷涂的压力和喷距。

(5) 发笑。漆膜干结后收缩凝聚成斑斑点点的笑脸状,这一现象称为“发笑”。发笑产生的原因可能是漆膜太光滑;基层表面有污物;涂料搅拌不充分。施工时应用肥皂水和木砂纸打磨,使太光滑的漆膜变得粗糙些,以利于增加漆膜间的附着力;被涂物表面的污物应清理干净;涂料在调配时应搅拌充分。

(6) 龟裂。龟裂是指漆膜干燥后产生开裂,呈现龟背纹的现象。其产生的原因是:底漆与面漆不配套,致使两层漆膜间的伸缩力不一致,产生开裂;漆膜受温度、光照等因素影响引起漆膜内部的应力变化,当内部收缩力超过一定限度时,发生龟裂;涂料配方不当也会造成漆膜龟裂。在施工时要注意底漆与面漆的配套性,使用性能好的油漆,严格按产品的配方要求调配涂料。

复习思考题

1. 涂料选用时应遵循哪些原则?
2. 涂饰工程施工前如何对木基层进行处理?
3. 涂料的配套性是指什么?
4. 涂饰工程的施工方法有哪些?如何进行操作?
5. 如何进行木制品的透明涂饰施工?
6. 怎样进行金属材料表面的涂饰?
7. 涂饰工程的验收应从哪些方面来考虑?
8. 涂饰工程中的常见质量问题有哪些?如何防治?

第八章　裱糊与软包工程

裱糊与软包工程是指将软质装饰材料用胶粘剂粘贴或用压边条固定到平整基体上的施工操作项目。裱糊与软包工程的施工方法简捷，效率高，饰面材料更换方便，装饰效果好。常见的裱糊材料有墙纸、墙布、波音软片和及时贴等，软包常用的材料有皮革、人造革和锦缎等。

第一节　概述

一　裱糊与软包工程的有关要求

(1) 裱糊与软包工程的基层表面的平整度、立面垂直度和阴阳角方正等项目的质量应符合一般抹灰工程中的相应标准。

(2) 对遮盖力较低的饰面材料，基层表面的颜色应一致。裱糊与软包工程对基层的含水率规定是：混凝土和砂浆抹灰基层不得大于8%，木材基层不得大于12%。

(3) 在湿度较大的房间和常有水湿润的基体上裱糊时，应采用防水性能较好的饰面材料和胶粘剂等。基层表面妨碍施工的突出设备或五金配件应事先卸下。基层表面铁钉的钉帽应打入基层内部，并在钉帽上涂防锈涂料，钉眼用油性腻子进行填平。

(4) 裱糊与软包工程基层上涂抹的腻子应紧实牢固，不得粉化、起皮和开裂。腻子的粘结强度应符合《建筑室内用腻子》(JG/T3049)N型的规定。

(5) 裱糊与软包工程的饰面材料与所用的胶粘剂应配套使用，防止胶粘剂与饰面材料发生不良化学反应，影响饰面材料的正常使用和装饰效果。胶粘剂还应具有防霉、耐久等性能。

(6) 有吸水变形作用的饰面材料在裁切前，应预先浸水或湿水，待其晾干后方可裁切铺贴。

(7) 裱糊与软包工程中饰面材料以及内衬材料的种类、规格、图案、颜色和燃烧性能等级必须符合设计要求和国家现行标准的有关规定。

二　裱糊与软包工程中的基层处理

基层处理后应密实牢固，表面平整光洁，不疏松起皮，不掉粉，无砂粒、孔洞、麻点和飞刺，基层保持干燥，含水率应满足有关规定。

1. 基层处理使用的腻子

基层表面填平时常用乳胶腻子和油性腻子，其配合比如下：

1) 乳胶腻子

(1) 白乳胶：滑石粉：羧甲基纤维素(2%溶液) = 1∶10∶2.5

(2) 白乳胶：石膏粉：羧甲基纤维素(2%溶液) = 1∶6∶0.6

2) 油性腻子

(1) 石膏粉∶熟桐油∶清漆(酚醛)= 10∶1∶2

(2) 老粉∶熟桐油∶松节油 = 10∶2∶1

2. 基层处理的方法

(1) 混凝土及抹灰基层。混凝土和抹灰基层在批刮腻子前应先涂刷抗碱性较好的封闭底漆。然后在清洁的基层上刮腻子,用胶皮刮板刮腻子时要一板靠一板,两板中间顺一板,使刮出的腻子密实,不得有明显的接槎和凹凸痕迹。凹处要厚刮,凸处要薄刮,基面上的气孔、麻点、凹凸不平的地方应填刮平整,空隙裂缝处应剔凿重做,并用腻子填实。腻子干固后,打磨砂纸并扫净,而后再视基层表面的凹凸程度决定满刮腻子的遍数。

基层表面应达到平整光滑、线角通畅顺直、无裂痕和无砂眼麻点的质量要求。明装管道的背面和踢脚线等部位的处理应仔细到位。

(2) 木质基层。木质基层板的接缝、钉眼等应用腻子补平并满刮油性腻子一遍,待腻子干后用砂纸磨平。大面先用腻子找平,而后再用石膏腻子找平,腻子的厚度应减半。待石膏腻子达到五至六成干时,用刮板压光,最后用干净的软布将腻子表面的浮粒抹去。

木质基层板的表面铺贴金属墙纸时,其基层处理的方法与木质家具的打底方法相同,所抹嵌的腻子遍数不低于三遍,在找补第二遍腻子时采用猪血腻子(配合比为 10∶3)。批抹最后一遍腻子时应打磨,光滑后再用软布擦净。

(3) 石膏板基层。纸面石膏板在接缝和螺钉的位置处用腻子批嵌。板的接缝处批嵌的腻子干燥后,用砂纸磨平,将贴缝纸带用胶粘贴在接缝处,以防板缝开裂。最后批刮腻子,批刮时先顺平大面然后再找平。

无纸面石膏板的板缝用上述方法处理后,再用腻子满刮一遍,找平大面,待腻子干燥后,再用腻子对不密实处进行修整,最后用砂纸磨平大面。

(4) 旧墙基层。旧墙体的表面如有脱灰、孔洞等缺陷,应用相同的砂浆进行修补。然后用腻子将麻点、凹坑、接缝和裂缝等处的缺陷进行修补,直至填平。如果墙体表面有油渍等污迹,应将其清除干净。最后再用腻子进行大面找平。

对有防水要求或在潮湿场所处,应对基体作防潮处理。防潮底漆可用酚醛清漆与汽油或松节油等调配,其配比为酚醛清漆∶汽油(或松节油)= 1∶3。涂刷防潮底漆时应均匀一致,不宜过厚。

(5) 不同材质的基层接缝处理。不同基层材料的交接处,如胶合板与石膏板、抹灰面与石膏板的交接处均应粘贴接缝纸带。

(6) 基层的防潮。为了防止墙纸和墙布受潮脱落,在基层的表面一般刷或喷一层防潮底漆。防潮底漆用酚醛清漆和汽油或松节油调配,配合比为清漆∶汽油(或松节油)= 1∶3。防潮底漆喷涂或刷涂时应均匀,一遍成活,不得有漏刷或漏喷。

第二节　裱糊与软包工程的施工

一　施工准备

1. 施工作业条件

(1) 基层处理后的质量标准应符合规范的要求。

(2) 施工现场的环境温度不应低于 10℃，施工过程和干燥前应防止穿堂风。

(3) 样板间应经业主认可后方能大面积展开施工。

2. 材料准备

(1) 墙纸、墙布、软包饰面材料及衬底材料的品种、花色、色泽等应根据业主、设计单位的要求确定，先选定样品，然后再按照选定的样品购置材料。

(2) 结合基层和饰面材料的材质准备好相应的腻子和胶粘剂的品种。

3. 施工工具的准备

裱糊与软包工程中使用的工具有裁纸刀、裁纸台、水盆或水槽、不锈钢直尺、剪刀、刮板、羊毛辊、注射器、粉线袋、排笔、板刷等。

二　弹线放样

1. 裱糊面

在室内的每一面墙上都必须弹出一条垂直和水平基准线。垂直和水平基准线是裱糊墙纸或墙布的依据，能够保证裱糊材料施工时做到横平竖直。

垂直基准线一般以门窗的竖向边为参照标准；无门窗的竖向边线参照时，垂直基准线则定在比墙纸或墙布幅宽短 50 ~ 80 mm 的墙角处，不能以阴角线为垂直基准线。量出基体的尺寸，并在基体上按墙纸或墙布的规格进行预排。预排时应使阴角处的墙纸或墙布保证有足够的搭接长度，而阳角处的墙纸或墙布应包角，裁切墙纸或墙布时要留出足够的搭接余量。

垂直基准线用铅垂线挂出，并用粉线袋弹出基准线的位置，弹出的基准线不能过粗，以免影响墙纸或墙布的外观质量。水平基准线则用拉水平线的方法标出。

2. 软包面

软包饰面由于是在木基层板上装饰的，所以施工前应先在基体上制作木基层板。木基层板制作放样时，在基体上先定出软包饰面的造型尺寸和形状，然后再用吊锤、透明塑料软管等测量工具确定出软包饰面的厚度、高度和固定基层板龙骨用的木楔位置。

三　饰面材料的准备

裱糊饰面材料如果遇水发生湿胀变形时，应事先作浸水或润水处理。一般地，纸基塑料墙纸和金属墙纸应作浸水处理；而复合墙纸、织物墙纸、墙布及植绒墙纸则作润水处理。润水时可用吸水后的海绵在此类贴面材料的背面擦上几遍，待其晾干后使用。波音软片和及时贴等饰面材料无需浸水或润水。

锦缎在施工前应用宣纸衬底。衬底处理时，先在锦缎的背面均匀涂刷配合比为面粉:防水涂料:水 = 5:40:20 的浆液,然后用水打湿宣纸,再将锦缎平整地裱贴在宣纸上,晾干后备用。

所有的饰面材料应根据弹线测量后的基体尺寸进行裁切,裁实时应充分考虑饰面材料的接缝拼花要求和搭接余量的要求。施工时量出踢脚板至墙顶的高度,按照裱糊饰面材料的两端各留出 30 ~ 50 mm 的裁剪余量,将墙纸或墙布裁切好。对于有图案的裱糊材料应做好对花拼接工序,材料裁切后按顺序编号。裁好的材料要卷起平放,不得立放。

软包材料采用卷边固定时须留出卷边的尺寸,卷边尺寸为 50 ~ 80 mm;采用压条固定时,饰面材料的尺寸与造型的实际装饰尺寸基本一致。

四　裱糊和软包饰面施工

1. 墙纸或墙布的裱糊

在裱糊的基体表面涂刷胶粘剂,刷胶的宽度大于饰面材料幅宽约 30 mm,涂刷时要均匀。在裱糊材料的背面刷胶,以提高饰面材料的初始粘结力,但墙布及壁毡的背面不刷胶,以免污染正面。

裱糊墙纸或墙布时,先贴垂直面后贴水平面,先贴细部后贴大面。裱糊的顺序为先上后下、先高后低。裱糊时应使墙纸的长边对准基体上弹出的垂直准线,用刮板或胶辊将墙纸面墙布找平压实。饰面材料与基体间应该密实,不能有气泡存在。如果饰面材料与基体之间有气泡存在且难以将其赶尽时,可用针刺破气泡,再用针筒将胶粘剂打入空隙内并压平。裱贴好的墙纸或墙布的竖向边应保证垂直,不得有歪斜现象。

相邻饰面材料的接缝处若无拼花要求时,可在接缝处使两幅材料重叠 20 mm,再用钢直尺压在搭接宽度的中部,并用裁纸刀沿钢直尺进行裁切。裁切时应避免重割,尽量一下切到头,然后将裁切后多余的部分揭去,如图 8.1 所示。如果饰面材料在接缝处有拼花要求时,应采取两幅材料的花纹重叠搭接后,再用与前面接缝处理相同的方法,沿搭接宽度的中部裁切,即可得到完整的对花接缝,如图 8.2 所示。裁切后的接缝用刮板刮平,使接缝连接平顺。

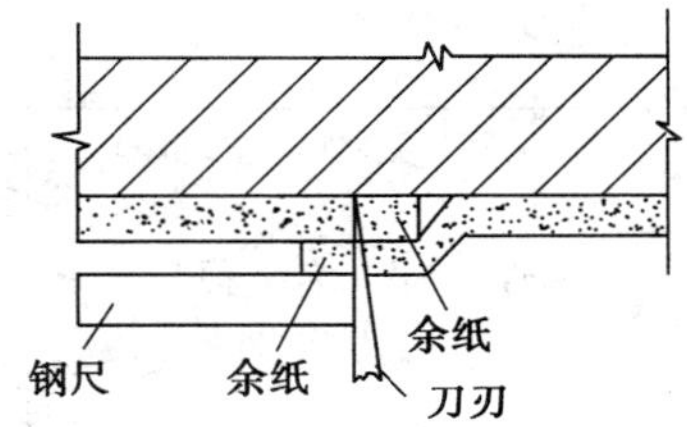

图 8.1　裱糊材料的接缝裁切示意图

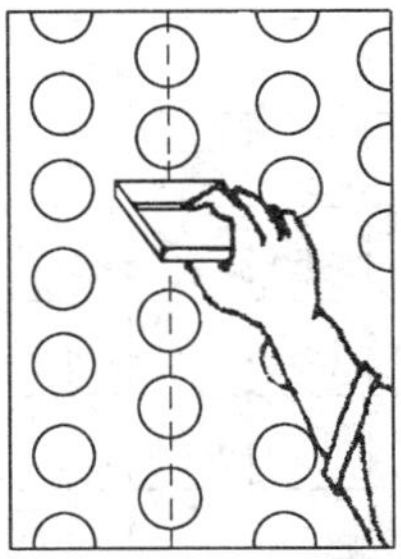
图 8.2　裱糊材料的拼花接缝处理

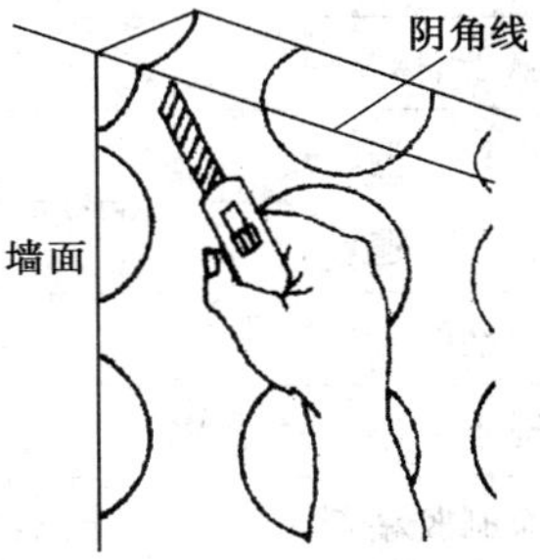

图 8.3　阴角处裱糊材料的裁切

墙面顶部的阴角处或踢脚线上口的材料裱糊时,应沿顶部阴角线或踢脚上口将多余部分的材料裁去,如图 8.3 所示。裱糊材料在墙柱面的阳角或阴角处不能在角线上有对接缝,应使材料绕过阴阳角后进行搭接，搭接宽度不宜过长，一般不超过 20 mm。阳角处的裱糊材料如果有搭接缝时，宜将搭接缝设在侧面，即正面的裱糊材料在侧面处将被搭接的材料贴在下面；而阴角部位的裱糊材料也应保证大面上的材料贴在转角或小面材料的外面，如图 8.4 所示。

墙纸或墙布的裱糊时，如遇到墙面有突出的物品，应沿物品的四周裁切，并将与物品四周相交的墙纸或墙布压实，使其与物品的接缝平顺，如图 8.5 所示。

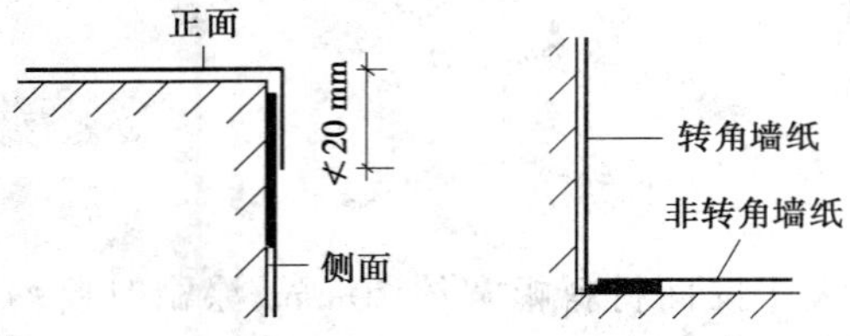

(a) 阳角　　(b) 阴角

图 8.4　裱糊材料转角处的处理

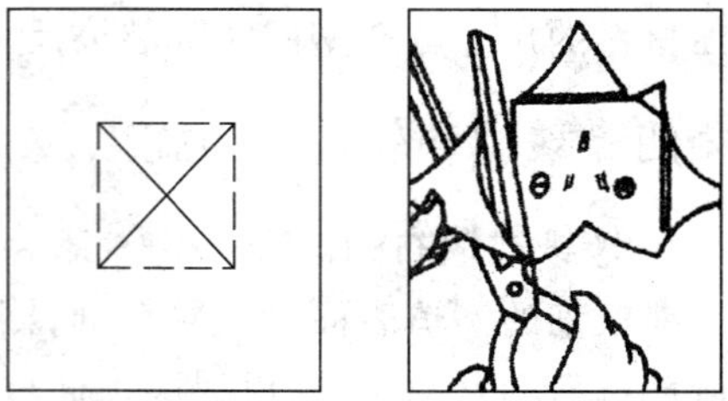

图 8.5　突出物品处裱糊材料的裁切

顶棚处墙纸或墙布的裱糊方法与墙面处的方法相似，但由于顶棚的施工是仰视作业，因而在施工时要使墙纸或墙布的边线与顶棚上的裱贴基准线相一致。

墙纸或墙布裱糊后，应用软布擦去表面的胶迹，保持饰面材料表面的清洁。在裱糊过程中和干燥前，应防止穿堂风劲吹和温度的突然变化。

各种不同的裱糊饰面材料的施工工序见表 8.1 所示。

表 8.1　裱糊的主要工序

项次	工序名称	抹灰、混凝土面				石膏板面				木质基面			
		复合墙纸	PVC墙纸	墙布	带背胶墙纸	复合墙纸	PVC墙纸	墙布	带背胶墙纸	复合墙纸	PVC墙纸	墙布	带背胶墙纸
1	清扫基层、填补缝隙磨砂纸	+	+	+	+	+	+	+	+	+	+	+	+
2	接缝处贴接缝带					+	+	+	+	+	+	+	+
3	找补腻子、磨砂纸					+	+	+	+	+	+	+	+
4	满刮腻子、抹平	+	+	+	+								
5	涂刷涂料一遍									+	+	+	+
6	涂刷底胶一遍	+	+	+	+	+	+	+	+				
7	墙面划准线	+	+	+	+	+	+	+	+	+	+	+	+
8	墙纸浸水润温		+		+		+		+		+		+
9	墙纸涂刷胶粘剂	+				+				+			
10	基层涂刷胶粘剂	+	+	+		+	+	+		+	+	+	
11	纸上墙、裱糊	+	+	+	+	+	+	+	+	+	+	+	+
12	拼缝、搭接、对花	+	+	+	+	+	+	+	+	+	+	+	+

续表 8.1

项次	工序名称	抹灰、混凝土面				石膏板面				木质基面			
		复合墙纸	PVC墙纸	墙布	带背胶墙纸	复合墙纸	PVC墙纸	墙布	带背胶墙纸	复合墙纸	PVC墙纸	墙布	带背胶墙纸
13	赶压胶粘剂、气泡	+	+	+	+	+	+	+	+	+	+	+	+
14	裁边		+				+				+		
15	擦净挤出胶液	+	+	+	+	+	+	+	+	+	+	+	+
16	清理修整	+	+	+	+	+	+	+	+	+	+	+	+

①表中“+”表示应进行的工序。

②不同材料的基层相接处应贴接缝带。

③混凝土表面的抹灰表面必要时可增加满刮腻子遍数。

④“裁边”工序,应在使用宽为 920 mm、1 000 mm、1 100 mm 等需重叠对花的 PVC 压延壁纸时进行。

应该注意的是:饰面材料在找平压实时,发泡墙纸、复合墙纸、植绒墙纸、金属墙纸等表面易刮伤的饰面材料,不能用塑料刮板等硬件刮平,只能用海绵或软布进行找平。

2. 波音软片和即时贴的裱贴

波音软片和即时贴的花饰品种繁多,抗拉强度较好,其背面常带有不干胶胶层,因而具有自粘性,铺贴时不需另外刷胶粘结。波音软片用于家具及墙面处的装饰,即时贴用于刻字或制作装饰图案。

由于波音软片和即时贴的厚度较薄,在施工时对基层的平整度要求较高,基层的硬度越高、越平整,则软片和即时贴的裱糊就越容易。波音软片和即时贴可裱糊在金属、胶合板、玻璃、石膏或平整的水泥砂浆基层上。在施工前,对基层的表面进行清洁,除去灰尘、油渍和砂粒等污物,在胶合板、石膏和水泥砂浆基层上还应刷涂清漆或虫胶漆等封闭层,待漆膜干燥后方可进行软片或即时贴的裱糊。

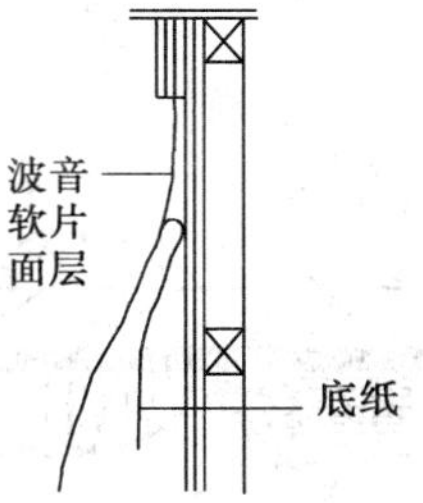

图 8.6　波音软片和及时贴的裱糊

裱贴波音软片和即时贴时,由于波音软片和及时贴材料的收缩变形程度较小,所以可根据饰面的大小尺寸直接将软片或即时贴裁好,再把其背面的保护底纸撕开约 50 mm 的宽度,将撕开部分对准饰面的位置后,粘贴在饰面基层的上沿口,并自上而下、自中间向两边地将软片或即时贴与基层之间的气泡赶尽。使用同样的方法一段一段地将波音软片或即时贴平整地贴在基层的表面(图 8.6)。由于软片或即时贴背面的不干胶极易与基体粘结起来,施工后很难调节平整,所以裱贴时切勿将底纸撕得过多,以免大面积裱贴材料粘贴在基体后产生大量难以赶尽的空气泡,使裱贴后的饰面表面不平整。

在圆角部位处的波音软片或即时贴的施工方法如下:

(1) 波音软片或即时贴的裁切尺寸应比基面的尺寸多出约 50 mm 左右。

(2) 将软片或即时贴贴完大面至圆角时,在基面的圆角处均匀地涂刷万能胶,再用电吹风在软片或即时贴的内侧加热,使之软化,电吹风与软片或即时贴间的距离应在 100 mm 以上。

(3) 软片或即时贴软化后,用手拉紧边角处的软片或即时贴,同时按压边角处,使软片或即时贴首先固定在边角处,然后再分别拉紧边角两侧的软片或即时贴,使其固定在边角的下面,如图 8.7 所示。

(4) 最后将软片或即时贴的多余部分用裁纸刀裁去。

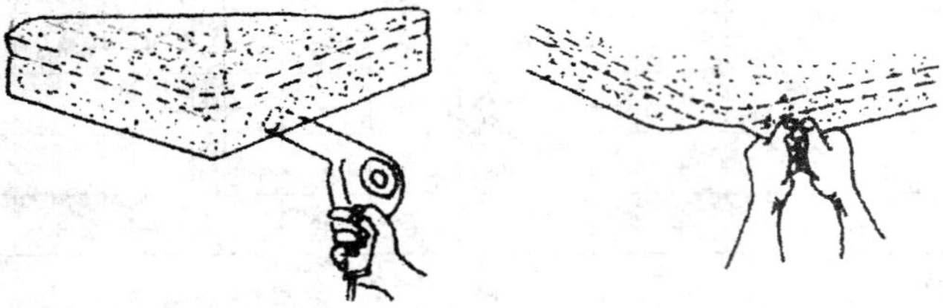

图 8.7　波音软片的边角裱糊

3. 软包的施工

软包是指在坚硬、平整的基板上,用海绵等软质吸音材料衬底,锦缎或皮革等作为饰面材料的一种施工工艺。软包主要用于有吸音要求的场所装饰。

软包一般是在平整的胶合板基层上进行施工的。施工前可按在墙面上制作墙裙的方法做好胶合板或木工板基层。胶合板或木工板的背面以及龙骨材料上均应涂刷防腐剂和防火剂。抹灰和混凝土墙面上应预先做防潮处理。

软包装饰时,先在基板的表面涂刷万能胶,然后将海绵等软质吸音材料裱贴到基板上。在海绵的表面弹出基板底部木龙骨的位置。

将绵缎或皮革拉紧,使其平铺在海绵上,再把装饰压条按设计要求的位置和间距用钉子钉在基板内的木龙骨上,钉子应没入装饰压条内。也可在木龙骨位置上按设计要求用带有装饰帽头的钉子将锦缎或皮革固定在海绵的表面,如图 8.8 所示。固定锦缎或皮革时,一定要拉紧,防止饰面完工后表面凹凸不平。

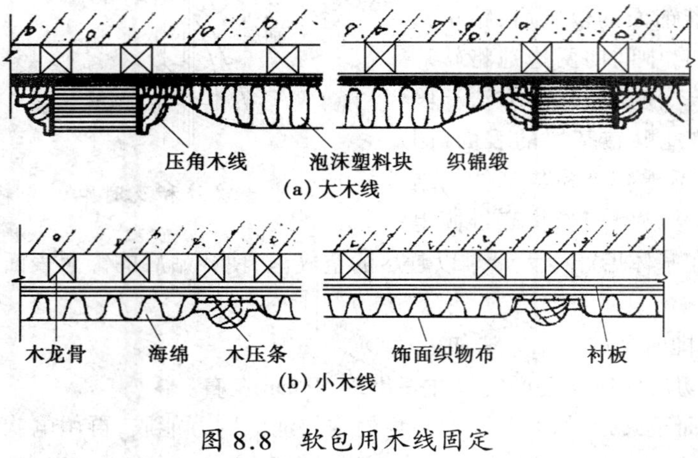

图 8.8　软包用木线固定

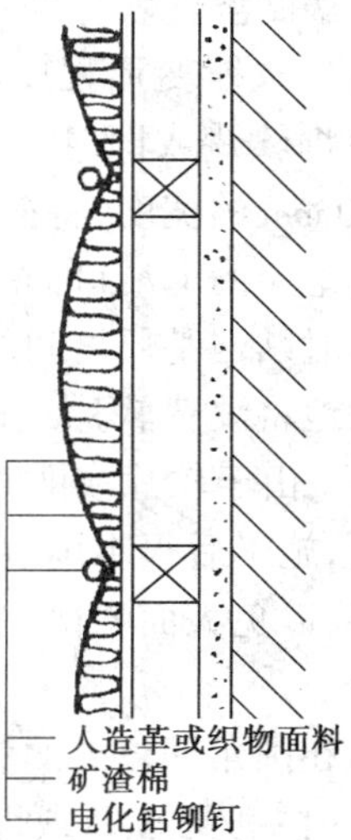

图 8.9　软包用装饰钉固定

第三节　裱糊与软包工程的质量问题和防治措施

1. 裱糊的质量问题和防治办法

裱糊的常见质量问题有：接缝明显、对花不齐、表面不平整、污迹、发霉、变色、裁边不整齐等。

造成裱糊接缝明显的原因是：裱糊材料接缝的裁切不平直，没有采取搭接裁切的方法；或者对于有花形图案的裱贴材料在接缝处没有注意图案的完整性。裱贴材料的接缝在施工时一定要采取搭接裁切的方法，具体见图 8.1 所示，裁切时应用锋利的裁纸刀和长的钢直尺，裁纸刀在移动时尽可能不产生停顿。有花形图案的材料在裱糊时，应保证接缝处图案的完整性。

裱糊材料表面不平整是由于基层本身不平，或者材料与基层之间产生空鼓、气泡等。施工时应对基层进行找平处理，基体表面有凹凸不平的地方应找平；裱糊过程中应尽量将裱糊材料找平压实，使之紧贴在基层上。如果裱糊材料的表面有鼓起的气泡或未粘贴密实的部位时，可用针头将裱糊材料刺穿，并用针筒将适量胶液注入裱糊材料与基体之间的空隙内，最后将多余的胶液从刺穿的针孔中赶出并擦净。

裱糊表面有污迹主要是施工过程中人为所致，例如操作者的手不干净、施工场所的灰尘较多、胶粘剂用量过多等。工人在裱糊时，操作者的手和裱糊工具应保证干净。裱糊作业应待其他的室内装饰项目基本结束后再进行，操作场所应清洁无灰尘。裱糊结束后应将室内的门窗关好，防止流动空气中的灰尘污染裱糊材料。裱糊材料的胶粘剂的用量应适量，既不能太少，也不能太多。胶粘剂用量太少会使材料与基体之间的粘结力得不到保证，用量太多会造成胶液从裱贴材料中溢出，增加与空气中灰尘的接触机会。

裱糊饰面发霉可能是基层内的含水量比较大，容易造成霉菌滋生；再者是胶粘剂中没有防菌剂。基层内含水量比较大时，应待水分充分挥发后再施工，或者在基层上做封闭层，将基层与裱糊材料之间隔离。对于防霉要求比较高的场所应用防霉型胶粘剂粘贴。

阳光过多地照射在裱糊材料上时会造成材料表面变色；胶粘剂与裱糊材料的品种不配套，胶粘剂中的化学成分与裱贴材料中的化学成分发生化学反应也会造成裱糊材料表面变色。涂料施工时应防止涂料涂刷在裱糊材料上。

2. 软包的质量问题和防治办法

软包的质量问题有：表面不平服、污染、压边不平直等。

软包表面不平服是由于用压条和钉子固定饰面材料时，没有将饰面材料拉平拉紧，以致软包表面出现皱褶、波纹等问题。施工时应先将饰面材料的一条边用压条固定，再在固定边的对面将饰面材料拉直拉平，然后将其余的三条边用压条和钉子分别固定。此外，衬底的填充材料本身（如海绵、矿棉等）的铺设也应平整饱满

施工过程中应避免用脚踩踏饰面材料，裱贴时注意不要让衬底的填充材料或胶粘剂污染材料表面。

铺钉压条前应先检查压条的平直度，确保压条固定后横平竖直。

3. 裱糊与软包工程的质量要求

1）检查数量

（1）同一品种的裱糊或软包工程每 50 间（大面积房间和走廊按施工面积 30 m^2 为一间）应

划分为一个检验批，不足50间也应划分为一个检验批。

(2) 裱糊工程每个检验批应至少抽查10%，并不得少于3间，不足3间时应全数检查。

(3) 软包工程每个检验批应至少抽查20%，并不得少于6间，不足6间时应全数检查。

2) 外观质量要求

(1) 墙纸、墙布的种类、规格、颜色、图案和燃烧等级必须符合设计要求和国家现行标准的有关规定。

(2) 基层处理的方法应符合有关规定的要求。

(3) 裱糊后的墙纸、墙布表面应平整，色泽一致，不得有波纹起伏、气泡、裂缝、皱褶及污斑，斜视时应无胶迹。

(4) 裱糊后各幅材料的拼接应横平竖直，拼接处花纹、图案应吻合，不离缝、不搭接、不显拼缝。

(5) 墙纸、墙布应粘贴牢固，不得有漏贴、补贴、脱层、空鼓和翘边。与各种装饰线、设备线盒应交接严密。

(6) 复合压花墙纸的压痕及发泡墙纸的发泡层应无损坏。

(7) 墙纸墙布的边缘应平直整齐，不得有纸毛、飞刺。墙纸墙布阴角处搭接应顺光，阳角处应无接缝。

(8) 软包面料、内衬材料及收边条的材质、颜色、图案、燃烧等级和木材的含水率应符合设计要求和国家现行标准的有关规定。

(9) 软包工程的安装位置及构造做法应符合设计要求。

(10) 软包工程的龙骨、衬板、边框应安装牢固，无翘曲，拼缝应平直。单块软包面料不应有接缝，四周应绷压严密。

(11) 软包表面应平整、洁净，无凹凸不平及皱褶，图案应清晰、无色差。整体应协调美观。

(12) 软包工程的安装允许偏差和检验方法见表8.2的规定。

表8.2　软包工程安装的允许偏差和检验方法

项 次	项　　目	允许偏差/mm	检 验 方 法
1	垂直度	3	用1 m垂直检测尺检查
2	边框宽度、高度	0; −2	用钢尺检查
3	对角线长度差	3	用钢尺检查
4	裁口、线条接缝高低差	1	用钢尺检查

复习思考题

1. 裱糊和软包工程对基层的含水率有什么规定？怎样对基层做防潮处理？
2. 裱糊工程中使用的腻子有哪些要求？常用的腻子有哪些？
3. 裱糊工程对木质基层和纸面石膏板基层如何处理？
4. 如何进行墙纸的裱糊？
5. 如何进行软包饰面的施工？
6. 裱糊工程中的常见质量问题有哪些？如何防治？
7. 怎样对裱糊工程和软包工程进行验收？

第九章　细部及门面装饰工程

细部装饰工程的内容有固定家具、抽屉、窗帘盒和窗帘的制作与安装。花饰工程是指各种混凝土花饰、金属花饰和竹木花饰的制作与安装。门面装饰工程则包括场所入口处的雨蓬、墙面、灯箱及橱窗等部位的装饰。

第一节　细部装饰工程

一　细部装饰工程的有关要求

(1) 细部装饰工程中使用的装饰材料的材质和规格、木材的燃烧性能等级和含水率、天然石材的放射性以及人造木板的甲醛含量等性能指标应符合设计要求和国家现行标准的有关规定。

(2) 细部装饰工程中各类装饰项目的造型、尺寸和构造作法等均应按照设计施工大样图的要求进行制作。

(3) 家具制作中的五金配件的品种、规格和数量应符合设计要求。

(4) 家具、窗帘盒、窗台板、门套板、护栏和花饰的安装等施工项目应保证骨架和板材安装的牢固性,不得有松动、变形等质量问题。

(5) 细部装饰工程的基层质量应经验收合格后方能进行细部装饰的施工,基层应按照设计要求进行处理。

(6) 预埋件的数量应符合设计要求,安装应牢固可靠。预埋件(除不锈钢材料外)应作坊腐处理。

二　固定家具的施工

固定家具是装饰工程中常见的配套设施,如服务台、吧台、银行柜台、收银台、酒水柜和衣柜等。这些固定家具一般与建筑物的墙面、楼地面等结构连成一个整体。

固定家具的结构形式有木结构、钢结构、玻璃结构,家具内往往又包含电气线路、照明灯具等设备,施工工艺比较复杂。固定家具由于形状尺寸变化较大,难以形成工厂化生产,所以目前主要以现场制作为主,现场施工者的制作工艺水平在很大程度上会影响固定家具的制作质量,必须严格按照设计和施工规范的有关要求进行制作。

1. 混合结构家具的制作

混合结构家具的骨架形式有木结构、玻璃结构、钢结构、砖结构和混凝土结构,饰面材料有石材、玻璃、木制板材等,装饰点缀的材料有不锈钢管、铜条和木线条等。

混合结构家具的结构之间,以及饰面材料与结构之间的连接方式有:石材与钢结构之间用不锈钢连接件固定;石材与木结构之间用高强度胶粘剂粘结;钢骨架与木骨架之间用螺钉、螺栓连接;木骨架与砖结构或混凝土结构之间用膨胀螺栓、钢钉或木楔加铁钉的连接方式;玻璃结构则用玻璃胶、玻璃钉等固定材料进行连接;不锈钢装饰条和铜条可用胶粘剂胶接或者木衬条固定。混合结构的家具与楼地面之间采用地脚和螺栓固定。

混合结构家具的施工工艺为:弹线放样→制作结构骨架→固定骨架→安装管线→饰面材料的固定→修边收口→清理。

弹线放样就是按照施工图纸的要求,将固定家具的位置、长度、宽度和高度等尺寸用墨斗线弹在建筑物的墙面和楼地面上。弹线工作结束后应复核放样尺寸,避免放样失误,减少施工尺寸误差。

钢骨架结构的制作材料主要为角钢。用焊接工艺将角钢连成图纸规定的框架,然后安装定位。钢架与墙地面之间采用膨胀螺栓直接固定,也可用预埋件焊接固定。钢骨架的安装应平整垂直,表面不得有扭曲现象。钢骨架的表面应刷两遍防锈漆。混凝土结构或砖砌结构应按照土建工程的有关要求施工。

混合结构家具的骨架安装后,再根据施工图纸的内容安装相应的电气管线,电线敷设时必须加设防护套管,以防漏电。灯具、插座及开关的位置应准确,安装后的插座和开关盒的外观形状不得有歪斜现象。

混合家具饰面材料的施工工艺应按照不同的饰面材料种类来确定,常用的施工方法有胶粘剂粘结、不锈钢连接件干挂、膨胀螺栓或螺钉固定连接。施工时宜按照先石材饰面,然后金属或玻璃饰面,再接着木制装饰,最后是软质材料饰面的顺序进行。

混合结构家具制作的最后工序是清理工作,即将家具表面的污物清理干净。清理时不得使用酸碱性较强的清洗剂或者易划伤饰面的研磨材料。

2. 橱柜的制作与安装

橱柜的主要制作材料是木质材料,包括木方龙骨、木工板、胶合板、密度板、防火板、玻璃和各种薄木贴面板等。制作橱柜框架时选用的木方应干燥,含水率应控制在12%以下,表面无腐朽、开裂和大节疤等缺陷。其他材料的质量应符合国家的有关规定和要求。

制作时先按照图纸尺寸裁切好板材和木方,木方龙骨的表面和板材的边缘应刨平刨光,木方骨架的连接应用榫头连接。板材与木龙骨的连接尽可能采用榫接形式,如果采用钉子连接时,应保证连接部位的牢固性和材料交接处的密实平整程度,固定用的钉子不得外露,也不得将板材表面钉裂。

将木方拼接组装后形成家具的框架,拼装时先装侧边框,后装底框和顶框,最后组合边框、底框和顶框。框架以榫接或钉接组装后应进行对角测量,并校正框架的垂直度和水平度。测量合格后再钉上木工板或密度板等衬板,最后在衬板上用胶粘剂或钉子固定面层板(如防火板、薄木贴面板)。

有些橱柜还可采用板式框架,即橱柜内没有木方骨架,家具内的构件全部为板件,如图9.1所示。板件的尺寸应精确、表面平整、不开裂变形,并能承受一定的荷载重量和满足各种连接件的安装要求。

图9.1 板式框架家具

板式橱柜组装时先从横向板与竖向侧面板开始,然后检查板的连接处的方正度。检查合格后再组装顶面板和底层板,最后安装背板与中间的隔板。

橱柜的门扇形式有外框架式、内框架式和厚板式，如图 9.2 所示。外框架式门扇制作时先组装门扇框，然后再安装实木面板，实木面板的位置一般在框架的中间。内框架式的门扇框架做好后，直接将薄木贴面板铺钉在门扇框架的外侧，框架的四周应用刨子刨平，再用薄木皮或实木线条封边。厚木板式门扇采用中密度纤维板、木工板或刨花板作为衬板，在衬板上覆贴薄木贴面板或防火板，门扇的周边再用贴面材料封边。

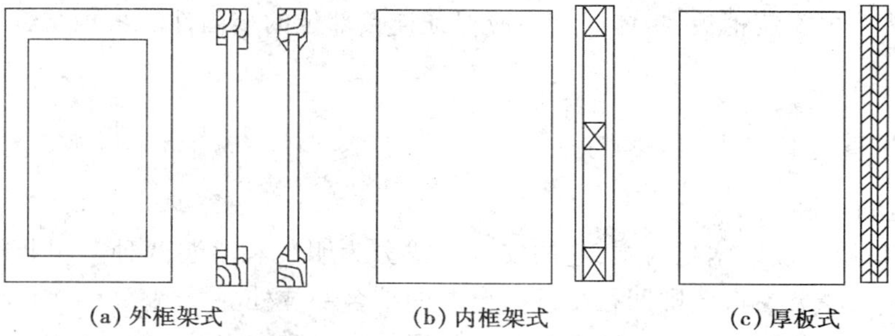

图 9.2　橱柜的门扇形式

橱柜内的空间可根据实际需要用隔板进行分隔。隔板的安装有固定式和活动式两种。固定式是用钉子和乳胶把隔板固定在橱柜的横挡木方上。活动式隔板一般用木工板制作，将隔板直接搁置在横挡上或者销钉上。固定式隔板的位置不能调整，而活动式隔板的位置可按照需要任意调整。

橱柜抽屉由面板、侧板、后板和底板组成。它的类型有平齐面板抽屉和盖板抽屉，如图 9.3 所示。

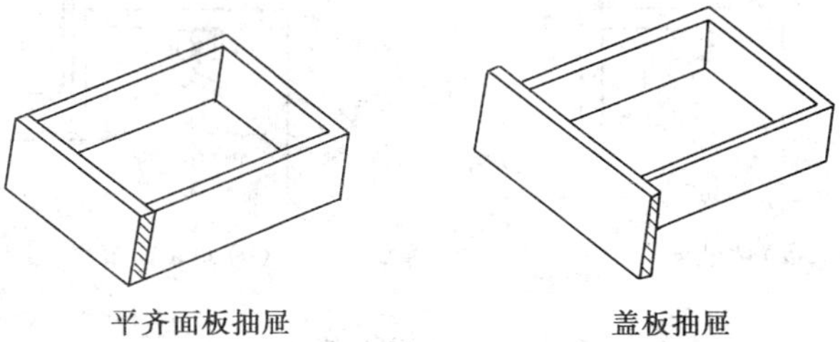

图 9.3　抽屉的形式

抽屉制作时，先将面板、侧板固定在一起，然后把底板从后板的位置处推入侧板的内侧下方开出的槽口中，最后再固定后板。面板、侧板和后板之间用燕尾榫或钉子连接。有时将面板、侧板和后板先固定后，再用钉子把底板固定在面板、侧板和后板的下端。

抽屉做好后即可进行滑道的安装工作。抽屉滑道有嵌槽式、滚轮滑道式和底托式。嵌槽式是在抽屉侧板的外侧开出通长的槽口，并在橱柜的抽屉位置上安装好木制的或铁制的滑道，将抽屉侧板上的槽口对准滑道的端头推入即可。滚轮滑道式是最常用的抽屉安装形式，安装时先在抽屉侧板外侧装好动轨，然后在橱柜的抽屉位置上安装定轨，再将动轨对准定轨推入即可。底托式滑道是最简单的一种。将滑道的木方条安装在抽屉的下方，抽屉侧板的底边涂上蜂蜡后，用烙铁将蜂蜡烤化，以便抽屉推拉灵活。

橱柜的制作部分还包括橱顶、脚架和柜板表面线条的铺钉。橱顶和柜板表面线条的装饰形式较多,施工时可根据施工图纸的造型要求确定。橱柜的脚架在安装时应保证脚架的牢固性和稳定性。

木制家具的形式除了普通的橱柜以外还有吊柜。吊柜的结构形式有与橱柜连成一体的,也有悬挑式的。如果吊柜与橱柜连成一体时,吊柜的制作和安装方法与橱柜相同。当吊柜采用悬挑式时,吊柜的柜体部分应固定在墙体结构上。施工时,将吊柜的骨架部分通过固定件固定在墙体上,然后再安装柜板,柜体固定后应保证连接部位的牢固性。吊柜与普通橱柜的制作方法相同。

三　窗帘盒与窗帘的安装

1. 窗帘盒的安装

窗帘盒的材质一般以木材为主,它的安装方式分为明装和暗装两种。明装的窗帘盒一般直接暴露在外面,暗装窗帘盒则凹在吊顶与窗洞的结合部位处。

明装窗帘盒在安装时,先将窗帘盒的具体位置用墨线弹在窗洞的上方,然后在窗帘盒的安装位置上用冲击电钻打孔,窗帘盒可用膨胀螺栓或者木螺钉进行固定。如果用膨胀螺栓固定时,先用木螺钉将L形铁制连接件的一端固定在窗帘盒上,再把连接件的另一端用膨胀螺栓固定在墙面上。用木螺钉固定时,将木楔打入冲击钻钻出的孔内,用木螺钉将L形连接件的一端固定在窗帘盒上,连接件的另一端仍然用木螺钉固定在木楔上,如图9.4a所示。有时还可用木方固定窗帘盒,施工时用钢钉将木方固定在窗帘盒的安装位置上,再用铁钉将窗帘盒固定在木方上。

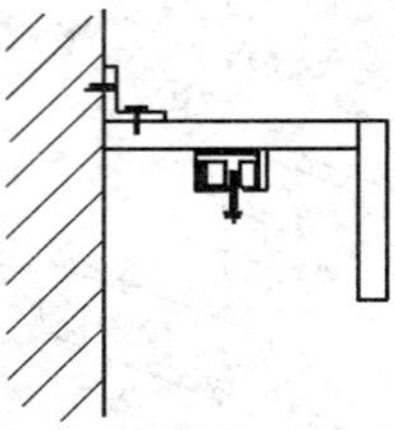
(a) 明装窗帘盒

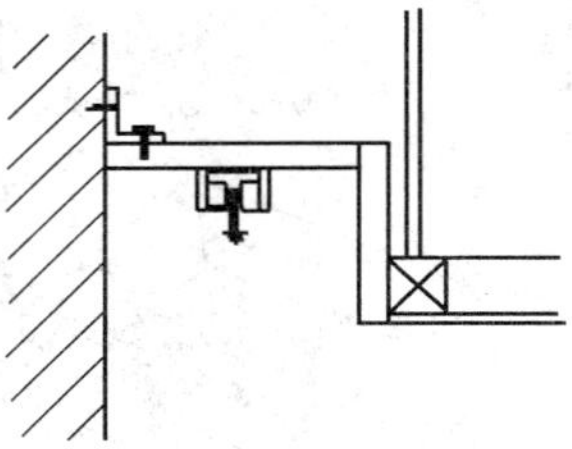
(b) 暗装窗帘盒

图9.4　窗帘盒的形式

暗装窗帘盒的施工与明装窗帘盒相似,用连接件将暗装窗帘盒的一端与墙体连接,另一端则与吊顶龙骨连接成一体,如图9.4b所示。

窗帘盒安装后应检查其位置和水平度是否符合要求,窗帘盒的安装应牢固可靠,不得有晃动现象。

2. 窗帘的安装

常见的窗帘有布艺窗帘和百叶窗帘,它的安装形式分明装式和暗装式。明装式的窗帘安装时不用窗帘盒,它的窗帘轨道直接露在外面;暗装式窗帘的轨道则安装在窗帘盒内,轨道在外面不能直接看见。

布艺窗帘使用的轨道有工字型、槽型和园杆型三种。工字型和槽型为铝合金,园杆型有木园杆、不锈钢园杆、钢管电镀园杆和铝合金园杆等。

工字型窗帘轨安装时，先将固定件套入工字窗帘轨上，每米窗帘轨安装三只固定件。固定件需要侧向安装在墙面上或窗帘盒上。如果固定件安装在墙面上，墙面上应打孔埋木楔，再用螺钉将固定件安装在木楔上，如图 9.5 所示。

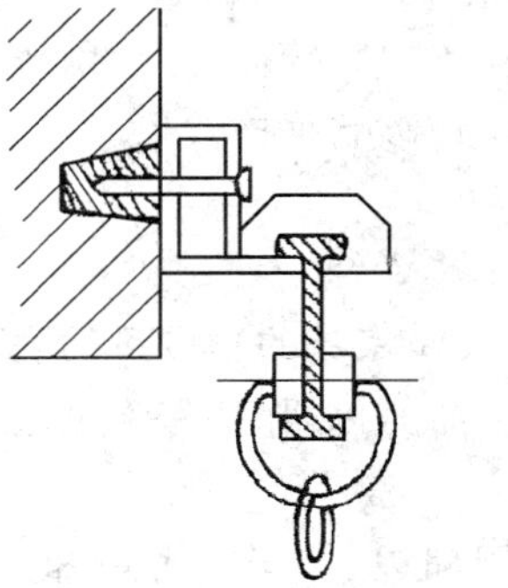

图 9.5　工字型窗帘轨安装示意图

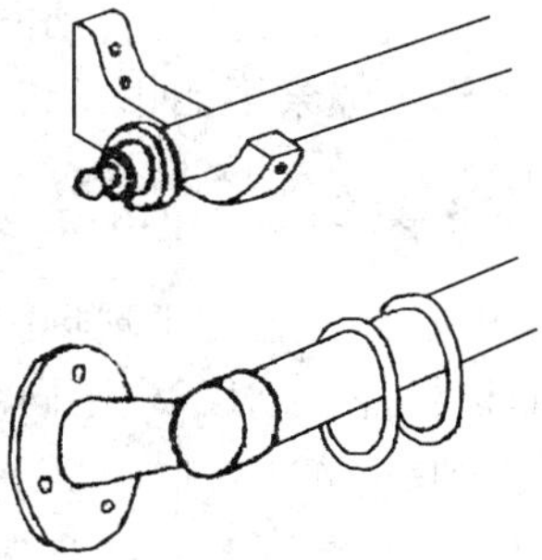

图 9.6　园杆型窗帘轨安装示意图

槽型窗帘轨在安装时，在轨道的底面上打出小孔，再用螺钉通过小孔将轨道固定在窗帘盒内的顶面上。

园杆型窗帘轨道是在园杆的两端进行固定的。轨道在固定前应先将窗帘挂环套入园杆内，园杆轨道的固定方法见图 9.6 所示。

布艺窗帘用吊钩与窗帘轨连接，吊钩有皱褶钩、带夹钩、针头钩和园头钩。安装时只需将钩子的一端勾挂在窗帘的上头，另一端则与轨道连接即可。

有些布艺窗帘在窗帘盒上还带有垂挂顶幔。垂挂顶幔一般固定在窗帘盒的顶面或侧立面上。安装垂挂顶幔时，先用带有钉子的小木条将顶幔固定在窗帘盒的顶面或侧面上，如图 9.7 所示。

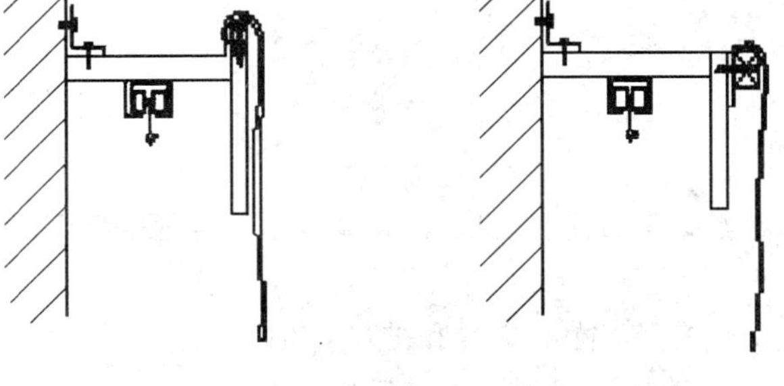

图 9.7　垂挂帷幔安装示意图

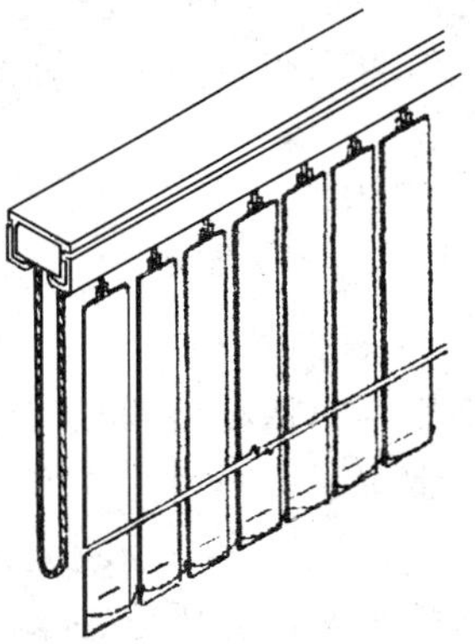

图 9.8　垂挂式百叶帘

百叶窗帘分为水平式和垂挂式两种，百叶窗帘一般安装在窗帘盒内。水平式百叶窗帘的百叶与轨道通常是组装在一起的，而垂挂式百叶窗帘的百叶与轨道则是分开的。水平式百叶窗帘的轨道安装比较简单，可直接用木螺钉将轨道固定在窗帘盒内。安装时应注意百叶的转动方向，保证百叶全部闭合后不得有透光现象，百叶的转向应灵活，轨道的安装应保证水平牢固。垂挂式百叶窗帘的轨道安装方法与水平式百叶窗帘的轨道相同，它的轨道安装后，对轨道上的挂钩应进行方向调整，以保证各条百叶帘的转动方向一致，因为每一条垂挂帘的上端都与窗帘轨上相应的吊钩连接，下端则互相连接，如图9.8所示。挂钩进行方向调整时，先用手扭动挂钩，使其转到一致的方向上，然后将百叶逐条吊挂在吊钩上，转动轨道拉绳检查百叶条的转动灵活程度。当百叶条的转动方向调整一致后，在百叶条的底端挂耳处，用链珠式绳线将其连接起来，链珠式绳索不能相互交叉，以免百叶条发生扭曲，影响垂挂效果。

四　木家具的收口

木家具的收口工艺对于现场制作的家具质量影响很大。家具的收口目的主要是遮盖面与面相交处的接缝，同时对各个不同部位的过渡部分进行装饰美化，弥补其不足之处。木制家具的收口有封边收口和过渡收口。

封边收口一般是在家具的直观边部上，如橱门板的四周边、抽屉的上边和左右边、搁板的前边和边框板的四周。收口材料有实木线条、金属条、塑料线条和薄木片等。实木线条可用胶粘剂或者气钉等固定。由于塑料线条的断面形状通常为T字形，所以在封口处的板侧面上先开出凹槽，然后在塑料线条和封口边上涂上胶粘剂，再把塑料线条压入凹槽内。金属条封边收口时，可用螺钉或胶粘剂固定，如果用螺钉固定时，应将螺钉放在不明显的部位。用薄木片封边时，封边处应表面平整、干净，薄木片宽度应与封边宽度相一致。在薄木片上涂上胶液，并将其贴放在封口边上，用干净的抹布擦净胶迹，再用熨斗压熨平整。待胶粘剂固化后切除多余的薄木和毛边。

过渡收口是指在两种饰面材料之间用线条来收口的一种做法，该做法能够遮盖由于加工粗糙所带来的缺陷，丰富家具表面的装饰造型效果，它分为平面收口和角位收口，如图9.9所示。过渡收口可用胶粘剂或者气钉将木线条固定在饰面板的表面。

图9.9　过渡收口形式

第二节　花饰装饰工程

花饰工程包括花格和花饰构件两部分。

花格常用于分隔室内和室外空间，能够增加环境的层次感，丰富室内视觉空间，起到导向人流的作用。花格常与隔断组合在一起使用。

花格的种类按材质分有水泥制品花格、金属花格、竹木花格和玻璃花格等。

花饰构件常用于门窗、墙面、顶棚等部位的装饰，可起到画龙点睛的作用，增加室内的装饰艺术气氛，提高室内外的装饰档次。

花饰构件按材质分有水泥花饰、金属花饰、石膏花饰、玻璃钢花饰等。

一　水泥花格

水泥花格中的花饰构件制品可按工厂生产的样品进行选择，也可在施工现场进行加工制作。构件制品的表面还可做成具有各种质感的饰面，如拉毛、水磨石、斩假石等。

水泥花格可用单一构件或多种构件拼装而成，但拼装高度不宜大于 3 m，也可在竖向混凝土板的中间安装各种花饰构件进行组合，如图 9.10 所示。

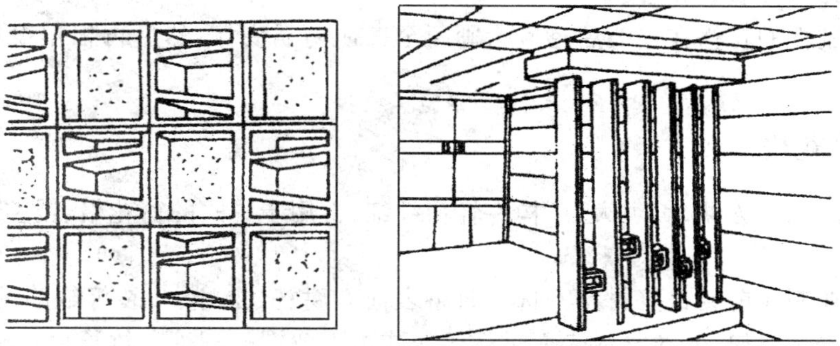

(a) 单一或多种构件　　(b) 竖向混凝土构件

图 9.10　水泥花格的形式

1. 单一或多种构件的拼装

施工前用线弹出花格的安装位置，根据花格和构件的形状尺寸进行预排。花格在预排时应考虑边缘处的构件不能出现非整块的问题，否则应对花格的整体尺寸和构件重新排布，直到满足要求为止，图 9.10 是两种用形状不同的构件排布的花格形式。

施工时应自下而上地将构件装配在一起，并保证构件之间能够有效地连接在一起。用 $\varphi6$ 的钢筋插入到构件的预留孔内，并用 1:2～2.5 的水泥砂浆铺抹在相邻两构件间的接缝处。安装构件时，应拉通线找平找直，使构件安装后的接缝平直、缝隙均匀、表面平整。

2. 竖向混凝土构件的拼装

在安装花格的墙地面上弹出固定位置线，再将构件竖起后找直对中，并在固定位置线上将构件与墙地面上的预埋件或预留孔连在一起。竖向构件固定后，在竖板之间安装花饰构件。花饰构件与竖板之间可采用焊、拧或插入预留孔的方法进行连接。焊接的花饰可在竖向板立完后再固定在竖向板上；采用插槽方法安装时，连接的花饰应与竖向板同时安装进行，不能先安装竖向板再安装花饰，否则花饰很难固定就位。

二　金属花格

金属花格一般是镂空的，花格上常常配上精美的花饰构件，能给人以轻盈精致的美感。金属花格的制作材料有铸铁、各种型钢（如方管、扁铁）、不锈钢、铝合金和铜合金等。

制作金属花格时，按设计要求选好所需的材料品种及相应的规格，再按图案的造型及尺寸进行放样和下料，放样时要保证花饰图案尺寸的精确度和材料之间的连接余量。不锈钢、铝合金和铜合金材料的表面应洁净，不能有明显的划伤痕迹，更不能有扭曲变形现象。同类材料表面的镀膜色泽应一致，膜层厚度应符合国家的规定要求。

将切割后的型材按放样的形状进行加工组装，当型材需进行弯圆加工时，应用专用机械弯圆，以使型材加工的外形美观精致。型材组装用电焊或螺钉等加工工艺连接，对不能焊接或难以焊接的型材应用螺钉连接、铆钉连接或榫头连接等冷加工连接工艺。焊接后应对焊缝进行打磨，将焊缝处的焊渣、不平整的地方打磨平滑。材料在连接加工时，不应对其表面的外观产生影响，如电焊火花对型材镀膜的烧伤等。

花格组装后应检查连接点是否牢固、花饰构件的图案是否与设计要求相符，焊缝应饱满平滑。最后将花饰构件安装就位。

普通型钢制作的花格在安装后还应涂刷两至三遍防锈底漆，然后再根据设计要求涂刷面漆。

三　竹木花格

竹木花格的制作方便、美观大方、构件轻巧纤细，常用于中式的窗花格、镂空隔断和博古架的装饰中。

竹木花格在制作前要选好材料。选材时将表面有腐朽、虫蛀、开裂等缺陷的材料剔除，竹子和原木还应去除枝杈，并对材料表面进行刻花或烟熏弯圆处理等。竹子和木材均应干燥，潮湿或含水率较大的材料不能用于制作花格，原木应做防腐处理。材料选好后，再按设计要求下料。

竹花格制作时先在竹子上开孔，孔的大小与连接的竹子或竹销的尺寸相适应。然后将竹子穿过孔洞或用竹销连接好，也可用小铁钉将竹子相互连在一起，如图 9.11 所示。最后再将做好的花格固定起来。竹花格固定时，先将竹子或木方制成的外框与墙地面及顶棚连接固定。固定后再将竹花格插入外框的内侧面上的固定孔中，固定时应将花格找直吊正，不得出现偏移歪斜。

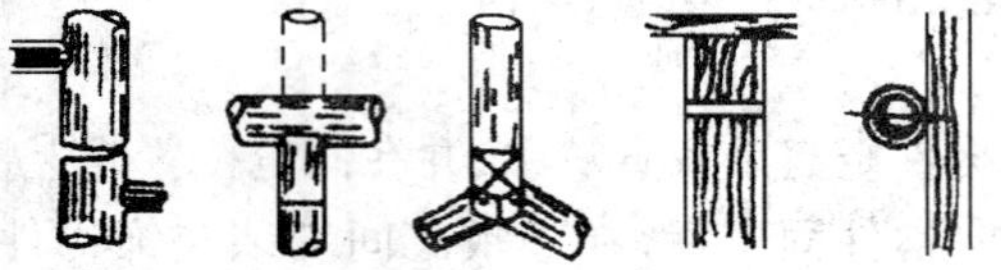

图 9.11　竹花格的连接形式

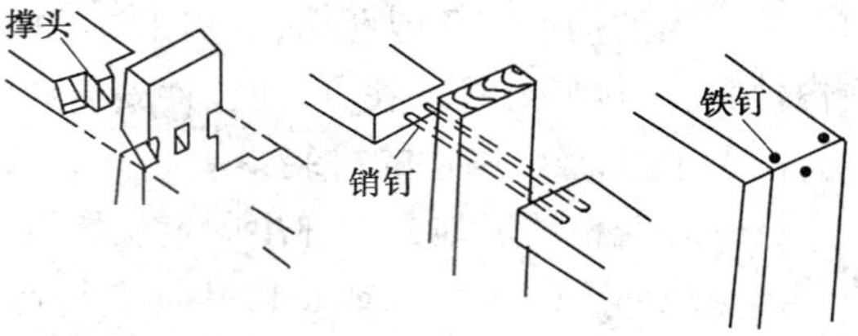

图 9.12　木花格的连接形式

木花格的木料之间可用榫接、销接和钉接的方法进行固定，固定后材料之间的接缝应严密，如 9.12 所示。木料表面的线型按设计要求在木线条机上进行加工制作。竖向条板上使用的木花饰构件应预先做好。

木花格在安装时采用装配式。先将竖向条板找直吊正固定，并把花饰构件安装在竖板的相应位置上，接着再安装相邻的一根竖板，依次类推直至全部装完。大面积的花格可采用先整体拼装后安装就位的方法。

竹木花格安装后，在材料构件的表面应打磨平整、批嵌腻子，最后涂刷油漆。

此外，花格中还有玻璃花格，这种花格的制作方法与玻璃隔断的施工方法相同。

四　石膏花饰的安装

由于石膏花饰的棱角分明、质地细腻、安装施工方便，因此这种材料品种在装饰工程中使用较多。石膏花饰的品种丰富、造型美观大方、可做成装饰线条、灯盘、墙面雕塑等装饰制品。

尽管石膏花饰的品种较多，但其施工方法基本一致。石膏花饰一般是直接固定在基层上的，因而施工前首先应做好基层，基层应有足够的强度。如果基层强度不高，则应对基层作加强处理。工程中常用木工板或胶合板作为基层材料。安装石膏花饰时，将气钉枪的枪口压在花饰表面，把钉子射入花饰内，并保证钉子与基层能够有效地连接，不能有虚钉现象，应使花饰紧密地贴在基层上。

花饰用钉子固定后还应对钉眼进行处理，具体方法是：用石膏调成较稠的浆液，然后将浆液批抹在钉眼、花饰与基层的接缝和花饰表面轻微的碰伤处，待浆液干后再用零号细砂纸磨平，最后在石膏花饰的表面用乳胶漆涂刷 2～3 遍。

第三节　门面装饰工程

门面的装饰效果对商家的企业形象起着非常重要的作用，它好似一个人的脸面一样，装饰效果好门面能起到吸引顾客的作用。门面工程在施工过程中涉及的方面较多，作业内容较细，因而具有一定的特殊性。在本节中不重复讲述以前章节中介绍过的施工方法，主要介绍门面装饰工程中一些特殊的施工作法。

一　灯箱

灯箱是门面装饰工程中最常见的一种装饰表现形式。按照灯箱中的灯具的安装位置不同，灯箱有内藏式照明灯箱和外装式照明灯箱两种。内藏式照明灯箱中的灯具暗藏在灯箱内，灯具发出的光线从灯箱的箱体内部发出来，并能将灯箱表面上的花形图案非常清楚地显露出来；外装式灯箱的灯具则固定在灯箱的上方或下方，它的光线是从灯箱的外部照射过来的。灯箱按外形不同又分箱体式灯箱和排架式灯箱。箱体式灯箱的外形近似于长方体或立方体，外形一般是密封的，但它的荷载重量较大；而排架式灯箱的自重较轻，受风荷载的影响较小，它的外形常常是透空的。无论何种灯箱，它们的基本制作方法相同。

灯箱制作时，首先应根据灯箱的外形和尺寸做好骨架部分。灯箱的骨架可用型钢、铝合金和木材等进行制作，但木材遭受风吹雨淋后容易腐朽，因而不宜用作室外灯箱的骨架材料。骨架的材料裁切后进行组装，不同的材质的骨架应用不同的连接方法，骨架组装后形成了灯箱的基本外形。此时应检查骨架的连接强度和稳定性。室外大型灯箱由于受风荷载的作用较大，应经专业人员计算设计后方可施工，以防发生结构上的安全事故。

钢骨架制作完成后，应对其表面进行防锈处理。若灯箱采用内藏式照明，应在骨架内按设计要求排灯布线，在灯具的支架上安装好灯座或灯脚。由于日光灯的光线柔和、明亮清晰、发热量较低，因而灯箱内的灯具主要使用此类灯具。如果灯箱是外装式照明，则应在灯箱的外侧面安装灯具的灯脚，外装式灯具的种类有霓虹灯、泛光灯、软管灯。无论哪一种灯具的安装形式，都要在灯箱上敷设电线管道，电线管道的敷设一定要防水、绝缘，电线管道敷设后再将灯具安装在灯座上，大型的箱体式灯箱上还应预留电气线路的检修孔洞。

灯箱的面板在安装时，应按设计要求在骨架上铺设面层。灯箱的面层材料有毛玻璃、雕花玻璃、柔性灯箱布、铝板、铝塑板、镀锌钢板等，有机玻璃由于性脆易损，受冷热作用的变形大，已很少在室外灯箱中使用了。内藏式灯箱的面板一般用毛玻璃、雕花玻璃、雕花玻璃镜、雕花毛玻璃、柔性灯箱布等；外装式灯箱的面板用铝板、铝塑板、镀锌钢板、彩色涂层钢板等。

灯箱表面用毛玻璃、雕花玻璃作为饰面材料时，宜用胶粘剂或玻璃钉进行固定，灯箱的周边用镜面或亚光不锈钢压条装饰。柔性灯箱布的周边用打孔机打好孔洞后，再用专用的塑料灯箱扣将其系挂在骨架上，系挂时必须将灯箱布的表面拉平拉直，保证其表面不得有皱褶、波纹现象。柔性灯箱布的表面可裱贴用即时贴、波音软片等刻出的文字图案，也可在灯箱布上直接打印出所需的装饰文字。柔性灯箱布是目前装饰工程中制作灯箱时用得最为广泛的一种材料。铝板或铝塑板施工时，应先在骨架上固定基层板，基层板用木工板或水泥压力板，室内用木工板或多层胶合板，室外用水泥压力板。基层板做好后，用高强胶将铝板或铝塑板固定在基层板上。镀锌薄钢板可用抽芯铝铆钉或平头自攻螺钉固定在骨架上。铝板、镀锌钢板的表面可用铜字、霓虹灯管、油漆等做出所需的装饰图案。

灯箱制作后应进行安装就位，大型灯箱必须用专用的起吊设备进行辅助安装。灯箱如果与墙体连接时，一定要按设计要求将灯箱骨架上的型钢骨架与墙体上的预埋件进行有效地连接，保证连接强度。外装式灯箱的灯管应待灯箱整体施工完成后再安装，以防施工时损坏灯管。

最后按施工图纸检查灯箱中的其他部位是否有遗漏的施工内容。

二　招牌字

招牌字是门面装饰工程的重要组成部分，招牌字按材质分有塑料字、陶瓷字、金属字等。塑料字主要以有机玻璃为制作材料，可采用现场制作安装的方法，陶瓷字和金属字通常在工厂加工后再到现场进行安装。

有机玻璃字在制作时，先选好字体，并放大至所需的实际尺寸。将放大的字体用复写纸拓印在有机玻璃板上，再用电动线锯沿字的放样轮廓线进行锯割，锯割后再用细齿锉刀将字边缘的毛边锉平，这种字是平面的，没有立体感。

当要做有立体感的有机玻璃字时，常用的方法有两种：一种是沿字的边缘用宽度等于字厚度的有机玻璃条，将其粘贴在已经做好的平面字的背面上，这样形成立体字；另一种方法就是将有一定厚度的泡沫板锯割成与平面字大小一样的外形，把锯好的泡沫字与原有机玻璃平面字粘贴在一起即可。前一种施工的具体方法是：先锯割宽度等于字厚的有机玻璃条，然后将有机玻璃条的毛边磨平，再将其浸入开水中，使之软化。用镊子将软化后的有机玻璃条从开水中取出后，迅速地沿字或图案的轮廓进行弯曲成型，成型后再用冷毛巾覆在有机玻璃条上，使其冷却定型。按照此法，分段将有机字或图案的外侧边加工完毕。在有机玻璃条的底端和有机字或图案的轮廓底面上分别涂上氯仿，将有机玻璃条的底端固定在有机字或图案的轮廓底面上，静置数分钟即可固定成型。后一种施工方法是：在厚度与字厚相等的泡沫塑料板上放出字样，并用电热丝进行切割，再将环氧树脂粘贴在平面有机玻璃字的背面上，将有机玻璃与泡沫塑料板的字形对好后粘贴在一起。

有机玻璃字的固定分平面字固定和立体字固定。平面字在固定时只需用胶粘剂将其直接粘贴到平整洁净的基层上即可。立体字的固定分两种情况，背面有泡沫塑料板衬底的有机玻璃字的安装方法比较简单：在基层表面字的安装位置上钉上几颗钉子，使钉子突出基层表面，钉子的外深长度比泡沫塑料的厚度小 1～5 mm 左右，再将有机玻璃字安设在预定位置上，使钉子穿入泡沫塑料板内，再将玻璃胶打在字与门面底面的缝隙上，如图 9.13 所示。当立体字是用有机玻璃条衬托时，可在有机玻璃条形成的空隙内粘贴形状大小不一的泡沫块，泡沫块的厚度比字侧面的有机玻璃条的宽度略小，再将泡沫块固定在基层表面的钉子上，方法与立体字的第一种施工方法相同，如图 9.14 所示。

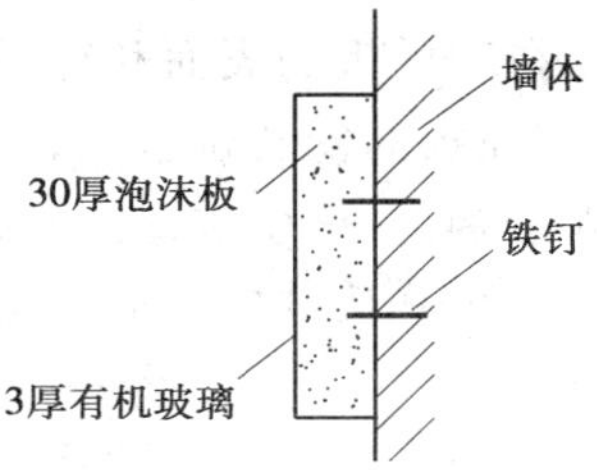

图 9.13　带背衬的有机玻璃字的固定

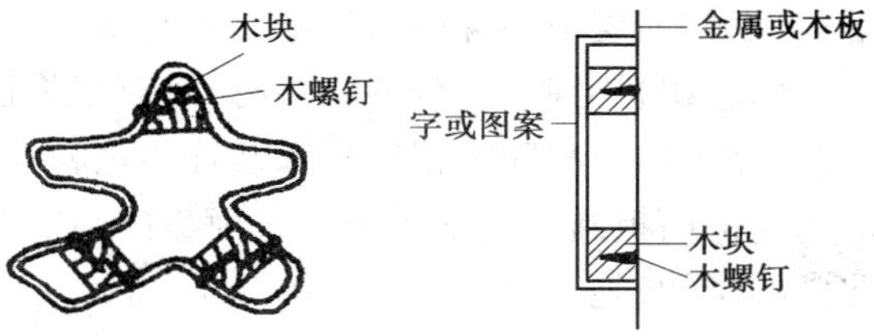

图 9.14　不带背衬的有机玻璃字的固定

陶瓷招牌字的背面一般在制作时都设置了预留孔，固定陶瓷招牌字时，只需在基体上设好销钉，将销钉穿入预留孔内并固定。

不锈钢字或铜字在安装时，可采用两种方法进行固定。一种方法是：将字放置在门面上的相应位置处，沿不锈钢或铜字与基体相交处的周边，用玻璃胶将两者粘结固定好。另一种方法是：将字放样在基体上，根据字体的大小和安装位置，在基体上镶贴防腐木块，木块的大小与字的厚度和镶嵌处的字的笔画大小适应，使字体的笔画部位能卡在木块上，具体方法与图 9.14 的左图相似。将字或图案套在固定在门面上的木块上，并卡紧牢固，如发现木块与字体之间有松动不紧现象时，可在字体笔画的上部用自功螺钉将字固定在木块上，但自攻螺钉应在不易察觉的地方。

三　门面基层的施工

门面装饰的基体表面可用各类装饰材料进行装饰，如花岗岩、玻璃镜、铝塑板、铝合金板、防火贴面板、镭射玻璃等。

花岗岩、玻璃镜、铝合金板等饰面材料的施工方法在前面各章节中已介绍了，本处只讲述防火装饰板、铝塑板和镭射玻璃的施工。这类饰面材料的品种虽然不同，但基本的施工艺相似。

1. 制作及安装骨架

根据饰面的造型及尺寸，按图纸要求进行裁料和焊接。用角钢或方钢组合成门面骨架后，将骨架固定在门面的建筑结构上，固定后应检查骨架的尺寸形状及连接质量是否符合要求，特别是骨架与建筑结构的连接点应保证可靠。骨架固定后，应将骨架上的锈迹去除，并用防锈漆涂刷 2～3 遍。

2. 安装基层板

由于店面工程大都设置在室外，因而基层板应具有一定的防潮性能，基层材料用水泥压力板时,应保证相邻压力板的板缝连接紧密;如用胶合板或木工板时,还须在板的背面涂刷防水涂料。基层板按形状尺寸裁切后,再用平头自攻螺钉、抽芯铝铆钉等固定在骨架上,螺钉的钉帽应没入板中,并用防锈涂料处理。

3. 面板的铺贴

将铝塑板、装饰防火板和镭射玻璃按设计要求进行裁切。铝塑板用电锯进行切割,装饰防火板用裁纸刀进行裁切,镭射玻璃用玻璃刀进行切割,但镭射玻璃如果经过钢化处理过了则不能切割,应按实际尺寸向厂家定制加工。

铝塑板和装饰防火板在铺贴前,可用手电钻在基层板上每隔一定的距离钻出 ϕ5 mm 左右的孔洞,以使面层板在铺贴时能赶尽它与基层板之间的气泡。在基层板的表面和饰面板的背面上分别涂刷强力胶,待胶液粘手时,用双手将面板轻轻压在饰面板的安装位置上,并压紧压实,直至完全粘接牢固。铝塑板和装饰防火板在施工时应两人配合,一人就位,另一人找平压实。这类饰面板施工时如不小心将面板的铺贴位置搞错后,再想将其从基层上揭开重新铺贴是非常困难的,施工时应一步到位。

镭射玻璃的固定可用玻璃胶和双面胶带粘结。用玻璃胶固定时,先在玻璃的背面打好玻璃胶,再把玻璃块紧贴在胶合板基层上,相邻玻璃块的对接边上也应涂胶。待第一排玻璃背面的玻璃胶凝结后再安装第二排镭射玻璃。采用双面胶带固定方法时,先在镭射玻璃的背面粘贴双面胶带,胶带的间隔距离为 100 ~ 150 mm,然后再将玻璃压贴在胶合板基层上。用胶带固定时也应一次定位,不可反复铺贴,因为胶带的初始粘结力很大,玻璃固定后很难揭下来。镭射玻璃安装的顺序应自下而上地进行。

4. 饰边

面板铺好后,按设计要求用不锈钢等材料进行压边处理。装饰的边角部分应平直牢固,接缝严密,表面洁净。

复习思考题

1. 混合结构的家具是怎样制作的?
2. 如何安装窗帘盒与窗帘?
3. 怎样在施工方面保证花格的侧向稳定性?
4. 金属花格的施工工序有哪些?
5. 灯箱安装时应注意哪些问题?
6. 如何进行门面装饰项目的施工?

第十章　建筑装饰施工机具

第一节　概述

随着装饰材料品种的不断更新和施工工艺水平的不断提高，传统的施工工具已不能满足现代装饰施工的要求了。为了保证施工质量、提高工作效率，装饰施工现场大量地使用各类性能独特的施工机具。这些施工机具的使用方便，操作灵活，施工质量和效率要高于传统的手工工具。

装饰施工机具的品种较多，按机具动力的来源不同可分为电力驱动、气压驱动和人力驱动等三大类。在施工现场以电力驱动和气压驱动的机具为主。

电力驱动和气压驱动的机具动力来源都是电力。电力驱动的电动工具是利用电机带动钻头、刀片等加工件对材料进行加工处理；气压驱动的气动工具是依靠空气压缩机产生的压缩空气对材料进行施工。无论是电力驱动还是气压驱动都必须以电力为动力源，因而在施工操作时必须注意用电安全。

一　电动机具的使用注意事项

电动机具在施工操作的过程中必须注意有关操作要点，保证电动机具和线路的绝缘性、接地装置的安全可靠性等。要做到正确和安全使用电动机具必须注意以下事项：

1. 选择合适的电源

电动机具在使用时对电源有明确的规定，从每一种电动机具的标牌上可以直接看出机具的有关参数值，如使用电源的种类(交流电或直流电)、电压、电流、功率、交流电的频率、最大电流、电机转速等。国内销售的国产或进口机具的电源电压一般为：单相 220 V，三相四线为 380 V；频率 50 Hz 或 50/60 Hz 通用。机具的转速和功率因各种机具的性能要求不同而不同，与所供电源关系不大，只与电源线及电器控制元件的容量有关。

作为提供动力的现场电源控制系统须做到：

(1) 总电源控制系统必须有过载保护装置。

(2) 配电盘必须达到规定的绝缘标准。

(3) 从总电源引出的接线板(盒)须有合格的漏电保护器。

(4) 进线电源的电闸箱或配电盘及接线板(盒)应使用合格产品，并有明显的用电标志和良好的安全防护。电闸箱或配电盘及接线板(盒)等安装后，应经检查验收合格才能使用。

2. 检查配置的电源

机具操作人员在使用机具前应检查所用电源是否符合本机具规定的电源要求，不符合时不得使用，也不得私自改动电源插头或插座。如需改动时，应请电工解决。

电动机具的标牌上如果是“□”形单绝缘符号时，则说明机具用 220 V 电压的电源时必须采用单项三线插头、插座，即一线为火线、一线为回路零线、一线为接地零线。当机具发生漏电故障时，接地零线可部分起到保护人生安全的作用。使用时不能将单绝缘保护机具的插头接地线去掉而插入两孔插座中，因为这种做法的后果是：当机具漏电时会发生伤人事故。机具的绝缘符号为“回”形则表示机具为双绝缘，当机具电机漏电时，不会直接漏至机具的外壳，同时还有一层绝缘保护，该种机具不易电伤操作者。双绝缘机具用的是单项两线插头插座接通电源。

3. 机具的漏电检查

机具接通电源时，最好用电笔检查机具外壳部位是否漏电，如发现漏电现象，则应请专业修理人员检查维修，切不可在不具备专业知识的前提下私自修理。电源线在现场使用时，应用橡胶护套线，不能用塑料护套线。移动机具时不能拖线移动，以免损坏电源线外的绝缘保护层，应将电源线缠绕好后随机一起移动。

4. 用电设备的使用条件

电动机具不能在湿度较大或有积水的场所作业和存放，以防电机受潮后发生漏电伤人事故。配电盘和接线板(盒)在室外作业时应有可靠的防雨遮挡装置。电动机具严禁在有易燃易爆物品的场所使用，因为电机在运行时有时会产生电火花。

5. 电动机具的维护保养

电机的碳刷要定期更换，电机工作时间过长发热时，应暂停作业，待电机冷却后再继续操作。

电动机具使用后应及时切断电源，操作者切勿在机具带电的情况下离开机具。

电动工具使用的刨刀、钻头、切割刀片等附件应与机具配套使用，并用固定件(如螺栓、夹头、夹片、销钉等)与电机的转轴连接牢固。

电动机具如果长时间不用时应清理干净，在转动部位处用机油封好。

6. 操作者自身的劳动保护

普通作业时不准带手套，留长发的操作人员应戴好帽子，将长发塞入帽内。进行焊接、切削等加工制作时应带好防护眼镜或防护面罩，避免伤及眼睛。身穿的工作制服应宽大厚实。

用手握住机具时应用力把握，双脚立稳，身体不能接触接地的金属体，以免触电。

二　气动机具的使用要点

气动机具是以压缩空气为能量传递介质的一种施工机具，它的使用必须以空气压缩机为动力源。气动机具的结构简单、体积小巧、操作方便且不易损坏。

气动机具在使用前应了解机具对气压的大小要求，并以此为标准来确定空气压缩机的种类。空气压缩机按体积大小分为大型、中型、小型和微型。大型空气压缩机一般用于集中供气的泵站，中型和小型压缩机则用于施工现场的移动式供气，微型空气压缩机可用于喷绘操作或为试验室提供少量的实验用气等。

在现场应根据每台空气压缩机能够同时供给的气动机具的数量及气压大小来决定空气压缩机的排气量和排气压力。空气压缩机在使用时，要保证压力罐内的压力低于设计压力而高于额定工作压力，不要因为有气压自动开关和安全阀的保护而忽略了储气罐内的气压变化情况，以防事故发生和压缩机工作不正常。

风动机具的种类有喷枪类、风动旋转类和风动冲击类，它们与空气压缩机一般用专用连接管连接。连接管能承受的压力必须高于空气压缩机能够提供的最大压力，连接管的表面不得有破损。与空气压缩机的接头处不得有漏气现象。

第二节　锤钻类电动机具

锤钻类电动机具的重量轻、效率高、使用灵活、移动方便、操作质量好,在装饰工程中的使用范围十分广泛。与机具配套使用的各类钻头、凿头能够完成多项施工任务。锤钻类电动机具的品种有:

一　手电钻

手电钻由电机、传动装置、开关、钻头、夹头、壳体、调节套筒和辅助把手组成。图 10.1 是手电钻常见的几种外形。手电钻是利用电机带动变速装置,使钻头旋转,从而完成各项操作任务。选用不同类型的钻头就能完成钻孔、打磨、抛光和拆装螺钉螺母等操作。手电钻可用于金属、塑料、木板、砖墙等材料表面的钻孔和扩孔。

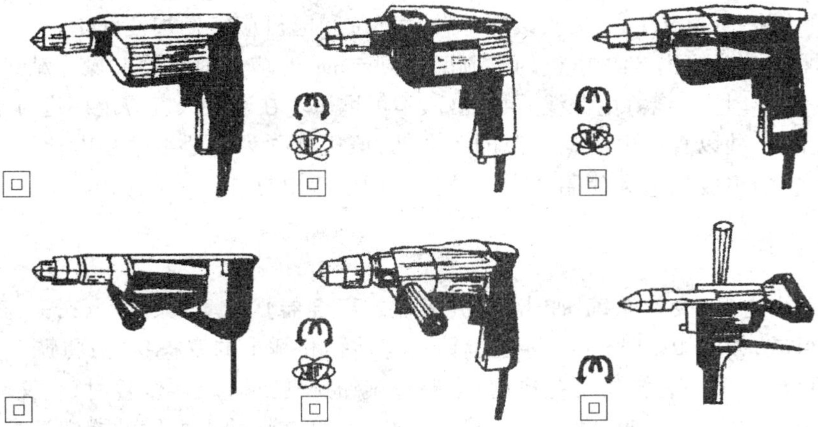

图 10.1　手电钻

手电钻的品种按功能不同分为:通用型(单向单速)、万能型(多速正反转)和角向钻。通用型手电钻主要用于各种材料(硬脆材料除外)的打眼、钻孔;万能型手电电钻在钻孔过程中可变速、变向,适合较厚钢板或复合材料的钻孔,在钻头被卡住时,可用反转将钻头取出,万能型手电钻还可拆装螺栓螺钉、扩孔和打磨;角向钻则用于工作空间较小,且其他电钻无法完成的直角钻孔。

手电钻选用时首先应满足工作内容的需要。一般以加工孔径 10 mm 为界限,10 mm 以下为小电钻,它的转速高、扭矩小,适用于薄软材料的加工;孔径 10 mm 以上的电钻功率大、转速低、扭矩大,适用于深孔或大孔以及拆装螺栓作业,这种手电钻作业时产生的扭矩较大,一般有辅助把手。

与手电钻相配套的钻头主要是外排屑式麻花钻头。麻花钻的品种按钻头的顶角和前角不同分为:通用钻、毛坯钻和薄板钻等;按钻头的紧固形状不同又分为六角钻和园杆钻。通用钻的顶部尖锐、排屑连接、钻孔准确、钻入力强,适合加工较厚较硬的各种材料;薄板钻的削刃部分为复合硬质合金，顶部除定位导向用中心尖点外，还有两个削刃尖。工作时中心尖点用于定位，两个削刃可先将加工部位的孔径划出，使得钻孔完成前就能直接观察到孔的大小和位置是否合适。薄板钻具有工作平稳、孔型美观、效率高的特点，适合加工较薄和要求不钻透的材料。麻花钻头的常用规格有 0.3～50 mm 等多种类型。硬质合金钻头的规格有 4、5、6、8、10、12 和 13 mm 等，圆孔钻钻头的规格直径有 35、40、50、63、68、74、80、105 mm 等。

手电钻在使用时的操作步骤是：(1) 根据要求选择合适的手电钻品种和相应的钻头类型，钻头应锋利，钝角的钻头应及时更换。(2) 将钻头放在夹头内，并用专用扳手紧固。(3) 开机时应检查机具、导线的绝缘性能和开关的完好程度。(4) 开始钻孔时，先将钻头头部放在所钻孔的圆心上，轻压并握牢手电钻的手柄，接通开关后开始钻孔。(5) 如在金属材料上钻较深的孔洞时，可在钻头上预加少许机油，用以润滑和降温。(6) 在孔洞即将钻透时，应减轻压力，钻透后应保持钻头在转动状态时从孔中拔出，钻头还在孔内时不能关闭电源，以免折断钻头。

手电钻在使用时如发出异常响声或出现故障时，应停机并拔下电源插头后方能检查。电机工作时间过长会发热，应暂停作业，待电机冷却后再继续工作。仰面作业时要戴护目镜，防止材料碎屑伤眼。拆装钻头应用专用扳手，不能使用其他工具乱拧、乱砸。

手电钻的维护保养应注意：夹头滚珠等转动部位和电机应定期加注润滑油。应经常检查各部位的紧固螺栓，确保无松动。电机的碳刷磨损到 5 mm 时应及时更换。操作结束后拆下钻头，清除材料的残屑和尘土，盘好电源线并挂放好，不可堆压。在潮湿天气应定期进行干燥处理。

此外，还有一种以直流电为动力源的手电钻，该机具称为电池组钻。电池钻的电池可以反复充电使用，它的组成构造和使用要求与前面介绍的手电钻相似。

二　冲击电钻

冲击电钻由电机、变速系统、冲击结构（齿盘式离合器）、传动轴、齿轮、夹头、钻头、壳体、开关和把手等组成，如图 10.2 所示。冲击电钻具有钻孔和锤击的双重功能：将调节旋钮转至“钻头”位置时，只具有单一旋转的钻孔作用；当调节旋钮旋转到“锤子”位置时，它又具有旋转和冲击的双重作用。在钢材、木材、塑料等材料上钻孔时，只需将冲击电钻的旋钮调至钻头位置；在砖墙上打孔时应将旋钮调至“锤子”位置。冲击钻的离合器可使钻头被卡住时自动打滑，而不至于烧毁电机。

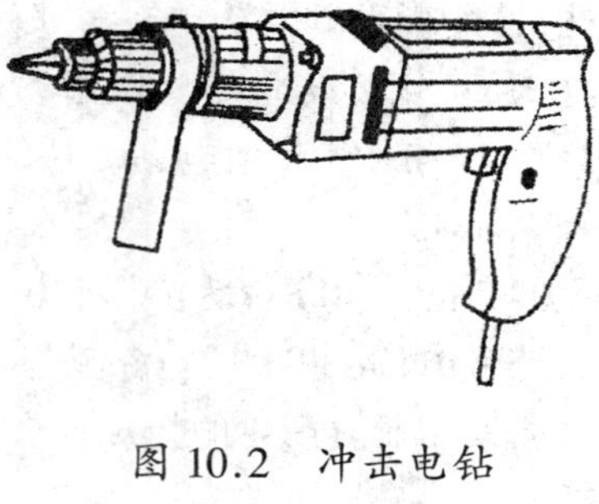

图 10.2　冲击电钻

图 10.3　硬质合金钻头

冲击电钻的型号较多，选用时应根据所钻孔径的大小和基体的材质来选择冲击电钻。当所需钻孔的直径越大、基体越坚硬，则所用的冲击电钻的功率应越大；反之，选用的冲击电钻的功率就小。与冲击电钻相配套使用的钻头主要用直柄硬质合金（碳化钨合金）钻头，如图 10.3

所示，其常用规格有 3、6、8、10、12、14、16、18、20 mm 等多种规格。

冲击电钻的使用操作步骤与手电钻相同，它在使用时应注意这样几方面的问题：

(1) 冲击电钻在使用前，应根据加工要求调节好功能旋钮。

(2) 冲击电钻在使用时由于经常受到振动作用，因而要经常检查钻头和机体紧固螺栓的松紧情况，确保无松动，并对电机及传动的部位经常进行清洁、润滑，定期更换润滑油。

(3) 定期全面清理，一般每一个月清理 1～2 次。

(4) 碳刷磨损至 5～6 mm 时，应及时更换。

(5) 经常从油量计量窗上检查油量的多少，当发现油量少时，应及时补充，并定期更换，保持油液清洁。

三　电锤

电锤由钻头、夹头、滚柱、调整套筒、传动系统、电机、壳体、调节旋钮等部件组成。它的外形见图 10.4 所示。电锤通过变换调节旋钮可具有单旋转、单冲击和旋转加冲击三种功能。

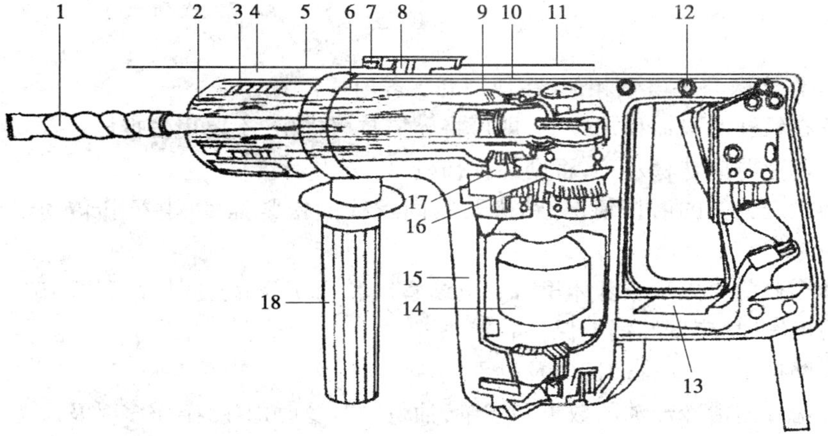

图 10.4　冲击电钻

1－钻头；2－夹头；3－套筒；4－夹头轴；5－深度尺；6－锤体；7－锤体活塞；8－撞击保证环；9－气垫；10－活塞；11－连杆；12－推进开关；13－抑制器；14－转子；15－定子；16－导轮；17－安全离合器；18－辅助把手

电锤主要用于混凝土、砖石等结构材料的钻孔、开槽和打毛等。它的使用原理是利用高压气垫带动钻头锤击，可避免其他锤钻的纯机械传动而产生的刚性碰撞，减小振动，使用时无须加重压作业。

电锤的型号较多，选择时应根据工作量的大小等因素综合确定。电锤的功率越大，钻孔的能力越强，机具的重量也越重。电锤的功率较大，钻孔的孔径一般在 12～50 mm，与电锤配套使用的钻头及凿头的品种也很多，如图 10.5。常见的钻头及凿头的品种和用途如下：

(1) 碳化钨水泥钻头——规格有 ϕ5～38 mm，用于混凝土基体的钻孔。

(2) 碳化钨十字钻头——规格有 ϕ30～80 mm，用于砖石和强度较低的混凝土基体的钻孔。

(3) 空心钻头——规格有 ϕ40～125 mm，用于钻大孔，使用较少。

(4) 凿头——尖凿，起破碎作用；平凿，用于打毛；沟凿，用于开槽。

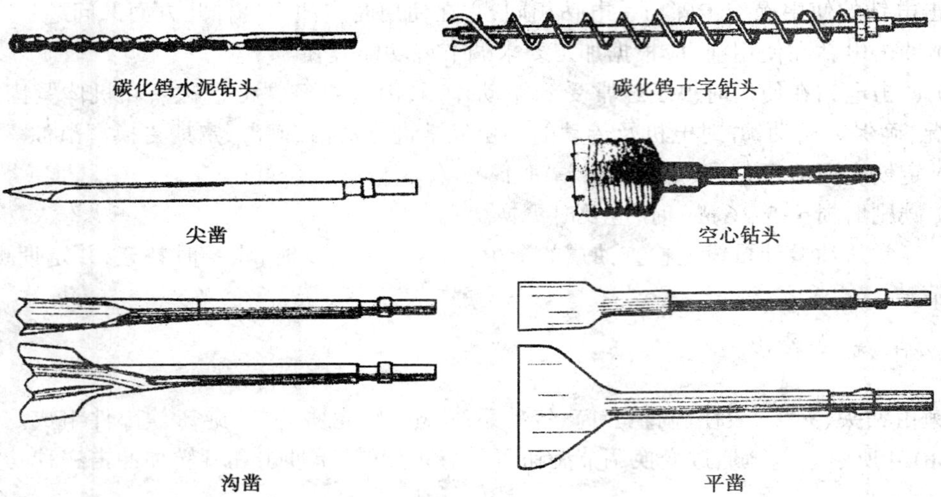

图 10.5

电锤的操作步骤与手电钻相似,在使用和保养时应注意:

(1) 电锤在钻孔时只需稍加按压,即可将碎屑自由排出,不要用力推压。

(2) 电锤作业时应扶稳对正,否则易损伤机具。

(3) 定期检查钻头的磨损情况、钻头及紧固螺栓的松紧程度,电机和传动部位应经常清洁、润滑。

(4) 电锤作业前要先检查基体里有否电缆管线和钢筋等,防止钻穿管线和破坏建筑结构。

(5) 使用电锤时,应安装漏电保护装置。

(6) 碳刷磨损至 5~6 mm 时,应及时更换。

(7) 定时检查润滑冷却油的数量和质量,油量少时及时加注,杂质多时及时更换。

(8) 定期检查机具内清洁情况,及时清理机具内的灰尘和碎屑,一般每月清理 1~2 次。

第三节　锯切类电动机具

锯切类电动机具可完成对各类材料的锯割、切断和剪裁等操作要求。锯切类电动机具按加工要求不同分为锯割、切割和剪断共三大类。

一　锯类

锯类电动机具是利用锯片或锯条锯断材料,从而满足材料加工的需要。锯类电动机有手提式电圆锯、铝型材切割锯、往复锯、曲线锯和锯字机等。

1. 手提式电圆锯

手提式电圆锯由电机、锯片、保护罩、调节底板、外壳、手柄及开关等组成,如图 10.6 所示。手提式电圆锯具有易操作、结构简单的特点,可任意调整锯口的宽窄和切断面的角度。手提式电圆锯可用来锯切木材、胶合板、塑料板和石膏板等。

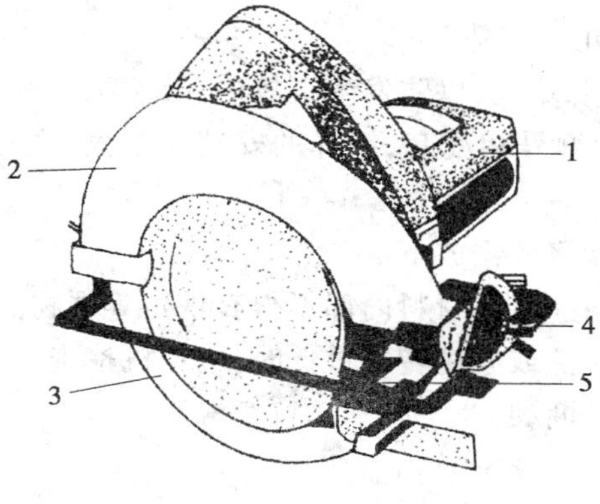

图 10.6　手提式电圆锯

1－电机；2－静锯齿保护罩；3－动锯齿保护罩；
4－调节底板；5－锯片

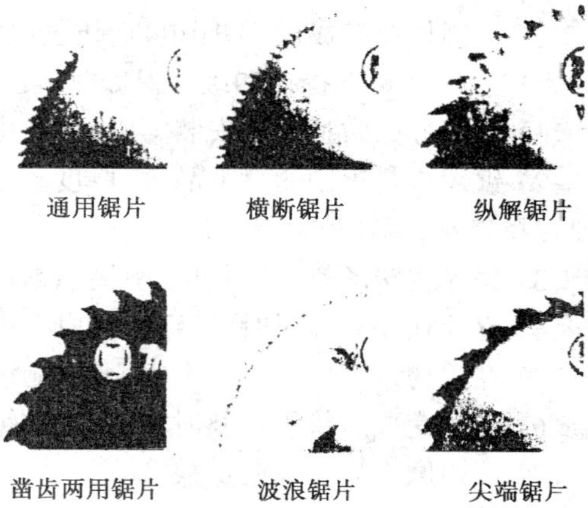

图 10.7　手提式电圆锯的锯片种类

手提式电圆锯上使用的锯片种类较多，如图 10.7 所示，具体有：

通用锯片——该锯片的齿形大小、角度、齿距适中，锯割速度较快，用于横断与纵解木料，但材料的锯断面不很光滑。

横断锯片——此锯片的锯齿角度比通用锯的锯齿角度大，齿形、齿距与两用锯片相近，专用于横断木料，加工料的断面较为光滑。

纵解锯片——锯齿与通用锯片相似，但齿形专用于顺纹木料的快速锯断。

凿齿两用锯片——这种锯片的齿距较大，角度与通用锯片相似，齿根形状呈圆弧形，专用于粗厚木料的粗加工。

波浪形锯片——齿形较小，平滑呈波浪状，比较适合薄型材料的加工，特别适用于塑料板的加工。

尖端用锯片——齿形与通用锯片相似，齿根的硬度较高，适用于加工石膏板、水泥压力板、塑料板等易磨损锯片的材料。

手提式电圆锯的操作步骤为：

(1) 根据被锯割的材料品种和厚度选好直径与防护罩和底板相适应的锯片。将防护罩掀起，用专用套筒扳手将锯片固定在锁紧螺栓上，并使锯片上的箭头方向与防护罩上的箭头方向一致。

(2) 检查机具各部分的运转是否正常。

(3) 按锯割要求，调节底板处深度尺上的蝶型螺母，可使锯片锯出 0°～45°内的各种断面。锯割时应将角度尺处的蝶型螺母固定拧紧在需要加工的角度位置上。调节底板处深度尺上的蝶型螺母，可使锯片的锯割深度发生变化，一般将锯片调至刚能锯断材料的深度即可。

(4) 锯割前根据材料的锯割宽度要求调节导尺，导尺不仅能保证材料的锯割宽度满足需要，而且能使锯割边缘平直。

(5) 调整、检查工作完成后，即可开始锯割工作。接通电源后，将底板紧贴在被加工的材料上,启动开关,右手握住后把手,左手握紧前把手,缓缓将圆锯向前推进,并使导尺紧靠在被加工材料的外边缘。锯割时,推力要平稳,锯片前进的速度应均匀。

(6) 锯割作业完成后,关闭电机,拔去电源插头。

手提式电圆锯在操作和维修保养时应注意这样几个总是

(1) 锯片外的防护罩要安装牢固,且能将锯片全部罩住,以防发生事故。

(2) 锯片应与锯割的材料品种、厚度和电圆锯的型号相配套,锯片的安装应牢固,锯片本身要保持锋利,无断齿、裂纹等现象。

(3) 锯片在转动时,切不可用手接触锯片,也不能将圆锯放下。

(4) 锯片在锯割材料时,被锯材料应有可靠的依托平台,材料内部不得有铁钉等硬物。

(5) 在锯切过程中如发生夹锯、异常响声、电机过热或电机转速过低时,应停机检查。

(6) 工作完成后将锯片及时取下,以防锯片变形、断裂。

(7) 碳刷磨损后应及时更换。

2. 铝型材切割锯

铝型材切割锯由电机、手柄、开关、锯片、转动台、导板、安全罩和集尘袋等组成,如图 10.8 所示。

铝型材切割锯的主要用途是锯切铝型材,但也可用来锯切塑料和木材。铝型材切割锯的最大优点是能按要求将材料的切口切成任意角度的断面。

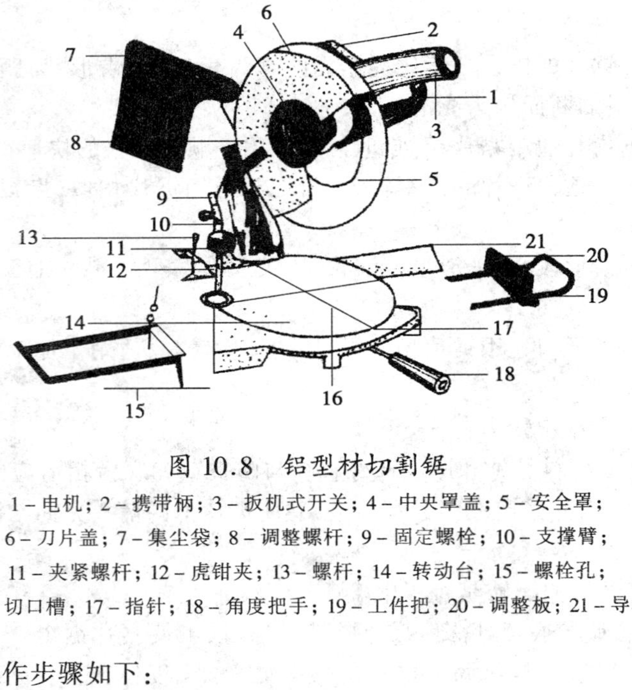

图 10.8 铝型材切割锯

1 – 电机; 2 – 携带柄; 3 – 扳机式开关; 4 – 中央罩盖; 5 – 安全罩;
6 – 刀片盖; 7 – 集尘袋; 8 – 调整螺杆; 9 – 固定螺栓; 10 – 支撑臂;
11 – 夹紧螺杆; 12 – 虎钳夹; 13 – 螺杆; 14 – 转动台; 15 – 螺栓孔;
16 – 切口槽; 17 – 指针; 18 – 角度把手; 19 – 工件把; 20 – 调整板; 21 – 导板

铝材切割锯的操作步骤如下:

(1) 根据切割锯的规格、被锯割材料的材质和加工尺寸的要求选好锯片。用大扳手将锯片固定在电机转轴上,并使锯片上的箭头指向与保护罩上的箭头指向一致,锯片应保持锋利,无断齿、裂纹等缺陷。

(2) 将转动臂调至锯切所需的角度后,锁定角度把手,再将型材用钳夹夹紧在转动台上,使锯片对准型材上切割位置的外侧。

(3) 检查调整后，打开电机开关，同时缓缓压下手柄。当锯片锯到材料时，稍用力压下手柄；裁断材料后，缓缓抬起机头，回位后关闭开关，并待锯片停止运行后，再移开铝材，切勿在锯片未停稳时就将手伸在锯片的下面，以防发生意外。

(4) 材料切割后应关闭电源，拔出插头。

(5) 切割锯上的集尘袋应经常清理，一般当铝屑装满半袋后即可清理。

铝材切割锯的操作及维修要点与圆盘锯相似，但须注意以下几方面：

(1) 切割锯每次用完后应及时清洁，以防铝屑卡在切口槽和转动槽内，影响电机的正常运行和转动台变换角度的灵活性。

(2) 转动部位的结合处应定期上油，电机碳刷磨损至 5～6 mm 时应及时更换。

(3) 切割材料时人的眼镜不能正对着锯片，以防碎屑伤眼，观察型材的锯割情况时应在锯片的侧面。

(4) 电机运行时如有异常响声，应立即停机断电检查，维修时绝不可带电作业。

3. 往复锯

往复锯由电机、减速箱、截柱凸轮机构、滑杆、锯条等组成，如图 10.9。

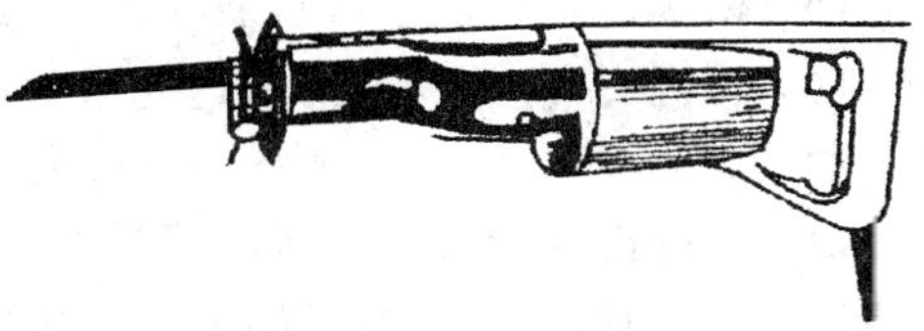

图 10.9 往复锯

往复锯可锯割多种材料，特别适合锯割固定在墙上或顶棚上不能取下的材料。

往复锯的切割原理是由电机通过一级减速齿轮带动截柱凸轮旋转。在凸轮和摆杆的作用下，形成滑杆的往复运动。锯条的往复行程取决于截柱凸轮的直径和凸轮斜面与其垂直面的夹角。往复锯采用的是高速小行程进行锯割。

往复锯的操作步骤为：

(1) 将锯条的孔眼对准滑杆上的突出部分，然后用六角扳手拧紧紧固螺栓即能固定好锯条，再根据工件的加工厚度和操作空间的大小调整滑杆的行程。

(2) 启动开关后，双手紧握住机具，将刀架紧靠在被加工的部件上，使锯条缓缓伸入所需锯割的部位处，用力应均匀。

(3) 锯切金属时，须在锯割部位和锯条上使用冷却剂，以降低切割温度。

往复锯在使用时应注意：

(1) 锯割前应保证被锯工件处留有锯条的往复运动空间，否则会折断锯条。

(2) 应检查被锯物是否带电，以防触电。

(3) 锯割完毕后，应待锯条停止运动后方可将往复锯放下，并避免用手触摸锯条，以免烫伤。

(4) 经常保持机内活动部位的润滑性能。

(5) 锯条迟钝或磨损过多时应及时更换。

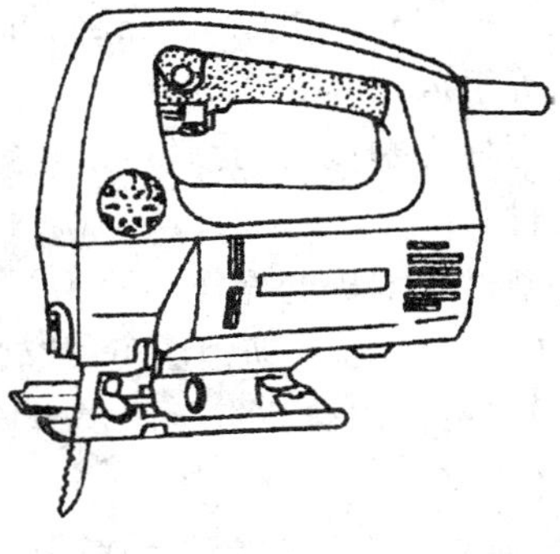

图 10.10 曲线锯

4. 曲线锯

曲线锯由电机、变速箱、曲柄滑块机构、平衡机构、锯条、固夹装置、机壳和开关等组成，如图 10.10。

曲线锯的曲柄经滚针轴承在滑块内前后自由滑动，滑块与导杆联为一体，导杆下端为锯条的固夹装置。锯条在安装时应使锯齿向前并向上，锯条向上运动时锯割加工件，向下运动则为空行程。

曲线锯可在金属板、胶合板、塑料板、水泥压力板等材料的表面按照设计图案的轮廓线进行锯割。调整底板后，还能够在材料的断面上锯出 0°～45°的锯切面。曲线锯的加工精度较高。它的锯条应根据材料的材质和曲线锯的规格进行选择。

曲线锯的操作步骤为：

(1) 将选好的锯条的锯齿面向前并向上，尾部的孔洞插入导杆下端的固夹装置上，并用螺丝拧紧固定。

(2) 检查机具的完好程度，按锯割角度要求调整好底板，并固定底板螺丝。

(3) 使底板紧贴在工件表面上，启动开关后，均匀地将曲线锯沿所锯图样向前推进，推进时应用力平缓。

(4) 在锯割材料当中的图案时，可先在图案的空白处开一个能插入锯条大小的孔洞，将锯条伸入孔内，使底板紧贴在材料表面后即可沿轮廓结锯割。

(5) 锯割过程中切不可将曲线锯任意提起。

(6) 停机后，应等锯条停止运动后方可将曲线锯放下。

曲线锯在使用时应注意：

(1) 保持机具的清洁和转动部件的灵活。

(2) 操作时，如遇机具发出异常响声应停机检查，并不得带电维修。

(3) 如遇工件反跳现象，则应更换细齿锯条。加工薄板时，一般将几层板叠合在一起锯割，或用废料加厚工件后再进行锯割。

(4) 锯割时应在工件处留出锯条的运动空间。

(5) 锯条磨损过多或损坏后应及时更换。

(6) 碳刷磨损至 5～6 mm 时应及时更换，并保持碳刷的清洁。

二　切割类

切割类机具是用切割片的旋转来切割材料，从而满足加工的需要。

1. 型材切割机

型材切割机由电机、底座、可调夹钳、切盘、安全罩、手柄和开关等组成，如图 10.11。

图 10.11　型材切割机

型材切割机可切割钢管、角钢、槽钢、扁钢、不锈钢、铝合金和石材等。

型材切割机的操作步骤为：

(1) 将转轴止动销压下，使转轴不能转动，将选择好的切盘有符号的一面向外，并装上固定法兰盘，再用套筒扳手固定螺栓，使切盘固定在转轴上。

(2) 将所加工的工件放在底座上，用夹钳固定好。如有切割角度要求时，还应调整导板的位置，使其符合切割角度的要求，并将固定螺栓旋紧。

(3) 压下切盘，使切盘对准裁切线后再抬起。

(4) 启动开关，待切盘全速旋转后慢慢压下手柄，切割时用力要均匀平稳。

型材切割机的切割片在选择时应根据切割材料的材质来定。切割金属和切割石材应该选用不同的切割片。

型材切割机在操作及维修时应注意：

(1) 切割时工件一定要固定夹紧。人的眼睛不能正对着切盘，操作者应在机具的后部偏左的侧面进行操作。

(2) 切盘应紧固牢靠，不得有变形、裂纹，不用时应将切盘取下，以防切盘变形和断裂或者潮湿而降低强度。

(3) 切割前应检查切盘所能切割工件的最大厚度，若不够时应及时调整。

(4) 要保证机具的清洁和转动部件的灵活。

(5) 定期更换电刷。

(6) 切不可触摸刚切割完的材料断面，以免烫伤。

(7) 型材切割机在操作时，周围环境不得有易燃易爆物品，防止切割时产生的火花引发火灾。

2. 云石切割机

云石切割机又称手提式切割机，它由电机、底板、安全罩、把手、开关、水阀、切割片等组成，如图 10.12。

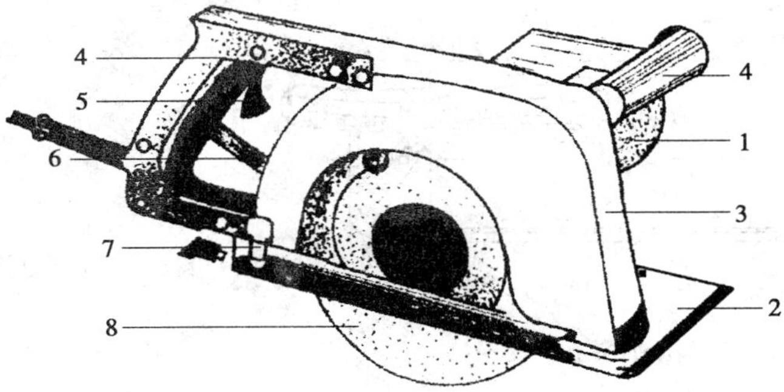

图 10.12　云石切割机

1 – 电机；2 – 调节平台板；3 – 安全罩；4 – 把手；
5 – 把手开关；6 – 锁杆；7 – 旋塞水阀；8 – 刀片

图 10.13　云石切割机锯片

云石切割机可对石材、陶瓷墙地砖等材料进行任意形状的切割，切割时可通过机上的水阀开关放出冷水(一般为自来水)来降低切割片的温度，但干式切割片使用时不需要用水冷却。该机具的使用效率高、操作质量好、携带方便、省时省力。

云石切割机的操作步骤是：

(1) 将选好的锯片，固定在安装轴的内外法兰盘之间，内外法兰盘的位置不宜调反。

(2) 检查机具的转动情况，若正常时，应将平台板调至锯片所能达到的锯切深度并固定深度尺上的锁杆。

(3) 锯片如果用湿式锯片，还需将水阀接上水源以备降温之用，若用干式锯片则不需月水冷却，图 10.13 是干式和湿式锯片的形状。

(4) 把平台板放在被加工的工件上，使平台板前端的槽口与切割线对齐后再启动开关。

(5) 切割前启动开关，使锯片转速在正常状态时方可切割。

(6) 切割时应用力平稳均匀，保持机具水平和直行。

(7) 切割后，应待锯片完全停止转动后方可放下机具。

云石切割机在操作和保养时应注意：

(1) 保持机具的清理，将机具表面的污迹和机内灰尘及时清除，并在工作面上涂油保护。

(2) 在用水冷却锯片时，勿使水流入电机内，以免损坏电机，机具应有良好的漏电保护装置。

(3) 切割前应待锯片运转正常后方可作业，操作时如果听到异常响声时立即停机停电进行检查。

(4) 云石切割机只能水平切割，不能斜切或竖切。

(5) 操作时切不可用手触摸旋转的部件，并应戴橡胶手套。

3. 手动墙面砖切割机

手动墙地砖切割机是一种手动工具，它由手柄、导轨、刀轮、底板和压脚等组成，如图 10.14 所示。手动墙地砖切割机是利用刀轮的作用在材料上划出凹痕，并用压脚压开，从而达到切割的目的。

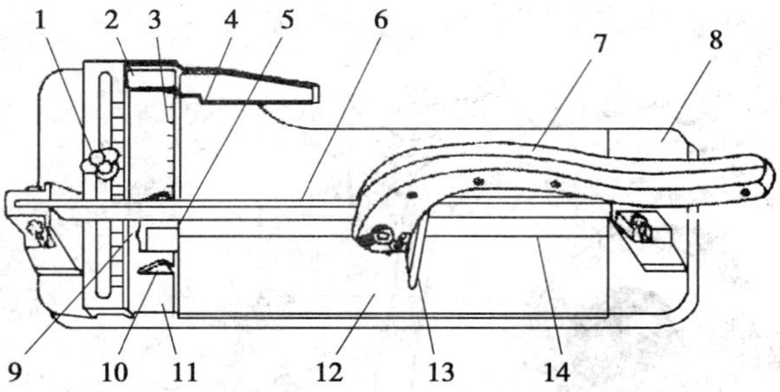

图 10.14

1－标尺蝶型调节螺母；2－可调标尺；3－凸台固定标尺；4－标尺靠山；5－塑料凹坑；6－导轨；7－手柄；8－底板；9－箭头；10－挡块；11－塑料凸台；12－橡胶板；13－手柄压脚；14－铁衬条

手动墙地砖切割机适用于瓷砖、外墙面砖等材料表面的直线或弧线加工。它无需电源，操作空间较小，使用方便灵活，是切割瓷砖的常用工具。

手动墙地砖切割机的操作步骤是：

(1) 将表面标好裁切线的材料正面向上放在底板上，使其端部抵住底板上的挡块。

(2) 抬起手柄，使手柄底部刀轮的刀刃对准材料表面的裁切线。

(3) 左手压住被裁切的材料，右手握住手柄略向下压并向前推动刀轮，使刀轮在材料的表面一次性地从右到左，滚压出一条完整、连续、平直的压痕线。

(4) 当刀轮滑落至底板前端的凹坑时，右手向下加压，在压脚的作用下压断材料。

手动墙地砖切割机的使用与保养要点：

(1) 避免刀轮受到异物的撞击。

(2) 携带时使刀轮停在凹坑里，且只能提拎导轨而不能提拎手柄。

(3) 刀轮的转动部位应经常加注润滑油。

(4) 当刀轮的刀刃磨损较多时,应及时更换。

第四节　剪切类电动机具

剪切类电动机具是利用刀片或冲模剪断材料,从而满足加工要求。剪切类电动机具有电动剪刀和电冲剪两种。

电动剪刀由电机、上下刀片、刀架、齿轮变速机构、偏心轴连杆、外壳、开关等组成,如图 10.15 所示。电动剪刀适用于裁剪钢板,既能裁剪直线,也能裁剪曲线,使用非常方便。

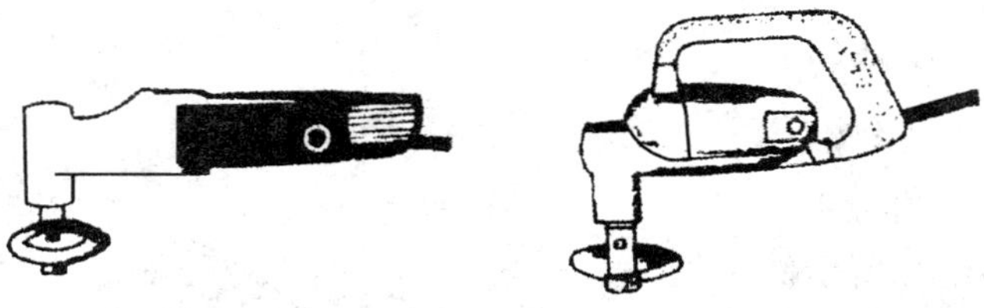

图 10.15　电动剪刀

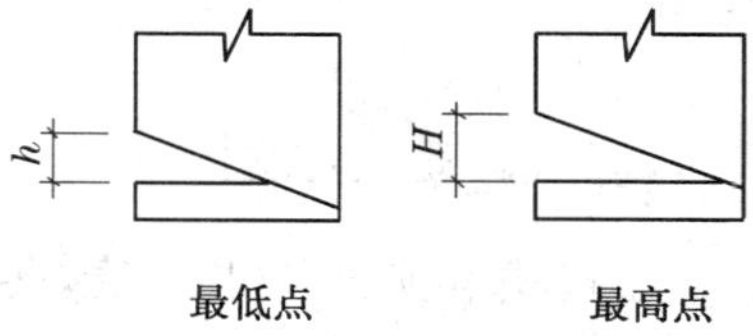

图 10.16　电动剪刀行程示意

电动剪刀的操作步骤是:

(1) 将上下刀片固定在连杆及刀架上,根据被剪切工件的厚度调整好上下刀片的空隙 h(当连杆行程在最低点时上下刀片的空隙),使之符合要求。钢板厚度分别为 0.8、1、1.5、2 mm 时,上下刀片的间隙分别为 0.15、0.2、0.3 和 0.6 mm。连杆行程在最高点时,上下刀片的最大空隙 H 必须大于被剪板的厚度,并保证上下刀片间应有一定的搭接余量,如图 10.16 所示。

(2) 剪切前使机具空转运行并检查是否正常。

(3) 操作时手持电动剪刀在水平方向沿剪切线进行剪切。

电动剪刀在使用和保养时应注意:

(1) 刀片应保持锋利,刀片磨损严重时应及时更换。

(2) 应根据电剪的规格加工相应厚度的材料,不得超标准剪切。

(3) 操作时如遇异常情况应及时停机停电检查。

(4) 机具应保持清洁,转动部位应经常涂抹润滑油。

剪切类电动机具中有时还用到电冲剪,电冲剪的形状见图 10.17。它是用上下冲模代替电剪刀的刀片。电冲剪不仅能剪切较薄的金属板,而且能剪切较厚的金属板。也可以在材料上开出各种形状的孔洞。该机具主要用于金属材料或塑料板的剪切或冲孔。

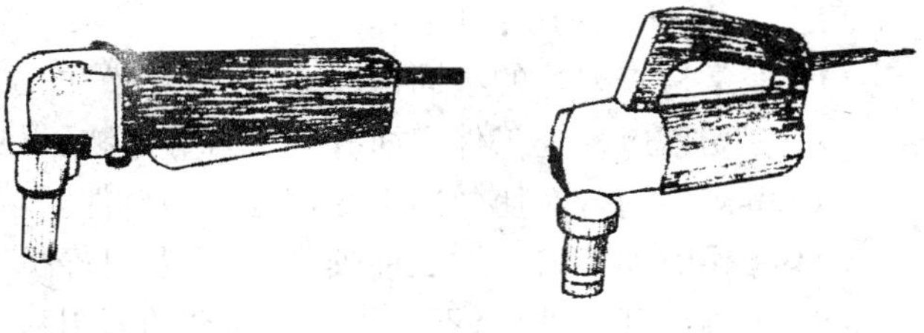

图 10.17　电冲剪

电冲剪由电机、变速箱、偏心轴、导向杆、连杆、上下冲模、模座及开关等部件组成。上冲模固定在连杆上、下冲模固定在冲模座上，上下冲模用导向杆定位。连杆和冲模座套在同一导向杆上，导向杆的上端用定位螺钉与罩壳连接，冲模座用定位螺母锁紧在导向杆的另一段。上下冲模之间的间隙是固定不变的。

电冲剪使用时应先检查机具的电源开关、上下冲模的运行是否良好，开机后使其空转一分钟。操作时不要用过大的力量往前推，应平稳均匀地向前推进。及时检查上下冲模的使用情况，使用中发现上冲模与下冲模配合不当时，调整定位螺钉和定位螺母。上下冲模被磨损或损坏时，应停机断电后更换。

第五节　刨切类电动机具

一　手提式电刨

手提式电刨由电机、外壳、传动机构、刀片夹、刀片、开关、调节手柄和把手等组成，如图 10.18 所示。手提式电刨主要用于木材表面的刨削、刨光、修边等。

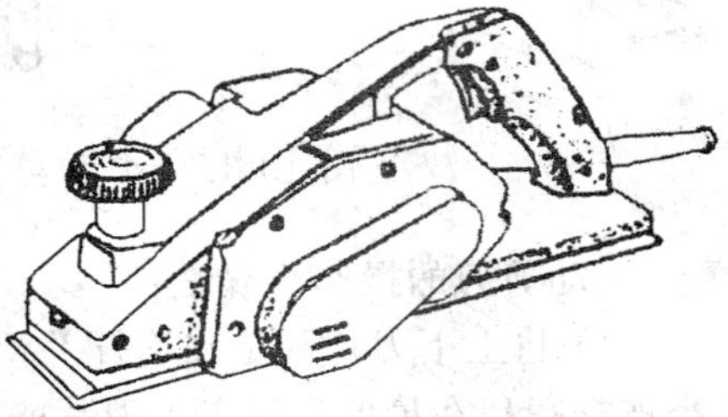

图 10.18　手提式电刨

手提式电刨的操作步骤如下：

(1) 根据电刨的型号、刨切材料的材质等选好刀片，用螺栓将刀片固定在刀片夹上。电刨的刀片有两种，一种是常用的高速刀片；另一种是硬质刀片，用于硬质材料的刨切。

(2) 根据刨切厚度用深度调节旋钮将刨刀调至加工深度。

(3) 将电刨底板的前端放至固定的加工件上，刨削的刀片不要接触到工件。工件必须固定牢固。

(4) 启动开关后，用力平缓地使电刨的刀口沿工件表面切入，并使底板与工件始终保持水平，确保工件表面刨削平整光滑。

(5) 如用电刨进行裁口加工时，可在电刨上加装导刨器，将其调节在工件需刨削槽的宽度位置，沿边缘已设定的距离进行刨削。

(6) 操作完成后，应待电机完全停止转动时才可将电刨放下。

手提式电刨的使用要点：

(1) 经常检查刀片的牢固情况，防止刀片松动。

(2) 刨切前应检查工件表面有无铁钉等硬物，以免损伤刀具。

(3) 电刨在动行时切勿用手触摸运行的部件。

(4) 操作时如遇刀片被工件咬住时，应及时停机，松开刀片后再继续操作。

(5) 电刨离开工件后，不要将还在运动的刀刃对人，也不要将其搁下。

(6) 定期检查，更换损坏部件。

二　磨具类

1. 角向磨光机

角向磨光机由电机、外壳、传动装置、砂轮、手柄、砂轮保护罩等组成,如图 10.19 所示。

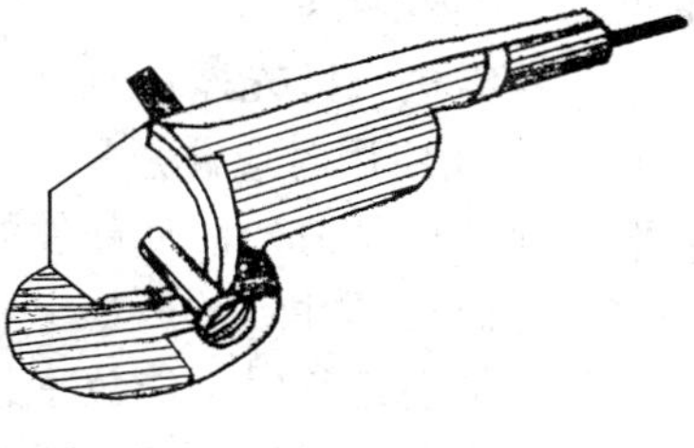

图 10.19　角向磨光机

角向磨光机可用来打磨材料表面的毛刺、飞边等,特别适合用于位置受到限制而不便于用普通磨光机操作的场所,也可进行研磨、抛光和切割等。角向磨光机的工作头可用粗砂轮、细磨砂轮、抛光轮、橡皮轮、切割砂轮片和钢丝轮子等。

角向磨光机的操作步骤:

(1) 根据角向磨光机的型号、加工要求等选好工作头的种类及型号。

(2) 将工作头固定在转轴上,再检查机具的运转是否正常,无异常情况,即可开始操作。

(3) 紧握手柄后启动开关,研磨时应将工作头(如砂轮片)倾斜 15°~30°,使砂轮片的周边与工件保持接触,不要将保护罩置于工件上,以免影响操作。

(4) 操作结束后,应待砂轮停止后才可将机具放下。

角向磨光机在使用时应注意:

(1) 砂轮片应完整、无缺口、裂缝,固定牢固。

(2) 机具应清洁,润滑。

(3) 接通电源前应使开关置于关机位置。

(4) 操作时应紧握手柄,并使用护目镜。

(5) 不可触摸转动的砂轮和被加工的工件磨削面,以免伤手。

(6) 操作者应避开研磨时产生的火花,操作完成后不能用手触摸工件和工作头,以免烫伤。

2. 砂带磨光机

砂带磨光机是由电机、机壳、传动装置、工作头、手柄等组成,如图 10.20。

图 10.20　砂带磨光机

砂带磨光机主要用于木材表面的磨光、金属材料表面的除锈,是代替人工对部件表面进行打砂纸的工作的一种机具。

砂光机的操作步骤为:

(1) 按砂光机的型号及打磨的要求(粗磨或精磨)来选用砂纸。当材质为木材、钢材时,选用 AA 型;材质为石材、塑料时,选用 CC 型。粗磨时砂纸的号数为 40 号、60 号,细磨时为 150 号、180 号、240 号,中度打磨为 80 号、100 号和 120 号。

(2) 调节砂带的位置。按下开关键,把砂带调到检测位置,向左或向右旋转调节螺丝,固定好砂带的位置,使砂带边缘与驱动轮边缘有 2~3 mm 的空隙。如果砂带固定太靠近里面则会产生磨损甚至损坏,如果砂带在使用时有位移,则可进行调节。

(3) 安装好砂纸后启动开关，待机具运动稳定后，将其平缓地放在工件需打磨的地方，打磨时砂带应均匀地打磨材料的表面，以使表面打磨光滑平整，均匀一致。

(4) 要以恒定的速度和平衡度来回移动机具。操作时不要再施加压力，只需保证机具与工件表面轻轻接触即可。

(5) 若需进行抛光操作时，可将砂纸取下，换上布片即可，但固定时应夹紧布片。

砂光机在使用时应注意：

(1) 保持机具清洁活动部件的润滑。

(2) 开启机具并到转速稳定后再将机具慢慢移至工件表面，以防损坏工件和工作头。

(3) 砂带在运行时不能放下，应待其完全停止时才能将砂光机放下。

(4) 勿在有尖锐铁器的材料表面打磨，也不能在工作头上加水或研磨液进行打磨。

磨具类电动机具还有电动磨光抛光两用机、水磨石机。电动磨光抛光机适用于木材、石材、钢材及塑料表面的修整抛光、砂光和擦扫等，尤其适用于空间位置受到限制操作不方便的部位；水磨石机用于水磨石楼地面的表面磨光。

第六节　钉铆焊接类机具

一　射钉枪

射钉枪是利用弹药爆炸产生的能量将射钉直接打入基体上的一种施工工具，适用在混凝土结构或钢材基体上固定构件，能将两个构件连成一个整体。

射钉枪由活塞、弹膛组件、击针、击针弹簧、枪管、机头外壳、护罩、制动环、枪尾体外套和扳机等部件组成。

射钉的直径以及使用的钉弹应与射钉枪配套。钉弹射入基体内的深度既不能过深也不能过浅。钉弹的射入深度过大易对基体造成破坏，射入深度过浅则承载力不够。射钉的长度 = 最佳射入深度 + 被固定件的厚度。在木板上固定射钉时，应在射钉尖上套上切木环；在质地松软强度较低的基层上固定射钉时，应在射钉前面加一个大金属圈；在金属基体上固定射钉时，钉杆上应压有花纹。

射钉枪的使用简单方便，使用时只需将射钉和配套的弹药装入枪膛内，合上枪膛，并使保险钮处于开锁状态后就可操作了。但是如果操作不当，射钉枪易产生伤人事故，故其使用时应注意：

(1) 射钉枪应保持清洁，用配套的机油进行润滑保养，及时清除枪膛及枪管内的残留物。

(2) 射钉、弹药、基体种类以及射钉枪应注意适用性。

(3) 基体应坚实牢固，禁止在砖墙上使用射钉。

(4) 操作时，应使枪管与基体面垂直，严禁将枪口对准人。

(5) 机械击发不灵时，一般可重复击发两次，再次不灵时应及时更换弹药，切不可在装弹状态下任意敲击枪体。

(6) 基体应稳定、坚实、牢固。在薄墙、轻质墙上射钉时，基体的另一面不得有人，以防射钉穿透基体伤人。

二　打钉枪

该工具常与空压机配合使用，它利用压缩空气为介质，通过气动元件控制机械和冲击气缸推动连接在活塞杆上的击针，迅速冲击装在钉壳内的气钉，从而将钉子打入到木制构件中。气钉枪主要用于木料的固定连接。打钉枪的外形见图 10.21。

与打钉枪配套的钉子种类有 U 型钉和直型钉。

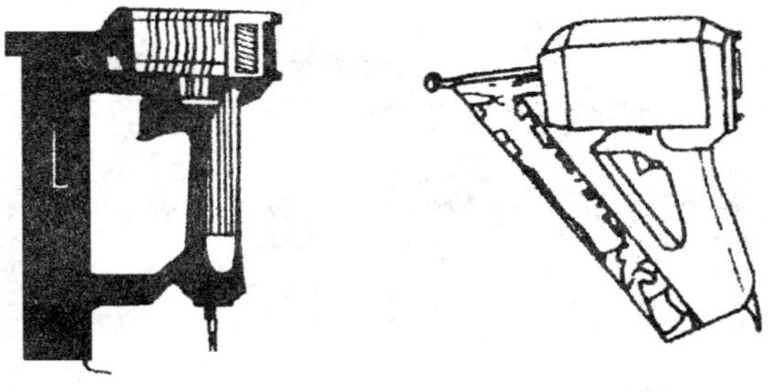

图 10.21　常见的打钉枪

操作时用右手抓住机身，左手拇指水平按下卡钮，并用中指打开钉夹一侧的盖子。将钉子推入钉夹内，钉头必须向下并在钉夹底端。然后将盖子合上，接通气泵即可。空气压缩机的气压以不超过 0.8 MPa 为宜。固定时只需将枪口对准木料表面需要固定的部位，板动扳机即可将钉子钉入。使用时严禁将枪口对准人，不用时应将钉子从钉夹中取出，并取下气体连接器。

三　拉铆枪

拉铆枪可用于吊顶、门窗、幕墙等工程中铆钉的固定。按拉铆枪的结构及动力不同分有手动拉铆枪、电动拉铆枪和风动位铆枪。图 10.22 是手动拉铆枪的外观形式。

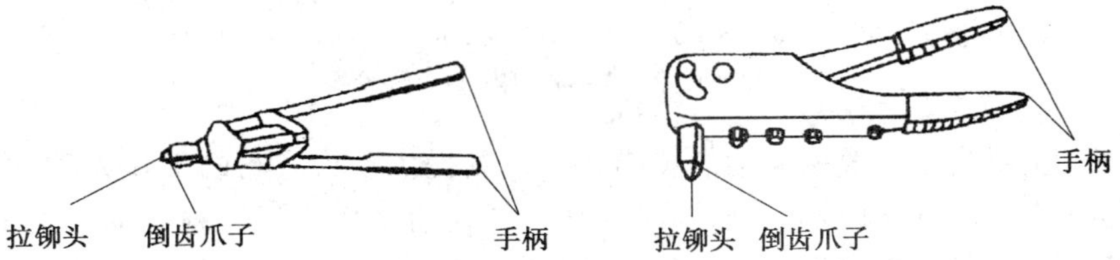

图 10.22　手动拉铆枪

拉铆枪的操作简单方便，施工时先在构件上需要铆固的地方用手电钻钻出孔洞后，再将铆钉放入钻好的孔洞中，然后将枪口套在铆钉上，启动拉铆枪即能将铆钉固定就位。但选用铆钉时应注意：

(1) 铆钉长度与铆接件的厚度符合。

(2) 铆钉的轴向抗拉力不得大于拉铆枪的额定拉力。

(3) 被铆工件上钻孔的孔径应与铆钉配套，铆钉头的孔径应与铆钉轴滑动配合。

固定工件常用的另一类机具是电焊机，电焊机有电阻焊机和电弧焊机两大类。在装饰工程中常用交流弧焊机和氩弧焊机。交流弧焊机一般用于中型钢板及大小金属构件的焊接；氩弧焊机主要用于不锈钢、铜、铝等金属的焊接，如不锈钢柜台、栏杆、货架处不锈钢构件的连接固定。

第七节　其他装饰施工机具

一　空气压缩机

空气压缩机由曲轴、连杆、活塞、气缸、电机和外壳等部件组成，如图 10.23。

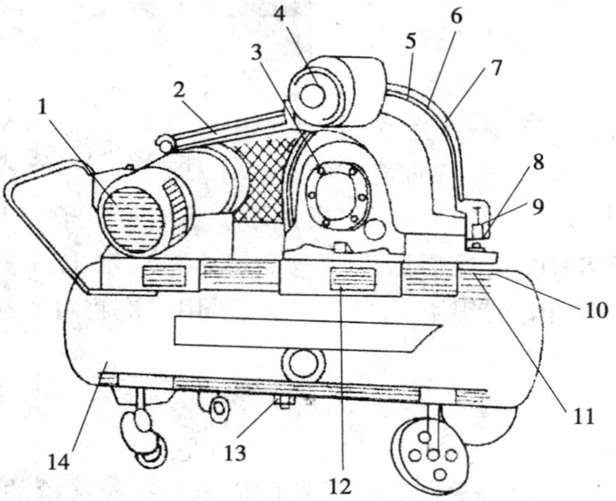

图 10.23　空气压缩机

1－电动机；2－三角胶带；3－压缩机；4－消声器；5－排气管；6－皮带轮；7－防护罩带；8－安全阀；9－气压自动开关；10－放气阀；11－压力表；12－放油孔带；13－放水阀；14－储气罐

空气压缩机主要为各种气压驱动的装饰施工机具提供动力。它的工作原理是：电机经过皮带传动使压缩机的曲轴作旋转运动，同时带动连杆使活塞作往复直线运动。由于气缸内空气因容积变化而导致其压力的变化，配置在气缸端部的吸排气组合阀将自由状态的空气经过消声过滤器进入气缸，压缩成达到设计要求的压缩空气，在风扇的冷却下，经排气管通过单向阀进入储气罐。

空气压缩机的操作：

(1) 开机前应将机具放在平整的楼地面上，以防机具振动倾覆，其位置应离墙柱面 300 mm 以上，环境温度在 40℃以下。

(2) 检查空气压缩机内的机油量，保证油位在油标上限处，使机具在运转时能够充分地润滑。

(3) 调节自动气压开关，最高气压值不得高于储气罐的客定压力，最低气压不得低于施工机具对气压的要求，同时检查安全阀是否失灵，若失灵应及时更换。

(4) 检查压力表，在未开机和储气罐内无空气时，压力表的指针应为零。

(5) 接通电源，启动空压机即可。

二 电动改锥

电动改锥又称电动螺丝刀，它由定位器、固定套筒、齿轮箱、电机、手柄、外壳和开关等组成，具有正转和反转的功能，适合固定或旋出螺丝。

电动改锥的操作步骤为：

(1) 检查机具的转动情况，如运转正常时，选用与使用的螺丝直径大小相适应的改锥头。

(2) 根据螺丝的旋入深度，调节好固定套筒的位置。

(3) 启动开关前应先注意改锥头的旋转方向与螺丝的固定或旋松的方向是否一致。

(4) 将改锥头置于螺帽上，启动开关，稍用力压紧手柄，即可将螺钉旋入或拧出。

三 木工雕刻机、修边机

木工雕刻机是一种能够在木材上做出各种形状的沟槽、凹凸面及雕刻各种花形图案的一种装饰施工机具，如果配上台面及雕刻刀可加工中小规格的木制装饰线条。

木工雕刻机在操作时，应使刀头与工件接触，将止动杆设置在切削深度上，并用蝶型头螺栓锁紧。拉出把手并转动把手调节标尺，使止动杆上的标尺指针对准尺上的“0”位置，再松开把手，固定把手上的螺栓。松开蝶型头螺栓，使止动杆能自由移动，再转动把手，使止动杆上的标尺指针与标尺上没定的切削深度一致。调节完成后，再旋紧蝶型头螺栓锁紧止动杆。将机具固夹在稳定的台座上，在台座上留一小孔以便刀头能上下移动，启动机具即可加工各种造型的木线条。

木工雕刻机操作时应用双手握住机身两侧的手柄，不能用手触摸振动的刀头，操作刚结束时也不能用手碰刀头，以免烫伤。

木工修边机主要用于木制品的棱角、边框、开槽的操作。

木工修边机在操作时，按加工件的切削形状尺寸要求选好刀具，并用套爪夹盘固定刀具，将刀具调至相应的位置处后即可操作。

图 10.24 是雕刻机和修边机的外形。

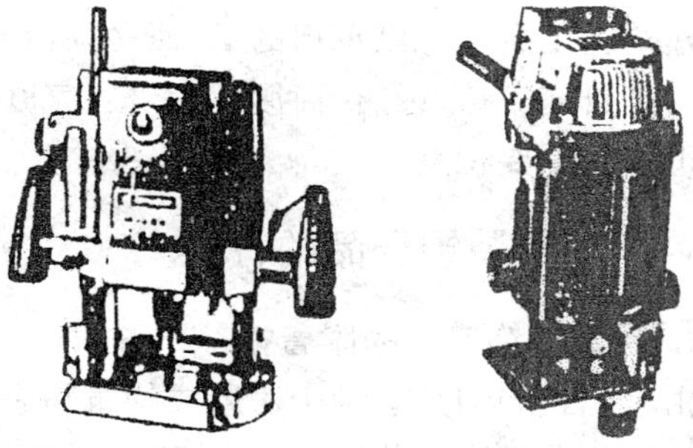

雕刻机　　修边机

图 10.24　雕刻机和修边机

复习思考题

1. 电动机具的使用注意点是什么？
2. 气动机具使用时应注意什么问题？
3. 怎样选择电锤的钻头？
4. 如何操作铝型材切割机和型材切割机？
5. 怎样使用电刨和电动剪刀？
6. 如何用砂带磨光机进行磨光？

第二篇　装饰施工组织及管理

第一章　装饰施工组织概述

第一节　概述

建筑装饰工程，广义上讲，包括两部分：一是普通装饰工程，即建筑工程中所包含的装饰工程部分；二是高级装饰工程。狭义上讲，即为高级装饰工程，它集建筑、建材、纺织、化工、机械、电子、冶金、家具、工艺美术等行业为一体，使技术与艺术融为一体。因此，它的施工已经不是一般建筑施工企业可以承担的了，而必须由专业化的装饰施工企业来完成。

由于目前宾馆、饭店、商厦、写字楼、家庭装潢日趋高档化，使得建筑装饰产品及其施工具有以下一些主要特点：

一　建筑装饰产品的特点

1. 建筑装饰产品的附着性

由于建筑装饰是敷设于房屋或构筑物表面的装饰层，所以建筑装饰工程的施工必须以建筑物为载体才能进行装饰施工，从而形成建筑装饰产品。

2. 建筑装饰产品的可分割性

建筑装饰可根据用户的具体要求对原有建筑物进行局部改造，将一个单位工程分割成若干个具有不同使用价值的空间，从而形成不同风格、不同环境的空间，故使建筑装饰产品呈现可分割性。

3. 建筑装饰产品的多样性和艺术性

由于建筑装饰的要求、设计风格的不同，装饰材料品种、产地不同，使得建筑装饰产品具有多样化的特点。

二　建筑装饰施工的特点

1. 建筑装饰施工空间的局限性

因为建筑装饰产品的附着性，决定了其施工受到建筑空间的限制，具有一定的局限性。施工中各种工序平行、搭接、交叉频繁，必须充分考虑其对施工组织的影响。

2. 建筑装饰施工的多样性

由于建筑装饰产品的可分割性，即各空间的装饰材料、装饰要求、设计风格等的不同，使得建筑装饰施工具有多样化的特点。即使同一空间的施工，也要通过多道工序、多种施工工艺来完成，如刷漆工艺、粘贴工艺、裱糊工艺、打磨工艺、玻璃幕墙安装工艺、镶嵌工艺、灯饰安装工艺等，工序很多，工艺也较复杂。

3. 生产协作单位多

一项建筑装饰工程涉及许多的专业和单位，如建设、设计、其他专业施工、公安消防、质量监督、科研试验、交通运输、银行财务、物资供应等单位和主管部门。

4. 施工工期短，质量要求高

建筑装饰工程的工期一般较短，质量要求较高，故必须集中人力、物力和财力，加强施工组织管理，使工程保质保量地按期完成。

三　装饰工程施工组织设计的任务、内容与作用

从建筑装饰工程及其特点可以看出，除具有一般工程的特点之外，还具有工序多、工艺复杂、交叉作业繁多、生产周期短、质量要求高且涉及面广等特点。为了确保装饰施工质量、安全、经济和工期，除了采取必要的施工技术措施外，还必须加强施工组织管理。

1. 装饰工程施工组织设计的任务

装饰工程施工组织设计必须根据国家有关施工技术法规、业主的要求、设计图纸和组织施工的基本原则，从装饰工程全局出发，结合本装饰工程特点，合理组织施工，在劳动组织、材料供应、专业协调、空间布置与时间安排方面进行科学地、合理地部署，有效地使用人力、物力，安排好时间和空间，从而在时间上达到速度快、工期短；在质量上达到规范标准要求、效果好；在经济上达到耗工少、造价低、利润高。

2. 装饰工程施工组织设计的内容

装饰工程施工组织设计应根据工程特点、施工地区的条件、业主要求，编制出切实可行的装饰工程施工组织设计，其内容一般应包括以下几个方面：

(1) 施工项目的工程概况及施工特点分析。

(2) 施工方案的选择。

(3) 施工准备工作计划。

(4) 施工进度计划表。

(5) 各种资源需要量计划。

(6) 施工现场平面布置图。

(7) 质量、安全、进度和节约的技术组织保证措施。

(8) 结束语。

3. 装饰工程施工组织设计的作用

装饰工程施工组织设计是对装饰工程全过程合理安排、实施科学管理的主要手段和措施。通过编制装饰工程施工组织设计，可以全面分析工程的具体情况，制定合理的施工方案、进度计划、技术经济的组织措施；通过编制装饰工程施工组织设计，施工单位可以预先掌握人力、材料、机具的先后使用情况，做出合理的调配及施工现场的布置方案，并且可以将设计与施工、建设单位与施工单位、装饰施工与结构施工以及其他相关单位的关系更好协调起来，最终使施工

能保质保量地按期完成。

第二节 装饰工程施工程序

装饰工程施工程序是指装饰工程项目整个施工阶段必须遵循的一般顺序,通常是指从接受施工任务开始直到竣工验收所包括的主要阶段的先后顺序,一般包括:确定施工任务;施工规划阶段;准备阶段;施工阶段和竣工验收阶段;保修阶段。其先后顺序及主要内容如下:

1. 确定施工任务,签订施工合同

目前,装饰公司承接施工任务的方式主要有两种:一是装饰施工企业自己主动对外接受的任务或是建设单位主动委托的任务;二是参加公开投标得到的任务。无论是哪种方式承接的项目,施工单位必须同建设单位签订施工合同,施工合同是甲乙双方根据《合同法》、《建筑安装工程承包合同条例》及相关规定而签订的具有法律效力的文件。双方都必须严格履行合同,任何一方不履行合同,给对方造成经济损失都要负法律责任和承担赔偿。

2. 统筹安排,做好施工规划

甲乙双方签定好施工合同后,施工总承包单位在调查、分析原始资料基础上,拟定施工规划,编制施工组织设计,部署施工力量,编制施工进度计划,确定主要施工技术的施工方案,做好全面施工规划,经主管部门批准后,做好施工准备工作,以便为全面正式施工创造优良条件。

3. 做好准备工作,提出开工报告

为保证正式开工顺利进行,必须做好以下准备工作:技术准备、物资准备、劳动组织准备、施工现场准备和施工场外准备。当一个施工项目进行了图纸会审;批准了施工组织设计、施工图预算;搭设了必须的临时设施;建立了现场组织管理机构;人力、物力、资金到位后,此时施工单位即可向主管部门申请开工。

4. 全面组织施工

开工报告批准后,即可进行装饰工程的全面施工。此阶段是整个装饰工程中最重要的一个阶段,必须严格按图施工,由于此施工过程决定了施工工期、产品质量、成本和装饰施工企业的经济效益,因此,在装饰施工中要跟踪检查,进行质量、进度、成本、安全控制,确保达到预期目的。

5. 竣工验收

竣工验收,交付使用是装饰工程施工的一个阶段,此阶段主要工作是整理好各项交工验收资料,并做好准备工作,迎接建设单位或监理部门、设计单位质检站等单位的验收。验收时,应以合同等各类文件为依据,全面或抽样对已竣工的工程进行验收,对照国家对装饰工程所规定的验收规范和质检标准,搞好各方面的检查。只有达到所规定的标准,才能确定施工质量,而后才可交付使用。

6. 保修阶段

在合同规定保修期内,对出现质量缺陷的各部位进行返修,以保证达到原有的设计质量和使用效果。

复习思考题

1. 简述建筑装饰产品的特点。
2. 简述建筑装饰施工的特点。
3. 简述装饰工程施工组织设计的任务、内容与作用。
4. 简述装饰工程施工程序。

第二章　装饰工程进度计划编制方法

第一节　进度计划的表现形式

建筑装饰产品的生产是一个复杂的过程。装饰施工单位的组织方法和施工水平各不相同,装饰施工项目的规模、建筑平面、基层特点、选用材料、装饰造型、施工环境各不相同,必然产生不同的施工方案和资源消耗。工程项目的管理者将时间消耗用一定的形式表示出来,这种表达进度的形式就叫进度计划。进度计划可以简单直观地表现出工程项目进度的安排,也便于工程管理者形象地根据实际进度与计划进度的差异进行控制和调整。常见的进度计划的表现形式有:水平图表(横道图)、垂直图表(斜线图)和网络图等。

一　横道图的表示方式

横道图(又称水平图表)是利用坐标上的横线长度所处位置表示各项工作的时间的相互关系。左边部分列出工作过程或施工对象的名称,右边部分以横线条对应时间表示工作进度线,从而表达各工作过程在时间和空间上的进度情况。

利用横道图来编制进度计划,具有简单明了、直观易懂、控制简单、便于检查等优点,是应用较为普遍的一种进度计划表现形式。但也存在不足之处:各工作之间的逻辑关系模糊,关键线路不清楚,关键工作不易确定,无法进行进度计划的优化。因此,横道图计划一般适宜于编制控制性计划和比较简单的进度计划。

如某宾馆四层标准客房,室内装饰内容有三合板天棚、木墙裙、软包墙面、门窗套、木地板、油漆,施工时分为四个作业班组,以工时多少确定作业班组人数组成等节奏流水,施工作业顺序依次为:天棚⟶墙面⟶地面⟶油漆,其横道图流水计划见表 2.1。

表 2.1　横道图

施工过程	进　度　计　划　/天													
	4	8	12	16	20	24	28	32	36	40	44	48	52	56
天　棚	①		②		③		④							
墙　面			①		②		③		④					
地　面					①		②		③		④			
油　漆							①		②		③		④	

注:①、②、③、④分别代表 1、2、3、4 层。

二　斜线图

斜线图又称垂直图表。图中横坐标表示时间，纵坐标表示施工对象的区域，即施工段的编号。编号自上而下排列，若干条斜线表示若干个施工过程或专业班组的作业进度。斜线图需要将工作名称或作业班组编号直接在斜线左侧标示，其优、缺点同横道图。上例如采用斜线图表示时即为表 2.2。

表 2.2　斜线图

层次	进度计划　/天													
	4	8	12	16	20	24	28	32	36	40	44	48	52	56
4														
3					天棚		墙面		地面		油漆			
2														
1														

三　网络图

网络图是网络计划方法的表现形式，用以表达计划中各项工作的先后顺序和相互之间的逻辑关系，通过时间参数计算，求得关键线路，找出影响工程进度的关键工作，根据工程目标能对计划进行工期、资源、成本等方面的优化，并能通过检查、控制、调整，确保实现计划目标。

网络图能把施工过程中有关工作组成一个有机整体，明确地反映工序之间相互制约的关系，可以进行各种时间参数计算。

网络图有两种表示形式，以箭线两端节点的编号表示工作的网络图为双代号网络图；以节点编号表示工作的网络图为单代号网络图。

如某市开发商厦，主楼为十五层框架，一、二层及裙房外墙面采用白麻镜面花岗岩干挂施工，全部施工面积划分为三个施工段。其施工工艺为：穿墙螺栓⟶焊接钢架⟶板材安装。三个工序分别由三个作业班组依顺序施工。分别用图 2.1 双代号网络图表示，图 2.2 单代号网络图表示。

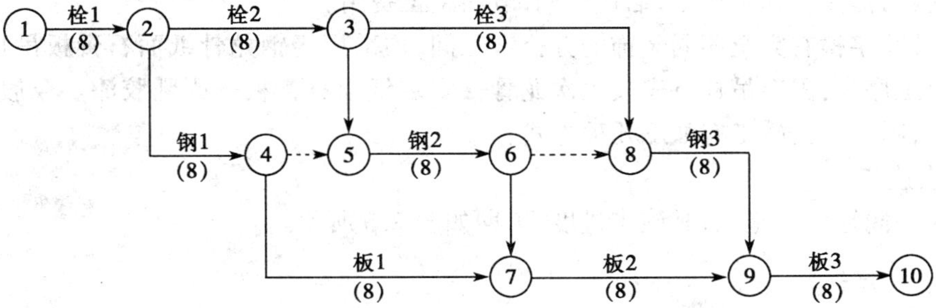

图 2.1　双代号网络图

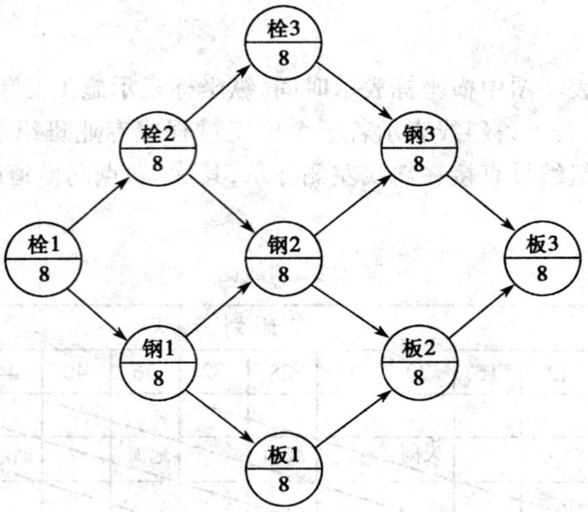

图 2.2　单代号网络图

第二节　流水施工计划的编制

一　流水施工的基本概念

建筑装饰产品的生产是一个复杂的过程，每个装饰施工单位的组织方法和施工水平各不相同。一个装饰工程采用何种组织方法，这取决于装饰施工项目的规模、建筑平面、装饰造型、结构基层特点、采用的技术手段和施工条件等。如何使装饰施工能均衡地、有节奏地、连续地施工呢？实践证明只有采用流水施工的组织方法，才是实现上述目标的有效方法。

"流水"是一个通俗的比喻或名称，流水的特点是：连续而均衡，即使泛起波浪也是有节奏的。

流水施工是一种组织施工的科学方法，它可以充分利用工作时间和操作空间，减少非生产性的劳动消耗，提高劳动生产率，缩短工期，节约施工费用。

例如：某写字楼有完全相同装饰的办公室三间，均采用轻钢龙骨纸面石膏板吊顶，面刷乳胶漆。主要工序为：固定吊杆→安装主次龙骨→安装纸面石膏板→刷乳胶漆。今假定每道工序均为 3 天，则组织其施工有如下几种方式：

1. 依次施工

即一间一间地依次施工，其施工进度、工期如表 2.3 所示。

表 2.3 依次施工组织方式

编号	施工过程	施工天数/天	专业队/人	施工进度/天											
				3	6	9	12	15	18	21	24	27	30	33	36
第一间	固定吊杆	3	2	——											
	安装龙骨	3	5		——										
	安装面板	3	3			——									
	刷乳胶漆	3	4				——								
第二间	固定吊杆	3	2					——							
	安装龙骨	3	5						——						
	安装面板	3	3							——					
	刷乳胶漆	3	4								——				
第三间	固定吊杆	3	2									——			
	安装龙骨	3	5										——		
	安装面板	3	3											——	
	刷乳胶漆	3	4												——

由表 2.3 可看出，依次施工的组织方式有以下特点：

(1) 没有充分利用工作面进行施工，工期长。

(2) 若按专业分组成立施工队，各专业队不能连续施工，有时间间歇，劳动力和资源使用极不均衡。

(3) 只有一个施工队完成全部施工任务，不能实现专业化施工，不利于提高劳动生产率和工程质量。

(4) 同时投入的劳动力、材料、机具的种类较少，施工现场组织管理较简单。

2. 平行施工

平行施工即所有施工过程同时施工，同时完成。按照平行施工组织方式组织上述工程施工，其施工进度见表 2.4。

表 2.4 平行施工组织方式

编号	施工过程	施工天数/天	专业队/人	施工进度/天			
				3	6	9	12
第一间	固定吊杆	3	2	——			
	安装龙骨	3	5		——		
	安装面板	3	3			——	
	刷乳胶漆	3	4				——
第二间	固定吊杆	3	2	——			
	安装龙骨	3	5		——		
	安装面板	3	3			——	
	刷乳胶漆	3	4				——
第三间	固定吊杆	3	2	——			
	安装龙骨	3	5		——		
	安装面板	3	3			——	
	刷乳胶漆	3	4				——

由表 2.4 可以看出，平行施工具有以下特点：

(1) 充分利用了工作面，施工工期短。

(2) 专业班组数目增加，专业队仍不能连续施工，劳动力、资源仍不均衡。

(3) 每天投入的劳动力、材料、机具数量成倍增加，造成组织管理工作比较复杂。

3. 流水施工

即将装饰工程按其特点划分为若干个施工段，组织各专业队按照一定顺序依次在各段(间)上完成各自的施工过程，使施工有节奏地进行，其施工组织方式见表 2.5。

表 2.5　流水施工组织方式

编号	施工过程	施工天数/天	专业队/人	施工进度/天					
				3	6	9	12	15	18
第一间	固定吊杆	3	2	——					
	安装龙骨	3	5		——				
	安装面板	3	3			——			
	刷乳胶漆	3	4				——		
第二间	固定吊杆	3	2		——				
	安装龙骨	3	5			——			
	安装面板	3	3				——		
	刷乳胶漆	3	4					——	
第三间	固定吊杆	3	2			——			
	安装龙骨	3	5				——		
	安装面板	3	3					——	
	刷乳胶漆	3	4						——

由表 2.5 可以看出：

(1) 尽可能地利用工作面进行施工，相邻专业工作队的开工时间最大限度地搭接，工期较短。

(2) 施工队可实现专业化生产，有利于提高技术水平及改进使用工具，劳动生产率高，质量也易得到保证。

(3) 四个专业队能连续施工，可防止“窝工”现象的发生。

(4) 克服了资源高峰现象，有利于组织资源供应工作。

(5) 为施工现场的文明施工和科学管理创造了有利条件。

综上：采用流水施工的组织方式，可使装饰施工企业在不增加资源消耗的条件下，通过组织管理措施，取得较高的经济效益。但是，要采用此方法必须具备以下条件：

(1) 要将装饰工程分为若干个劳动量大致相等的施工段。

(2) 将装饰对象按施工工艺顺序划分为若干个施工过程或工序，每个施工过程(工序)分别由专业队(组)来完成。

(3) 各专业队(组)按照一定顺序，依次、连续地在各施工段上反复地完成同类工作。

(4) 不同专业队(组)的施工时间尽可能地相互搭接起来。

只有具备了上述条件，才能保证流水施工方法的进行，才能实现其均衡性、连续性及节奏性。

4. 流水施工的表示方式

流水施工的表示方式一般有：水平图表(横道图)、垂直图表和网络图三种表示方式。

1) 水平图表的表示方式

流水施工的水平图表的表示方式，如表 2.1 所示。表中的横坐标表示流水施工的持续时间；纵坐标表示施工过程的名称。若干条具有编号的水平线段表示各施工过程或专业班组的施工进度，其上的编号表示不同的施工段。

水平图表的特点：绘制简单，施工过程及其先后顺序一目了然，时间和空间形象直观，水平线段的长度可反映施工进度，使用方便，在实际施工中，采用水平图表编制施工进度非常普遍。

2) 垂直图表的表示方式

流水施工的垂直图表的表示方式，如前表 2.2 所示。图中横坐标表示流水施工的持续时间；纵坐标表示流水施工的空间位置，即施工段的编号，此编号应自下而上排列。N 条斜线表示 N 个施工过程或专业班组的施工进度，并用编号或名称区分各自的表示对象。

3) 流水施工的分级

按流水施工的组织对象及范围的不同，流水施工一般可分为以下几种：

(1) 大流水施工。它是在几个单位工程之间组织的流水施工，又称为群体工程流水施工。

(2) 单位工程的流水施工。它是在一个单位工程内部，几个分部工程之间组织的流水施工，又称为综合流水。

(3) 分部工程的流水施工。它是在一个分部工程内部，各专业班组之间组织的流水施工，又称为专业流水。

(4) 分项工程的流水施工。它是指一个专业班组，依次在各个不同的施工段上进行的流水施工，又称为细部流水。

以上四种流水的形式，后两种情况可说是流水施工的最基本形式，前两种情况实际上是第三种情况的推广应用，因此，我们要认真研究分部工程流水施工，这一种基本形式能灵活掌握，其他形式的流水就能触类旁通，迎刃而解。

二　流水施工的主要参数

为了说明流水施工在工艺流程、时间、空间上的开展情况，采用了一系列参数来表示，这些参数通称为流水施工参数。

1. 施工过程 N

完成某一装饰工程项目，通常需要经过许多施工过程(如吊杆固定、主次龙骨安装、面板安装、油漆等)。一个装饰项目的施工过程数 N 的确定，与装饰工程的复杂程度、施工方法等有关。施工过程数要取得适当，没有必要太多、太细，否则会给计算带来麻烦，在安排进度计划时带来主次不分的缺点。但也不能太粗，以免计划过于笼统失去指导施工的作用。流水施工的每个施工过程或工序由某一专业施工队(或混合工作队)来进行，有一定的独立性。但前后施工过程之间又具有关联性。在流水施工中，并非所有施工过程都应纳入流水施工项目，而是在施工时间、操作地点及空间上有依赖关系的那些施工过程，才纳入流水施工组织，其余的施工过程可以归并或不参与流水。如铝合金门窗工程，如果是由工厂预制，现场只安装，则只能将安装计入流水组织；如果制作和安装都是在现场进行，则制作和安装都必须进入流水组织中。

由此可见，流水施工中的施工过程的是指起主导作用的施工过程，并非所有施工过程均应纳入。

在流水施工中，大多数施工过程是连续的，但也有间歇或停歇的，一般分为技术间歇和组织间歇。

技术间歇（T_g）是指流水施工中某些施工过程完成后，必须要有合理的工艺间歇时间，如混凝土的养护、抹灰、油漆等都需要有一定的间歇时间。

组织间歇（T_z）是指流水施工中某些施工完成后要有必要的检查验收或施工过程的准备时间。如隐蔽工程验收所需要的时间。

2. 施工段数 *M*

在组织流水施工时，通常把施工对象划分为劳动量相等或大致相等的若干个段，这些段称为施工段。

划分施工段的目的，在于保证不同工种能在不同工作面上同时工作，消除由于多个专业班组不能在一个工作面上施工而产生的相互等待、停歇现象，为组织流水施工创造条件。

施工段内的施工过程是由各个施工专业班组依次完成的，两个施工段之间形成一个施工缝。同时施工段数的多少，也将直接影响流水施工的效果。因此，为了使施工段划分合理，一般应遵循以下原则：

(1) 同一施工专业队在各个施工段上的劳动量大致相等，相差幅度不宜超过15%。

(2) 施工段的界限尽量与结构界限相吻合，或设于对结构影响较小的部位（如门窗洞口处、结构变形缝或单元分界处）。

(3) 施工段的工作面应能满足各施工过程的施工工艺及劳动组织要求。

(4) 施工段的数目应能满足合理的施工组织的要求，其数目既不能太多也不能太少，太多了会影响施工的速度，延长施工工期，太少了会引起劳动力和机械等资源过分集中。

(5) 对于多层建筑物或构筑物需分层施工的工程，还应既分施工段又分施工层。

(6) 施工段的数目与施工过程数应满足下述关系：

$$M \geqslant N$$

①当 $M = N$ 时，各施工队可以连续施工，每个施工段上始终有专业队工作，这是比较理想的流水方案；但它使施工管理人员没有回旋的余地。

②当 $M > N$ 时，各施工专业队均能连续的施工；施工段有闲置，但此闲置一般是正常的，它可以弥补某些施工过程的技术间歇时间、检查时间或意外的拖延时间。

③当 $M < N$ 时，各施工队均不能连续施工，产生窝工；施工段没有闲置，但若同一施工现场有多个同类型的建筑物施工，可组织群体大流水施工，这样专业队的施工仍可是连续的。

3. 流水节拍 *T*

流水节拍是指一个专业队组在一个施工段上工作的持续时间。流水节拍表明流水施工的速度和节奏性。流水节拍的大小关系着投入的劳动力、机械和材料量的多少，决定着施工速度和施工的节奏性。所以其数值的确定，具有很重要的意义。流水节拍的确定通常有两种方法：一种是根据现有能够投入的资源（劳动力、材料、机械台班数）来确定，另一种是根据工期要求确定。对于大家熟悉的施工过程，已有劳动定额、补充定额、或实际经验数据，其流水节拍可按下式计算：

$$T_{i,j} = \frac{Q_{i,j}}{S_i \cdot R_i} \tag{2.1}$$

或
$$T_{i,j}=\frac{Q_{i,j}\cdot H_i}{R_i}=\frac{P_{i,j}}{R_i} \tag{2.2}$$

式中 $Q_{i,j}$——施工过程 i 在施工段 j 上的工程量；

S_i——施工过程 i 人工或机械的产量定额；

R_i——施工过程 i 的专业队人数或机械台数；

H_i——施工过程 i 的人工或机械的时间定额；

$P_{i,j}$——施工过程 i 在 j 施工段上的劳动量(工日或台班)，$P_{i,j}=Q_{i,j}/S_i$ 或 $P_{i,j}=Q_{i,j}\times H_i$。

例 某办公楼某施工段不锈钢栏杆 36 m，工人人数 6 人，计划每工日产量为 3 m，试确定流水节拍 T？

解：
$$T_{i,j}=\frac{Q_{i,j}}{S_i\cdot R_i}=\frac{36}{3\times 6}=2(\text{天})$$

答：流水节拍为 2 天。

当所求流水节拍不是整数时，最好选用一适当的整数，不得已时也可用 0.5 天或 0.5 天的整数倍。

如果流水节拍是根据工期要求来确定，则也可用上述公式计算出所需要的人工数或机械台班数。在这种情况下，必须检查劳动力和机械供应的可能性，材料等资源能否相适应，工作面能否满足。如果工期短，节拍小，就需增加工作班组数或工作班次(两班或三班)。

4. 流水步距 *K*

流水步距是指两个相邻的专业班组(或两个相邻的施工过程)进入同一施工段开始施工的时间间隔，它不包括技术间歇和组织间歇。用符号 $K_{i,i+1}$ 表示，表示第 i 个施工过程或专业队组的编号。其数目取决于施工过程的数目，当施工过程数目为 N 时，则流水步距 $K=N-1$。流水步距的确定应遵循以下基本原则：

(1) 要始终保持施工工艺的先后顺序。

(2) 要保证各施工过程(专业班组)能连续施工。

(3) 相邻两施工过程(专业班组)开始投入同一施工段施工的时间要最大限度地搭接。

三 流水施工的组织方式

在流水施工中，由于流水步距、施工工期、专业班级数目等都与流水节拍有着密切的关系，所以常按流水节拍的特征来区分流水施工的种类，其分类情况如图 2.3 所示。

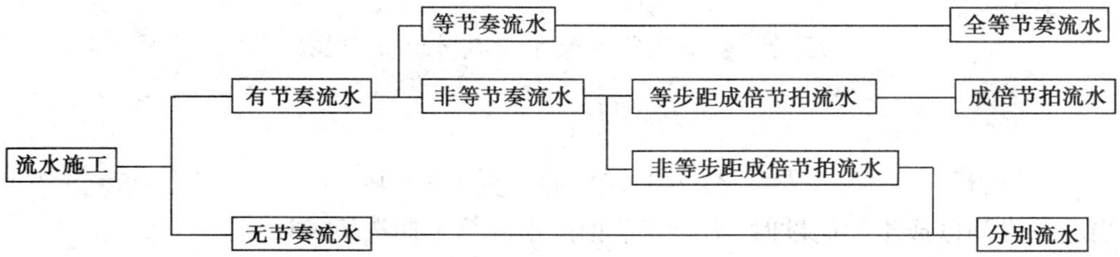

图 2.3 流水施工的种类

有节奏流水施工，是指组织施工的各施工过程在各施工段上的流水节奏都彼此相等的流水施工。

等节奏流水施工，是指参与流水施工的各施工过程在各施工段上的流水节拍全相等的流水施工。

非等节奏流水施工，是指参加流水的每一施工过程本身的各施工段流水节拍都相等，但各施工过程之间彼此的流水节拍不全相等。它包括等步距成倍节拍流水施工和非等步距成倍节拍流水施工两种方式。

等步距成倍节拍流水施工，是指在组织非等节奏流水施工时，按其各个施工过程的节拍之间的比例关系，成立相应数量的专业班组而进行的流水施工，通常称为成倍节拍流水施工。

非等步距成倍节拍流水施工，是指在组织非等节奏流水施工时，各施工过程成立一个工作队，完成各施工段上的流水施工。其流水步距不全相等，属于分别流水施工的范畴。

无节奏流水施工（分别流水施工）是指参与组织流水施工的全部或部分施工过程在各施工段上的流水节拍不相等的流水施工。在实际施工中应用较为广泛。

下面主要介绍平时用得较多的三种流水方式即固定节拍流水、非等节奏流水和分别流水施工。

1. 全等节拍流水施工

全等节拍流水施工又称为固定节拍流水施工或等节奏流水施工，其特点是指参与流水施工的各施工过程，在各施工段上的流水节拍全相等，它是流水施工中最简单、有规律、最常见的一种形式。表 2.5 即为全等节拍流水。从表中可看出各施工过程在各施工段上的流水节拍都相等且等于流水步距。图 2.4 为全等节拍流水工期计算的示意图。

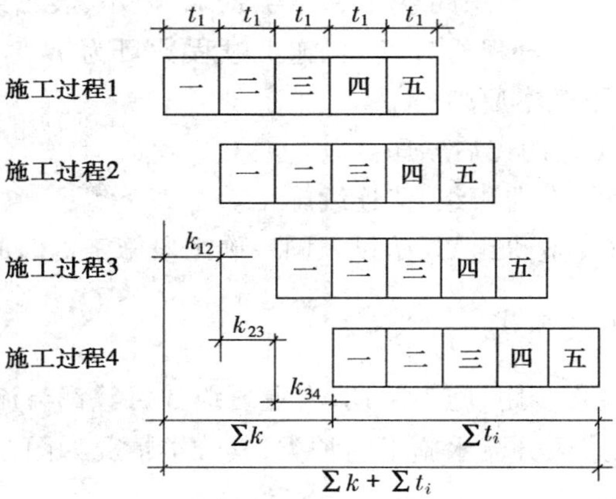

图 2.4　全等节拍流水工期计算示意图

由图可知

$$T = \sum K + \sum t_i = (M + N - 1) \cdot K \tag{2.3}$$

当有技术间歇或组织间歇时，则全等节拍流水的总工期按下式计算：

$$T = (M + N - 1) \cdot K + \sum t_{gz} \tag{2.4}$$

如图 2.4 可知　　$t_1 = t_2 = t_3 = t_4 = k = 3$（天）

总工期　　$T = (M + N - 1)\cdot K = (4 + 5 - 1) \times 3 = 24$(天)

2. 非等节奏流水施工

非等节奏流水施工的特点是参加流水的每个施工过程在各施工段上的流水节拍相等,但各施工过程之间彼此的流水节拍不全相等,其示意图如图 2.5 所示。

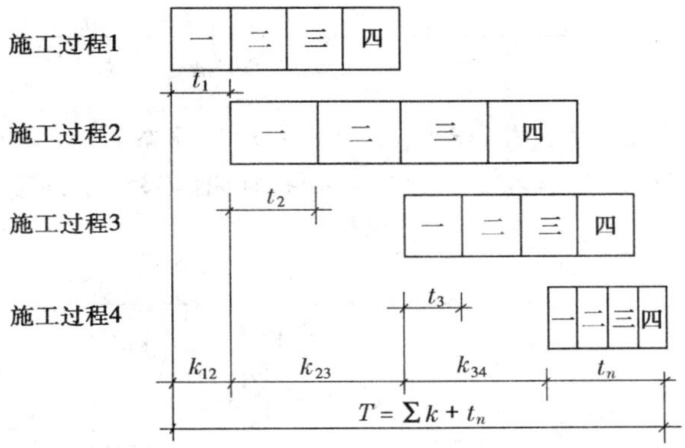

图 2.5　非等节奏流水施工的示意图

非等节奏流水施工在实际施工中经常碰到,这是因为各施工过程和工程量及难易程度等不同,导致各施工过程的流水节拍不同,在具体组织时常出现以下两种情况:

(1) 紧前施工过程的流水持续时间小于或等于紧后施工过程的持续时间即:$t_i \leqslant t_{i+1}$,这说明紧前施工过程在任何一个施工段上的结束时间都先于或等于紧后施工过程的开始时间。它能满足施工工艺的合理性。如图 2.6 示意图。此时相邻两施工过程的流水步距为 $k_{i,i+1} = t_i$。

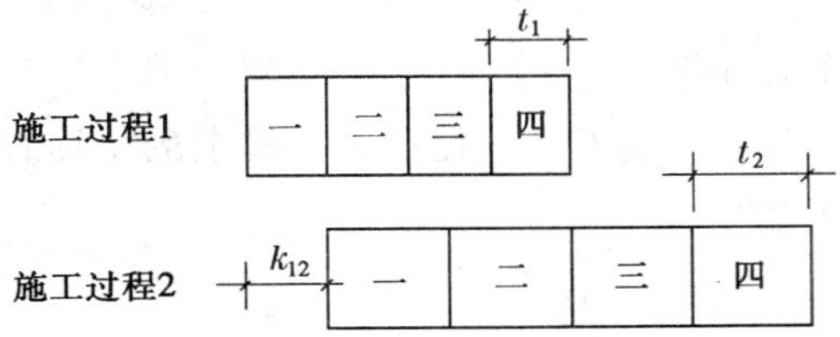

图 2.6　组织非等节奏流水中,当 $t_i \leqslant t_{i+1}$ 时的示意图(取 $k_{i,i+1} = t_i$)

(2) 紧前施工过程的流水持续时间大于紧后施工过程的持续时间即:$t_i > t_{i+1}$,此时如仍按 $k_{i,i+1} = t_i$ 来安排流水施工,则从第二段开始会出现紧前施工过程尚未结束而紧后施工过程已开始施工,这显然不符合施工工艺的要求。如要符合工艺要求,则必须将紧后施工过程的开始时间后移,此时虽能满足工艺要求,但专业班组的施工出现间断(图 2.7)。所以,为了确保各施工过程的施工且符合工艺要求,需计算出恰当的流水步距,如图 2.8 示意图。

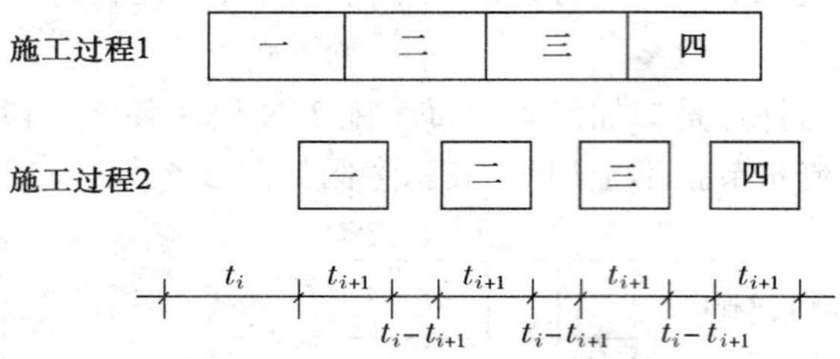

图 2.7　当 $t_i > t_{i+1}$时，按 $k_{i,i+1} = t_i$ 来安排流水，为符合施工工艺要求，将后续施工过程的开始时间后移的示意图

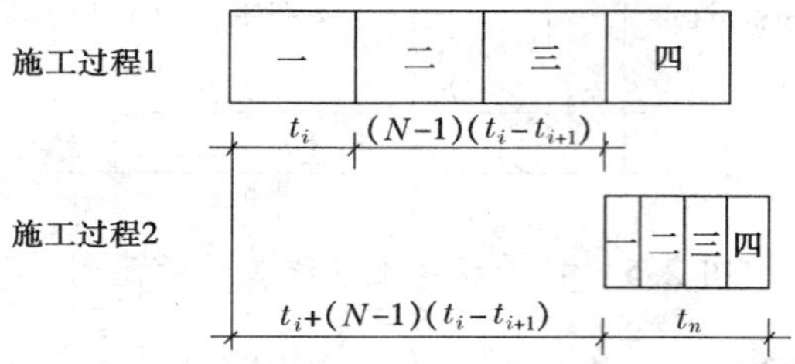

图 2.8　组织非等节奏流水中，正确安排方式的示意图

由图 2.8 可知：

$$K_{i,i+1} = t_i + (N-1)\cdot(t_i - t_{i+1}) \tag{2.5}$$

如再考虑各种间歇时间，则对于非等节奏流水的总工期可按下式计算：

$$T = \sum K_{i,i+1} + t_n + \sum t_{gz} \tag{2.6}$$

式中　N——参加流水的施工过程数；

t_n——参加流水的最后一个施工过程在各施工段上的持续时间的总和；

t_{gz}——各种技术及组织间歇。

3. 分别流水施工

分别流水的特点是参加流水各施工过程在各施工段上的流水节拍不全相等。组织的方式同前面一样，即必须保证施工工艺顺序的正确和各专业队组能连续施工。组织的关键是要确定流水节拍的大小。流水节拍的确定有多种方法，下面仅介绍累加数列错位相减取最大差的方法，其具体步骤如下：

(1) 把每个施工过程在各施工段上的流水节拍依次向后累加，逢段求和，得出流水节拍的累加数列。

(2) 再将两相邻施工过程的累加数列的后者向后错一位，并逐列上下相减，得到一个差值数列。

(3) 取每个差值数列的最大正差值，该值即为这两个相邻施工过程的流水步距。

4. 求工期

分别流水的总工期可按下列通式计算

$$T = \sum K_{i,i+1} + t_n + t_{gz} \tag{2.7}$$

例　某工程有三个施工过程组织，分为四个施工段施工，其流水节拍（天）如下表所示，求流水步距和工期并画出进度计划表。

施工过程 \ 施工段	1	2	3	4
一	2	3	2	1
二	1	2	1	2
三	3	1	2	1

解：

①求各施工过程流水节拍的累加数列

2	5	7	8
1	3	4	6
3	4	6	7

②求两相邻累加数列的错位差数列

2	4	4	4	-6
1	0	0	0	-7

③确定流水步距

$$K_{12} = 4$$

$$K_{23} = 1$$

④总工期

$$T = \sum K_{i,i+1} + t_n + t_{gz}$$

$$= (4+1) + (3+1+2+1) + 0 = 12(天)$$

⑤画进度计划表（表 2.6）

表 2.6　进度计划表示意

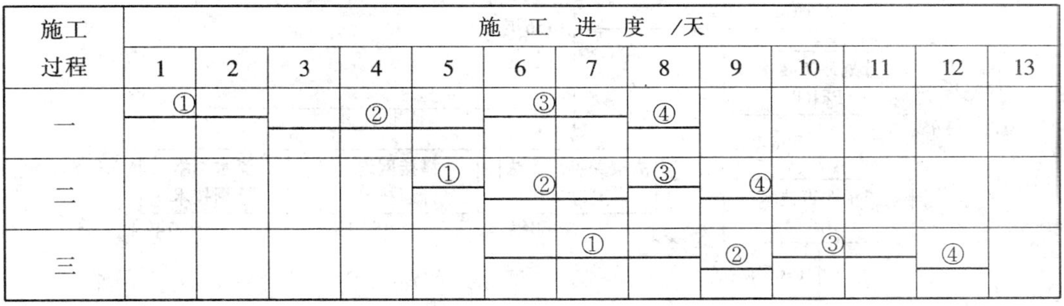

第三节　网络计划技术

一　概述

上节我们介绍的横道图是最早对施工进度计划安排的科学表达方式。这种表达方式简单、明了、容易掌握,便于检查和计算资源需求状况,因此被沿用至今。但它在表达内容上有很多缺点,如:不能全面而准确地反映出各项工作之间相互制约、相互依赖、相互影响的关系;不能反映出整个计划(或工程)中的主次部分,即其中的关键工作;难以对计划作出准确的评价;更重要的是不能应用现代化的计算工具——电子计算机。这些缺点从根本上限制了横道图的适应范围。

在20世纪50年代后期,为了适应生产发展和科学研究工作的需要,国外陆续出现了一些计划管理的新方法。这些方法尽管名目繁多,但内容大同小异,都是采用网络图来表达计划内容的,并且符合统筹兼顾、适当安排的原则,我国著名的华罗庚教授把它们概括地称为统筹法,即通盘考虑,统一规划的意思。

统筹法的基本原理是:首先应用网络图形来表达一项计划(或工程)中各项工作的开展顺序及其相互之间的关系;通过对网络图进行时间参数的计算,找出计划中的关键工作和关键线路;继而通过不断改进网络计划,寻求最优方案;以求在计划执行过程中对计划进行有效的控制与监督,保证合理地使用人力、物力和财力,以最小的消耗取得最大的经济效果。因此这种方法得到了世界各国的承认。广泛应用在工业、农业、国防和科研计划与管理中。

1. 国外网络计划技术的发展现状

当前,世界上工业发达国家都非常重视现代管理科学,网络计划技术已被许多国家认为是当前最为行之有效的、先进的、科学的管理方法。国外多年实践证明,应用网络计划技术组织与管理生产一般能缩短时间20%左右,降低成本10%左右。美国土木工程协会会刊评论说,CPM/PERT是目前仅有的计划管理新方法;日本建设省确认网络计划技术具有实用价值;原苏联出版的《建筑业的网络计划方法》一书认为,网络计划方法在改善建筑业管理方法,提高建筑经济效益等方面已经占据了应有的地位,并得到公认。美国、日本德国和原苏联等国都编制了《网络计划技术标准或规程》。图2.9反映了国内外网络计划技术的发展概况。

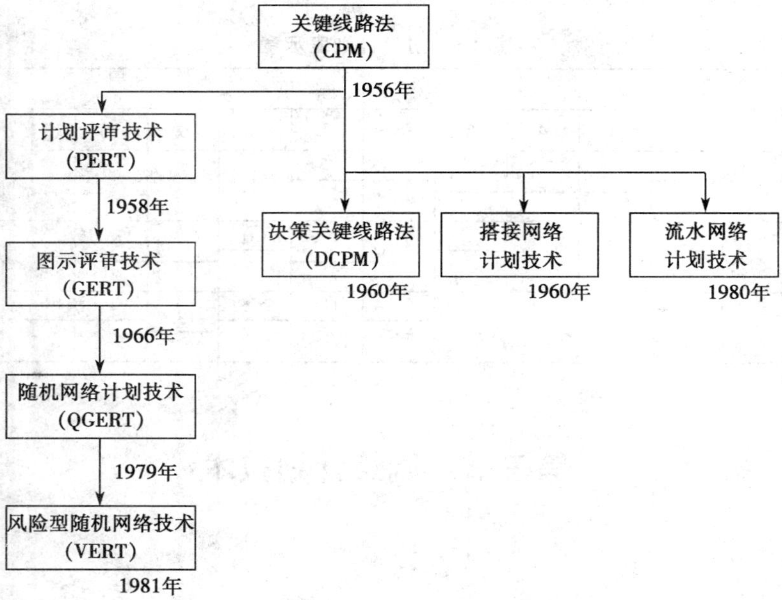

图2.9 国内外网络计划技术的发展概况

网络计划技术的种类很多,可以按网络计划的性质、目标、层次、表达方式进行分类,见下表2.7。按性质还可以更详细地进行分类,如图2.10所示。

表2.7 网络计划分类表

分类依据	网络计划形式	备 注
按性质分类	肯定型网络计划	工作、工作之间的逻辑关系以及工作持续时间都肯定的网络计划
	非肯定型网络计划	工作、工作之间的逻辑关系和工作持续时间三者中任一项或多项不肯定的网络计划
按目标分类	单目标网络计划	只有一个终点节点的网络计划
	多目标网络计划	终点节点不止一个的网络计划
按层次分类	分级网络计划	根据不同管理层次的需要而编制的范围大小不同、详略程度不同的网络计划
	总网络计划	以整个计划任务为对象编制的网络计划
按表达方式分类	时标网络计划	以时间坐标为尺度编制的网络计划
	非时标网络计划	不按时间坐标编制的网络计划

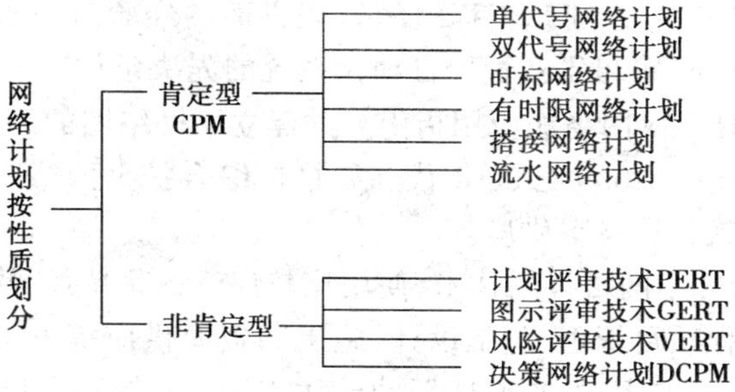

图2.10 网络计划按性质分类

网络计划技术,几乎每两三年就出现一些新的模式,当前建筑业应用最广泛和有代表性的是CPM/PERT、GERT等随机性决策网络,目前还基本上只在一些科研系统中使用。

美国是网络计划技术的发源地,美国的泰迪建筑公司在47个建筑项目上应用此法,平均节省时间22%,节约资金15%。美国政府于1962年规定,凡与政府签订合同的企业,都必须采用网络计划技术,以保证工程进度和质量。美国400家大型建筑企业调查结果,1965年使用网络计划技术者达47%,1970年使用者达到80%。1974年麻省理工学院调查指出:“绝大部分美国建筑公司采用网络计划技术编制施工计划”。美国建筑业普遍认为:“没有一种管理技术像网络计划技术对建筑业产生那样大的影响”。1978年美国土木工程协会会刊上评论说,CPM/PERT是目前仅有的计划管理新方法,并且可以预见在将来(5~10年内)不会出现一种新方法代替它,因此,我们应该享有它、使用它、改进它。美国实现了用计算机画图、计算、优化、调整和统计。

日本于1961年从美国引进网络计划技术,建设省1963年开始确认网络计划技术具有实用价值,并制定出研究课题。1968年10月日本建筑学会发表了《网络施工进度计划和管理指南》,并在建筑业逐步推广使用。日本政府认为网络计划技术是计划的最优方法,并规定全面采用。据资料记载,日本的超高层建筑,如世界贸易、神户商工贸易、京王等高层建筑,都采用了网络计划技术组织施工。

原苏联政府从1964年开始就颁布了一系列有关制定和应用网络计划技术的指示、基本条例等法令性文件,规定所有大型建筑工程都必须采用网络计划技术,同时实行作业管理,加强调度工作。他们认为:在提高建设效率方面,网络计划占有重要地位。网络图在设计和施工阶段是缩短建设工期、降低建筑造价和提高建筑质量的有效工具。采用网络计划技术,可以使建筑计划建立在可靠的科学基础上。原苏联不仅在单位工程和建筑群中应用,早在20世纪60年代中期乌克兰加盟共和国时,建造部就已经能够应用网络计划技术对全国400多个重点工程进行计划和控制。

据原苏联统计:1970~1975年期间推广面达到了34%,工业建筑部从1967~1975年应用网络计划技术完成的建筑安装工作量(以1967年为100%),分别为100%、198%、308%、408%、469%、616%、745%、818%和849%,应用网络计划技术可以缩短工期20%左右,降低成本10%,而编制网络计划的费用约为0.1%。网络计划技术用于编制包括设计、施工和技术物资供应在内的建设项目进度计划以及建筑安装机构最优五年计划、年度计划和月、旬作业计划等。原苏联长期以来把网络计划技术作为一项必须推广应用的新技术,而且正式列入国民经济发展计划中,并在总结60年来建筑工程组织管理方面的经验时,把网络计划技术的应用作为划分发展阶段的一个里程碑和建立管理自动化系统的先决条件。

原苏联在1979年编出了《网络法应用指南》,并建立了网络图的编制和管理的专门分支机构,推广应用"标准网络图"。20世纪80年代开始推广综合扩大网络图,它包括建立生产能力的三个活动范围:设计、施工和材料供应。

德国从1960年开始应用网络计划技术,使用比较广泛的是单代号搭接网络。德国将网络计划技术主要应用于工程项目管理,包括设计、施工和资源供应等方面。据统计,应用于工程项目管理的约占80%左右,应用在施工计划的约占20%。工程项目管理包括工程计划的协调、监督和控制,主要搞工期和成本优化,用时间和费用来控制工程进度。德国应用多阶网络系统,有总网络和分网络,有协调网络法和图表网络法。德国有国家统一的网络术语、符号和画法,并大量使用标准网络图。网络计划一般由咨询事务所编制,然后发至工地用来进行项目控制。工地每月报告执行情况,说明已完成和正在进行的项目。如需变更,须填写固定表格,并输入计算机,打出新的网络计划,并提出保证工期的建议,修改后发至工地。

英国推行网络计划技术较为普遍,在设计、规划和建筑工程管理方面日益受到重视。他们认为,在设计和规划阶段非常有用,还可用于大规模规划和城市规划。

2. 我国应用网络计划技术的发展与现状

我国从20世纪60年代中期,在著名数学家华罗庚教授的倡导下,开始在国民经济各部门试点应用网络计划方法。当时为结合我国国情,并根据"统筹兼顾、全面安排"的指导思想,将这种方法命名为"统筹方法"。此后,在工农业生产实践中有成效地推广起来。1980年成立了全国性的统筹法研究会,1982年在中国建筑学会的支持下,成立了建筑统筹管理研究会。随后,许多省、市、自治区也相继建立起研究会(或学会)。为了推行网络计划技术,全国各省市大量举办网络计划技术学习班,培训在职工程技术及管理人员达几万人,全国近50所高等院校的土木和管理专业都开设了网络计划技术课。从事网络计划研究的企业、学校、研究机构和研究生很多。我国工程项目管理和工程建设监理的企业和人员均进行网络计划技术学习和应用。网络计划技术是工程进度控制的最有效方法。成功的应用实例已经有千百项工程。许多工程的招标文件要求必须在投标书中编制网络计划。目前,已较好地实现了工程网络计划技术应用全过程的计算机化,即用计算机绘图、计算、优化、检查、调整与统计。还大力研究将网络计划与设计、报价、统计、成本核算及结算等形成系统,做到资源共享。成功的网络计划软件为数较多。网络计划技术与工程管理已经密不可分。网络计划技术的应用价值已远远超过了它诞生时对其价值的认识,而网络计划技术价值的提高,则必须依赖计算机在其全过程中的应用。

为了进一步推进网络计划技术的研究,应用和教学,我国于 1991 年发布了行业标准《工程网络计划技术》,1992 年发布了《网络计划技术》三个国家标准(术语、画法和应用程序),将网络计划技术的研究和应用提升到一个新的高度。近 10 年来,这些网络计划技术的标准化文件在规范网络计划技术的应用,促进该领域的科学研究方面发挥了重要作用。新颁布的《工程网络计划技术规程》(JGJ/T 121－99)于 2000 年代替了原 JGJ/T 1001－91,于 2000 年 2 月 1 日起施行,必将进一步促进工程网络计划技术的发展和应用水平的提高。

3. 网络计划技术的性质和特点

网络计划技术既是一种科学的计划方法,又是一种有效的生产管理方法。

网络计划技术作为一种计划的编制和表达方法与我们一般常用的横道计划法具有同样的功能。对一项工程的施工安排,用这两种计划方法中的任何一种都可以把它表达出来,成为一定形式的书面计划。但是由于表达形式不同,它们所发挥的作用也就各具特点。

横道计划以横向线条结合时间坐标来表示工程各工作的施工起讫时间和先后顺序,整个计划由一系列的横道组成。而网络计划则是以加注作业持续时间的箭线(双代号表示法)和节点组成的网状图形来表示工程施工的进度。例如,有一项分三段施工的钢筋混凝土工程,用两种不同的计划方法表达出来,内容虽完全一样,但形式却各不相同(见表 2.8 及图 2.11)。

表 2.8　横道计划

施工过程	施　工　进　度　/天												
(分项工程)	2	4	6	8	10	12	14	16	18	20	22	24	26
砌 12 砖墙	——												
吊顶及板墙	——	——											
墙面找平			——	——									
地面找平					——								
贴壁纸及塑料地板							——	——	——				
安门窗扇及木装修							——	——	——				
油漆										——	——	——	
外装修		——	——	——	——	——	——						
台阶、散水													——

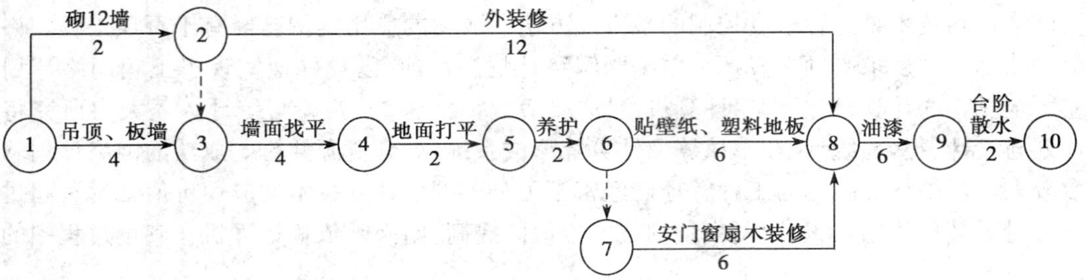

图 2.11　网络计划

横道计划的优点是较易编制、简单、明了、直观、易懂。因为有时间坐标，各项工作如施工起讫时间、作业持续时间、工作进度、总工期以及流水作业的情况等都清楚明确，一目了然。对人力和资源的计算也便于据图叠加。它的缺点主要是不能全面地反映出各工作相互之间的关系和影响，不便进行各种时间计算，不能客观地突出工作的重点(影响工期的关键工作)，也不能从图中看出计划中的潜力所在。这些缺点的存在，对改进和加强施工管理工作是不利的。

网络计划的优点是把施工过程中的各有关工作组成了一个有机的整体，因而能全面而明确地反映出各工作之间的相互制约和相互依赖的关系。它可以进行各种时间计算，能在工作繁多、错综复杂的计划中找出影响工程进度的关键工作，便于管理人员集中精力抓施工中的主要矛盾，确保按期竣工，避免盲目抢工。通过利用网络计划中反映出来的各工作的机动时间，可以更好地运用和调配人力与设备，节约人力、物力，达到降低成本的目的。在计划的执行过程中，当某一工作因故提前或拖后时，能从计划中预见到它对其他工作及总工期的影响程度，便于及早采取措施以充分利用有利的条件或有效地消除不利的因素。此外，它还可以利用现代化的计算工具——计算机，对复杂的计划进行绘图、计算、检查、调整与优化。它的缺点是从图上很难清晰地看出流水作业的情况，也难依据网络图算出人力及资源需要量的变化情况。

网络计划技术的最大特点就在于它能够提供施工管理所需的多种信息，有利于加强工程管理。所以，网络计划技术已不仅仅是一种编制计划的方法，而且还是一种科学的工程管理方法。它有助于管理人员合理地组织生产，使他们做到心中有数，知道管理的重点应放在何处，怎样缩短工期，在哪里挖掘潜力，如何降低成本等等。在工程管理中提高应用网络计划技术的水平，必能进一步提高工程管理的水平。

根据以上分析，可以看出，采用网络计划技术和采用横道计划法一样，并不需要什么特别的物质技术条件。采用网络计划技术能加强管理，取得好快省的全面效果，也不是单纯的为了求快。

网络计划技术虽与施工技术有密切的联系，但两者的性质却是完全不同的。

施工技术是指某项工程或某项工作在一定的自然条件、物资(材料、装备等)条件和技术条件下采用的工程实施技术，如桁架的吊装技术、墙面干挂石材的施工技术、网架的安装方法、玻璃幕墙的施工技术等等。这中间包括机械的选择、工艺的确定、顺序的安排和流水的组织等，这些都必须在综合考虑当时、当地的具体条件后才能做出适当的决定，也只有具备了相应的条件之后才有可能实现原来的设想。这也就是说，选择使用什么样的施工技术是需要一定物质技术条件的。

而网络计划技术则不同，它只是一种计划表达方法与管理方法。只要施工技术确定了，运用网络计划技术就一定可以把施工组织设计人员设想的施工安排实施，用网络图的形式在书面上正确地表达出来并应用于管理，运用网络计划技术不需要任何为决定施工技术所需的物质技术条件作为前提，在这点上它和横道计划是完全一样的，在任何条件下都可应用。

从网络计划技术的性质和特点来看，并非应用网络计划技术就一定能使施工进度加快到某种程度，因为物质技术条件和计划安排得是否合理对进度都有一定影响。网络计划技术只能反映在一定物质技术条件下作出的进度安排，它的作用实际上只限于给管理人员提供应在哪些工作上合理赶工以及工期与成本的关系等信息，从而使增加的费用最少，成本最低，并避免盲目抢工。至于赶工能否实现，最终还是取决于施工组织方法，特别是物质技术条件。

只要我们应用网络计划技术，它就一定能为我们提供对加强和改进工程管理大有用处的一些信息。利用这些信息，就可能在现有条件下合理地调整计划以加快工程进度，或者是在现有的条件下通过调整以节约人力和物力，降低工程的成本。利用这些信息就可以使我们心中有数，胸有全局，分清重点与一般，能预见到情况变化将要造成的影响，使我们处于主动地位。

网络图计划与横道图计划比较，具有以下明显的特点：

(1) 网络计划能明确表达各项工作之间的逻辑关系。

(2) 可以经过分析计算找出关键工作，明确任务的关键所在，分清各活动的主次关系。便于分析哪些是关键活动，哪些活动有潜力可挖，明确工作的轻重缓急，从全局着手，统筹安排，做到合理地调配人力、物力。

(3) 通过分析计算，可得到计划控制的时间信息，一般来说，网络计划可计算出的主要时间参数有：最早可能开始时间、最早可能结束时间、最迟必须开始时间、最迟必须完成时间、总时差、自由时差、总工期等。

(4) 有网络图作基础，在计划调整中目标清楚，可以从许多方案中按不同的目标(工期、成本、资源等)对计划进行优化调整，选出最优方案。

(5) 网络计划方法提供了一套完整的计算工期指标和计划优化的数学模型。使现代大型计划的编制、优化、调整成为可能，也为建立和发展计划管理自动化系统创造了条件。应月网络计划方法编制大型的、复杂的工程施工计划，其作用和优点更为明显。

4. 网络计划的种类

网络计划自诞生以来，得到了迅速的发展，其种类愈来愈多。有肯定型和非肯定型之分。肯定型网络计划是指计划的子项目(工作)、各工作的相互关系及工作持续时间都是肯定的。非肯定型网络计划是上述三要素不肯定的网络计划。我们这里只研究肯定型网络计划。肯定型网络计划主要有以下几种：

1) 双代号网络计划

双代号网络计划是以双代号网络图表示的计划。双代号网络图以箭线表示工作，以节点表示它们之间的连接点，以两端的节点编号表示一项工作。图 2.12 是一个双代号网络计划。

目前在我国的工程施工中，经常用以表示工程进度计划的网络图是双代号网络图，本书仅重点介绍双代号网络图。

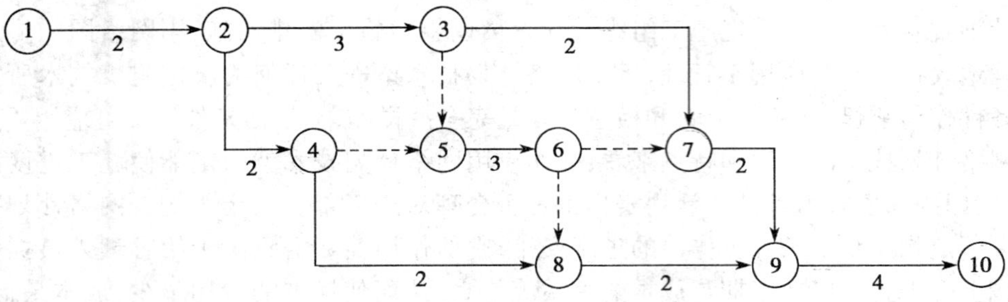

图 2.12 双代号网络计划

2）单代号网络计划

单代号网络计划是以单代号网络图表示的计划。以节点表示工作，以箭线表示逻辑关系，每一节点的编号都可以独立代表一项工作。图 2.13 是一个单代号网络计划。

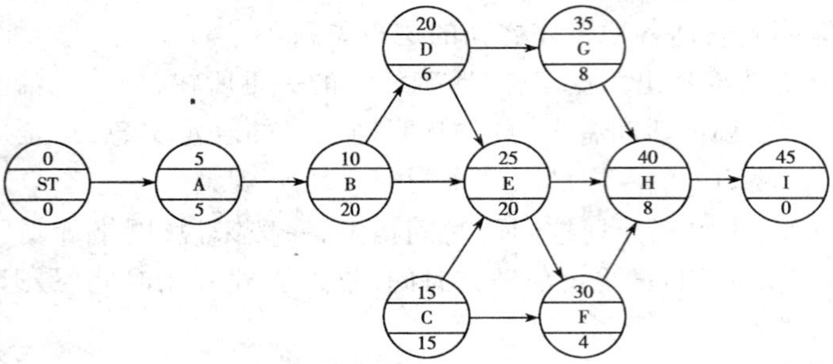

图 2.13 单代号网络计划

3）其他网络计划

在上述两种网络计划的基础上，为满足不同目的的计划使用的网络计划，包括：

(1) 时标网络计划。时标网络计划是以时间为尺度表示工作时间的网络计划。它的最主要特点是计划时间直观，直接显示时差。如图表 2.9（它是图 2.12 图的有时标网络图）。

表 2.9 时标网络计划

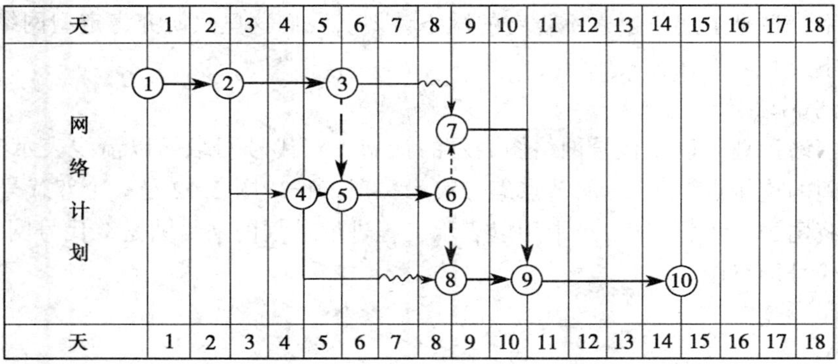

(2) 搭接网络计划。搭接网络计划是可以表示计划中各项工作之间的搭接关系的网络计划。其主要特点是可以表示各种搭接关系。

(3) 流水网络计划。这种网络计划既能表示搭接关系,又能表示流水关系,兼有网络计划和流水作业两者的优点。

(4) 有时限的网络计划。有时限的网络计划是能体现由于外界因素影响对计划时间安排限制的网络计划。这些因素包括由计划的约束条件引起的限制,如自然条件引起的、经济条件引起的、社会条件引起的和技术条件引起的等,还包括对计划的要求引起的限制,如指令、合同、协议等。

时限有最早开始时限、最迟结束时限和中断时限等。

(5) 多目标网络计划。一般网络计划是单一目标的,即只有一个结束节点或只有一个计划工期。多目标网络计划有两个及其以上的结束节点,有与结束节点数目相同的工期。

(6) 群体网络计划。这种计划的研究对象是一个群体项目。建设项目以群体为多,因而在工程建设中群体网络计划应用很广泛。

二　双代号网络图的绘制

网络图是由箭线和节点组成的,用来表示工作流程的有向、有序的网状图形。以箭线及其两端节点的编号表示工作的网络图叫双代号网络图。

1. 双代号网络图的构成

双代号网络图是由工作、节点和线路三要素构成(如图 2.14)。

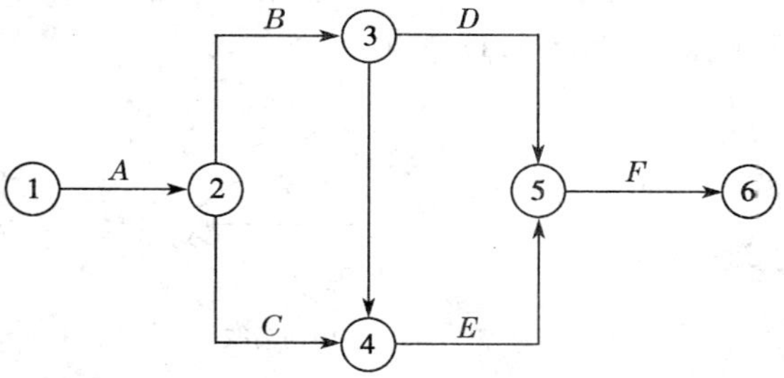

图 2.14　双代号网络图

1) 工作

(1) 在双代号网络图中,一条箭线与其两端的节点表示一个施工过程(或一道工序、一项活动、一个工作)。但所包括的工作范围可大可小,视情况而定,如不同的网络图中,可表示一个施工工序、一个分项工程、一个分部工程、一个单位工程或一个工程项目。

(2) 每个施工过程的完成都要消耗一定的时间或消耗一定的时间和资源。只消耗时间不消耗资源的施工过程称为技术或组织间隙。具体的一个施工过程在网络图中用一条实箭线来表示。

(3) 在无时标的网络图中,箭线的长短并不反映该工作占用时间的长短。原则上讲,箭线的形状怎么画都行,可以是水平直线,也可以画成折线或斜线,但是不可以中断。在同一张网络图上,箭线的画法要求统一,图面要求整齐醒目,最好都画成水平直线或带水平直线的折线。

(4) 为了正确表示施工过程之间的逻辑关系,有时必须使用虚箭线(虚工作),虚箭线只表示两相邻工作之间的逻辑关系,工程中实际并不存在,它既不消耗时间也不消耗资源。一般不标注名称,其持续时间为零。有关虚工作的性质、作用将在后面详细论述,虚工作的表示方法如图 2.15 的(a)所示。在某些书中也有用实箭线加注零时间表示的,如图 2.15(b)所示,实际操作过程中很少使用。

(5) 箭线所指的方向表示工作进行的方向,箭线的箭尾表示该工作的开始,箭头表示该工作的结束,一条箭线表示工作的全部内容。工作名称应注在箭线水平部分的上方,工作的持续时间(也称作业时间)则注在下方。如图 2.16 所示。

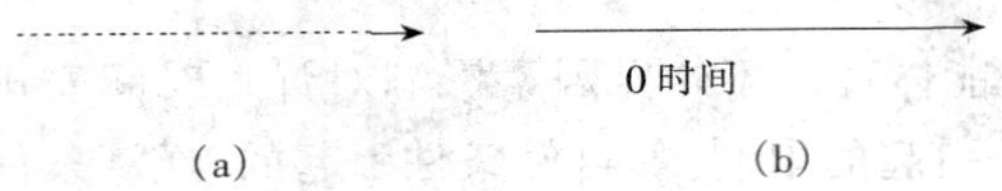

图 2.15 虚工作的表示方法

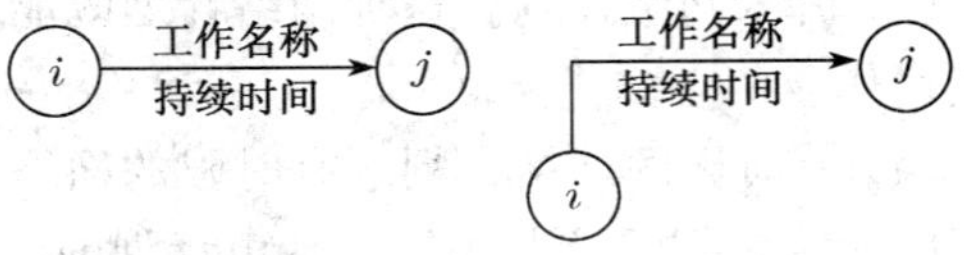

图 2.16 工作名称和时间标注法

(6)双代号网络中的某施工过程(工作)和其他工作的相互关系包括三类:紧前工作、紧后工作和平行工作。凡是紧接于某项工作箭线箭尾端的工作称为该工作的"紧前工作";紧接于某项工作箭头端的工作称为该工作的"紧后工作";与某项工作平行的工作叫做平行工作,该工作本身则可叫"本工作"。如图 2.18,图中工作 B 称为本工作。

2) 节点

双代号网络中的圆圈表示工作之间的连接,在图上称为节点。

(1) 节点在双代号网络图中表示一项工作的开始或结束。

(2) 节点只是一个"瞬间",它既不消耗时间也不消耗资源。

(3) 在网络图中,对一个节点来讲,可能有许多箭线通向该节点,这些箭线就称为"内向箭线"(或内向工作);同样也可能有许多箭线由同一节点发出,这些箭线就称为"外向箭线"(或外向工作)。如图 2.17 所示。

图 2.17 内向箭线和外向箭线

(4) 网络图中的节点有开始节点、中间节点和结束节点。网络图的第一个节点称为开始节点,表示一项计划的开始;最后一个节点称结束节点,表示一项计划的结束。其余节点称为中间节点。如图 2.18 所示。

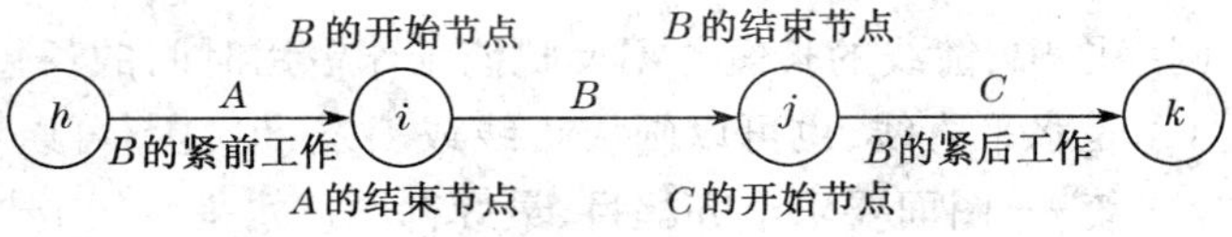

图 2.18 开始节点、结束节点

(5) 节点编号。如前所述,双代号网络图中的一项工作是用一条箭线和两个节点来表示的。为了使网络图便于检查和计算,所有节点均应统一编号,一条箭线前后两个节点的号码就是该箭线所表示的工作代号。因此,一项工作用两个节点编号来表示。

编号顺序是:从起始节点开始,依次向终点节点进行。

编号的原则：编号必须标注在节点圆圈之内；编号不得重复，并使箭尾节点的编号小于箭头节点的编号。

3）线路

网络图中从起始节点开始，沿箭线方向连续通过一系列箭线与节点，最后到达终点节点所经过的路径称为线路。每条线路所需时间之和往往是不相等的，其中时间之和最大者称为"关键线路"，其他称为非关键线路。位于关键线路上的工作称为关键工作，这些工作完成的快慢直接影响整个计划完成的时间。关键工作在网络图中通常用粗线、双线或彩色线标注。

关键线路不是一成不变的，在一定条件下，关键线路和非关键线路可互相转化，在网络图中有时可能会有几条关键线路，即这几条关键线路的工作持续时间相等。

总之，在双代号网络图中，一个施工过程的完整表示有箭线、节点和线路，如图2.19所示（图中 D_{i-j} 表示工作 $i-j$ 的持续时间）。

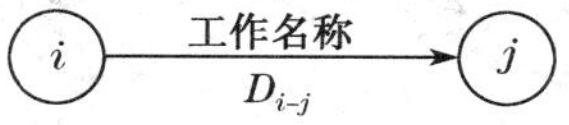

图2.19 施工过程的完整表示

2. 虚工作的作用

虚工作一般起联系、区分、断路三个作用。

(1) 联系作用。联系作用分为组织联系作用和工艺联系作用两种。如图2.20中，③－④、⑤－⑥ 虚工作即为组织联系，表示某装饰工程天棚二层龙骨必须等一层龙骨安装完毕后才能进行，二层面板必须等一层面板安装完毕后才能进行。

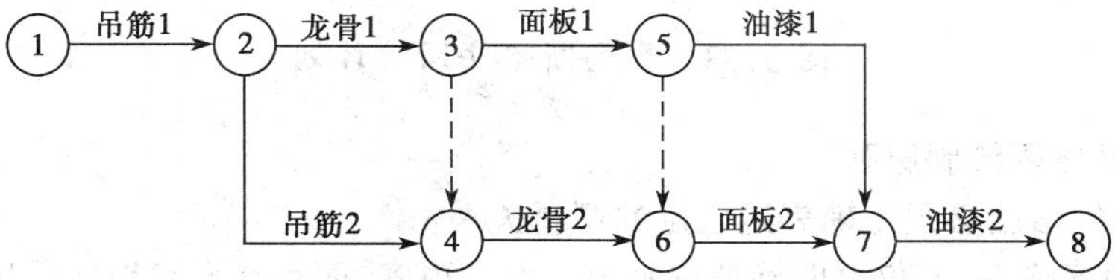

图2.20 虚工作的联系作用

(2) 区分作用。双代号网络进度计划是用两个代号表示一项工作。如两项工作用同一代号，就不能明确表示该代号代表了哪一项工作，故必须用不同的代号表示不同的工作。如图2.21所示。

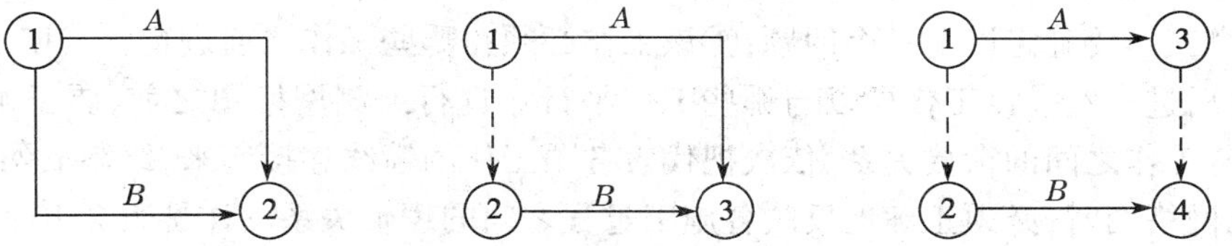

(a) A、B工作不应用同一代号　(b) 正确的画法　(c) ③-④是多余的虚工作

图2.21 虚工作区分作用

(3) 断路作用。断路的方法有两种：横向断路法和竖向断路法。其特点是利用横向和竖向虚工作将逻辑关系错误的两个工作断开。因竖向虚工作不占横向时标位置，故竖向断路法经常运用于时标网络计划，如图2.22所示。横向断路法的网络计划如图2.23所示。

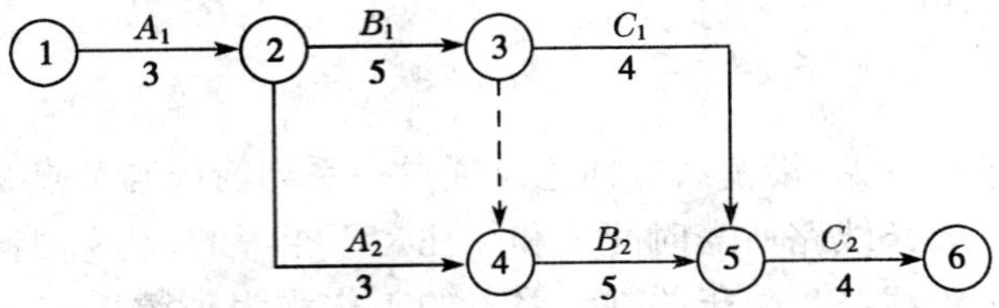

图 2.22　竖向断路法网络计划

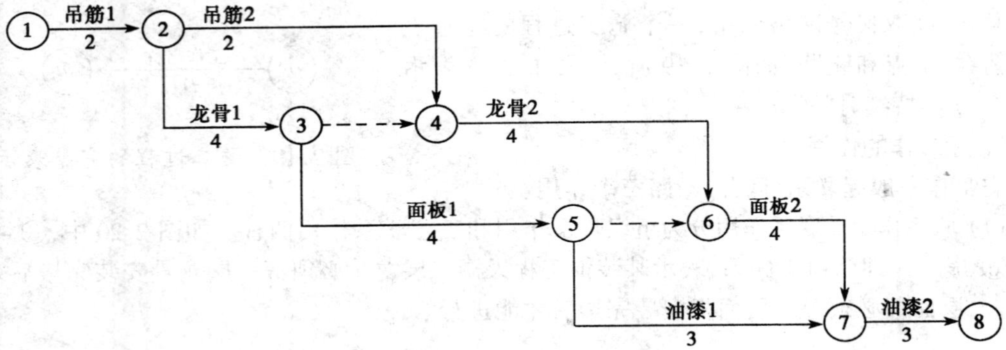

图 2.23　横向断路法网络计划

3. 双代号网络图绘制原则

(1) 双代号网络图必须正确表达已定的逻辑关系。

一个正确的网络图,不仅要明确地表示出工作的内容,而且要准确地表示出各项工作之间的先后顺序和相互关系(即逻辑关系)。逻辑关系包括工艺关系和组织关系。由施工工艺所决定的各施工过程之间客观上存在的先后顺序关系叫工艺关系。由于施工组织安排中,考虑组织安排需要或资源调配需要而规定的先后关系称为组织关系。这种关系一般不受施工工艺限制,不是工程性质本身决定的,而是保证施工质量、安全和工期前提下,可以人为安排的施工顺序关系。

要画出一个正确的反映工作之间逻辑关系的网络图,就要搞清楚各项工作之间的逻辑关系,即对每个工作要确定以下三个问题:①该工作必须在哪些工作之前进行?②该工作必须在哪些工作之后进行?③该工作可以与哪些工作平行?进行绘制网络图之前,要正确确定工作顺序,明确各工作之间的衔接关系,依次把代表各项工作的箭线连接起来,绘制成网络图。

在绘制网络图时,必须正确地反映各施工过程之间的逻辑关系。详见表 2.10 所示。

表 2.10　网络图中常见的各种工作逻辑关系的表示方法

序号	工作之间的逻辑关系	网络图中的表示方法
1	A 完成后进行 B 和 C	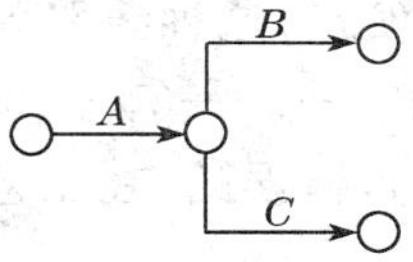
2	A、B 均完成后进行 C	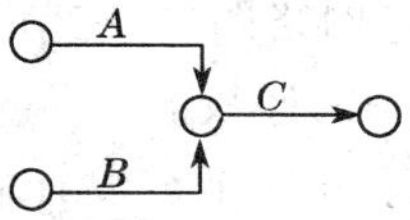
3	A、B 均完成后同时进行 C 和 D	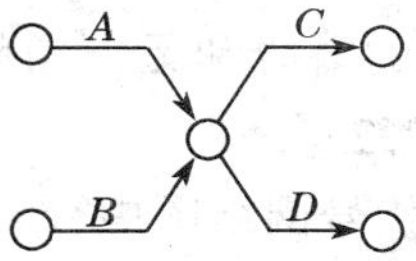
4	A 完成后进行 C A、B 均完成后进行 D	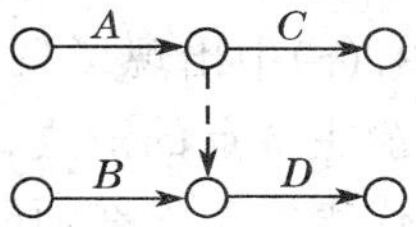
5	A、B 均完成后进行 D，A、B、C 均完成后进行 E，D、E 均完成后进行 F	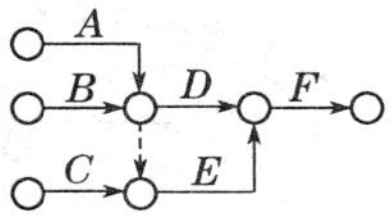
6	A、B 均完成后进行 C，B、D 均完成后进行 E	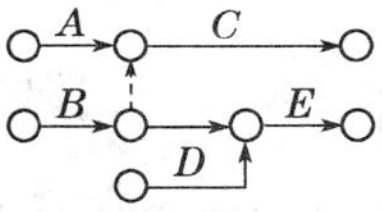
7	A、B、C 均完成后进行 D，B、C 均完成后进行 E	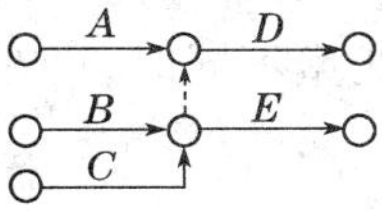
8	A 完成后进行 C，A、B 均完成后进行 D，B 完成后进行 E	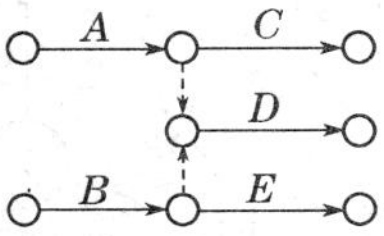
9	A、B 两项工作分成三个施工段，分段流水施工： A_1 完成后进行 A_2、B_1，A_2 完成后进行 A_3、B_2，A_2、B_1 完成后进行 B_2、A_3、B_2 完成后进行 B_3	有两种表示方法 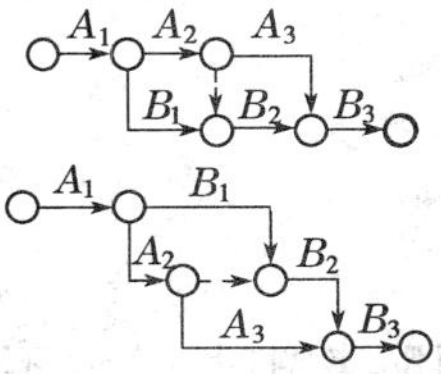

(2) 双代号网络图中，严禁出现循环回路

在网络图中如果从一个节点出发顺着某一线路又能回到原出发点，这种线路就称作循环回路。例如图2.24中的②→③→⑤→②就是循环回路，它表示的逻辑关系是错误的，在工艺顺序上是相互矛盾的。

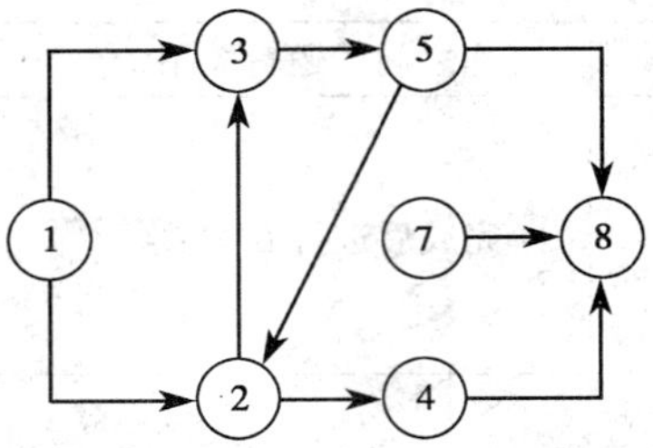

图2.24 网络图中出现循环回路

(3) 双代号网络图中，在节点之间严禁出现带双向箭头或无箭头的连线。

用于表示工程施工进度计划的网络图是一种有序有向图，是沿着箭头指引的方向进行的。因此一条有双向箭头的箭线和无方向的无箭头箭线都是不允许的，如图2.25。

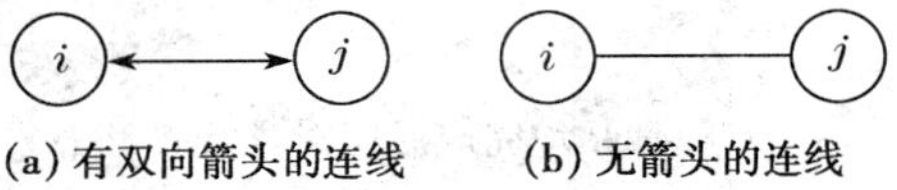

图2.25 错误的箭线画法

(4) 在双代号网络图中，严禁出现没有箭头节点或没有箭尾节点的箭线。

图2.26中，(a)中出现了没有箭尾节点的箭线，(b)图出现了没有箭头节点的箭线，都是不允许的。没有箭头节点的箭线，不能表示它所代表的工作在何处完成；没有箭尾节点的箭线，不能表示它所代表的工作在何时开始。

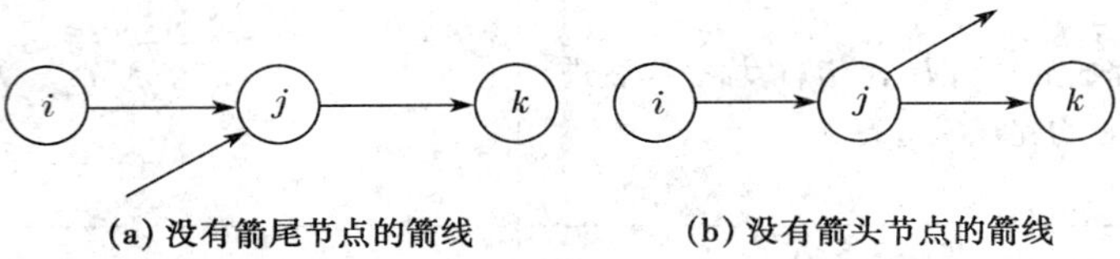

图2.26 没有箭尾和箭头节点的箭线

(5) 当双代号网络图的起点节点有多条外向箭线或终点节点有多条内向箭线时，在不违反"一项工作应只有惟一的一条箭线和相应的一对节点编号"的规定的前提下，可使用母线法绘图。当箭线线型不同时，可在母线上引出的支线上标出。图2.27是母线的表示方法。

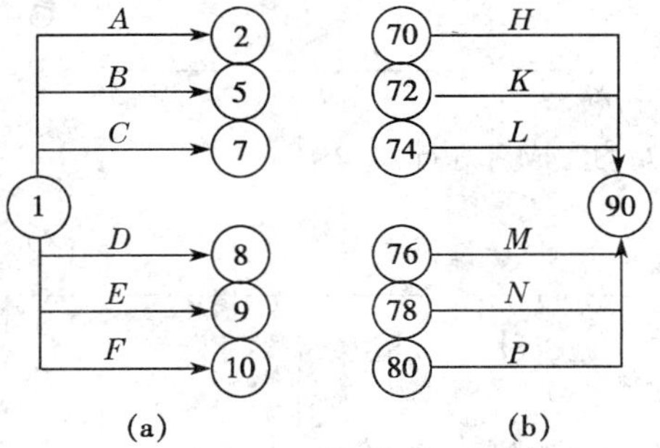

图2.27 母线的表示方法

(6) 绘制网络图时，箭线不宜交叉，当交叉不可避免时，可用过桥法或指向法。图2.28中，(a)过桥法；(b)断线法；(c)指向法。

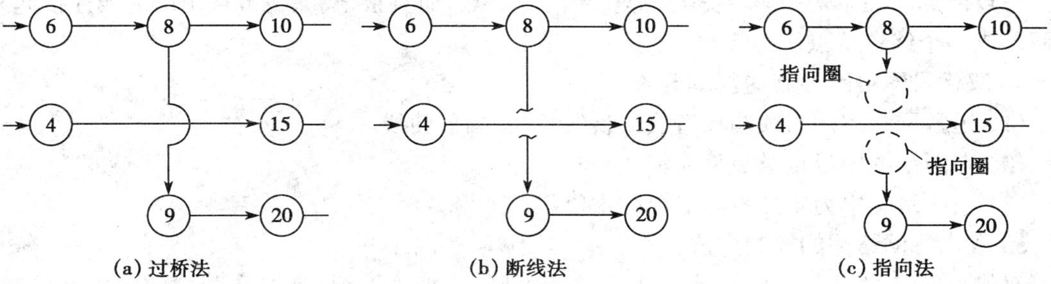

图 2.28　箭线交叉的处理方法

(7) 双代号网络图中应只有一个起点节点;在不分期完成任务的网络图中,应只有一个终点节点;而其他所有节点均应是中间节点。

图 2.29(a)所示的网络图中①、④节点均没有内向箭线,故可认为两个节点都是起点节点,这是不允许的。如果遇到这种情况,最简单的办法就是像图 2.29(b)那样,用虚箭线把①、④节点连接起来,使之只有一个起点节点。在本例中,也可将④节点删除,直接把①、⑤两节点用虚箭线连接起来。

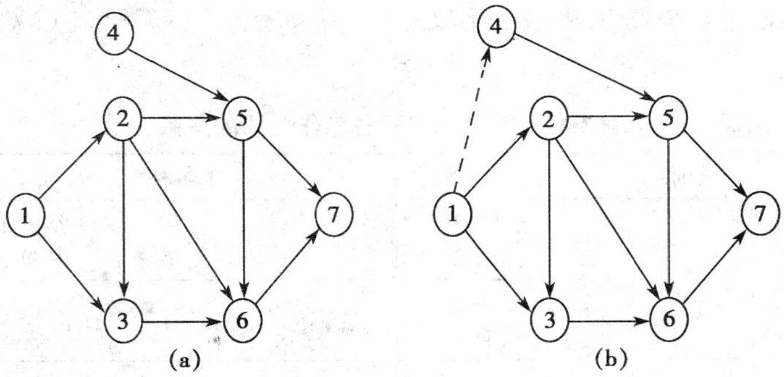

图 2.29　只允许有一个起点节

在图 2.30(a)中,出现了两个没有外向箭线的节点④、⑦,可认为是有两个终点节点。即使没有分批完成任务的要求,这也是不允许的。解决办法是像图 2.30(b)那样,使它变成只有

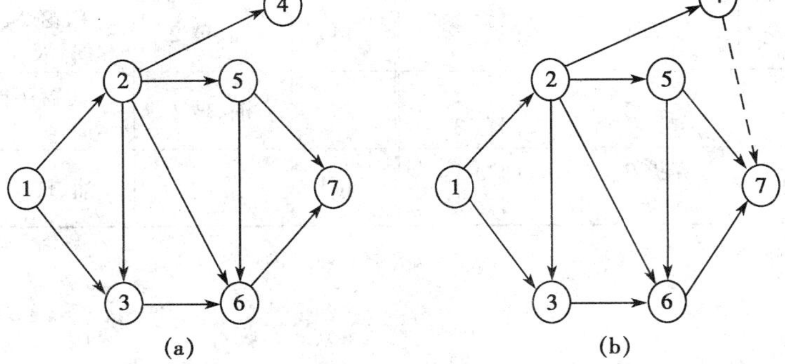

图 2.30　只允许有一个终点节点

一个终点节点。在本例中，最好是去掉多余的④节点，而直接把②、⑦节点用虚箭线连接起来，从而形成一个终点节点⑦。

4. 双代号网络图绘制的基本要求

(1) 通常网络图的箭线画成直线或折线，不宜画成曲线。

(2) 在网络图中尽量避免反向箭线。

(3) 在网络图中力求减少不必要的虚箭线。

5. 双代号网络图的绘制方法

双代号网络图的绘制方法，因各人经验而不同，从根本上说，都要在既定施工方案的基础上，以统筹安排为原则，并注意以下问题：

(1) 遵守绘图的基本原则。

(2) 遵守工作之间的工艺顺序。

(3) 遵守工作之间的组织顺序。

绘制网络图的方法，一般有以下三种：

(1) 从工艺网络图到生产网络图的画法。

(2) 从工序流程图到生产网络图的画法。

(3) 直接分析绘图法。

例如：某三层建筑的装修工程各工作之间关系如表 2.11。绘制成双代号网络图如图 2.31。

表 2.11 某装修工程各工作之间的关系

序号	工作名称	紧前工作	紧后工作	序号	工作名称	紧前工作	紧后工作
1	楼面 3	无	养护 3 楼面 2	9	内粉 1	养护 1 内粉 2	门窗 1
2	楼面 2	楼面 3	养护 2 地面 1	10	门窗 3	内粉 3	门窗 2 油、玻 3
3	地面 1	楼面 2	养护 1	11	门窗 2	内粉 2 门窗 3	门窗 1 油、玻 2
4	养护 3	楼面 3	内粉 3	12	门窗 1	内粉 1 门窗 2	油、玻 1
5	养护 2	楼面 2	内粉 2	13	油、玻 3	门窗 3	油、玻 2
6	养护 1	地面 1	内粉 1	14	油、玻 2	门窗 2 油、玻 3	油、玻 1
7	内粉 3	养护 3	内粉 2 门窗 3	15	油、玻 1	门窗 1 油、玻 2	无
8	内粉 2	养护 2 内粉 3	内粉 1 门窗 2	16		油、玻 1	

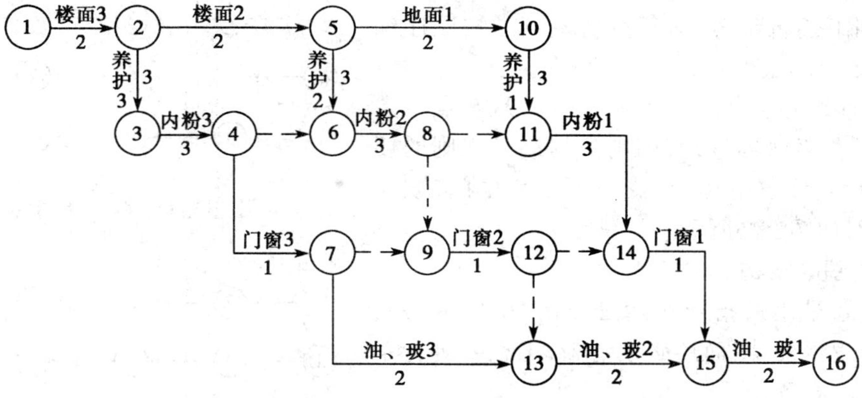

图 2.31　某装修工程双代号网络图

6. 网络图的编号

按照各项工作的逻辑顺序将网络图绘成之后，即可进行节点编号。节点编号的目的是赋予每项工作一个代号，且便于对网络图进行时间参数的计算。当采用计算机来进行计算时，工作代号就是绝对必要的。

1) 网络图的节点编号应遵循以下两条规则

(1) 一条箭线(工作)的箭头节点的编号“j”，一般应大于箭尾节点“i”，即 $i<j$，编号时号码应当从小到大，箭头节点编号必须在其前面的所有箭尾节点都已编号之后进行。如图 2.32 中，为要给节点③编号，就必须先给①、②节点编号。如果在节点①编号后就给节点③编号为②，那原来节点②就只能编为③(如图 2.33 所示)。这样就会出现图 2.33 的错误编号，即 $i>j$，以后在进行计算时就很容易出现错误。

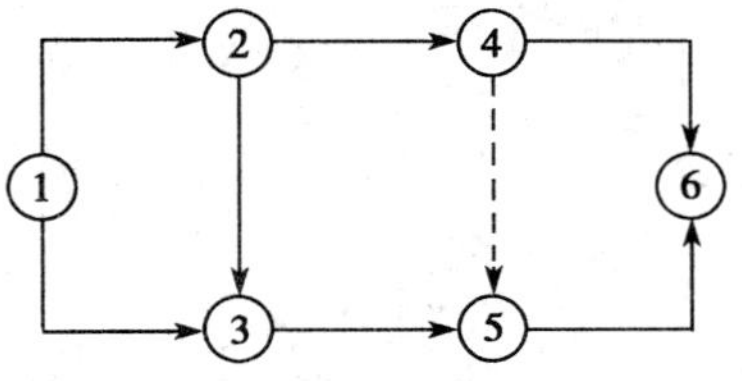

图 2.32　正确编号

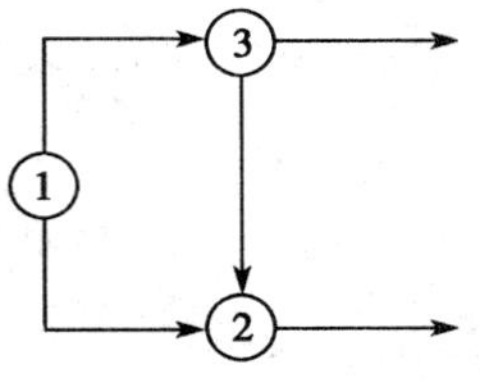

图 2.33　错误编号

(2) 在一个网络计划中，所有的节点不能出现重复的编号。有时考虑到可能在网络图中会增添或改动某些工作，故在节点编号时，可预先留出备用的节点号，即采用不连续编号的方法，如 1,3,5…或 1,5,10…，以便于调整，避免以后由于中间增加一项或几项工作而改动整个网络图的节点编号。

2) 网络图节点编号的方法

网络图的节点编号除应遵循上述原则外，在编排方法上也有技巧，一般编号方法有两种，即水平编号法和垂直编号法。

(1) 水平编号法。水平编号法就是从起点节点开始由上到下逐行编号，每行则自左到右按顺序编排，如图 2.34 所示。

(2) 垂直编号法。垂直编号法就是从起点节点开始自左到右逐列编号，每列则根据编号规则的要求或自上而下，或自下而上，或先上下后中间，或先中间后上下，如图2.35所示。

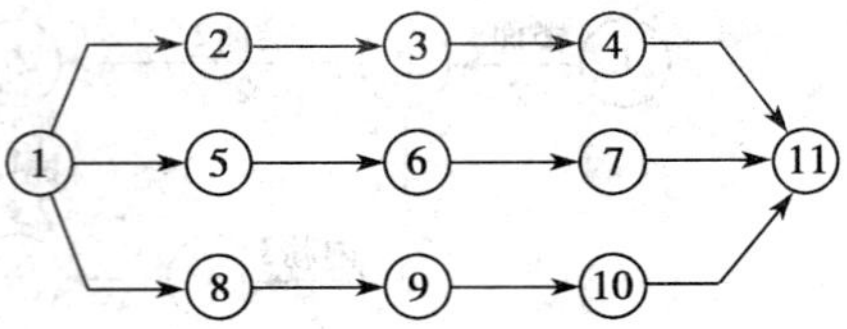

图 2.34 水平编号法

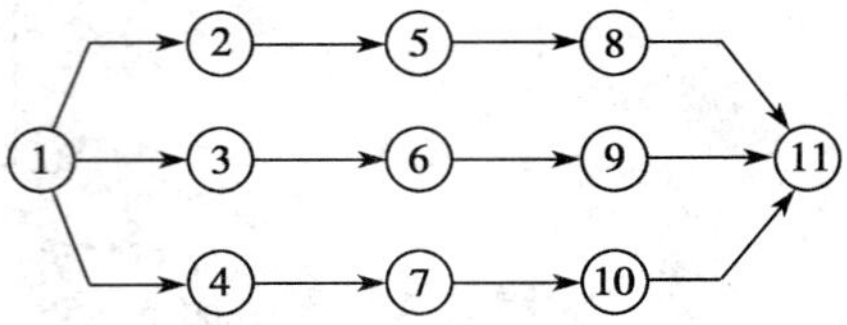

图 2.35 垂直编号法

7. 网络图的结构

网络计划是用来指导实际工作的，所以网络图除了要符合逻辑外，图面还必须清晰，工程要进行系统周密合理的布置。

在正式绘制网络图之前，最好先绘成草图，然后再加工整理。图 2.36 所示的网络图显得十分零乱，经过整理，逻辑关系不变，绘制成图 2.37，就显得条理清楚，布局也比较合理了。

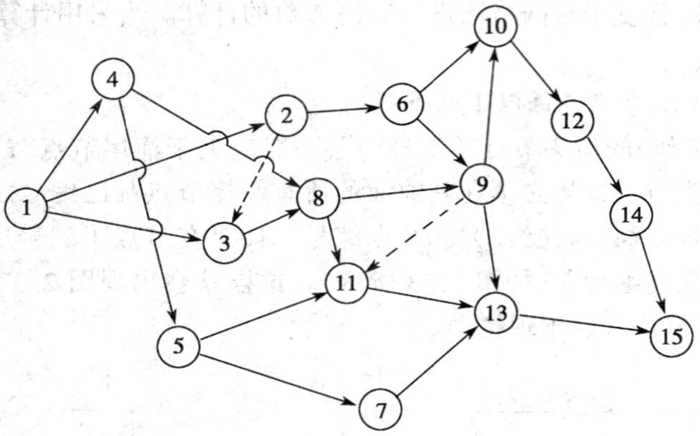

图 2.36 零乱的网络

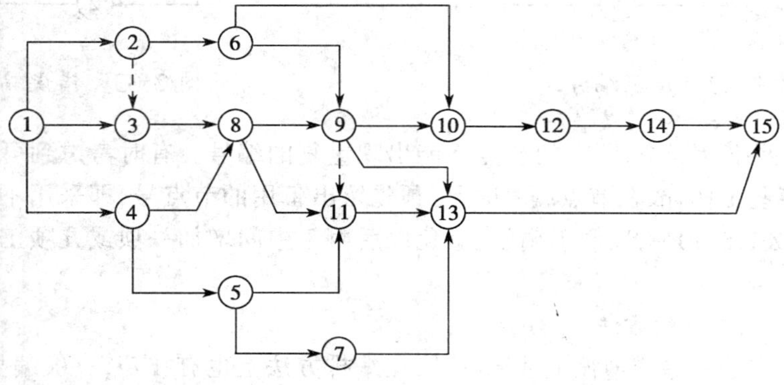

图 2.37 整理好的网络图

8. 网络图的绘制步骤(见图 2.38)

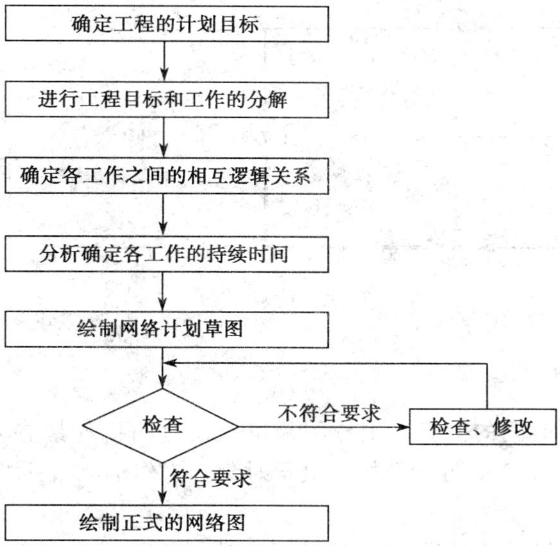

图 2.38　双代号网络图绘制步骤

三　双代号网络图的时间参数计算

1. 按工作计算法计算时间参数

1) 工作持续时间的计算

工作持续时间的计算方法有两种:一是定额计算法,二是“三时估计法”。

“定额计算法”的计算公式是:

$$D_{i-j} = \frac{Q_{i-j}}{R \cdot S} \tag{2.8}$$

式中　D_{i-j}——$i-j$ 工作持续时间;

Q_{i-j}——$i-j$ 工作的工程量;

R——人数;

S——劳动定额(产量定额)。

当工作持续时间不能用定额计算法计算时,便可采用“三时估计法”,其计算公式是:

$$D_{i-j} = \frac{a + 4c + b}{6} \tag{2.9}$$

式中　D_{i-j}——$i-j$ 工作持续时间;

a——工作的乐观(最短)持续时间估计值;

b——工作悲观(最长)持续时间估计值;

c——工作的最可能持续时间估计值。

虚工作必须看做实际工作进行计算,其持续时间为零。

2) 工作最早时间的计算

现以图 2.39 为模型进行网络计划时间参数的计算,计算结果按图 2.40 标注。

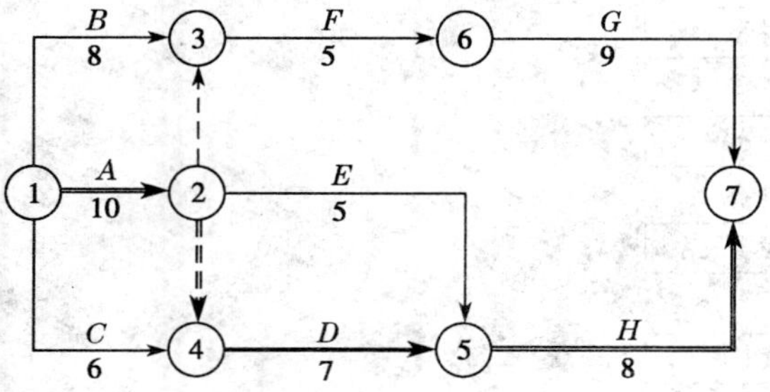

图 2.39　双代号网络图

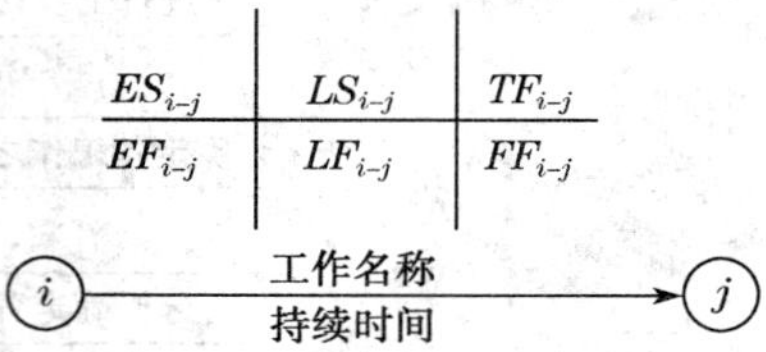

图 2.40　双代号网络图时间参数标注形式

(1) 工作最早开始时间的计算。工作的最早开始时间指各紧前工作(紧排在本工作之前的工作)全部完成后,本工作有可能开始的最早时刻。工作 $i-j$ 的最早开始时间 ES_{i-j}的计算应符合下列规定:

ⓐ 工作 $i-j$ 的最早开始时间 ES_{i-j}应从网络计划的起点节点开始,顺着箭线方向依次逐项计算;

ⓑ 以起点节点 i 为箭尾节点的工作 $i-j$,当未规定其最早开始时间 ES_{i-j}时,其值应等于零,即:

$$ES_{i-j}=0 \qquad (i=1) \tag{2.10}$$

因此,图 2.39 中,$ES_{1-2}=ES_{1-3}=ES_{1-4}=0$

ⓒ 当工作 $i-j$ 只有一项紧前工作 $h-i$ 时,其最早开始时间 ES_{i-j}应为:

$$ES_{i-j}=ES_{h-i}+D_{h-i} \tag{2.11}$$

式中　ES_{h-i}——工作 $i-j$ 的紧前工作的最早开始时间;

D_{h-i}——工作 $i-j$ 的紧前工作 $h-i$ 的持续时间。

ⓓ 当工作 $i-j$ 有多个紧前工作时,其最早开始时间 ES_{i-j}应为:

$$ES_{i-j}=\max\{ES_{h-i}+D_{h-i}\} \tag{2.12}$$

按公式(2.11)和(2.12)计算图 2.39 中其他各项工作的最早开始时间,其计算结果如下:

$ES_{2-3}=ES_{1-2}+D_{1-2}=0+10=10$

$ES_{2-4}=ES_{1-2}+D_{1-2}=0+10=10$

$ES_{2-5}=ES_{1-2}+D_{1-2}=0+10=10$

$ES_{3-6}=\max\{ES_{1-3}+D_{1-3},ES_{2-3}+D_{2-3}\}=\{0+8,10+0\}=10$

$ES_{6-7}=ES_{3-6}+D_{3-6}=10+5=15$

$ES_{4-5}=\max\{ES_{1-4}+D_{1-4},ES_{2-4}+D_{2-4}\}=\{0+6,10+0\}=10$

$ES_{5-7}=\max\{ES_{2-5}+D_{2-5},ES_{4-5}+D_{4-5}\}=\{10+5,10+7\}=17$

(2) 工作最早完成时间的计算。工作最早完成时间指各紧前工作完成后,本工作有可能完成的最早时刻。工作 $i-j$ 的最早完成时间 EF_{i-j}应按下式进行计算:

$$EF_{i-j}=ES_{i-j}+D_{i-j} \tag{2.13}$$

按公式(2.13)计算图2.39的各项工作,结果如下:

$EF_{1-3}=ES_{1-3}+D_{1-3}=0+8=8$

$EF_{1-2}=ES_{1-2}+D_{1-2}=0+10=10$

$EF_{1-4}=ES_{1-4}+D_{1-4}=0+6=6$

$EF_{4-5}=ES_{4-5}+D_{4-5}=10+7=17$

$EF_{2-3}=ES_{2-3}+D_{2-3}=10+0=10$

$EF_{2-4}=ES_{2-4}+D_{2-4}=10+0=10$

$EF_{2-5}=ES_{2-5}+D_{2-5}=10+5=15$

$EF_{3-6}=ES_{3-6}+D_{3-6}=10+5=15$

$EF_{6-7}=ES_{6-7}+D_{6-7}=15+9=24$

$EF_{5-7}=ES_{5-7}+D_{5-7}=17+8=25$

3) 网络计划工期的计算

(1) 网络计划的计算工期。计算工期 Tc 指根据时间参数计算得到的工期,它应按下式计算:

$$T_c=\max\{EF_{i-n}\} \tag{2.14}$$

式中 EF_{i-n}以终点节点($j=n$)为箭头节点的工作 $i-n$ 的最早完成时间按公式(2.14)计算,本例中的计算工期为:

$$T_c=\max\{EF_{6-7},EF_{5-7}\}=\{24,25\}=25$$

(2) 网络计划的计划工期的计算。网络计划的计划工期(T_p),指按要求工期(T_r)或计算工期(T_c)确定的作为实施目标的工期。其计算应按下述规定:

ⓐ 当已规定了要求工期 T_r

$$T_p\leqslant T_r \tag{2.15}$$

ⓑ 当未规定要求工期时

$$T_p=T_c \tag{2.16}$$

本例中由于未规定要求工期,故其计划工期取其计算工期,即:

$$T_p=T_c=25$$

此工期标注在终点节点⑦之右侧,并用方框框起来。

4) 工作最迟时间的计算

(1) 工作最迟完成时间的计算。工作最迟完成时间指在不影响整个任务按期完成的前提下,工作必须完成的最迟时刻。

ⓐ 工作 $i-j$ 的最迟完成时间 LF_{i-j}应从网络计划的终点节点开始,逆着箭线方向依次逐项计算。

ⓑ 以终点节点($j=n$)为箭头节点的工作的最迟完成时间 LF_{i-n},应按网络计划的计划工期 T_p 确定,即:

$$LF_{i-n}=T_p \tag{2.17}$$

ⓒ 其他工作 $i-j$ 的最迟完成时间 LF_{i-j}应按下式计算:

$$LF_{i-j}=\min\{LF_{j-k}-D_{j-k}\} \tag{2.18}$$

式中　LF_{j-k}——工作 $i-j$ 的各项紧后工作 $j-k$ 的最迟完成时间；

D_{j-k}——工作 $i-j$ 的各项紧后工作(紧排在本工作之后的工作)的持续时间。

按公式(2.17),网络计划以终点节点⑦为结束节点的工作的最迟完成时间计算如下：

$$LF_{6-7} = LF_{5-7} = T_p = 25$$

按公式(2.18),网络计划其他工作的最迟完成时间计算如下：

$LF_{4-5} = LF_{5-7} - D_{5-7} = 25 - 8 = 17$

$LF_{3-6} = LF_{6-7} - D_{6-7} = 25 - 9 = 16$

$LF_{2-5} = LF_{5-7} - D_{5-7} = 25 - 8 = 17$

$LF_{2-3} = LF_{3-6} - D_{3-6} = 16 - 5 = 11$

$LF_{2-4} = LF_{4-5} - D_{4-5} = 17 - 7 = 10$

$LF_{1-3} = LF_{3-6} - D_{3-6} = 16 - 5 = 11$

$LF_{1-2} = \min\{LF_{2-3} - D_{2-3}, LF_{2-4} - D_{2-4}, LF_{2-5} - D_{2-5}\} = \{11, 10, 12\} = 10$

$LF_{1-4} = LF_{4-5} - D_{4-5} = 17 - 7 = 10$

(2) 工作最迟开始时间的计算。工作的最迟开始时间指在不影响整个任务按期完成的前提下,工作必须开始的最迟时刻。

工作 $i-j$ 的最迟开始时间应按下式计算：

$$LS_{i-j} = LF_{i-j} - D_{i-j} \tag{2.19}$$

按公式(2.19)计算,网络计划图 2.39 的各项工作的最迟开始时间计算如下：

$LS_{6-7} = LF_{6-7} - D_{6-7} = 25 - 9 = 16$

$LS_{5-7} = LF_{5-7} - D_{5-7} = 25—8 = 17$

$LS_{4-5} = LF_{4-5} - D_{4-5} = 17 - 7 = 10$

$LS_{2-5} = LF_{2-5} - D_{2-5} = 17 - 5 = 12$

$LS_{3-6} = LF_{3-6} - D_{3-6} = 16 - 5 = 11$

$LS_{2-3} = LF_{2-3} - D_{2-3} = 11 - 0 = 11$

$LS_{2-4} = LF_{2-4} - D_{2-4} = 10 - 0 = 10$

$LS_{1-3} = LF_{1-3} - D_{1-3} = 3$

$LS_{1-2} = LF_{1-2} - D_{1-2} = 0$

$LS_{1-4} = LF_{1-4} - D_{1-4} = 4$

5) 工作总时差的计算

工作总时差是指在不影响总工期的前提下,本工作可以利用的机动时间。该时间应按下式计算：

$$TF_{i-j} = LS_{i-j} - ES_{i-j} \tag{2.20}$$

或

$$TF_{i-j} = LF_{i-j} - EF_{i-j} \tag{2.21}$$

按以上两式计算,图 2.39 各项工作的总时差 TF_{i-j}。计算结果如下：

$TF_{1-2} = LS_{1-2} - ES_{1-2} = LF_{1-2} - EF_{1-2} = 0$

$TF_{1-3} = LS_{1-3} - ES_{1-3} = LF_{1-3} - EF_{1-3} = 3$

$TF_{1-4} = LS_{1-4} - ES_{1-4} = LF_{1-4} - EF_{1-4} = 4$

$TF_{2-3}=LS_{2-3}-ES_{2-3}=LF_{2-3}-EF_{2-3}=1$

$TF_{2-4}=LS_{2-4}-ES_{2-4}=LF_{2-4}-EF_{2-4}=0$

$TF_{3-6}=LS_{3-6}-ES_{3-6}=LF_{3-6}-EF_{3-6}=1$

$TF_{2-5}=LS_{2-5}-ES_{2-5}=LF_{2-5}-EF_{2-5}=2$

$TF_{4-5}=LS_{4-5}-ES_{4-5}=LF_{4-5}-EF_{4-5}=0$

$TF_{6-7}=LS_{6-7}-ES_{6-7}=LF_{6-7}-EF_{6-7}=1$

$TF_{5-7}=LS_{5-7}-ES_{5-7}=LF_{5-7}-EF_{5-7}=0$

6) 工作自由时差的计算

工作自由时差是指在不影响其紧后工作最早开始时间的前提下,本工作可以利用的机动时间,工作 $i-j$ 的自由时差 FF_{i-j}的计算应符合下列规定:

(1) 当工作 $i-j$ 有紧后工作 $j-k$ 时,其自由时差应为:

$$FF_{i-j}=ES_{j-k}-ES_{i-j}-D_{i-j} \tag{2.22}$$

或

$$FF_{i-j}=ES_{j-k}-EF_{i-j} \tag{2.23}$$

式中 ES_{j-k}——工作 $i-j$ 的紧后工作 $j-k$ 的最早开始。

(2) 终点节点($j=n$)为箭头节点的工作的工作,其自由时差 FF_{i-j}按网络计划的计划工期 T_p 确定,即:

$$FF_{i-n}=T_p-ES_{i-n}-D_{i-n} \tag{2.24}$$

或

$$FF_{i-n}=T_p-EF_{i-n} \tag{2.25}$$

本例中各项工作的自由时差 FF_{i-j}按公式(2.23)计算结果如下:

$FF_{1-2}=\min[ES_{2-3},ES_{2-5},ES_{2-4}]-EF_{1-2}=10-10=0$

$FF_{1-3}=ES_{3-6}-EF_{1-3}=10-8=2$

$FF_{1-4}=ES_{4-5}-EF_{1-4}=10-6=4$

$FF_{2-3}=ES_{3-6}-EF_{2-3}=10-10=0$

$FF_{2-4}=ES_{4-5}-EF_{2-4}=10-10=0$

$FF_{3-6}=ES_{6-7}-EF_{3-6}=15-15=0$

$FF_{2-5}=ES_{5-7}-EF_{2-5}=17-15=2$

$FF_{4-5}=ES_{5-7}-EF_{4-5}=17-17=0$

$FF_{6-7}=T_p-EF_{6-7}=25-24=1$

$FF_{5-7}=T_p-EF_{5-7}=25-25=0$

根据以上计算,将各时间参数计算结果标注在网络图中,如图 2.41 所示。在掌握计算公式后,可不列式进行计算,仅在图上按六时标注顺序计算,将计算结果注于图上,既简便又不易算错。

7) 确定关键工作及关键线路

(1) 关键工作的确定。

ⓐ 关键工作的概念

关键工作是网络计划中总时差最小的工作。

当计划工期与计算工期相等时,这个“最小值”为 0;

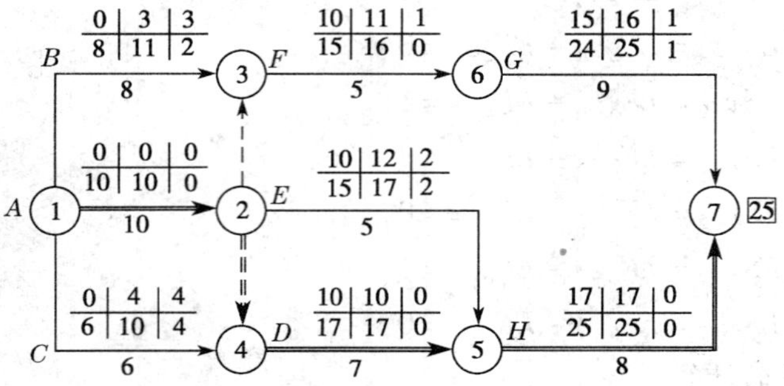

图 2.41　按工作计算法示例

当计划工期大于计算工期时,这个“最小值”为正;

当计划工期小于计算工期时,这个“最小值”为负。

ⓑ 关键工作的确定

根据上述关键工作的定义,例中的最小总时差为零,故例中的关键工作为①－②,②－④,④－⑤,⑤－⑦。

(2) 关键线路的确定。

ⓐ 关键线路的概念

关键线路是自始至终全部由关键工作组成的线路,或线路上总的工作持续时间最长的线路。

ⓑ 关键线路的确定

将关键工作自左而右依次首尾相连而形成的线路就是关键线路。本例中即为①－②－④－⑤－⑦。

ⓒ 键工作和关键线路的标注

关键工作和关键线路在网络图上应当用粗线、双线或彩色线标注其箭线。

2. 按节点计算法计算时间参数

1) 几点说明

(1) 按节点法计算时间参数也应在确定各项工作的持续时间之后进行。

(2) 按节点法计算时间参数,其计算结果应标注在节点之上,如图 2.42 所示。

图 2.42　按节点计算法的标注内容

(3) 以下按图 2.39 为例进行的节点计算法计算时间参数。

2) 节点最早时间的计算

节点最早时间是指双代号网络计划中,以该节点为开始节点的各项工作的最早开始时间。

节点 i 的最早时间 ET_i 应从网络计划的起点节点开始,顺着箭线方向,依次逐项计算,并应符合下列规定:

(1) 起点节点 i 如未规定最早时间 ET 时,其值应等于零,即:

$$ET_i = 0(i = 1) \tag{2.26}$$

因此,图 2.43 中,$ET_1=0$

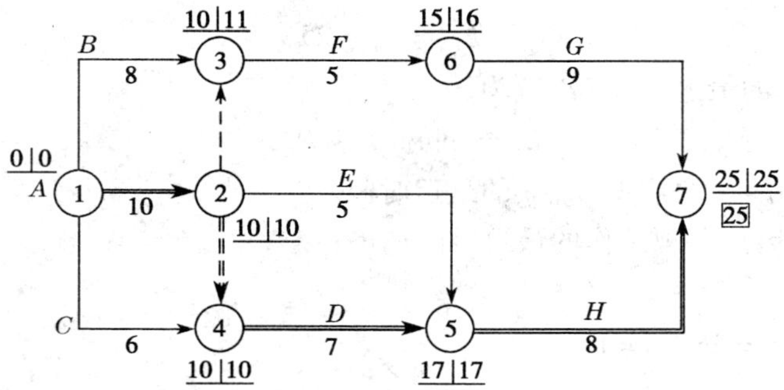

图 2.43　按节点计算法计算示例

(2) 当节点 j 只有一条内向箭线时,其最早时间 $ET_j=ET_i+D_{i-j}$　(2.27)

(3) 当节点 j 有多条内向箭线时,其最早时间 ET_j 应为

$$ET_j=\max\{ET_i+D_{i-j}\} \tag{2.28}$$

按公式(2.27)计算图 2.39 的各项工作时,结果如下:

$ET_2=ET_1+D_{1-2}=0+10=10$

$ET_3=\max\{ET_1+D_{1-3},ET_1+D_{1-2}\}=\max\{0+8,0+10\}=10$

$ET_4=\max\{ET_1+D_{1-4},ET_2+D_{2-4}\}=\max\{0+6,10+0\}=10$

$ET_6=ET_3+D_{3-6}=10+5=15$

$ET_5=\max\{ET_4+D_{4-5},ET_2+D_{2-5}\}=\max\{10+7,10+5\}=17$

$ET_7=\max\{ET_6+D_{6-7},ET_5+D_{5-7}\}=\max\{15+9,17+8\}=25$

3) 网络计划工期的计算

(1) 网络计划的计算工期按下式计算:

$$T_c=ET_n \tag{2.29}$$

式中　ET_n——终点节点 n 的最早时间。

因此,本例中的计算工期为:

$$T_c=ET_7=25$$

(2) 网络计划的规定工期的确定

网络计划的规定工期 Tp 的确定与工作计算法相同。因此,本例中的规定工期为:

$$T_p=T_c=25$$

4) 节点最迟时间的计算

节点最迟时间指双代号网络计划中,以该节点为完成节点的各项工作的最迟完成时间。其计算应符合下述规定:

(1) 节点 i 的最迟时间 LT_i 应从网络计划的终点节点开始,逆着箭线方向依次逐项计算,当部分工作分期完成时,有关节点的最迟时间必须从分期完成节点开始逆向逐项计算。

(2) 终点节点 n 的最迟时间 LT_n 应按网络计划的规定工期 T_P 确定,即:

$$LT_n=T_p \tag{2.30}$$

分期完成节点的最迟时间应等于该节点规定的分期完成时间。因此,本例中的终点节点的最迟时间是:

$$LT_7 = T_p = 25$$

(3) 其他节点 i 的最迟时间 LT_i 应为:

$$LT_i = \min\{LT_j - D_{i-j}\} \tag{2.31}$$

式中　LT_j——工作 $i-j$ 的箭头节点 j 的最迟时间。

按公式(2.31)计算,各项工作的最迟时间如下:

$LT_6 = LT_7 - D_{6-7} = 25 - 9 = 16$

$LT_5 = LT_7 - D_{5-7} = 25 - 8 = 17$

$LT_4 = LT_5 - D_{4-5} = 17 - 7 = 10$

$LT_3 = LT_6 - D_{3-6} = 16 - 5 = 11$

$LT_2 = \min\{LT_3 - D_{2-3}, LT_5 - D_{2-5}, LT_4 - D_{2-4}\} = \min\{11 - 0, 17 - 5, 10 - 0\} = 10$

$LT_1 = \min\{LT_3 - D_{1-3}, LT_2 - D_{1-2}, LT_4 - D_{1-4}\} = \min\{11 - 8, 10 - 10, 10 - 6\} = 0$

5) 工作时间参数的计算

(1) 工作最早开始时间的计算。

工作 $i-j$ 的最早开始时间 ES_{i-j} 按下式计算

$$ES_{i-j} = ET_i \tag{2.32}$$

按公式(2.32)计算,图 2.43 的各项工作的最早开始时间计算如下:

$ES_{1-2} = ES_{1-3} = ES_{1-4} = 0$

$ES_{2-3} = ET_2 = 10$

$ES_{2-4} = ET_2 = 10$

$ES_{2-5} = ET_2 = 10$

$ES_{3-6} = ET_3 = 10$

$ES_{4-5} = ET_4 = 10$

$ES_{6-7} = ET_6 = 15$

$ES_{5-7} = ET_5 = 17$

(2) 工作 $i-j$ 的最早完成时间 EF_{i-j} 的计算。

工作 $i-j$ 的最早完成时间按下式计算:

$$EF_{i-j} = ET_i + D_{i-j} \tag{2.33}$$

按公式(2.33)计算,图 2.43 中各项工作的最早完成时间计算如下:

$EF_{1-2} = ET_1 + D_{1-2} = 0 + 10 = 10$

$EF_{1-3} = ET_1 + D_{1-3} = 0 + 8 = 8$

$EF_{1-4} = ET_1 + D_{1-4} = 0 + 6 = 6$

$EF_{2-3} = ET_2 + D_{2-3} = 10 + 0 = 10$

$EF_{2-5} = ET_2 + D_{2-5} = 10 + 5 = 15$

$EF_{2-4} = ET_2 + D_{2-4} = 10 + 0 = 10$

$EF_{4-5} = ET_4 + D_{4-5} = 10 + 7 = 17$

$EF_{3-6} = ET_3 + D_{3-6} = 10 + 5 = 15$

$EF_{6-7} = ET_6 + D_{6-7} = 15 + 9 = 24$

$EF_{5-7} = ET_5 + D_{5-7} = 17 + 8 = 25$

(3) 工作 $i-j$ 最迟完成时间的计算。

工作 $i-j$ 的最迟完成时间 LF_{i-j} 按下式计算

$$LF_{i-j} = LT_j \tag{2.34}$$

按公式(2.34)图 2.43 各项工作的最迟时完成时间计算如下：

$LF_{1-2} = LT_2 = 10$

$LF_{1-3} = LT_3 = 11$

$LF_{1-4} = LT_4 = 10$

$LF_{2-3} = LT_3 = 11$

$LF_{2-4} = LT_4 = 10$

$LF_{2-5} = LT_5 = 17$

$LF_{3-6} = LT_6 = 16$

$LF_{4-5} = LT_5 = 17$

$LF_{5-7} = LT_7 = 25$

$LF_{6-7} = LT_7 = 25$

(4) 工作最迟开始时间的计算。

工作 $i-j$ 的最迟开始时间 LS_{i-j} 计算按下式：

$$LS_{i-j} = LT_j - D_{i-j} \tag{2.35}$$

按公式(2.35)计算，图 2.43 中各项工作的最迟开始时间如下：

$LS_{1-2} = LT_2 - D_{1-2} = 10 - 10 = 0$

$LS_{1-3} = LT_3 - D_{1-3} = 11 - 8 = 3$

$LS_{1-4} = LT_4 - D_{1-4} = 10 - 6 = 4$

$LS_{2-3} = LT_3 - D_{2-3} = 11 - 0 = 11$

$LS_{2-4} = LT_4 - D_{2-4} = 10 - 0 = 10$

$LS_{2-5} = LT_5 - D_{2-5} = 17 - 5 = 12$

$LS_{3-6} = LT_6 - D_{3-6} = 16 - 5 = 11$

$LS_{4-5} = LT_5 - D_{4-5} = 17 - 7 = 10$

$LS_{5-7} = LT_7 - D_{5-7} = 25 - 8 = 17$

$LS_{6-7} = LT_7 - D_{5-7} = 25 - 9 = 16$

(5) 工作总时差的计算。

工作 $i-j$ 的总时差 TF_{i-j} 应按下式计算：

$$TF_{i-j} = LT_j - ET_i - D_{i-j} \tag{2.36}$$

按公式(2.36)计算，图 2.43 各项工作的总时差为：

$TF_{1-2} = LT_2 - ET_1 - D_{1-2} = 10 - 0 - 10 = 0$

$TF_{1-3}=LT_3-ET_1-D_{1-3}=11-0-8=3$

$TF_{1-4}=LT_4-ET_1-D_{1-4}=10-0-6=4$

$TF_{2-3}=LT_3-ET_2-D_{2-3}=11-10-0=1$

$TF_{2-4}=LT_4-ET_2-D_{2-4}=10-10-0=0$

$TF_{3-6}=LT_6-ET_3-D_{3-6}=16-10-5=1$

$TF_{2-5}=LT_5-ET_2-D_{2-5}=17-10-5=2$

$TF_{4-5}=LT_5-ET_4-D_{4-5}=17-10-7=0$

$TF_{6-7}=LT_7-ET_6-D_{6-7}=25-15-9=1$

$TF_{5-7}=LT_7-ET_5-D_{5-7}=25-17-8=0$

(6) 工作自由时差的计算。

工作 $i-j$ 的自由时差 FF_{i-j} 按下式计算：

$$FF_{i-j}=ET_j-ET_i-D_{i-j} \tag{2.37}$$

按公式(2.37)进行计算，结果如下：

$FF_{1-2}=ET_2-ET_1-D_{1-2}=10-0-10=0$

$FF_{1-3}=ET_3-ET_1-D_{1-3}=10-0-8=2$

$FF_{1-4}=ET_4-ET_1-D_{1-4}=10-0-6=4$

$FF_{2-3}=ET_3-ET_2-D_{2-3}=10-10-0=0$

$FF_{2-4}=ET_4-ET_2-D_{2-4}=10-10-0=0$

$FF_{3-6}=ET_6-ET_3-D_{3-6}=15-10-5=0$

$FF_{2-5}=ET_5-ET_2-D_{2-5}=17-10-5=2$

$FF_{4-5}=ET_5-ET_4-D_{4-5}=17-10-7=0$

$FF_{6-7}=ET_7-ET_6-D_{6-7}=25-15-9=1$

$FF_{5-7}=ET_7-ET_5-D_{5-7}=25-17-8=0$

按节点计算法计算出的各时间参数，详见图 2.44 所示。

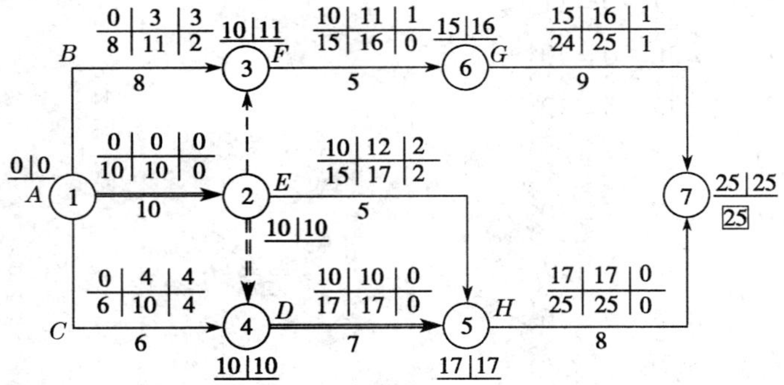

图 2.44　按节点计算法计算示例

复习思考题

1. 简述流水施工的概念。
2. 说明流水施工的特点和效果。
3. 说明流水参数的概念和种类。
4. 简述工艺参数的概念和种类。
5. 简述空间参数的概念和种类。
6. 简述时间参数的概念和种类。
7. 试说明分别流水概念和建立步骤。
8. 试说明成倍节拍流水概念和建立步骤。
9. 试说明全等节拍流水概念和建立步骤。
10. 简述流水施工排序优化基本原理。
11. 简述流水施工排序优化基本步骤。
12. 流水施工的主要参数有哪些？应如何确定？
13. 流水施工的组织方式有哪些？各有何特点？
14. 什么是网络计划方法？其基本原理是什么？
15. 试比较水平图表和网络图的优缺点。
16. 什么是网络图？其表示方法有哪些？
17. 网络图由哪几部分组成？虚工序在网络图中起何作用？
18. 何谓关键线路？它有何特点？
19. 何谓时差？时差有哪些类型？
20. 网络图的绘制有哪些规则？
21. 网络图的计算方法一般有哪几种？
22. 工序的各项时间参数各表示什么意义？
23. 某分部工程由Ⅰ、Ⅱ、Ⅲ、Ⅳ、Ⅴ五个施工过程组成；它在平面上划分为6个施工段。各施工过程在各个施工段上的流水节拍，如表2.12所示。施工过程Ⅲ完成后，其相应各施工段至少应有技术间歇时间2天。试编制该工程流水施工方案。

表 2.12

分项工程名　称	流水节拍/天				
	Ⅰ	Ⅱ	Ⅲ	Ⅳ	Ⅴ
①	3	2	3	4	3
②	3	2	4	3	2
③	4	3	2	3	2
④	4	2	4	4	3
⑤	3	4	2	3	4
⑥	3	2	3	2	3

24. 某工程项目由Ⅰ、Ⅱ、Ⅲ三个分项工程组成；它划分为6个施工段。各分项工程在各个施工段上的持续时间依次为：6天、2天和4天。试编制成倍节拍流水施工方案。

25. 根据表2.13的工序关系绘制双代号网络图，并指出关键线路及工期。

表 2.13①

工序代号	①→②	②→③	②→④	③→④	③→⑤
持续时间(天)	2	6	4	0	8
工序代号	④→⑤	④→⑥	⑤→⑥	⑤→⑦	⑥→⑦
持续时间(天)	5	7	0	10	9

表 2.13②

工序代号	A	B	C	D	E	F	G	H
紧前工序	–	A	B	B	B	C、D	C、E	F、G
持续时间(天)	1	3	1	6	2	4	2	4

表 2.13③

工序代号	A	B	C	D	E	F	G	H	I	J
紧前工序	–	A	B	C、L	D、N	E、S	F	G、P	H、Q	*I*
持续时间(天)	2	10	22	10	20	3	4	2	1	1
工序代号	K	L	M	N	O	P	Q	R	S	
紧前工序	J	B	L	M	N	O	F、P	M	C、R	
持续时间(天)	0	16	3	20	20	10	3	5	37	

26. 某装饰工程有四个施工段，其作业工序和作业持续时间见表 2.14 所示。

表 2.14

工序名称	作业时间/天			
	施工段一	施工段二	施工段三	施工段四
吊筋	2	3	2	3
安装龙骨	3	4	4	5
安装纸面石膏板	5	6	5	7
刷乳胶漆	3	2	3	4

(1) 试绘制双代号网络图；

(2) 计算各工序的时间参数；

(3) 确定关键线路和总工期。

27. 计算图 2.45 所示网络计划的各项时间参数，并确定出关键线路和总工期。

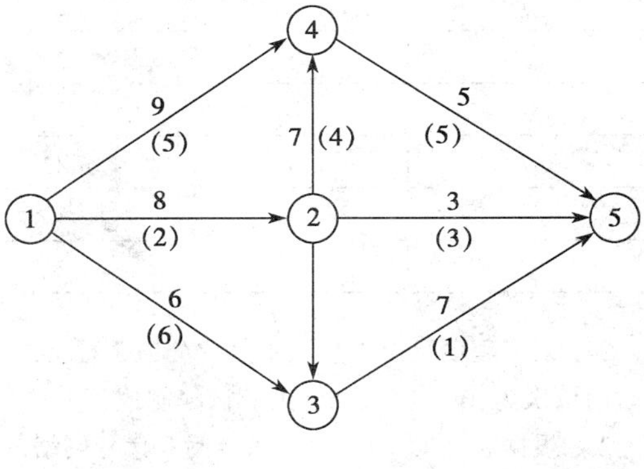

图 2.45

第三章　单位装饰工程施工组织设计

装饰工程施工组织设计是装饰工程中用来指导施工准备和组织施工的全面性的技术、经济文件，是指导现场施工的法规。由于装饰工程的特点，决定了不能做出统一、标准的装饰工程施工组织设计，而应根据工程、地区、施工条件等编制出相应的切实可行的施工组织设计，从而以最少的投入，在规定的时间内，施工出质量好、成本低的装饰产品。

第一节　工程概况和施工条件

工程概况和施工条件：此部分应概要说明装饰的目的、意义及装饰施工的指导思想；装饰内容；装饰基层特点；装饰地点；工期要求；本地区的气候；施工单位的技术管理水平；劳动力、机具、材料等的供应来源。

最后，在综合分析装饰工程具体情况后，指出本工程的主要特点及施工中的关键问题，以便在选择施工方案、编排进度计划时能采取行之有效的措施。

第二节　施工方案的选择

施工方案的选择是装饰工程施工组织设计的核心，选择恰当与否直接关系到装饰施工组织设计的效果。其选择一般应包括：对原有建筑或新建结构基层的检验和处理方法；确定各施工过程的施工顺序；主要施工方法、施工工具的选择。

一　基体及其基层的检验和处理

装饰工程，尤其是改造工程，必须对基体和基层进行检验，从而决定是否铲除原有基层。同时，应对拆除部位、数量、拆除物的处理做出明确的处理办法，以期达到设计、使用和国标的要求。

二　确定施工顺序

1. 确定施工起点流向

确定施工起点流向就是要确定装饰工程在平面和竖向上施工的开始部位和空间进展情况。根据装饰工程的工期、质量、安全、使用要求以及施工条件，室内装饰工程施工的起点流向一般有以下三种：

(1) 室内装饰工程自上而下的流水施工方案。室内装饰工程自上而下的流水施工方案是指在主体结构封顶，屋面防水层做好以后，从顶层开始，逐层往下进行。如图 3.1 所示。

此方案的优点是:主体结构已经完成,有一定的沉降时间,易保证装饰工程的质量;做好防水层,可防止雨水渗漏影响装饰质量;主体与装饰施工相互干扰少,便于组织施工,保证安全施工。缺点是不能与主体搭接,工期较长。

(2) 室内装饰工程自下而上的流水施工方案。室内装饰工程自下而上的流水施工方案是指当主体结构工程施工到 2 或 3 层以上时,装饰工程从一层开始,逐层往上进行。如图 3.2 所示。

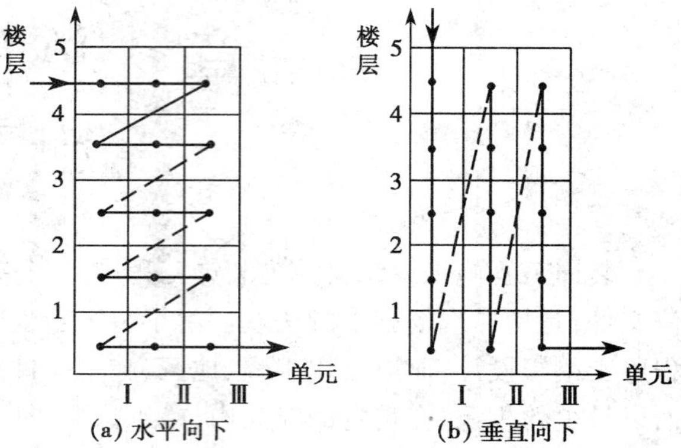

图 3.1　自上而下的施工顺序

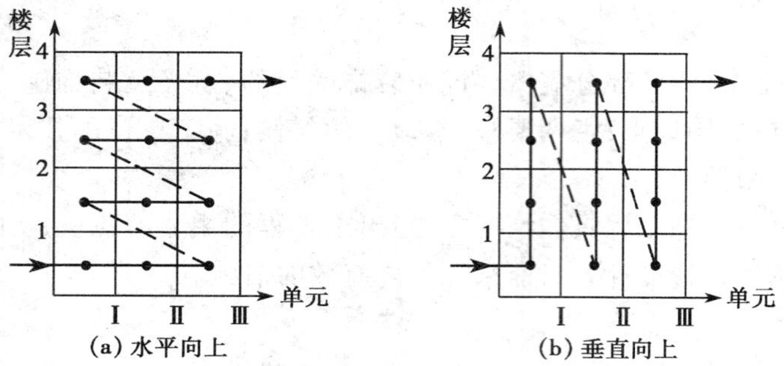

图 3.2　自下而上的施工顺序

此种方案的优点是:装饰与主体结构交叉进行,总工期缩短;缺点是:工序之间交叉作业多,组织施工难度增加,不安全因素多。当采用预制楼板时,宜先嵌缝并做好楼面面层,再做下层天棚,以免渗水影响装饰质量。

(3) 自中而下,再自上而中的起点流向。此种流向综合了上述两者的优点,如图 3.3 所示。它适用于中高层建筑的装饰工程。

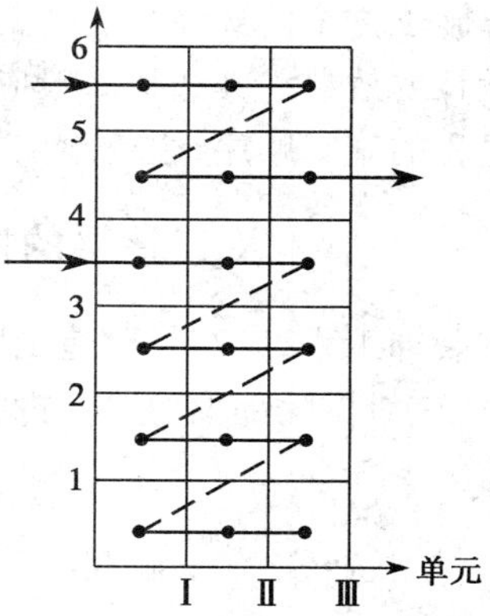

图 3.3　自中而下再自上而中的施工顺序

2. 室内、室外装饰的先后顺序

为了避免受气候条件影响工期,加快脚手周转和给施工组织留有一定回旋余地一般先室外后室内。在条件许可时,室内室外也可同时进行,一般需等同一层室外装饰完成后,才能进行室内装饰。

3. 室内装饰工程的施工顺序

室内装饰工程一般工序较多、劳动量大、工期较长,应妥善安排其施工顺序。一般有以下几种情况:

(1) 抹灰、饰面、吊顶和隔断工程。一般应待隔墙、门窗框、暗装管道、电线管、预埋件、预制板嵌缝等完工后进行。

(2) 门窗及其玻璃工程。根据气候及抹灰的要求,可在湿作业之前完成。但铝合金、塑料、涂色镀锌钢板门及玻璃工程宜在湿作业之后完成,否则应对成品进行保护。

(3) 有抹灰基层的饰面板工程、吊顶工程及轻型花饰安装工程。应在抹灰工程完成后进行。

(4) 涂料、刷浆工程、及吊顶、隔断饰面板的安装。应在塑料地板、地毯、硬质纤维板等地(楼)面的面层和明装电线施工前,以及管道设备试压后进行;木地(楼)板面层的最后一道涂料,应待裱糊工程完工后进行。

(5) 裱糊工程。应待天棚、墙面、门窗及建筑设备的涂料及刷浆工程完工后进行。

4. 顶棚、墙面与地面施工的先后顺序

(1) 先地面、后墙面及天棚。应对已完地面保护。虽然在措施上多费人工,但能减少大量清理工作,并易保证地面质量。

(2) 先天棚、墙面后地面。采用这种方法落地灰不宜清理干清,地面灰层易空鼓、裂缝,并且在施工地面时,墙面易遭玷污或损坏。

总之,装饰施工先后顺序应考虑在合理的施工工艺顺序前提下,组织安排各施工工序的先后、平行、搭接,并应考虑不被后序工序损坏和玷污的条件下进行,以确保工程质量及安全施工。

第三节　装饰工程施工进度计划表

装饰工程施工进度计划表是在已完的施工方案基础上根据合同规定的工期和各种资源供应条件,对单位工程中的各分部分项工程的施工顺序、施工起止时间及衔接关系进行合理安排的计划。

一　编制依据

(1) 单位装饰施工方案、装饰施工总进度计划。

(2) 合同工期(或定额工期限)及开工竣工日期。

(3) 建筑装饰工程施工图纸、装饰工程施工预算。

(4) 施工现场条件,气象资料,劳动力、材料、构件、机械等资源供应条件。

(5) 劳动定额、材料消耗定额、机械台班使用定额及建设单位的要求,分包单位的实际情况等。

二　单位装饰工程施工进度计划编制程序

单位装饰工程施工进度计划编制程序如图 3.4 所示。

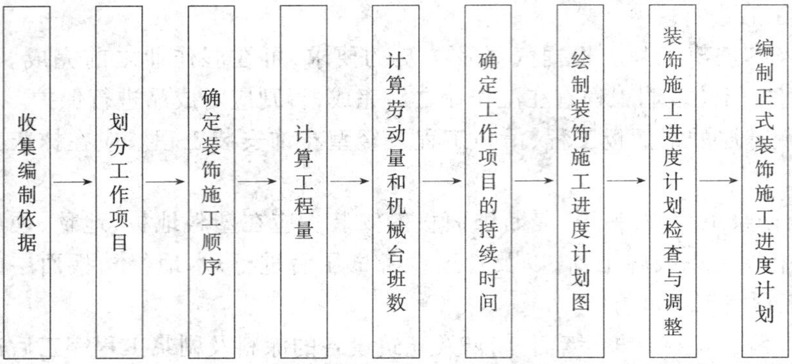

图 3.4　单位装饰工程施工进度计划编制程序

三　施工进度计划表的表示方法

绘制装饰施工进度计划表，首先应选择施工进度计划的表达形式。目前，表达工程进度计划的常用方法有横道图和网络图两种形式。横道图比较简单，而且非常直观。它用线条形象地表现了各工作项目的持续时间及开始和完成时间，并综合地反映了各工作项目之间的关系。多年来，人们已习惯于采用横道图来表达装饰施工进度计划，并以此作为控制工程进度的主要依据。

但是，采用横道图控制工程进度具有一定的局限性。当单位工程项目中包含的工作项目较多且其相互间的关系比较复杂时，横道图就难以充分暴露矛盾。尤其在计划的执行过程中，当某工作项目进度由于某种原因提前或拖后时，将对其他工作项目及总工期产生多大的影响就难以进行分析，因而也就不利于进度控制人员抓住主要矛盾指挥工程施工。横道图表现形式如表 3.1 所示。

表 3.1　施工进度计划表

序号	分部分项工程名称	工程量		定额	劳动量		所需机械		每天工作班次	每班工人数	工作日数	进度计划								
		单位	名称		工种	工日数量	机械名称	机械台数				月					月			

用网络图的形式表达单位工程施工进度计划，能够弥补横道图的不足。它能充分揭示工程项目中各工作项目之间的相互制约和相互依赖关系，并能明确地反映出进度计划中的主要矛盾。由于其可以利用电子计算机进行计算、优化和调整，不仅减轻了进度控制人员的工作量，而且使工程进度计划更加科学；同时，由于能够利用电子计算机编制和调整计划，也使得进度计划的编制和调整更能满足进度控制及时、准确的要求。其表现形式有双代号和单代号两形式。分别如图 3.5 和 3.6 所示。

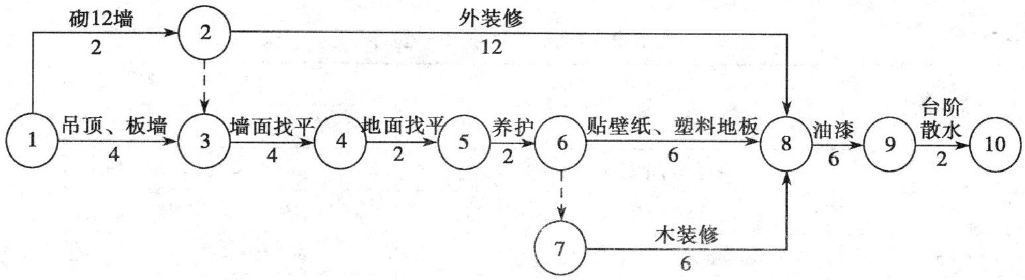

图 3.5　某装饰工程双代号网络图

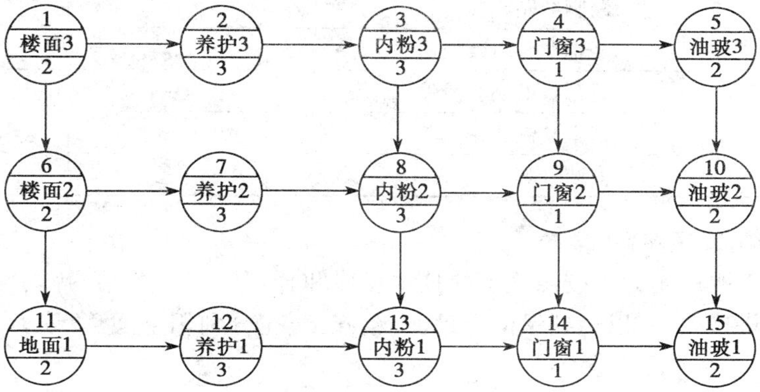

图 3.6　某装饰工程单双代号网络图

四　编制内容及步骤

1. 划分施工过程

施工过程是装饰施工进度计划的基本组成单元。施工内容的多少,划分的粗细程度,应该根据计划的需要来决定。对于大型工程项目,经常需要编制控制性装饰施工进度计划,此时工作项目可划分得粗一些,一般只明确到分部工程。例如在客房装修的控制性进度计划中,只列出地面工程、门窗工程、吊顶工程、细木装饰工程、墙面工程以及水、电、风的安装工程等项目。

如果编制实施性装饰施工进度计划,工作项目就应划分得细一些。在一般情况下,单位工程施工进度计划中的工作项目应明确到分项工程或者更具体,以满足指导施工作业、控制施工进度的要求。

由于单位工程中的工作项目较多,应在熟悉施工图纸的基础上,根据建筑装饰特点及已确定的施工方案,按施工顺序逐项列出,以防止漏项或重项。凡是与工程施工对象直接有关的内容均应列入计划,而不属于直接施工的辅助性项目和服务性项目则不必列入计划。

另外,有些分项工程在施工顺序上和时间安排上是相互穿插进行的,或者是由同一专业施工队完成的,为了简化进度计划的内容,应尽量将这类项目合并,以突出重点。

总之,施工过程的确定必须根据施工图纸和施工顺序将各施工过程列出,并结合施工方案、施工条件、劳动组织等因素，加以适当调整后，编制出施工过程项目一览表，如表3.2所示。

表3.2　施工过程项目一览表

序号	工程项目	工程量	
		单位	数量
1	铝合金门安装	m^2	146.8
2	铝合金窗安装	m^2	298.6
3	墙面钉木龙骨及五合板	m^2	360.2
4	墙面贴富丽板	m^2	360.2
5	不锈钢板包柱	m^2	120.1
6	楼面铺花岗岩	m^2	580.2
7	踢脚线贴花岗岩	m^2	88.4
8	轻钢龙骨石膏板吊顶	m^2	640.8
9	石膏板面刷乳胶漆	m^2	640.8
10	窗帘盒制作用安装	m	210.5
11	安装灯具	套	86.2

2. 确定装饰施工顺序

确定装饰施工顺序是为了按照施工的技术规律和合理的组织关系，解决各施工段之间在时间上的先后和搭接问题，以达到保证质量、安全施工、充分利用空间、争取时间、实现合理安排工期的目的。

一般说来，施工顺序受装饰施工工艺和施工组织两方面的制约。当装饰施工方案确定之后，工作项目之间的工艺关系也就随之确定。如果违背这种关系，将不可能施工，或者导致工程质量事故和安全事故的出现，或者造成返工浪费。

工程项目之间的组织关系是由于劳动力、施工机械、材料和构配件等资源的组织和安排需要而形成的。它不是由工程本身决定的，而是一种人为的关系。组织方式不同，组织关系也就不同。不同的组织关系会产生不同的经济效果。应通过调整组织关系，并将工艺关系和组织关系有机地结合起来，形成工程项目之间的合理顺序关系。

不同的工程项目，其施工顺序不同。即使是同一类工程项目，其施工顺序也难以做到完全相同。因此，在确定施工顺序时，必须根据工程的特点、技术组织上的要求以及施工方案等进行研究，不能拘泥于某种固定的顺序。尽管如此，施工顺序的确定在许多方面有其共同之处。下面以一栋楼的普通装修为例简述其施工顺序：

装修工程的施工，主要包括抹灰、勾缝、门窗扇安装、门窗玻璃安装和油漆、喷浆等分项工程。其中，抹灰是主导工程，它包括内部抹灰和外部抹灰。内部抹灰又包括顶棚、墙面和地面抹灰。为了组织好装修工程的立体交叉、平行流水作业，必须首先确定整个装修工程施工的空间顺序。

装修工程的施工应待主体结构工程完成，经过验收后才能进行。为了保证工程质量和安全，室内外装修均应自上而下逐层进行。

室外装修既可先自上而下进行里层施工，再自上而下进行表层施工，也可逐层进行里层与表层施工。在装修的同时安装落水管并油漆。当每层所有工序都完成后拆掉脚手架，最后完成勒脚、台阶和散水。

通常情况下，室内装修与室外装修相互间干扰不大，先室内、后室外，或先室外、后室内，或两者同时进行都可以，应视施工条件而定。但要特别注意气候条件，室外装修要避开雨季和冬季。当室内有水磨石地面时，为了避免从墙面渗水对外墙抹灰的影响，应先做水磨石地面。当采用单排脚手架砌墙时，由于墙面留有脚手眼，最好先做外墙抹灰，拆除脚手架，同时填补脚手眼，然后再进行内墙抹灰。

室内抹灰在同一层内的顺序一般为：地面和踢脚线——顶棚——墙面。这样清理简便，地面质量易于保证，且便于收集墙面和顶棚抹灰时的落地灰，节省材料。但由于地面需要有技术间歇（养护），墙面和顶棚的抹灰时间推后，影响后续工作，从而导致工期拉长。有时也可按顶棚——墙面——地面的顺序进行施工，此时在做地面之前必须将楼面上的落地灰和渣子扫清洗净，否则会影响地面层同楼板之间的粘结，引起地面起壳。底层地面一般是在各层墙面、楼地面做好以后再进行施工。楼梯间和踏步，由于在施工期间容易受到损坏，通常在整个抹灰工程完成以后，自上而下统一施工。

门窗扇的安装一般是在抹灰之前或之后进行，应视气候和施工条件而定。如果室内装修是在冬季施工，为加速干燥和防止抹灰层冻结，门窗扇和玻璃应在抹灰之前安装好。但是，目前也有将门窗框和门窗扇在加工厂拼装完，运至现场于抹灰之前或之后进行一次安装的。门窗玻璃应在门窗扇油漆后再安装。

基于以上考虑，内装修的施工顺序一般为：砌隔墙——安木门窗框（或钢窗框扇）——楼面抹灰（含踢脚线）——顶棚抹灰——墙面抹灰——安木门窗扇——木装修——楼梯间及踏步抹灰——地面抹灰——油漆——喷浆（底层需干燥）——交活油——试灯、试水——检查并修理。

水暖电卫等工程的施工顺序不同于土建工程，可以分成几个有明显区别的施工阶段。但是，它可与土建装修中有关分部分项工程交叉施工，紧密配合。

在装修工程施工前，应安设相应的各种管道和电气照明用的附墙暗线、接线盒等。水暖电卫安装最好在接地面和墙面抹灰之前或之后穿插施工，若电线采用明线，则应在室内粉刷以后进行。

3. 计算工程量

工程量计算应根据施工图纸、施工方法、工程量计算规则等进行，计算时应注意以下几点：

(1) 工程量单位应与现行定额单位一致，以便直接套定额，不必再进行换算。

(2) 应与已确定的施工方法一致。

(3) 当施工组织要求分区、分段、分层施工时，工程量也应分区、分段、分层分别计算。

(4) 如已有施工图预算时，可直接利用其工程量，不必再算，但应根据实际情况加以调整和补充。

4. 确定劳动量和机械台班数量

确定劳动量和机械台班数量应根据工程量、施工方法、有关定额和施工经验等进行计算，其公式如下：

$$P = Q/S \tag{3.1}$$

或

$$P = Q \cdot H \tag{3.2}$$

式中 P——某施工过程所需劳动量或机械台班量；

Q——某施工过程的工程量；

S——某施工过程的产量定额；

H——某施工过程的时间定额。

当某施工过程是由若干项目合并而成时，则应根据其所包含的各分项工程的工程量和产量定额(或时间定额)算出各自的劳动量，然后将各劳动量相加，即为计划中项目的劳动量，其计算公式如下：

$$P = Q_1/S_1 + Q_2/S_2 + \cdots + Q_n/S_n = \sum Q_i/S_i \tag{3.3}$$

式中 P——含若干合并项目的施工过程的劳动量；

Q_1、Q_2、…、Q_n——各个参加合并项目的工程量；

S_1、S_2、…、S_n——各个参加合并项目的产量定额；

n——某施工过程所包含分项工程的个数。

5. 确定各施工过程的施工时间

各施工过程的施工时间根据所需的劳动量或机械台班数，以及该施工过程每天安排的工人人数和工作班次或机械台数，按下列式进行计算

$$t = P/(R \cdot b) \tag{3.4}$$

式中 t——完成某施工过程所需的施工时间；

P——某施工过程所需劳动量或机械台班数；

R——每班施工人数或机械台数；

b——每天的工作班次。

在安排每班工人人数和机械台数时，应综合考虑以下问题：

(1) 要保证各个施工过程上工人班组中的每一个工人拥有足够的工作面(不能小于最小工作面)，以发挥高效率并保证施工安全。

(2) 要使各个工作项目上的工人数量不低于正常施工时所必需的最低限度(不能小于最小劳动组合)，以达到最高的劳动生产率。

由此可见，最小工作面限定了每班安排人数的上限，而最小劳动组合限定了每班安排人数的下限。机械台数的确定也是如此。

每天的工作班数应根据工作项目施工的技术要求和组织要求来确定。例如工作时间较紧张的工序可采用两班制或大班制，必要时也可采取三班制。

以上是根据安排的工人人数和配备的机械台数来确定工作项目的持续时间。但有时根据组织要求(如组织流水施工时)，需要采用倒排的方式来安排进度。即先确定各工作项目的持续时间，然后以此来确定所需要的工人数和机械台数。此时，需要把公式(3.4)变换成公式(3.5)。利用该公式即可确定各工作项目所需要的工人数和机械台数。

$$R = P/(t \cdot b) \tag{3.5}$$

如果根据上式求得的工人人数或机械台数已超过承包单位现有的人力、物力，除了寻求其他途径增加人力、物力外，承包单位应从技术上和施工组织上采取积极措施加以解决。

6. 编制施工进度计划表

1) 编制施工进度计划表的基本要求

(1) 力求使各施工过程(尤其是主导施工过程)连续施工，并组织成流水施工。

(2) 各施工过程在保证合理工艺要求前提下，应尽可能最大限度地搭接起来。

(3) 编制出的施工进度计划必须满足合同规定的工期要求,否则,应重新调整。

(4) 应保证装饰工程的施工质量和安全施工。

2) 编制施工进度计划表的步骤

(1) 确定主要分部工程并组织其流水施工。首先确定出主要的分部工程,组织其中分项工程的流水施工,使其主导分项工程能连续施工,其他穿插和次要的分项工程尽可能与主要施工过程相配合穿插、平行、搭接施工。

(2) 安排其他分部工程,并组织其流水施工。

(3) 按各分部工程的施工顺序编制初始方案。各分部工程之间按照施工工艺顺序或施工组织要求,将相邻分部工程的相邻分项工程,按流水施工要求或配合关系搭接起来,组成单位工程施工进度计划的初始方案。

7. 检查、调整施工进度计划的初始方案

当装饰施工进度计划初始方案编制好以后,需要对其进行检查与调整,以便使进度计划更加合理。进度计划检查的内容主要有:

(1) 工程项目的施工顺序、平行搭接和技术间歇是否合理。

(2) 总工期是否满足合同要求。

(3) 主导工程是否连续施工,在平面空间上安排是否合理。

(4) 主要工种的工人是否能满足连续、均衡施工的要求。主要施工机具、材料等的利用是否均衡和充分。

在上述四个方面中,首先的是前两方面的检查,如果不满足要求,必须进行调整。只有在前两个方面达到要求的前提下,才能进行后两个方面的检查与调整。前者是解决可行与否的问题,而后者则是优化的问题。

检查发现的问题要及时调整,调整的方法有三:一是延长或缩短某些分项工程的施工时间;二是在施工顺序允许的条件下,将某些分项工程的施工时间向前或向后移动;三是当前两种方法均不行时,可以改变施工方法和施工组织。

应当注意,在实际装饰施工中,影响施工进度计划执行的因素很多,如气候、劳动力、材料、机械、设计变更等,使实际施工进度经常出现不完全符合原计划情况。因此,还需不断检查、调整原计划。只有这样,施工进度计划才有可能指导实际施工。为了考虑实际情况的变化,在制定进度计划时应留有一定的余地。

第四节　资源需要量计划

根据已编制出的施工进度计划和工程施工定额,可编制资源需要量计划。资源需要量计划主要包括材料、劳动力、构件和半成品、机械设备需要量计划。其表格形式如表 3.3 至表 3.6 所示:

表 3.3　劳动力需要量计划表

序号	工种名称	劳动量（工日）	月份									
			1	2	3	4	5	6	7	8	9	……

表 3.4　主要材料需要量计划表

序号	材料名称	规格	需要量		供应时间	备注
			单位	数量		

表 3.5　构件需要量计划表

序号	品名	规格	需要量		使用单位	加工单位	供应时间	备注
			单位	数量				

表 3.6　施工机械需要量计划表

序号	机械名称	类型型号	需要量		货源	使用起止时间	备注
			单位	数量			

第五节　施工平面图

施工平面图是施工方案在现场空间布置上的体现，它反映了拟建工程和已建工程之间，以及各种临时建筑设施、水电管网、场内道路相互之间的空间关系，如施工现场布置井井有条，就会为现场组织文明施工创造条件；反之，如施工平面布置不好，就会造成现场杂乱无章，对施工进度、质量、安全等方面都会造成不良后果。因此，对于具有一定规模的建筑工程，一般都需编制施工平面布置图，使施工方便、有序。对于建筑装饰工程，当为新建工程时，可在土建施工平面图的基础上，经适当变化即可（如可利用土建的运输机械、道路、水电管网、临时设施等）；对于改造工程或局部装修工程，由于可以用的空间较小，应据具体情况，安排好材料运输计划、道路走向等。一般用 1:200～1:500 的比例。

一　施工平面图的内容

建筑装饰施工阶段一般属于工程施工的最后阶段。有些在基础、结构阶段需要考虑的内容也应在这两个阶段中予以考虑。因此，建筑装饰施工平面图中规定的内容要因时、因需要，结合实际情况来决定：

（1）地上、地下的一切建筑物、构筑物和管线位置。

（2）测量放线标桩、杂土及垃圾堆放场地。

（3）垂直运输设备的平面位置，脚手架、防护棚位置。

（4）材料、加工成品、半成品、施工机具设备的堆放场地。

（5）生产、生活用的临时设施（包括搅拌站、木工棚、仓库、办公室，临时供水、供电、供暖线路和现场道路等）并附一览表。一览表中应分别列出名称、规格、数量及面积大小。

（6）安全、防火设施。

上述内容可根据建筑总平面图、现场地形地貌、现有水源、电源、热源、道路、四周可以利用的房屋和空地、施工组织总设计及各临时设施的计算资料来绘制。

二　设计装饰施工平面图所需资料

（1）设计资料：包括建筑总平面图、竖向设计图、地貌图、装饰工程项目施工范围内有关的一切已有的和拟建的地下管道位置等。

（2）整个装饰工程项目的施工方案、施工进度计划，便于了解各施工阶段情况而进行场地合理规划。

（3）各种装饰材料、构件、加工品、施工机械和运输工具需要量一览表，便于规划工地内部的储放场地和运输线路。

（4）构件加工、仓库等临时建筑一览表。

三　施工平面布置图设计的基本要求

（1）从施工现场的实际情况出发，遵循施工方案和施工进度计划的要求。

（2）充分发掘施工现场的潜力，尽可能利用现场已有的建筑物、构筑物和各种道路、管线为施工服务，减少暂设工程的费用。

（3）最大限度地缩短工地内部的运输距离，尽可能避免场内二次搬运，以减少材料损耗和节约劳动力。

（4）要符合劳动保护、安全技术、卫生防疫和防火的规定。

（5）为争取成为文明工地和标准化工地创造条件。

（6）临时设施的布置，应便利于工人生产和生活。

装饰施工平面布置图的方案比较，一般考虑施工用地面积；场地利用率；场内运输情况；临时建筑面积；临时道路和各种管线长度；是否符合劳动保护、安全、防火、卫生等方面的规定等。

四　设计要点

1. 垂直运输设备（如外用电梯、井架）的位置、高度，须结合建筑物的平面形状

高度和材料、设备的重量、尺寸大小，考虑机械的负荷能力和服务范围，做到便于运输，便于组织分层分段流水施工。

2. 混凝土、砂浆搅拌机、木工棚、仓库和材料、设备堆场的布置

（1）木工棚、水电管道及铁件的加工棚应布置在建筑物四周的较远处，并有相应的木材、钢材、水电材料及其成品的堆场。单纯建筑装饰施工的工程，最好利用已建的工程结构作为仓库及堆放场地。

(2) 混凝土、砂浆搅拌站应靠近使用地点,附近要有相应的砂石堆场和水泥库;砂石堆场和水泥库必须考虑运输车辆的道路。

(3) 仓库、堆场的布置,要考虑材料、设备使用的先后。能满足供应多种材料堆放的要求。易燃易爆物品及怕潮怕冻物品的仓库须遵守防火、防爆安全距离及防潮、防冻的要求。

(4) 沥青熬制地点必须离开易燃品库并布置在下风向。

(5) 临时供水、供电线路一般由已有的水电源接到使用地点,力求线路最短。消防用水一般利用城市或建设单位的永久性消防设施,如水压不够,可设置加压泵、高位水箱或蓄水池;建筑装饰材料中易燃品较多,除按规定设置消火栓外,在室内应根据防火需要设置灭火器。

(6) 井架、外用电梯、脚手架等高度较大的施工设施,在雨季应有避雷设施。高井架顶部应装有夜间红灯,现场的井、坑、孔洞应加堵盖或设围栏。地下室、电梯间等阴暗部分应设临时照明。

(7) 石材堆放场应考虑室外运输及使用时便于查找,同时应考虑防止雨淋措施。

(8) 木制品堆放场应考虑防雨淋、防潮和防火。

(9) 贵重物品应放置在室内防丢失。

第六节　主要技术组织措施

一　保证质量措施

装饰工程保证质量措施必须以国家现行的施工及验收规范,针对工程特点来编制,在审查工程图纸和编制施工方案时就应考虑保证工程质量的办法。一般来说,保证质量措施内容主要包括:

(1) 确保放线、定位正确无误的措施。

(2) 确保关键部位施工的技术措施,如选择与装饰等级相匹配的施工队伍及项目班子;做好深化设计图;合理安排工序搭接;新材料、新工艺、新技术应先行试验,明确质量标准后再大面积施工等。

(3) 保证质量的组织措施,如建立健全质保体系、明确责任分工、人员培训、样板引路、编制操作工艺卡及行之有效的“三检制”、“材料和工程报验制”等。

(4) 保证质量的经济措施,如建立奖罚制度等。

另外,还应根据工程情况,确定和选择质量控制标准。如满足以下两个条件(同时具备):具有三星级(含三星级)以上的宾馆、饭店或相当于三星级以上的宾馆装饰水平的综合楼、写字楼、影剧院、商场、文化设施、大中型公共建筑及其他建筑部分的厅、堂、场、馆及高级住宅工程等;单方造价(不含设备)在一定价格以上,应按高级建筑装饰工程要求施工。即应按《高级建筑装饰工程质量检验评定标准》控制施工质量。

对于一些特殊项目装饰工程(如玻璃幕墙、石板幕墙、铝板幕墙等),国家有施工与验收规范,同时还有相应的法规要求。为了保证施工质量参加人员应认真学习和贯彻执行。某工地为了确保玻璃幕墙工程和外墙干挂石材墙柱面施工质量,在该工程监理单位的帮助下编制了

《幕墙、铝窗、干挂石材报验技术资料》,并将其纳入保证质量措施内,实践收到较好成效。其内容包括一般性技术资料、干挂石材报验技术资料、幕墙及铝窗报验技术资料等。

二　保证安全措施

建筑装饰工程施工安全控制的重点是防火、安全用电及装饰机械、机具的安全使用。

在编制安全措施时应做到及时性,工程施工前要编安全技术措施,如有特殊情况来不及编制完整的,亦必须编制单项的安全施工要求;同时,编制的内容应具有针对性,要针对不同的装饰施工现场和不同的施工方法,从防护上、技术上和管理上提出相应的安全措施;最后是所编制的安全措施应具体化,能指导施工。装饰工程安全措施的主要内容有:

(1) 脚手架、吊篮、桥架的强度设计及上下道路的防护安全技术措施。

(2) 安全网的架设要求。

(3) 外用电梯的设置及井架、门式架等垂直运输设备拉结要求及防护措施。

(4)“四口”、“五临边”的防护和立体交叉施工作业场的隔离防护措施。

(5) 凡高于周围避雷设施的施工工程、暂设工程、井架、龙门架等金属构筑物所采取的防雷措施。

(6) 易燃、易爆、有毒作业及场所采取的防火、防爆、防毒措施。

(7) 安全用电、安装使用电器设备以及装饰机具、机械使用安全措施及防火要求。

(8) 施工部位与周围通行道路、房间隔离、防护措施。

(9) 施工人员在施工过程中个人的安全防护措施。

三　成品保护措施

装饰工程所用材料比较贵重,成品保护工作十分重要,在编制技术组织措施时应考虑如何对成品进行保护。建筑装饰工程对成品保护一般采取“防护”、“包裹”、“覆盖”、“封闭”等保护措施,以及采取合理安排施工顺序等来达到保护成品的目的。

(1) 防护:就是针对被保护对象的特点,采取各种防护措施。如:已做好装饰的楼梯踏步在未交付使用前采取钉木板保护棱角;对进出口台阶搭设脚手板供人通行来保护;对木门口等易碰部位可钉上防护板或槽形板保护等。

(2) 包裹:就是将被保护物包裹起来以防损伤或污染。例如,对镶大理石柱可用多层木胶合板包裹捆扎保护;不锈钢墙、柱等金属饰面在未交付使用前其外侧防护薄膜不得撕开并应有防碰撞防护措施;铝合金门窗可用塑料布包扎保护等。

(3) 覆盖:就是用表面覆盖的办法防止堵塞或损伤。例如,客房卫生间浴缸安放后再贴瓷砖时其浴缸上应用木板、胶纸等覆盖;地漏、落水口、排水管等安装后应加以覆盖,防止异物落入而被堵塞;石材地面达到强度后需进行其他施工时其上部可用锯末、苫布等覆盖以防止污染;地毯铺完后上面可加塑料布覆盖以防污损。

(4) 封闭:就是采取局部封闭的办法进行保护。例如,房间的石材地面或地砖地面完成后,可将该房间临时封闭,防止人们随意进入而损坏地面;宾馆饭店客房内、卫生间洁具、五金安装完毕应加锁封闭、防止人们随意进入。

合理安排工序:主要是通过合理安排不同工作的施工先后顺序以防止后道工序损坏或污染前道工序。

四　保证进度措施

保证进度措施主要有以下几个方面：

(1) 组织措施：在项目班子中设置施工进度控制专门人员，具体调度、控制安排施工；施工前，进行分析并进行项目分解，如按项目进展阶段分、按合同结构分，并建立编码体系；确定进度协调工作制度；对影响进度目标实现的干扰和风险因素进行分析并加以排除。

(2) 技术措施：利用现代施工手段、工艺、技术加快施工进度。

(3) 合同措施：需外分包的项目提前分段发包、提前施工，并使各合同的合同期与进度计划协调。

(4) 经济措施：对参加施工的各协作单位及人员提出进度要求，制定奖罚措施并及时兑现。

五　消防、保卫措施

1. 消防措施

(1) 施工现场的消防安全，由施工单位负责。施工现场实行逐级防火责任制，施工单位应明确一名施工现场负责人为防火负责人，全面负责施工现场的消防安全管理工作，且应根据工程规模配备消防干部和义务消防员，规模较大的装饰工程现场应组织义务消防队。

(2) 实行施工总承包的装饰工程，总承包单位与分包单位签订分包合同时应规定分包单位的消防安全责任，由总承包单位监督检查。分包单位同样应按规定实行逐级防火责任制，接受总承包单位和业主方的监督检查。

(3) 临时建筑应符合防火要求，不得使用易燃材料。

(4) 施工作业用火必须经保卫部门审查批准，领取用火证。用火证只在指定地点和限定时间内有效、动火时(如电焊、气割、使用无齿锯等)必须有专人看火。

(5) 施工材料的存放、保管应符合防火安全要求。油漆、稀料等易燃品必须专库储存，尽可能采取随用随进，专人保管、发放、回收。

(6) 施工现场要配备足够的消防器材，并做到布局合理，经常检查、维护、保养、确保消防器材灵敏有效。

(7) 施工现场严禁吸烟。

(8) 各类电气设备、线路不准超负荷运行，线路接头要接实、接牢，防止设备线路过热或打火短路。

(9) 现场材料堆放中，木料堆放不宜过多，垛之间保持一定防火间距。木材加工场的废料应及时清理，防止自燃。

(10) 防水涂料及油漆施工时须注意通风，严禁明火。

2. 保卫措施

(1) 实行总承包单位负责的保卫工作责任制，各分包单位应接受总承包单位的统一领导和监督检查。

(2) 施工现场应建立门卫和巡逻制度，护场人员要佩戴执勤标志，重点工程、重要工程要实行凭证出入制度。

(3) 作好分区隔离，明确人员标志，防止无关人员进入。

(4) 作好成品保护工作，严防被盗、破坏及治安灾害事故发生。

六　环保措施

(1) 清理施工垃圾，必须设置封闭式临时专用垃圾道或采用容器吊运（如采用编织袋等），严禁随意凌空抛撒。施工垃圾应集中堆放，及时清运。

(2) 旧装饰物拆除时，应随时洒水，减少扬尘污染。

(3) 凡进行现场搅拌作业的，搅拌机前台应设置沉淀池，以防污水遍地。

(4) 现制水磨石施工，必须控制污水流向，在合理位置设置沉淀地，经沉淀后的水方可排入市政污水管线。

(5) 施工现场应遵照《中华人民共和国建筑施工场界噪声限值》(GB 12523)制定降噪制度和措施。

(6) 饭店、宾馆等场所施工，必须按店方要求严格控制作业时间，一般不得超过晚上10时，必须昼夜连续作业的，应尽量采取降低噪音措施。

七　冬雨季施工措施

当室外平均的气温低于5℃及最低气温低于－3℃时，即转入冬季施工阶段。当次年初春连续7昼夜不出现负温度时，即转入常温施工阶段。我国地域宽广，各地的气候相差较大，因此转入冬施的时间及长短不同。南方许多地区由于气温较高，季节虽处冬天，但很少出现负温，但雨季时间较长、阴雨潮湿天气较多。

建筑装饰工程和建筑结构工程一样，也须考虑冬季施工及雨季施工，以加快施工进度，提高经济效益。

1. 冬、雨季施工部署

要根据冬、雨季施工任务的特点，在保证竣工投产的前提下，考虑均衡施工。其原则是：

(1) 对一般不列入冬施项目的工程，力争在冬施前完成，或到达一定部位后暂停施工，对已完项目加以妥善保护；如外檐抹灰、喷涂、贴面砖等装修装饰工程应力争在冬施前完工。

(2) 在进入冬施前，应做好外门窗的封闭工作。

(3) 南方多雨季节施工，应合理安排施工项目，晴天做外檐装饰，雨天做内部装饰，要防止室外潮湿空气流入，保持室内干燥环境。

(4) 内墙面贴壁纸、涂刷等装饰项目的，必须在墙面抹灰层干燥到一定程度（含水率小于8%）才能施工，要留有必要的技术间歇时间。

(5) 主体结构完工后，必须抓紧做好屋面防水，给内装饰创造条件。

(6) 室内装饰工程施工必须保持5℃以上室温，应争取利用建设单位的热源及采暖设备。临时性锅炉必须作好消烟除尘工作，经验收合格后方可使用。

(7) 作好冬施技术培训工作。为了加强管理，施工单位在冬施前应作好司炉、化盐、测温人员的培训工作。

(8) 作好冬雨季施工期间材料、工具的储备。施工单位的技术部门应根据技术措施要求，编制冬、雨季施工材料、工具计划，由供应部门分期分批进场。

(9) 冬、雨季施工检查。施工单位要根据任务特点，在进入冬施、雨施前，对各项准备工作计划进行一次全面检查。

(10) 做好冬雨季施工资料的积累。冬雨季施工期间采用的新技术、新材料、新工艺措施及测温、加盐、加防冻剂等要注意积累资料,认真做好经验总结。

2. 冬、雨季施工主要技术措施

(1) 冬施室内抹灰应采取热作法,保持正温度,砂浆不能掺盐;室外抹灰,水泥砂浆掺盐量不得超过水重的8%。

(2) 冬施外檐喷涂、干粘石可掺抗冻剂。

(3) 冬施屋面防水工程应在正温度下(一般在上午10点后至下午4点前)进行,油毡应在室内预热到正温度,油毡基层要清扫干净,不得有霜雪或水屑。

(4) 冬施铸铁管捻口应尽量在正温度下操作,最好能做到室内扩大预制。当气温低于-5℃时,应用高标号水泥以60℃左右温水随拌随用,捻好的口应及时覆盖保温。

(5) 冬季不交工或不使用的水暖管道、设备,不作试水试汽试验。

(6) 在冬、雨季施工期间,怕冻、怕雨水潮湿的建筑装饰材料、设备一定要有防冻、防潮措施。如保持正温度、设防雨棚、遮盖苫布、架空堆放等措施。

(7) 冬雨季施工期间,为了加快施工速度,墙面的砂浆抹灰层可采取热风、电红外线加温、使用减水剂等措施,加速砂浆的硬化及水分蒸发。

(8) 雨施期间,要设置必要的水泵等抽水、排水设备及时排除现场积水。

3. 冬、雨季施工的安全工作

(1) 施工单位要加强冬、雨季施工安全生产的宣传教育,严格贯彻安全生产责任制,并制定五防(防风、防冻、防滑、防毒、防爆炸)安全措施。

(2) 冬施用锅炉必须认真检修并作好耐压试验、消烟除尘和水处理等工作。锅炉安全设施必须齐全、检验灵敏(如安全阀、压力表、水位表及上水设备等)。

(3) 脚手架及机电设备在风雪或雨后要及时进行检查,及时清扫积雪,机械设备要注意防止雨雪淋湿,必须装置漏电保安器及安全接地,高度很大的井架要设置避雷装置,脚手架必须注意避免发生不均匀沉降。

(4) 冬施期间要对宿舍、办公室、食堂等处的用火设备组织检查防止煤气中毒。

4. 冬、雨季施工的消防工作

(1) 要进行安全防火宣传教育,作好防火措施、建立各项消防制度。

(2) 严格执行用火申请制度并严加管理。

(3) 易燃、易爆物品应集中堆放并远离施工地点。

(4) 要保持道路畅通,消火栓、水源等处应保持干净,不得堆放杂物,并设明显标记。

(5) 消防器材按规定位置设置并应充足,不得挪作他用。

第七节　技术经济指标

技术经济指标是编制单位工程施工组织设计能体现的技术经济效果,应在编制相应的技术措施计划的基础上进行计算。主要有以下几项指标:

(1) 工期指标(与一般类似工程作比较)。

(2) 劳动生产率指标(m^2/工日或工日/m^2)。

(3) 质量、安全指标。

(4) 降低成本率。

(5) 主要工种工程机械化施工程度。

(6) 主要原材料节约指标。

复习思考题

1. 简述单位装饰工程施工组织设计主要内容。
2. 简述单位装饰工程施工进度计划编制的内容、方法及步骤。
3. 施工平面图的内容有哪些?
4. 施工平面布置图设计的基本要求有哪些?

第四章　建筑装饰施工管理

第一节　概述

一　装饰施工的基本特点

(1) 装饰施工是在建筑空间内进行的多门类、多工种的综合性工艺施工。

(2) 在很多装饰面的处理上具有较强的技术性和艺术性。

(3) 装饰材料品种繁杂、规格多样、施工工艺与处理方法各不相同。

(4) 工期短、工作量琐碎繁杂、难以把工人的工种划分得很细,一般要求一工多能。

(5) 施工辅助种类多、性能、特点、用途各异。

(6) 因要求工期短、工艺细,故在施工中采用的小型机具较多。

(7) 各工种、工序间关系密切,间隔周期短,要求密切配合。

二　装饰施工管理的基本特点

(1) 装饰施工管理是对诸工种协同施工的系统组织管理。

(2) 工地管理人员是施工的组织者和指挥者,并把握室内外装饰的整体效果。

(3) 管理人员是设计与施工的桥梁,其技术水平的高低直接影响装饰工程的质量和效果。

(4) 管理工作多而繁杂,主要包括:各工种的组织管理,成百种材料的组织管理,机具管理、安全管理、工程款的计划使用等方面。

(5) 管理工作包含了与甲方的联系,听取甲方对施工的意见、对工程项目的修改,增补事宜的处理。

三　装饰工程施工管理的内容

1) 确定施工方案,做好施工准备

(1) 施工方案的技术经济比较,选定最佳可行方案。

(2) 选择适当的装饰施工机械。

(3) 设计装饰工程施工平面布置图。

(4) 确定各工种工人、机具和材料的需要量。

2) 编制施工进度计划

(1) 编制施工进度计划横道图或网络图。

(2) 建立检查进度计划的报表制度和计算机数据处理程序。

(3) 施工图纸供应情况的监督检查。

(4) 物资供应情况的监督检查。

(5) 劳动力调配的监督检查。

(6) 工程质量管理。

3) 合同与造价管理

(1) 编制投标报价方案。

(2) 与业主、分包商及设备、材料供应厂商签订合同。

(3) 检查合同执行情况,处理索赔事项。

(4) 工程中间验收及竣工验收,结算工程款。

(5) 控制工程成本。

(6) 月度、季度结算和竣工决算及损益计算。

第二节　装饰工程施工管理的依据

政府颁布的各种法规、条例、标准、规范,装饰施工单位与业主签订的承包合同及与其相应的工程图纸、工程量清单、技术说明书以及业主代表(或建筑师、监理工程师)签发的指令、洽商、变更等都应是装饰工程施工管理的依据。

一　政府部门的有关文件

直接与装饰工程施工有关的政府文件很多,包括法规、条例、规程、标准、规范等种类,其涉及的方面主要有:

(1) 关于装饰工程造价、取费的规定和定额。

(2) 关于建筑防火、工地消防的规定和规范。

(3) 关于工地场容、环境保护的规定。

(4) 关于治安、交通的规定。

(5) 关于安全生产和劳动保护的规定和规程。

(6) 关于工程质量检验、评定、监督的规范、标准和规定,如《建筑装饰装修工程施工质量验收规范》(GB50210 - 2001)、《玻璃幕墙工程质量检验标准》(JGJ/T139 - 2001)等。

(7) 关于材料、设备进口、检验的规定和标准。

(8) 关于工程竣工验收的规定。

(9) 其他。除全国通用的规定、规范、标准以外,还须特别注意施工地区的特殊规定及新颁布或修订的规定。

二　工程承包合同

1. 施工合同文本

《施工合同文本》由《协议书》、《通用条款》、《专用条款》三部分组成,并附有三个附件:附件一《承包方承揽工程项目一览表》、附件二是《发包方供应材料设备一览表》、附件三《工程质量保修书》。

《协议书》是《施工合同文本》中总纲性的文件。虽然其文字量并不大,但它规定了合同当事人双方最主要的权利和义务,规定了组成合同的文件及合同当事人对履行合同义务的承诺,并且合同当事人在这份文件上签字盖章，因此具有很高的法律效力。《协议书》的内容包括工程概况、工程承包范围、合同工期质量保证、合同价款、组成合同的文件及双方的承诺等。

《通用条款》是根据《合同法》、《建筑法》等法律对承发包双方的权利和义务作出的规定，除双方协商一致对其中的某些条款作了修改、补充或取消，双方都必须履行。它是将建设工程施工合同中共性的一些内容抽象出来编写的一份完整的合同文件。《通用条款》具有很强的通用性，基本适用于各类建设工程。《通用条款》由十部分45条组成。这十部分内容是：

(1) 词语定义及合同文件。

(2) 双方一般权利和义务。

(3) 施工组织设计和工期。

(4) 质量和检验。

(5) 合同条款与支付。

(6) 材料设备供应。

(7) 工程变更。

(8) 竣工验收与结算。

(9) 违约、索赔和争议。

(10) 其他。

考虑到建设工程的内容各不相同，工期、造价也随之变动，承包方、发包方各自的能力、施工现场的环境和条件也各不相同，《通用条款》不能完全适用于各个具体工程，因此配之以《专用条款》对其作必要的修改和补充，使《通用条款》和《专用条款》成为双方统一意愿的体现。《专用条款》的条款号与《通用条款》的条款号相一致，但主要是空相，由当事人根据工程的具体情况予以明确或者对《通用条款》进行修改、补充。

《施工合同文本》的附件则是对施工合同当事人的权利义务的进一步明确，并且使得施工合同当事人的有关工作一目了然，便于执行和管理。

2. 合同文件及其解释顺序

根据新的施工合同文本和FIDIC施工合同，施工合同的构成文件及解释的优先顺序如下：

1) 双方签署的合同协议书

在合同文本中，已经给出标准的合同协议书文本，其主要内容包括：甲乙双方的全称，合同签订所依据的法律，工程概况，工程承包范围和方式，合同工期，质量标准，合同价款，合同文件的组成，双方当事人的相互保证，合同生效时间，甲乙双方签章等。

双方当事人有关工程的洽商、变更等书面协议或文件，也作为合同协议书的组成部分。

2) 中标通知书

3) 投标书及其附件

4) 合同专用条款

专用条款是当事人双方结合具体工程实际，经协商一致而签订的条款。它的条款号与通用条款相同。它可以对相应条款号的通用条款的内容进行具体化、补充或修改。

5) 合同通用条款

通用条款是根据法律法规和规章制度及建设工程施工的需要制定的，它代表我国的工程施工惯例，是标准化、规范化的合同条件。

6) 本工程所适用的标准、规范及有关技术文件

(1) 施工中必须使用我国国家标准、规范。

(2) 没有国家标准、规范,但有行业标准、规范的,使用行业标准、规范。

(3) 没有国家和行业标准、规范的,则使用工程所在地的地方标准、规范,业主应按专用条款约定的时间向承包方提供一式两份的标准、规范。

(4) 国内没有相应标准、规范时,则由业主按专用条款约定的时间向承包商提出施工技术要求,承包商按约定的时间和要求提出施工工艺,经业主方认可后执行。

(5) 若工程使用国外标准、规范时,业主方应当负责提供中文译本。

7) 图纸

(1) 业主方提供图纸的,业主应按专用条款约定的日期和套数,向承包商提供图纸。承包商需要增加图纸套数,业主应代为复制,复制费用由承包商承担。

使用国外或者境外图纸,不能满足施工需要时,双方在协议条款内约定复制、重新绘制、翻译、购买标准图纸等的责任和费用承担。

施工现场应由承包商保留一套完整的图纸,供工程师及有关人员进行工程检查时使用。

(2) 对于装饰工程施工承包单位依据合同约定自己设计、自己施工的工程,承包商应当在其设计资质允许的范围内,按工程师的要求完成这些装饰装修工程设计,经工程师确认后使用,发生的费用由业主方承担。

8) 工程量清单

9) 工程报价单或预算书

上述合同文件应能相互解释,互为说明。当合同文件出现含糊不清或不一致时,在不影响工程正常进行的情况下,由双方当事人协商解决。协商不成时,可以作为合同争执处理。

3. 装饰项目经理须掌握的合同要点

合同双方的一般责任:

(1) 合同双方的沟通程序包括业主代表(或建筑师、工程师)下达指令及口头指示的确认、承包商的报告、请求、通知及业主方面对此做出审批或确认的程序。

(2) 合同双方的工作范围:现场各类施工条件的提供、维护以及现场保卫、场容、成品保护等方面的责任和费用的划分;工期,合同开工日期与交工日期,延期开工、暂停施工及延误工期的确认程序;工期延误的责任及工期提前的奖励。

(3) 设计变更:设计变更的程序;变更引起的合同价格变化的计算依据。

(4) 材料与设备:材料、设备供货责任的划分;材料、设备的审批、检验手续;材料、设备验收与保管;材料代用或变更的程序。

(5) 质量检查与验收;质量检查和工程验收的程序;必备的质量控制原始记录或报表;样板间的要求。

(6) 安全与保险;承包方的安全责任及合同规定的保险范围。

(7) 总、分包协调:装饰工程分包商与总承包商的责任划分;装饰工程分包商同其他分包商之间的关系与协调程序。

(8) 保修期:保修期的起讫时间、保修期责任。

(9) 合同价款:合同价的形式(是固定价还是随造价管理部门通知调整的结算价,是固定单价还是固定总价);预付款金额;进度款的核定与支付程序;竣工结算的程序及准备资料。

(10) 保函与保留金:合同要求的保函种类和担保金额;保留金的金额及其发放条件。

三　与合同对应的技术文件

1) 技术说明书

采用国际招标的工程,均由建筑师或工程师向承包商提供一份技术、管理综合性文件——技术说明书,它详细指明在该工程上规定的管理程序,各分部、分项工程的材料、工艺、质量、安全等方面的要求,是施工管理必须遵循的重要文件。

2) 图纸

包括发包方提供的设计图纸和由承包方绘制并经发包方批准、确认的装饰效果图、施工图、大样图。图纸是施工人员计算工程量、安排施工量、编排施工进度及各项管理措施的主要依据。

3) 装饰材料做法表

由设计单位(或建筑师)随图纸一并提供,逐个房间分不同部位详细绘出地面、踢脚、墙面、顶棚的装饰材料与做法。是承包方编制材料计划和施工组织计划的依据。

4) 门窗表

由设计单位(或建筑师)随图纸一并提供,详细绘出各房间各部位的门窗编号、类型,有的建筑师甚至给出每樘门、窗所有门、窗五金配件的系列号,是承包方订购门、窗及组织施工的依据。

5) 图纸会审纪要

图纸会审纪要是经会审各方签字确认后对设计文件的解释、修正或补充。图纸会审的要点包括:

(1) 装饰工程的设计文件中有无不明确、不交圈的问题,如尺寸标注的遗漏或坐标、标高的不符。

(2) 装饰工程的图纸与结构、机电设备安装图纸有无矛盾。

(3) 设计中有无不符合本地质量、安全、环卫、消防法规的材料、工艺等。

(4) 其他涉及装饰工程质量、工期、安全等的设计问题。

6) 洽商、变更

装饰施工单位根据自身的施工经验,在保证原设计的功能要求的前提下,可以通过洽商的形式对原设计提出修改的建议,若设计单位签字认可即为设计文件的补充。设计单位往往根据业主要求在施工过程中以变更的形式对原设计做出修改。经设计单位认可的洽商和变更是装饰施工、管理及工程款结算的依据。

第三节　装饰工程施工准备

一　装饰工程施工准备原则

(1) 超前原则:对于新建工程,装饰工程的准备工作应在结构施工前期开始着手。

(2) 关联原则:装饰工程准备工作不仅需要详细了解装饰本身的设计要求,而且要了解与之关联的结构、机电安装工程的设计要求及其施工情况。

(3) 覆盖原则:装饰工程准备工作应覆盖装饰施工管理的各个方面,包括技术、经济、材料、机具、人员组织、现场条件等等,应不留缺口。

(4) 贯串原则:准备工作不仅做在施工前,而且要贯串装饰施工全过程。

二　内业与资料准备

(1) 熟悉与核对图纸与其他设计文件,做好技术交底和图纸会审等工作。

(2) 计算工程量。分区域、分房间、分工种、分项目计算装饰工程量。

(3) 编制施工预算。在计算装饰工程量的基础上,参照现行施工定额,分区域、分房间、分工种、分项目确定额定工料消耗。

(4) 编制施工组织设计。根据本工程设计特点和现场条件及所在地区技术经济条件,编制施工组织设计,主要应包括:

①与结构、安装工程协调的装饰工程进度计划。

②各装饰分项工程施工方法或工艺。

③劳动力、材料、机械等资源需要量一览表。

④施工现场平面布置图。

⑤质量、安全、成品保护、现场保卫和文明施工等措施。

(5) 编制装饰材料需要量计划。根据进度计划和工程量表,按材料品种、规格编制其需用量和需要时间的计划。

三　外业与物资准备

(1) 复核结构施工尺寸,确定装饰基准线。

(2) 清理影响装饰施工的障碍物。

(3) 落实装饰施工队伍,选择专业队伍。

(4) 配备装饰施工队伍。

(5) 搭建仓库、办公室、工棚等临时设施。

(6) 落实装饰材料供应。

(7) 落实垂直运输、水平运输的机具和通道。

(8) 落实施工用电、用水的供应。

(9) 落实现场消防器具和安全设施。

(10) 落实季节性施工的措施。

第四节　装饰工程施工进度控制

建筑装饰施工进度控制与质量管理、成本控制、安全管理是建筑装饰施工管理的重要内容。进度控制是中心环节,质量管理是根本,成本控制是关键,安全管理是保障。在一般情况下,进度快可能影响质量及安全,成本也可能增加。所以,施工进度控制在整个施工目标控制中处于协调和带动其他工作的主导地位,加强进度控制是使其达到合同规定的工期、质量及造价目标的重要措施。

施工进度控制是指在实施施工进度计划过程中，经常检查施工的实际进度并将两者进行对比，找出其偏差并分析原因，从而对原施工进度计划进行调整的一个循环过程。其主要目的是确保既定目标工期的实现或在保证质量、安全、不额外增加成本的条件下，适当缩短工期。

一　进度控制的作用与执行条件

1）进度控制的作用

一个装饰工程项目能否在预定的时间内交付使用，直接影响投资效益的发挥，尤其是商业性的投资项目更是如此。项目尽早投入使用可以尽早获得效益，因此，业主对装饰工程项目工程进度的关注往往高于其他方面。对于装饰工程的施工单位来说，为在合同规定的期限内或提前完工，必须对施工进行全面而细致的安排，使人力、机械设备、材料得到充分合理的使用，各部位的施工、各工序的搭接较为紧凑。所以进度控制的主要作用就是按照目标和组织系统，对系统各个部分的行为进行检查，以保证协调地完成总体目标。其主要任务是：

(1) 检查并掌握工程实际进度情况。

(2) 把工程项目的实际进度情况与计划目标进行比较，分析计划提前或延后的主要原因。

(3) 决定应该采取的相应措施和补救方法。

(4) 及时调整计划，使总目标得以实现。

2）进度控制顺利执行的条件

施工的组织是围绕着施工进度计划来进行的。实现进度的首要前提是要有一个科学合理的工程项目进度计划。在工程项目实施阶段，进度计划的作用，对于项目经理来说，其意义远远超出了进度控制。例如：需要根据进度计划来确定实施方案或施工要求；根据计划的安排批复施工图纸来满足现场的要求；还需要进度计划在施工管理中协助指挥、协调人力、物力；监督实际进度，评价由于生产力、失误、天气或由于建设单位方面的主观因素等变化而产生的影响。

施工进度计划是多种因素交错，且涉及面很广的指导性文件。为保证施工进度计划顺利执行，应做到：

(1) 采取现代化的管理手段，如运用电子计算机，在各施工点或分包单位设置终端装置，及时通过现场施工信息迅速调整，使进度计划始终保持在合理的指导状态之中。

(2) 施工组织设计的施工进度计划应列为合同中一项主要考核内容，凡按计划或提前竣工者，应予奖励，相反拖期者，应受罚。

(3) 在编制季、月度实施计划，分项工程施工计划，材料采购计划，劳动力计划等相关计划时，必须从制度上使之与施工进度计划紧密配合，互相衔接，融为一体。

(4) 充分落实编制施工进度计划的条件，避免过多的假设而失去对装饰工程施工的指导作用。

(5) 对施工期长的项目要实行分期、分段编制进度计划，在不同阶段、不同时期，要提出相应的进度计划，以保持指导施工的前锋作用。

(6) 确保施工进度计划上通下达，加强汇报交底工作，避免进度要求与项目管理及现场施工之间相互脱节、各搞一套。否则，既重复劳动，又影响进度计划的贯彻。

(7) 注意收集和积累工程实际进度等案例资料，加强施工进度信息的反馈，并经过整理、加工和系统化，成为编制施工进度计划的有效参考数据，同时还可存入电子计算机数据库，以提高进度编制效率和管理的功能。

二　工程进度计划的类型与编制

1) 工程项目进度计划的类型,见表4.1所示

表4.1　工程项目进度计划类型表

类型	内　容	表达方式	作　用
装饰工程项目总进度计划	工程项目从开始实施一直到竣工为止各个主要环节	一般多用横道图或网络图表示。显示项目设计、施工、安装竣工验收等各个阶段的日历进度	供总监理工程师作为控制、协调总进度以及其他监理工作之用
装饰工程项目施工进度计划	施工阶段各个环节(工序)的总体安排必须报监理工程师审批 该计划以各种定额为准,根据每道工序所需耗用的工时以及计划投入的人力、工作班数、物资、设备供应情况,求出各分部分项及单位工程的施工周期,然后按施工顺序及有关要求,编制出总进度计划	横道图或网络图	指导施工的各项具体工作 控制进度的主要依据
作业进度计划	是工程项目总进度计划的具体化,可将一个分部或分项或一个阶段作为控制对象,也可以一项作业活动为控制对象	横道图或网络图	基层施工队(组)进行施工的指导性文件

2) 施工进度表与施工进度计划

进度计划是对尚未进行的工程所作的计划和预测。进度表则是反映已执行工程的进度状况的图表。显然,二者是不同的。进度计划偏重于安排各项工作的完成时间,进度表则反映某时间实际完成的工程的数量和比例。

进度计划和进度表都是针对工程进度而设立的,因而又有必然的联系。进度表与进度计划相比较才能反映工程的实际进展是否令人满意。因此两者必须在项目划分、统计内容上相一致。进度计划的几种表达方式,进度表均能采用相似的图表来反映工程的实际进度。

例如,统计表式的进度表、条形图式的进度表、曲线进度表、支付进度表、关键线路(网络)进度表等。

这几种进度表在表达某一方面的工程进展时各有特长。在实践中,为了便于系统分析工程进展,提高工作效率,形成了一种综合进度表。这种综合进度表除项目和合同摘要较全面外,还综合了以下几方面的内容:

(1) 条形图表达的计划进度。

(2) 条形图表达的实际进度。

(3) 数字表达的工程量清单(各项目的计划数和实际数)。

(4) 百分比表达的各分项(清单各章)占合同额的百分比、各分项完成量占合同额的百分比、各分项完成的百分比。

(5) 以百分比表达的计划支出曲线。

(6) 以曲线表示的实际支出曲线。

一张综合进度表连续使用,可以反映整个装饰工程项目工程进度的全貌,如果再配合使用一些专项进度表,则工程的进度状况就能详细地表达出来,从而成为进度控制的主要工具。

装饰工程施工进度计划按表现形式,可以划分为:

(1) 统计表形式的进度计划。这种进度计划以不同项目或工作的不同时间的计划完成额来表示。

(2) 横道图。亦称横线图，它是利用时间坐标上横线的长度和位置来反映工程在实施过程中各工作之间的相互关系和进度。

(3) 垂直进度计划。纵坐标表示各施工段或施工层，横坐标则表示时间。进度指示线则为同斜率的斜线，工期按斜线在横坐标上的投影值来计算。

(4) 图络计划。图络计划是较严密和较完善的计划形式和方法。网络计划有单代号网络计划和双代号网络计划两种形式。随着电子计算机的广泛应用，网络计划将发挥越来越大的作用。在许多国际工程的监理活动中，工程师都要求承包商编制网络计划。网络计划在工程方面的应用可以有许多新的形式，如时标网络图、群体网络计划等。网络计划也称关键线路计划。

(5) 其他。如方块图法、速度图解法、曲线图法、基本趋势图法等。

3) 进度计划的编制与审定

根据规定，装饰工程施工单位应在业主签发中标函之后，在专用条款规定的时间内(一般为一周)，按照业主规定的格式和深度，向业主或监理单位递交一份工程进度计划，业主或监理单位要对进度计划进行审查。同时一般还要求提供施工方案及总说明，以供参考。装饰工程施工单位投标时一般只提供初步的进度计划。

当业主认为进度计划不符合要求时，会要求装饰工程施工单位修改。

当施工过程中实际进度不符合已同意的进度计划时，装饰工程施工单位也应修改进度计划，以保证按原竣工期完成工程。在修订和审批过程中，也必然会涉及合理的延期。

无论实际执行中有无重大问题，装饰工程施工单位每隔一段时间(如 2 个月)要对进度计划进行修改，并提交业主或监理单位。

总的来说，工程施工过程中，应始终保持一份经甲方批准的计划作为实施的依据。在这个问题上还应当注意，装饰工程施工单位对自己的计划和施工方案负责，业主或监理单位实际上无权改变或干预装饰工程施工单位安全、恰当、准时地完成工程，主要是提出建设性意见。

装饰工程施工单位在编制工程进度计划(包括修订的进度计划)时，应重点考虑以下问题：

(1) 把握竣工时间，分析关键线路是否正确。

(2) 动用的人力和施工设备能否满足完成计划的工程量。

(3) 基本工作程序是否实际、实用。

(4) 施工设备是否配套、有效。

(5) 施工设备的规模和技术状态是否良好。

(6) 运输通道如何规划。

(7) 员工的工作能力如何。

(8) 工作空间的分析。

(9) 是否预留了足够的动员时间和现场清理时间。

(10) 材料、劳动力的供应计划是否符合进度计划的要求。

(11) 分包工程计划。

(12) 临时工程计划。

(13) 竣工、验收计划。

(14) 进度计划的修改是否影响了竣工期。

(15) 进度计划的修改是否改变了关键线路。

(16) 进度计划的修改是否需要增加劳动力和机械设备。

(17) 补救措施是否合理。

(18) 延期的处理结果是否影响进度计划。

(19) 可能影响进度的施工环境和技术问题。

装饰工程施工单位在编制工程进度计划时,应特别重视动员阶段的计划,包括施工设备、劳动力、工作骨干进场日期和准备情况,进驻和占有现场的日期以及其他准备工作。这一阶段的工作不易在进度计划表上清楚地表达,却极为明显地影响着开工和起初的进展,这一阶段出现延误往往没有补救措施。

三 施工进度控制的影响因素

要想有效地进行施工进度控制,必须对影响进度的因素进行分析,事先采取措施,尽可能地缩小实际进度和计划进度的偏差,使施工工期符合目标工期的要求。影响施工进度的因素主要有以下几个方面:

(1) 人为干扰因素。影响施工进度的人为干扰因素很复杂,它不仅受承包单位的自身管理水平的影响,事实上,只要是与工程建设有关的单位(如政府有关部门、设计单位、业主、物资供应单位、资金贷款单位,以及运输、通讯、供电等部门)与工程配合程度不同,亦不同程度地对施工进度产生影响。因此,控制施工进度仅考虑承包单位还不够,必须协调相关单位与之的关系。当然,承包单位内部如果施工人员素质不高,施工人员不充足,计划不周,管理不善,解决问题不及时等,都会影响工程项目的施工进度。承包单位应通过跟踪检查,自我控制,及时改进,以确保施工进度目标的实现,少受或不受人为因素的干扰。

(2) 材料、设备因素的干扰。施工过程中需用的材料、设备等如果不能按期运抵现场,或者运至现场后发现其质量不符合有关标准的要求,都会对施工进度产生影响。因此,在材料、设备方面,承包单位应严格把关,对重要的原材料、设备要积极展开前馈控制手段,从方案、订货、验收全过程进行控制,采取有效措施控制好物资供应进度。

(3) 资金因素的干扰。工程施工能否顺利进行,资金是强有力的保障。一般情况下,资金的影响主要来自于业主,或者是由于延期支付工程预付款,或者是由于拖欠工程进度款,这些都会影响承包单位流动资金的周转,进而影响工程进度,甚至影响到施工人员的情绪。承包单位应根据施工合同或供货合同及工程进度,要求业主及时拨付工程预付款和工程进度款,以免因资金供应不足而拖延工期。

(4) 设计变更的影响。在施工过程中出现设计变更是难免的,主要包括建设单位或主管部门在施工过程中对部分工程功能的变更;原设计图纸的不合理甚至错误要求变更等。这些变更都会打乱原有的施工进度计划,致使施工进度停顿或降低。承包单位应加强图纸复查,发现错误及时反馈,没有总监理工程师的签字,不得随意变更。

(5) 各种风险因素的影响。风险因素包括社会与自然两方面的不可预见的因素。承包单位必须对各种风险因素进行综合地全面地分析,提出控制风险、减少风险损失及对施工进度影响的措施,并对发生的风险事件给予恰当的处理。

以上是综合考虑了影响装饰工程施工阶段进度的五种因素,其中人为因素是最主要的干

扰因素,常见的人为干扰因素包括:

(1) 错误估计项目的特点及项目实现的条件。

①低估了项目实现在技术上的困难。

②对设计效果与装潢成品事实上的距离认识不足。

③低估了多个单位参加项目建设将产生工作协调的困难。

④施工图纸不完善。

⑤合同条款不详尽的矛盾。

⑥对物资供应的条件、市场价格的变化趋势了解不够等。

(2) 项目参加者的工作错误。

①设计者拖延设计进度。

②施工单位进场作业人员素质不够。

③编制的概算、预算不准确。

④建设单位没有做出必要的决策。

⑤总包施工单位将任务发包给不够资质的分包单位。

(3) 不可预见事件的发生。如工人罢工、工程事故、企业倒闭以及恶劣气候和政治事件、战争等天灾人祸事件的发生。

四　施工进度控制的方法

施工进度控制的主要方法有:规划、控制和协调。所谓规划,就是确定施工总进度目标和分进度目标;所谓控制,就是在施工进展的全过程中,进行计划进度与实际进度的比较,如发现偏差,及时采取措施纠正; 所谓协调,就是协调各参加单位之间的进度关系。

1) 规划

施工项目经理应确定目标,抓住关键,确定进度控制的具体思路。

(1) 确定项目总进度目标和分进度目标。

(2) 编制进度控制实施计划。

(3) 进行进度风险预分析。

(4) 编制项目总进度计划,审核批准分进度计划。

2) 控制

在项目实施全过程中,项目经理应运用事前、事中、事后三大控制过程,对实施的内容进行不间断的控制。

(1) 事前控制。事前控制即在进度风险预测的基础上,针对可能出现的影响进度的工序、部位、天气等因素,采取相应的对策、措施,防患于未然,达到预控的目的。

(2) 事中控制。事中控制是建立在信息管理的基础上,不间断地进行计划进度与实际进度相比较,发现偏离,及时采取措施纠正,这种控制又叫进度过程控制。

(3) 事后控制。事后控制是指进度控制过程中,虽采取措施但进度仍然滞后而采取的措施。如第一里程碑工期拖后,如何在第二里程碑工期中弥补等。

3) 协调

协调好工程建设内部之间的关系,将促进本工程进度目标的实现。

(1) 协调各施工单位之间的关系。

(2) 协调各工种、各施工场地之间的关系。

(3) 协调施工现场与材料供应之间的关系。

五 施工进度控制的措施

进度控制的措施主要包括组织措施、技术措施、合同措施、经济措施、信息管理措施等。

1) 进度控制的组织措施

(1) 根据所施工工程的规模和特点,进行项目分解(如按项目结构、项目进展、合同结构等来分),确定进度控制目标体系;落实各层次的进度控制人员、具体控制任务和管理职能分工,构建管理网络。

(2) 协助建设单位督促设计、物资供应、分包单位及其他施工单位,进一步健全进度控制体系,并明确各方的进度控制任务和相互协作关系。

(3) 建立进度控制计划制度、检查制度、情报分析制度、例会协调制度等,建立评比、竞赛机制,相互促进。

(4) 建立关于工期延长的申请、审核、批准程序以及工期延误的处理程序制度。

(5) 对影响进度目标实现的干扰和风险因素进行分析和预测。

2) 进度控制的技术措施

(1) 针对装饰工程施工单位多、施工工作面大、相互交叉干扰多的特点,可采用多级网络计划技术和其他先进计划技术进行"序列性"管理,并选择对总进度影响大或施工难度大的工序设立关键控制点。

(2) 严格样板先行。装饰工程施工工序多,新材料、新工艺日新月异,操作工人素质参差不齐。为保证工序施工正常进行,必须在下一道工序施工前进行样板先行,以求总结经验教训,及时发现偏差,尽早制定对策。

(3) 合理安排进度。能快则快,宜慢则慢,保证工序施工必要的技术间歇时间。如幕玻的胶凝时间、水泥的凝结时间、油漆的干燥时间等。减少返工是保证进度的一个重要方面。

(4) 合理选择作业时段。室外装饰尽可能避开雨季和严寒的冬季。如外墙涂料需要干燥的基层,雨季不宜施工;隐框幕墙胶接材料不能在5℃以下施工等。

(5) 针对装饰工程平行作业的工序比较多的特点,科学合理地组织流水作业,保证各工序能均衡、连续、有节奏地进行。

(6) 科学运用装饰工程的新技术、新工艺,在保证工程质量和投资控制的前提下,尽可能地缩短工序作业时间和总工期。

(7) 尽可能采用电子计算机等先进的技术和设备进行进度管理。

3) 进度控制的合同措施

(1) 在工程施工合同中明确关于工期和进度的条款,通过一定的优惠条件,鼓励各施工班组加快进度,确保工期目标。

(2) 加强合同管理,严格控制设计变更和工程变更。

(3) 当指定分包商以及总承包商工期延误且无力挽回工期时,中止合同,撤换承包商。

(4) 风险管理。在合同中应合理地规定风险责任的分担,落实相应的处理程序和处理办法。

4) 进度控制的经济措施

(1) 根据工程进度及时办理工程预付款、进度款支付手续,保持实际付款与工程进度相协调。

(2) 加强索赔管理。施工单位应按照索赔处理的程序，及时对索赔事件予以处理。

(3) 均衡、同步地保证物资供应。对物资供应、资金提供应明确具体时间和做好计划，并有相应的经济制约措施。

(4) 业主采用优惠条件鼓励施工单位加快进度，对工期提前、滞后采取相应的奖惩措施。

5) 信息管理措施

(1) 应不断地收集、整理、分析与工程有关的各种信息，尽可能将信息“数据化”。

(2) 建立相应的信息管理制度，及时进行计划进度与实际进度的动态比较，以保证将有用的信息及时应用到相关的进度控制阶段或进度控制点。

六　进度控制流程及重点

(1) 装饰工程施工单位提交施工进度计划，由业主或监理单位审核后确认。

(2) 在确定工程进度计划后，为确保其实现而编制下述大量详细的辅助计划是非常必要的。如果这一系列的计划已列为工程进度计划的组成部分而得到同意，则可省去这一程序中的大部分工作，但每季或每月的详细进度计划仍是需要编制的。

①季、月度工程施工实施计划。

②材料采购计划。

③分部工程施工计划。

④分项工程施工计划。

⑤施工机具调配计划。

(3) 检查工程进展情况，进行实际进度与计划进度的比较。分析工程延误(或提前)的原因，及时采取相应措施。

(4) 修订进度计划。装饰工程施工单位综合考虑修订的进度计划必须仍按原竣工期为目标编制。如果在修订计划之前已获得延期索赔的批准，则可以相应地在新的竣工期的基础上修订进度计划。

在工程的整个施工过程中，编制修正进度计划往往要进行多次。

通常装饰工程施工单位无权为修改进度计划而得到任何额外款项，这是因为装饰工程施工单位未能保持令人满意的施工进度而导致计划的修改。当工程延误并非由装饰工程施工单位负责时，延期是合理的，但业主因种种原因不愿延期时，装饰工程施工单位将放弃延期索赔而要求费用索赔。因为装饰工程施工单位为赶回原计划进度，必然要增加机械、人力，改变材料采购计划，或采取其他措施，这些措施往往要使工程成本增加。因此，当合理的延期得不到批准而按原定竣工期目标修订计划时，就有权得到额外付款。

当装饰工程项目有重大变更或重要事件发生时，如部分工程暂停、工程事故、增加或减少工作量、改变设计方案、改变施工方案等，都会对进度产生较大的影响，而这一类事件使工期控制变得相当复杂。

一般情况下，即使没有明显的延误情况，装饰工程施工单位也应该每隔一段时间调整一次进度计划。因为随着工程的进度，各种施工条件和环境也在不断变化，定期进行全面检查对装饰工程施工单位自身争取主动、降低成本、加快进度是非常有利的。

(5) 当工程实际进度严重偏离计划进度，竣工期内难以完成计划工作量时，业主或监理单位将正式书面通知装饰工程施工单位进度太慢，不符合竣工期限的要求。从字面上看这一通知很普通，但实际上这种通知就是一次警告。装饰工程施工单位必须立即采取措施加快施工进度，如果形势得不到改观，就有可能被视为违约，合同将被终止，装饰施工单位将承担责任并赔偿一系列的损失。来自业主或监理单位的有关施工进度的书面正式警告，目前较正规的做法是只通知一次，但通常在合同条件中明确说明这种通知的警告性质。

(6) 当施工进度不符合计划进度时，装饰工程施工单位要提出加快施工进度的措施或方案，并取得业主或监理工程师的批准。

由于工程延误是由于装饰工程施工单位的过失造成，因此无论采取何种措施，装饰工程施工单位一般都不可能得到额外付款。相反，如果因此而使业主增加了开支（如附加监理费等），装饰工程施工单位将会被要求赔偿业主相应的款额。

(7) 当施工单位无法完成该装饰工程项目或工程受到严重阻延时，业主将会指出此项违约事实并终止合同。

如果采取了这一行动，工程将由其他装饰工程施工单位来完成，施工单位在工程完成后才能得到结算，而且很可能负债。工程发展到这种程度，双方均有很大损失。

工程进度控制的目标虽然很明确，但整个控制过程中的判断和分析在很大程度上取决于现场人员的掌握，如实际进度与计划进度的差距、工程延误的严重程度、施工力量和施工组织的改善、补救措施的效果预测等工作往往没有明确的标准和依据，有时项目各部分工作错综复杂，或受外界因素的制约，这就要求项目经理具有丰富的实践经验。

(8) 装饰工程项目工程进度控制程序，见下图 4.1。

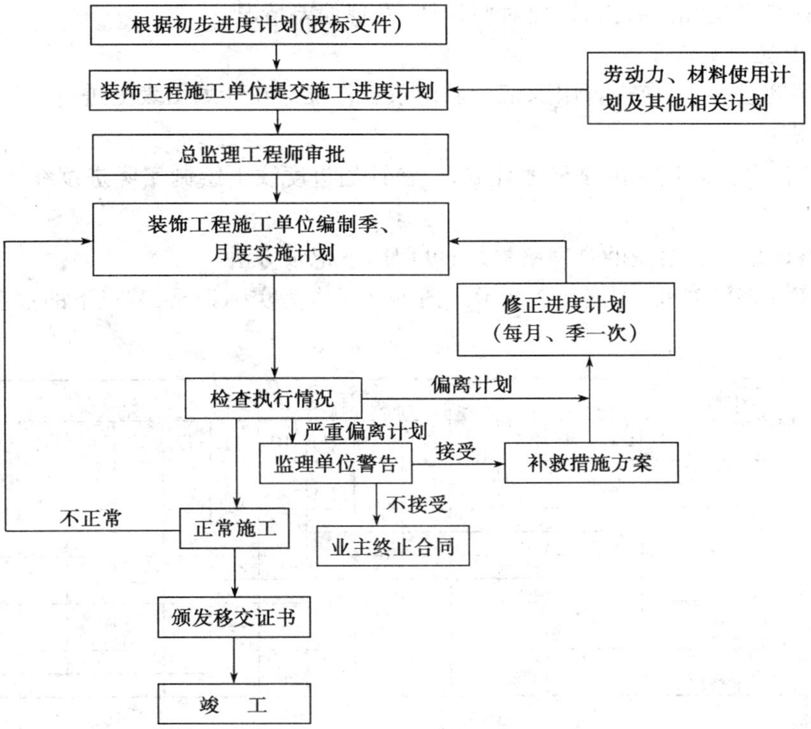

图 4.1　装饰工程项目工程进度控制流程图

七　进度计划实施过程中检查、调整的方法

在进行施工进度控制时，首先需要制定科学、合理的施工进度计划。在装饰工程实施过程中，由于不可避免的会受到各种因素的干扰，实际进度与计划进度往往产生偏差，从而对进度计划的实施产生影响，也必将影响进度总目标的实现。因此，在进度计划的执行过程中，必须不断地检查比较实际进度与计划进度的偏差，采取系统的进度控制措施和进度调整方法及时调整纠偏，以保证进度总目标的实现。

1. 数据收集与处理

在装饰工程实施过程中，为检查实际进度同原计划进度的偏差，就必须进行过程进度管理，对收集的数据进行综合处理、比较，从而可得出偏差的准确情况。故在进度控制过程中应做好以下工作：

1) 进度计划执行中的跟踪检查

跟踪检查主要是定期收集反映工程实际进度情况的有关数据。一般可根据工程的总工期、是否关键工作、实际工程进度的稳定性、施工单位的管理水平、工程重要程度等事先确定检查的频率。收集的方式包括工程进度报表和现场实地检查。为了全面准确地了解进度计划的执行情况，一定要保证收集数据的高质量，任何虚构的、错误的或不完整的数据都将导致不正确或不全面的决策，从而使进度控制失去意义。

2) 整理、统计和分析收集的数据

收集的数据反映了工程的各方面进度信息，往往比较零散，应进行整理、统计和分析，形成与进度计划具有可比性的数据，以便对照计划，发现偏差情况。

3) 实际进度检查记录

在计划实施过程中，应进行跟踪记录。记录工作最好在计划图表上进行，以便检查计划时分析对比使用。

(1) 横道计划。若绘制的是横道计划，应在计划进度线下绘制实际进度线条，如图 4.2 所示。

(2) 网络计划。若绘制的是网络计划，可用以下记录方法：

①记录实际持续时间，如图 4.3 所示。图中括弧内为实际记录，节点下的数字为实际进度日期。

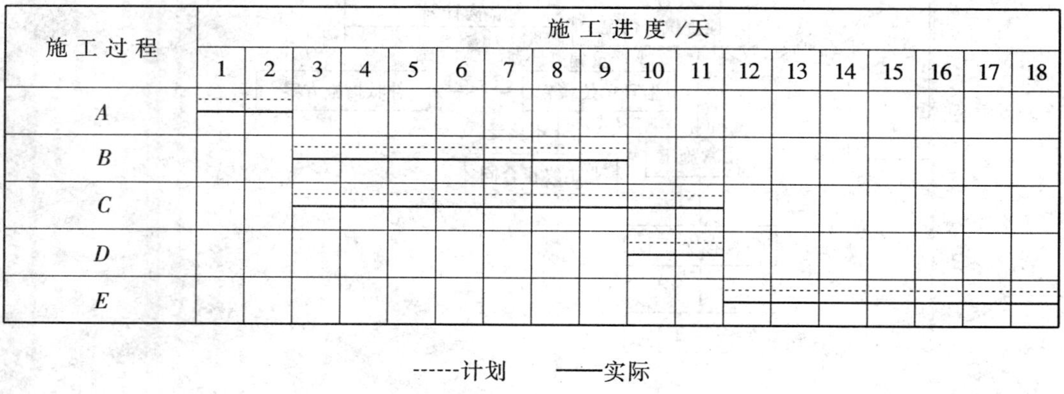

图 4.2　在横道图计划上记录

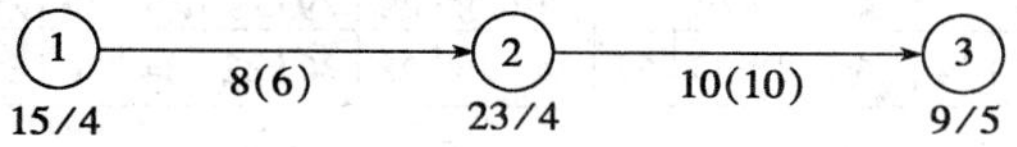

图 4.3　在网络计划图上记录

②在计划图上用彩色标明已完成部分，如图 4.4 所示，*A*、*B*、*C*、*D* 工作已经完成。

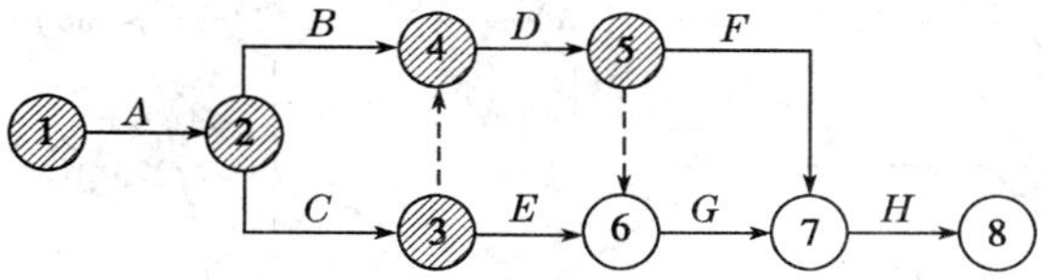

图 4.4　以彩色记录已完工作

③用切割记录，如图 4.5 所示。图中点画线就称为切割线，记录检查的时间及工作进展情况。

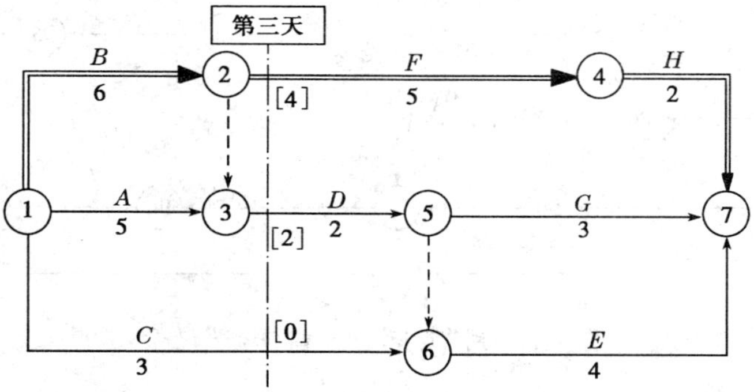

图 4.5　用"切割线"记录

④如果计划图是时标网络图，则可用"实际进度前锋线"记录，见图 4.6 所示。图中折线就是工作实际进度的前锋线。记录的日期分别是第 10 天、第 20 天、第 30 天、第 40 天。

(3) S 形计划。若绘制的是 S 形计划，则在图上记录实际进度轨迹，见图 4.7 所示。

(4) 方块计划。若绘制的是方块计划，可在方块分布图上涂颜色记录。进度检查、数据收集处理的过程可用图 4.8 表示。

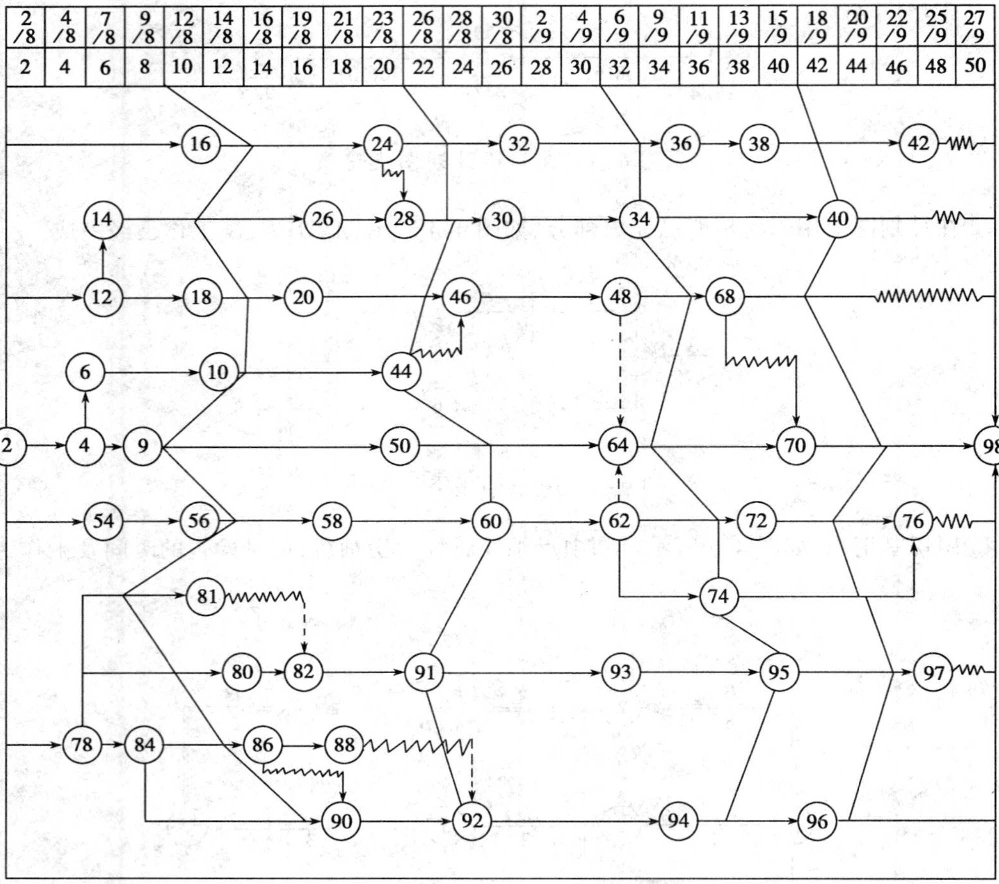

图 4.6　用“实际进度前锋线”记录

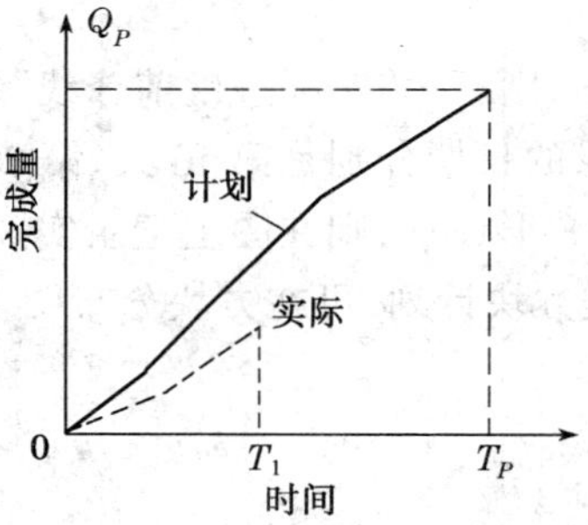

图 4.7　在 S 形曲线图上记录

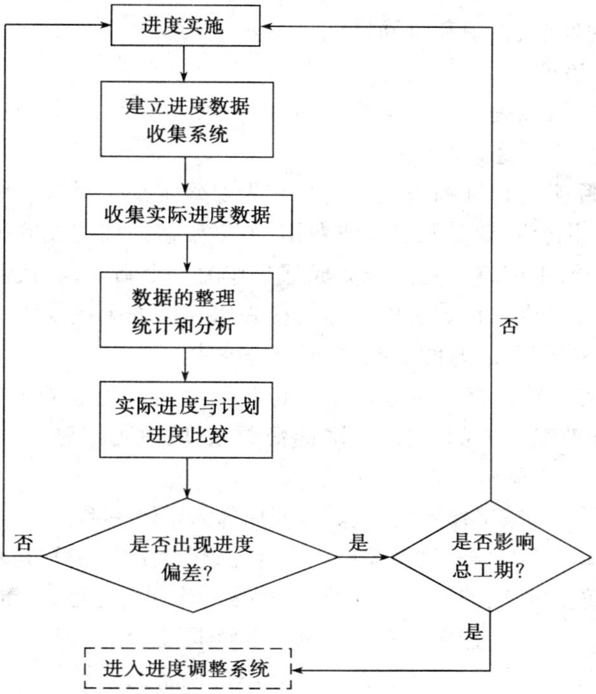

图 4.8　项目进度检查系统过程

2. 进度调整的过程

在工程进度的检查过程中，一旦发现实际进度与计划进度发生偏差时，监理工程师应认真分析偏差产生的原因以及偏差对后续工作和总工期的影响。如偏差较小，对总工期没有影响，可采取一定的经济、组织措施，合理安排工作，以实现总进度目标；如偏差较大，对总工期产生影响，就要采取调整措施，对原进度计划进行调整，以确保进度总目标的实现。具体过程如下：

1) 分析进度偏差产生的原因

影响进度造成偏差的因素很多，监理工程师应深入现场进行调查，分析产生偏差的原因，找出主要因素，以便对症下药，采取相应的措施进行调整。

2) 分析偏差对后续工作和总工期的影响

在查清过度偏差产生的原因后，监理工程师应分析偏差的程度，分析对后续工作和总工期的影响，确定是否应对原工作进度计划进行调整。

3) 确定影响后续工作和总工期的限制条件

监理工程师在确定要对原进度计划进行调整后，首先应确定进度可调整的范围，主要指关键工作、后续工作的限制条件和总工期允许变化的范围，它往往与合同有关，应予以高度重视，进行认真的调查分析。装饰工程往往分包单位比较多，必须尽可能地避免后续分包单位的索赔。

4) 对原进度计划进行调整

对原进度计划进行调整，以保证要求的进度目标得以实现。调整后的进度计划应以关键工作、后续工作的限制条件和总工期的允许变化范围为依据，尽量考虑到影响进度的主要因素，应明确采取相应的经济、组织和合同措施。

5）进度计划调整的内容

网络计划调整内容可以是其中一项或多项。

(1) 关键线路长度的调整。

①关键线路的实际进度比计划进度提前。首先要确定是否对原计划工期予以缩短。如果不缩短，则可利用这个机会降低资源强度或费用；如果要使提前完成的关键线路的效果变成整个计划工期的提前完成，则应将计划的未完成部分作为一个新计划，按新的计划执行。

②关键线路的实际进度比计划进度落后。应在未完成的关键线路中选择资源强度小的予以缩短，重新计算未完成部分的时间参数，并按新参数执行。

(2) 非关键工作的时差调整。时差调整不得超出总时差值。调整的方法有：可以在总时差范围内移动工作，即改变时差的位置，以降低资源强度；也可以延长非关键工作的持续时间或缩短工作的持续时间，以降低资源强度。

(3) 增减工作项目。增减工作项目，只能改变局部的逻辑关系，不能影响总的逻辑关系。增加工作项目是对原遗漏或不具体的逻辑关系进行补充；减少工作项目，是对提前完成了的工作项目或原不应设置而设置了的工作项目予以消除。增减工作项目之后，应重新计算时间参数。

(4) 逻辑关系的调整。调整逻辑关系是以不影响原定计划工期和其他的顺序为前提的。一般来说，只能调整组织关系，而工艺关系一般是不可调整的。

(5) 工作持续时间的调整。工作的持续时间计划有误，实施中发现原持续时间实施的条件不充分，便可进行调整。调整的方法是重新估算持续时间，按新时间实施。

(6) 资源调整。资源供应发生异常将影响到计划工期的实现。资源调整的前提是保证工期或使工期适当，应进行资源强度降低、工期适当优化，从而达到调整的目的。

6）实施调整后的进度计划

在工程继续实施过程中，在执行调整后的进度计划时，同样存在着进度检查、收集与处理数据、发现偏差及时纠偏的过程，项目经理应注意协调有关各方的关系，检查和督促执行拟定的各项措施，并加大检查的频率和力度。

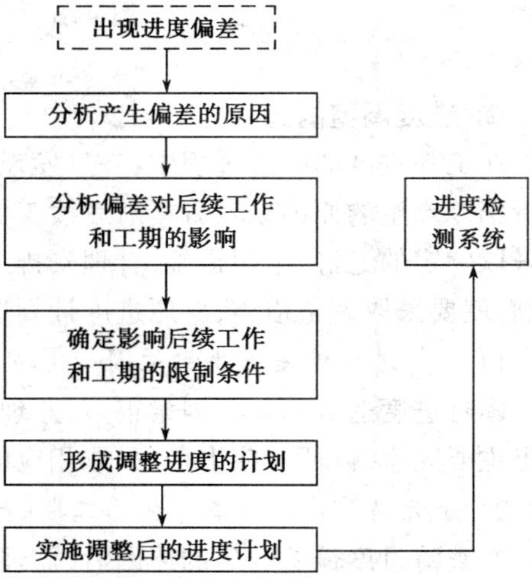

图 4.9　项目进度调整系统过程

工程进度调整的过程表示如图 4.9。

3. 实际进度与进度计划的比较方法

施工进度比较和计划调整是进行进度控制的主要环节，其中进度比较是计划调整的基础。下面介绍进度比较常用的几种方法。

1）横道图比较法

横道图比较法是指将实际收集的进度信息，经整理分析后直接用横道线并列标于原计划的横道线处，进行直观比较的方法。通过直观比较，可以很容易地看出进度偏差情况，为采取调整措施提供了明确的任务。这是人们施工中进行进度控制经常使用的一种最简单、最熟悉的方法。它的优点是简明、形象、直观、使用方便。缺点是它仅适用于施工中按均匀的速度进行的工作,即每项工作在单位时间内完成的任务量都是相等的工作。

在实际工作中,实物工程量、劳动消耗量和工作量,一般用它们实际完成量的累计百分比与计划应完成量的累计百分比进行比较。根据工程实施过程中各项工作的速度不一定相同,以及进度控制要求和提供的进度信息不同,可以采用以下几种方法:

(1) 匀速进展横道图比较法。匀速进展指每项工作的实施进展速度都是均匀的,在单位时间内完成的任务相等,累计完成的任务量与时间成直线变化,如图 4.10(a)所示。

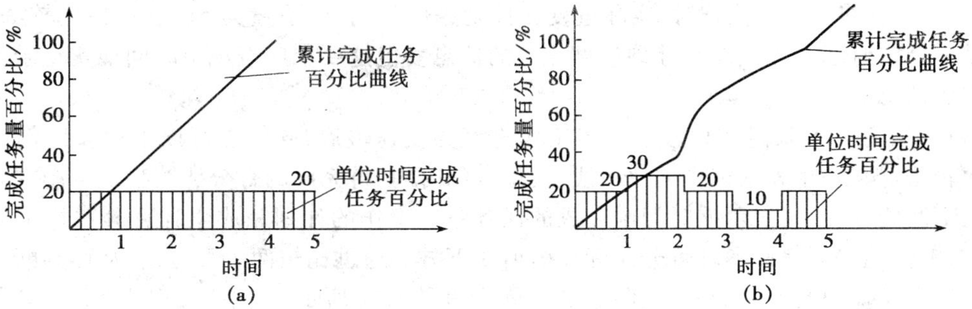

图 4.10　施工时间与完成任务量关系曲线图

(2) 双比例单侧横道图比较法。当工作在不同的单位时间里的进展速度不同时,累计完成的任务量与时间的关系将不成直线变化,如图 4.10(b)所示。为了反映实际进度与计划进度完成任务量的比较情况,可以采用双比例单侧横道图比较法,如图 4.11 所示。

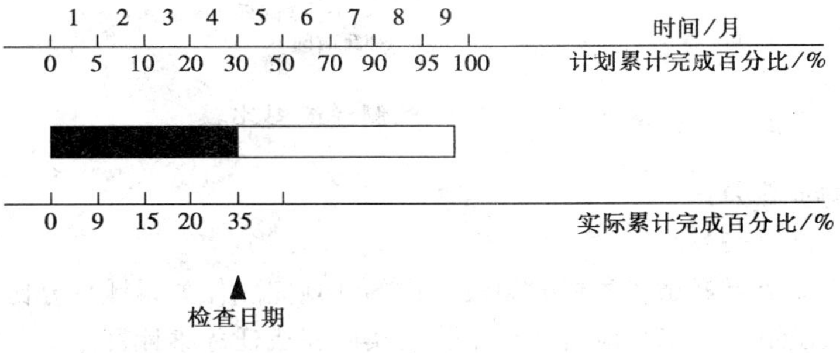

图 4.11　双比例单侧横道图比较图

双比例单侧横道图比较法是在变速进展的情况下,实际进度与计划进度进行比较的一种方法。该方法用黑粗线表示工作实际进度的同时,标出其对应时刻完成任务的累计百分比与计划相比较,从而判断工作的实际进度比计划进度是滞后、超前还是一致。

其比较方法的步骤为:

①编制横道图进度计划。

②在横道线上方标出各时间段工作的计划完成累计百分比。

③在横道线下方标出相应时间段工作的实际完成累计百分比。

④用涂黑粗线标出实际进度线。

⑤对照横道线上方计划完成任务累计量与同时刻的下方完成任务累计量，比较实际进度与计划进度的偏差，会出现以下三种情况之一：

• 同一时刻上、下两个累计百分比相等，表明实际进度与计划进度一致。

• 同一时刻上面的累计百分比大于下面的累计百分比，表明该时刻实际进度滞后，滞后的量为两者之差。

• 同一时刻上面的累计百分比小于下面的累计百分比，表明该时刻实际进度超前，超前的量为两者之差。

图 4.11 表明 4 月末检查时，实际进度比计划进度超前，超前量为 5%。这种比较法，还能提供某一指定时间实际进度与计划进度比较的信息。但这要求应按规定时间如实记录当时的任务完成情况。

(3) 双比例双侧横道图比较法。当工作进度为变速进展，同样也可以采用双比例双侧横道图比较法。它是将表示工作的黑粗线，按检查的时间，将完成的百分比交替地绘制在计划横道线上下两侧，其长度表示该时间内完成的任务量。工作的计划完成累计百分比标于横道线的上方，工作的实际完成累计百分比标于横道线下方。通过比较两个百分比，从而判断该工作的实际进度比计划进度是滞后、超前还是一致。如图 4.12 所示。

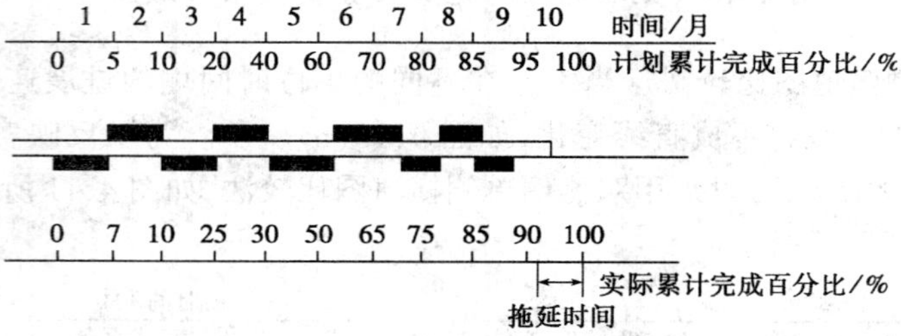

图 4.12 双比例双侧横道图比较

其比较方法的步骤为：

①编制横道图进度表。

②在计划横道图上方标出各主要时间段工作的计划完成任务累计百分比。

③在计划横道图下方标出相应时间段工作的实际完成任务累计百分比。

④用涂黑粗线依次在横道线上方和下方交替地绘制每次检查的实际完成的百分比。

⑤比较实际进度与计划进度。通过标在横道线上、下方的两个累计百分比，比较各时间段两种进度的偏差，同样会出现三种情况：实际进度比计划进度滞后、超前还是一致。

2) S 形曲线比较法

S 形曲线比较法是以横坐标表示进度时间、纵坐标表示累计完成任务量而绘制的一条按计划时间累计完成任务量曲线。从整个工程实施的进展看，通常在工程的开始阶段和了尾阶段单位时间投入的资源量较少，中期阶段在单位时间投入的资源量较多，单位时间完成的任务量也相应变化，如图 4.13(a)所示。随着时间的推移，累计完成的任务量所表示的曲线呈 S 形变化，此曲线称之为S形曲线，如图4.13(b)所示。若以S形曲线将实际进度与计划进度相比较，即称之为S形曲线比较法。

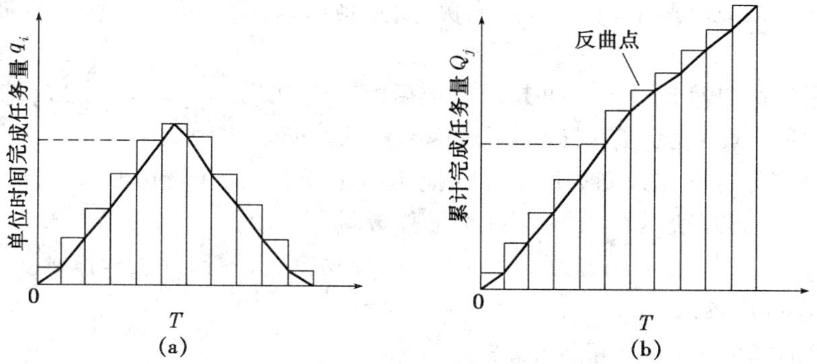

图4.13　实际工程中时间与完成任务量关系曲线

(1) S形曲线绘制方法。S形曲线绘制的步骤如下：

①确定工程进展速度曲线。根据每单位时间内完成的实物工程量、投入的劳动力或费用，计算出计划单位时间的量值(q_i)，它是离散型的，如图4.13(a)所示。

②计算规定时间 j 累计完成的任务量

其计算方法是将各单位时间完成的任务量累加求和，可以按下式计算：

$$Q_j = \sum_{i=1}^{j} q_i$$

式中　Q_j——j 时刻累计完成任务量；

q_i——单位时间计划完成任务量。

③绘制S形曲线

按各规定时间 j 及其对应的累计完成任务量 Q_j 绘制S形曲线，如图4.13(b)所示。

(2) S形曲线比较方法。S形曲线比较是在图上直观地进行工程实际进度与计划进度比较。首先在计划实施前绘制出计划S形曲线，然后在实施过程中，按规定时间将检查的实际完成量与计划S形曲线绘制在同一张图上，可得出实际进度S形曲线，如图4.14所示。比较两

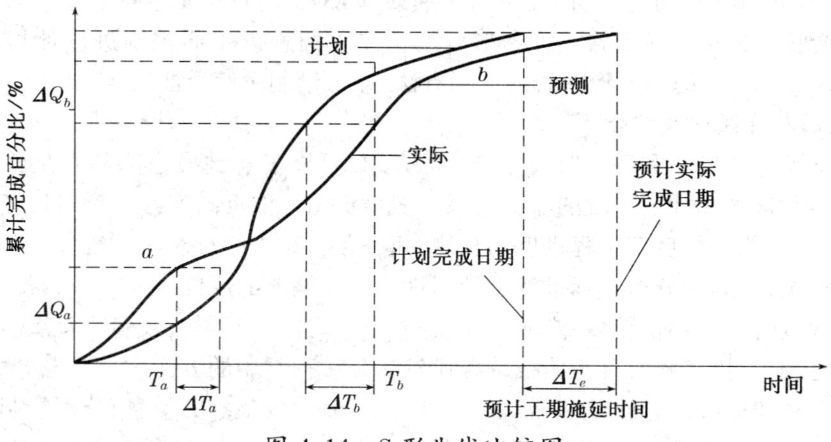

图4.14　S形曲线比较图

条S形曲线可得到以下的进度信息：

①工程项目实际进度与计划进度比较情况。当实际进展点落在计划S形曲线左侧，表示此时实际进度比计划进度超前；若落在其右侧，表示拖后；若刚好落在计划S形曲线上，则表示两者一致。

②工程项目实际进度比计划进度超前或拖后的时间，如图4.14所示，ΔT_a 表示 T_a 时刻实际进度超前的时间，ΔT_b 表示 T_b 时刻实际进度拖后的时间。

③工程项目实际进度比计划进度超额或拖欠的任务量，如图4.14所示，ΔQ_a 表示 T_a 时刻超额完成的任务量，ΔQ_b 表示在 T_b 时刻拖欠的任务量。

④预测工程进度，如图4.14所示，后期工程按计划速度进行，则工程拖延 ΔT_e。

3）香蕉形曲线比较法

(1) 香蕉形曲线的形成。简单地说，香蕉形曲线是S形曲线的进一步延伸。它是分别由按最早开始和最迟开始时间安排进度计划而绘制的两条S形曲线形成的闭合曲线。其中一条是以各项工作的计划最早开始时间安排进度计划而绘制的S形曲线，称为*ES*曲线；另一条是以各项工作的计划最迟开始时间安排进度计划而绘制的S形曲线，称为*LS*曲线。两条S形曲线都是从计划的开始时刻开始和完成时刻结束，故此两条S形曲线是闭合的。除起始点和终点以外，*ES*曲线上累计完成工作量的各点，通常落在*LS*曲线相应点的左侧，形成一个状若香蕉的曲线，故称为香蕉形曲线，如图4.15所示。进度控制的理想状况是任一时刻按实际进度对应的点均在香蕉形曲线区域内。

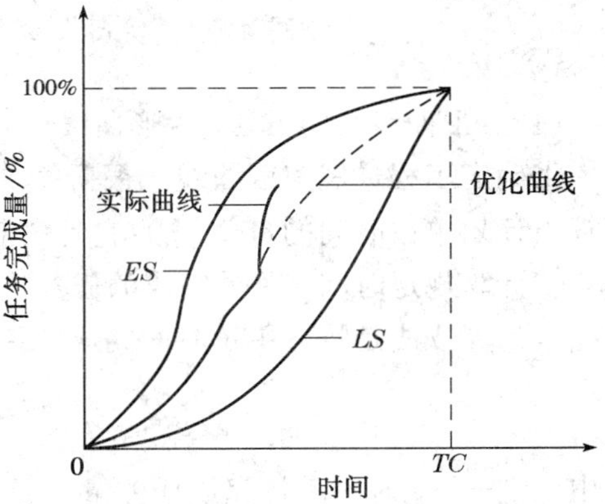

图4.15　香蕉形曲线比较图

(2) 香蕉形曲线比较法的优点。

①利用香蕉形曲线对进度进行合理安排。

②直观地进行实际进度与计划进度的比较。

③进度控制过程中，确定后期工程的*ES*曲线和*LS*曲线的发展趋势。

(3) 香蕉形曲线的绘制步骤。香蕉形曲线主要由两种以不同控制进度计划的时间曲线(*ES*、*LS*)绘制而成。掌握了S形曲线的绘制方法，即可绘制香蕉形曲线，故此不再叙述。

4）横道图与香蕉曲线综合比较法

通过对横道图比较法和香蕉曲线比较法的介绍，可以了解到横道图与香蕉曲线都能反映检查时工作实际进度和计划进度的相互关系。但横道图不能反映实际进度对后续工作和总工期的影响程度，不能进行后期工程进度的预测，而香蕉曲线不能反映工程实施过程中某一具体工作的完成情况，不利于分析实际进度与计划进度出现偏差的原因。

装饰工程具有分包单位较多、交叉工作较多、工作之间相互影响较多的特点。在工程进度控制的实施过程中，横道图与香蕉曲线综合比较法是一种常用的方法。

横道图与香蕉曲线综合比较法，就是将进度检查时收集整理的信息，分别绘制横道图和香蕉曲线来进行实际进度和计划进度的比较，并从中获得进一步进行进度控制所需要的各种信息。

(1) 横道图与香蕉曲线的绘制步骤。横道图与香蕉曲线的绘制方法前文已提及,此处不再重复。值得注意的是,通常先绘制横道图,再绘制香蕉曲线,或分别由专人绘制。在有条件的情况下,尽量采用分别由专人绘制的方法,这样便于检查在绘制图形过程中出现的错误。

(2) 横道图与香蕉曲线综合比较法的应用。

①对照横道图与香蕉曲线,其检查点时刻累计完成任务量应相同,实际进度与计划进度的关系应相同,可据此检查绘制图形的正确性。

②根据横道图,可找出发生进度偏差的具体工作,进而分析偏差产生的原因。

③根据香蕉曲线,可确定进度偏差对后续工作和总工期的影响程度,确定是否需要对原计划进行调整。

④根据香蕉曲线,可对后期工程实施进度的发展趋势进行预测,从而对后期工程各项工作的进度进行合理的调整安排。

5) 前锋线比较法

前锋线比较法是一种适用于时标网络计划,进行工程实际进度与计划进度比较的一种方法。时标网络计划是工程进度控制常用的网络计划形式,因此前锋线比较法的应用更为普及。

前锋线比较法的主要方法,是在时标网络图的上、下两侧设置对应的水平时标,然后将检查时刻正在进行工作的实际进度点和检查时刻时标点都依次连接起来,组成一条一般为折线的前锋线。按前锋线与箭线交点的位置来判定工程实际进度与计划进度的偏差。前锋线比较法就是通过工程实际进度线比较工程实际进度与计划进度偏差的方法。

(1) 前锋线比较法的步骤。

①绘制时标网络计划图,在网络计划的上方和下方设置对应的水平时标。

②从上方时标的检查点出发,依次连接正在进行工作的实际进度点,最后与下方时标的检查点连接起来,这就绘制成前锋线,如图 4.16(a)所示。

③比较实际进度与计划进度。一般有以下三种情况:

• 工作实际进度点位置与检查日时间坐标相同(在同一垂直线上),则表示该工作实际进度与计划进度一致。如图 4.16(a)中的工作 E。

• 工作实际进度点位置在检查日时间坐标左侧,则表示该工作实际进度滞后,滞后天数为两者之差。如图 4.16(a)中的工作 D 滞后 1 天。

• 工作实际进度点位置在检查日时间坐标右侧,则表示该工作实际进度超前,超前天数为两者之差。如图 4.16(a)中的工作 H 超前 2 天。

(2) 前锋线比较法的应用。

①前锋线比较法可以直观地反映实际进度与计划进度的偏差,并反映各工作偏差的具体时间。

②根据前锋线可以分析各工作偏差产生的原因。

③根据前锋线可以画出检查点以后的时标网络计划,确定偏差对关键工作、后续工作和总工期的影响,从而采取相应的进度控制措施。如图 4.16(b)是图 4.16(a)的网络计划在检查点后的时标网络计划。

从图 4.16(b)可以看出,由于关键工作 D 滞后 1 天,对工作 G 的最早开始时间影响 1 天,亦对总工期影响 1 天。

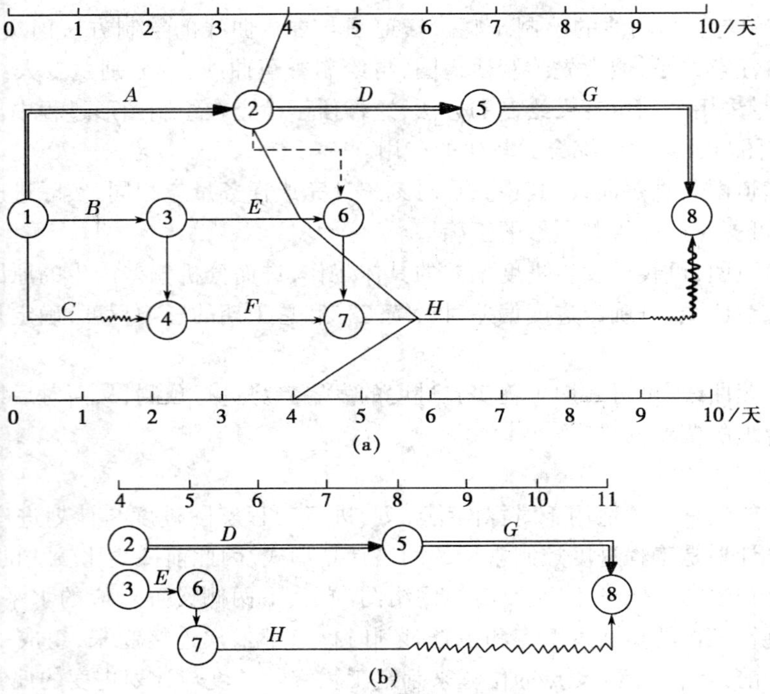

图 4.16

4. 进度计划调整的方法

在工程项目实施过程中,计划的平衡是相对的,不平衡是绝对的。当进度出现偏差时,就需要分析偏差(Δ)对后续工作及总工期是否会产生影响,而偏差的大小及在网络计划中所处的位置又是至关重要的。进度计划的调整主要是利用网络计划中的总时差(TF)和自由时差(FF)来进行判断。由时差的概念可知:当偏差小于该工作的自由时差时,对工作计划肯定无影响;当偏差大于自由时差却又小于总时差时,对后续工作的最早开始有影响,对总工期却无影响,此时,可对网络计划不予调整,但应加强对现场资料、信息的收集;当偏差大于总时差时,对后续工作和总工期均有影响。因此,出现偏差时应具体分析,其分析过程如图 4.17 所示。

当进行进度计划调整时,究竟采用何种进度调整方式,应视工程的实际进度分析结果、工程总计划目标、工地物质资源、时间资源的情况综合考虑,统筹计划。计划进度的调整方式见表 4.2。

下面结合实例讲一讲进度计划调整的几种类型。

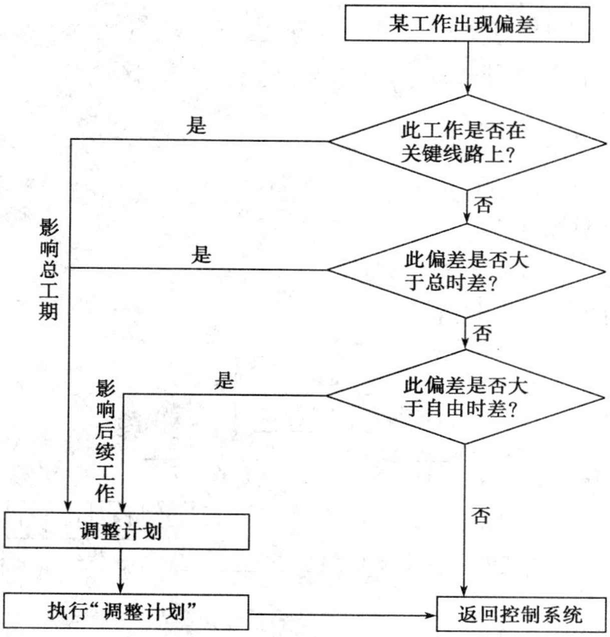

图 4.17　分析偏差对后组工作影响的程序

表 4.2　进度计划的调整方式

调整方式	调 整 类 型		例 子
改变工作间的逻辑关系	工作进度偏差影响了总工期,可以通过改变关键线路和非关键线路上的有关工作之间逻辑关系来调整		例 4.1
不改变工作间的逻辑关系	$FF < \Delta < TF$	工作进度偏差在自由时差以外、总时差以内	例 4.2
	$\Delta > TF$	工作进度偏差超出了总时差范围,项目总工期不允许拖延	例 4.3
		工作进度偏差超出了总时差范围,项目总工期允许拖延	例 4.4
		工作进度偏差超出了总时差范围,项目总工期允许拖延时间有限	例 4.5

1) 改变工作间的逻辑关系

工作进度偏差影响了总工期,根据本工程实际情况,具备改变工作之间逻辑关系的条件(工作面、作业人员、机械等),可以改变关键线路和超过计划工期的非关键线路上有关工作之间的逻辑关系,达到加快进度、缩短工期的目的。例如依次进行的工作改为平行工作,增加施工段进行流水施工等都可达到缩短工期的目的。见例 4.1。

例 4.1　某工程室内装饰,施工内容有:花岗岩地面、木墙裙、木制橱柜、油漆。施工顺序为:地面→木制件→油漆。原计划采用依次顺序施工的办法,地面 20 天,木制件 32 天,油漆 18 天,其工期如图 4.18 所示。

因外部因素,总工期需要提前,且具有施工场地,有增加作业班组的条件,故决定将施工作业面划分为工程量相等的两个施工段,改变了工作逻辑关系,该工程工期压缩为 51 天,满足了

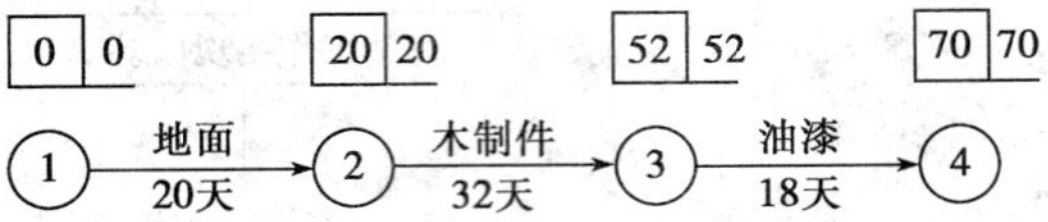

图 4.18

业主工期提前的要求。见图 4.19。

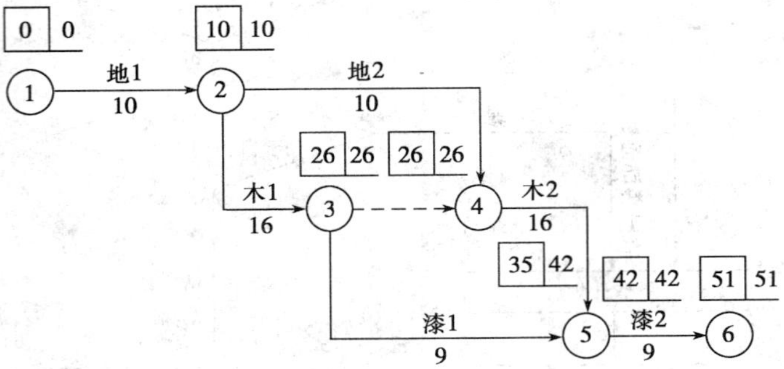

图 4.19

2）不改变工作间的逻辑关系

(1) $FF < \Delta < TF$。$FF < \Delta < TF$ 表示某项工作进度拖延时间 Δ 在该工作的总时差（TF）范围内，但已超过其自由时差。根据前述可知，此进度拖延对总工期并不会产生影响，而只对其后续工作产生影响。因此，在调整前，需要确定后续工作允许拖延的时间限制，并以此作为进度调整的限制条件。这个限制条件的确定有时是相当复杂的，特别是面对分包单位承担该项工作则更是如此，因为可能因此而造成工程的另一方提出索赔要求。而在装饰工程中，专业发包是经常发生的事，因此，寻找合理的调整方案，把对后续工作的影响减少到最低程度是装饰工程进度控制的一项重要工作。调整过程见例 4.2。

例 4.2　某装饰工程进度控制采用网络计划如图 4.20。图中关键线路为①－②－④－⑦。在实施过程中对网络计划实行周期检查，第二次检查（第 20 天）发现有进度偏差，工作剩余时间如图 4.21 所示。现要求 D 项工作必须在第 25 天开始，则应压缩 A 项工作时间 5 天。

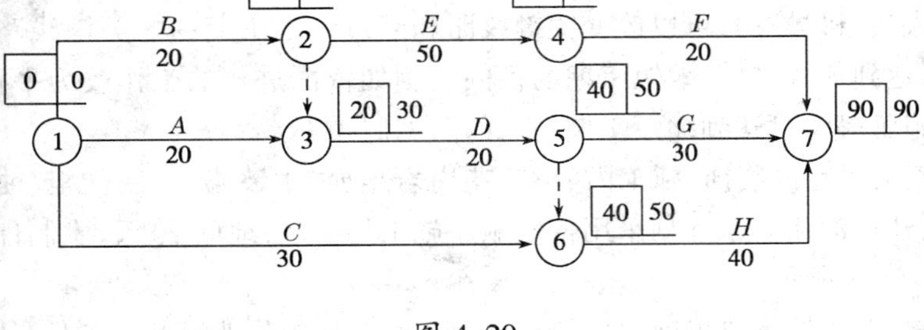

图 4.20

如图 4.22。

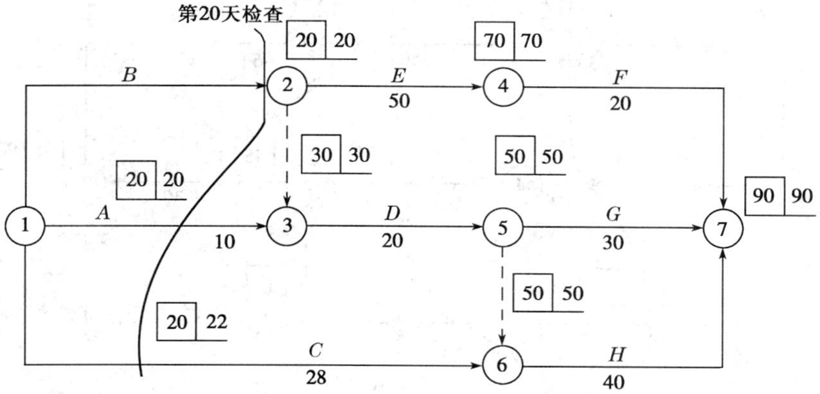

图 4.21

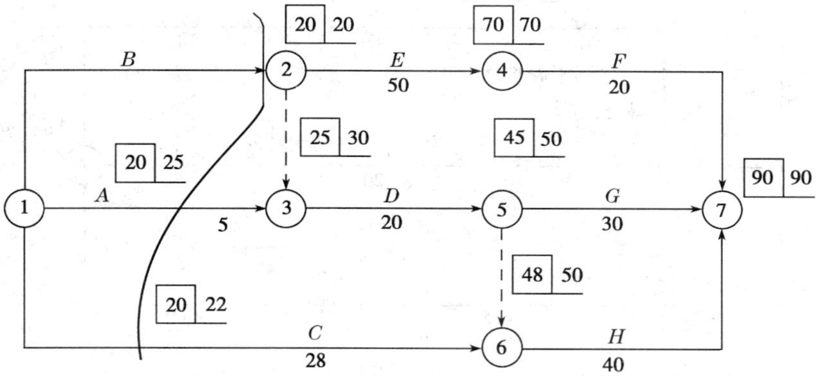

图 4.22

(2) $\Delta > TF$。$\Delta > TF$ 表示某项工作的进度拖延的时间在该项工作的总时差之外。该工作不管是不是关键工作,这种拖延都对后续工作和总工期产生影响,其进度计划就必须调整。

在此情况下,其进度计划的调整方法可以有以下三种情况:

①项目总工期不允许拖延。也就是项目必须按期完成。其调整的方法只能采取缩短关键线路上的后续工作的持续时间,以保证总工期目标的实现,本质上讲也就是工期优化的方法。见例 4.3。

例 4.3 以图 4.21 的原始网络计划为例,在 15 天后检查时,发现实际进度有拖延,如图 4.23,图中出现负时差,总工期延长。为了保证总工期 90 天完成,必须缩短关键线路上后续工作持续时间,这时可采用工期固定——资源均衡优化方法来寻找缩短持续时间的工作。根据工程资源均衡性的需要,现可缩短持续时间的工作为 E、F,E 由 50 天缩短为 47 天,F 由 20 天缩短为 18 天。图 4.24 为调整后进度计划方案,总工期仍为 90 天。

②项目总工期允许拖延。此种情况无须考虑过多,此时仅需以实际数据取代原始数据,并重新计算网络计划有关参数即可。见例 4.4。

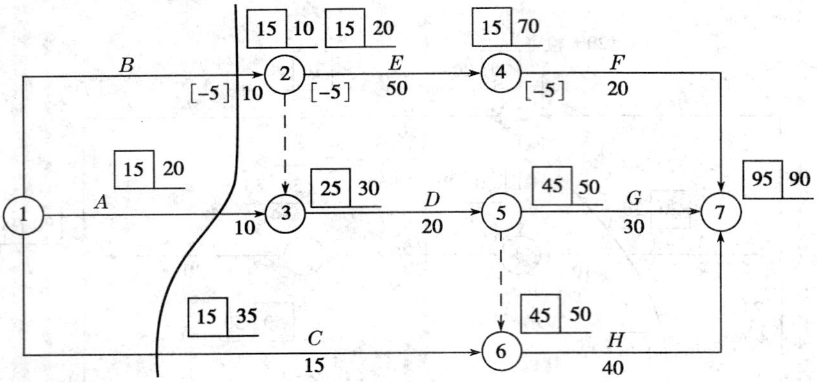

图 4.23

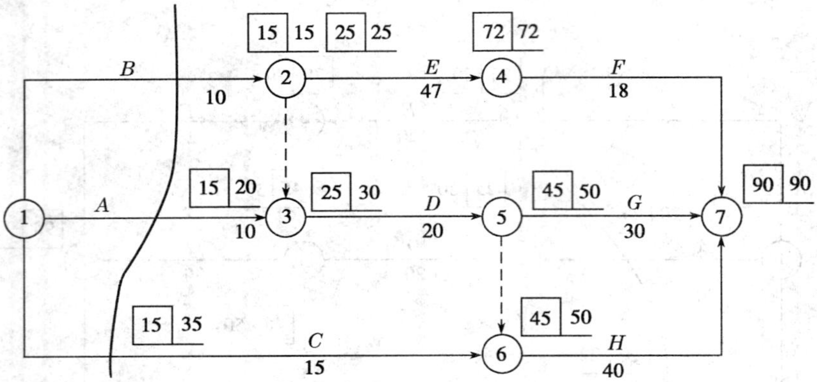

图 4.24

例 4.4　某网络计划第 15 天检查后网络参数同图 4.23,项目总工期可以拖延,此时仅需以实际的数据取代原始数据,计算网络有关参数,结果如图 4.25,这时总工期为 95 天。

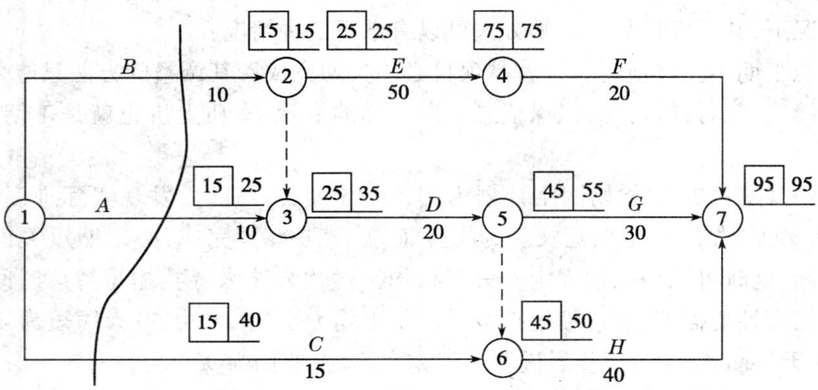

图 4.25

③项目总工期允许有一定时间的延续。在有的情况下，总工期虽然允许拖延，但项目拖延的时间受到一定的限制。如果实际拖延的时间超过此限值时，也需要对网络计划进行调整，以便满足要求。见例 4.5。

例 4.5　某网络计划第 15 天后检查网络参数同图 4.23，项目总工期允许拖延的时间为 2 天，调整步骤如下：

(1) 简化网络图：将实际数据代入并简化网络图，如图 4.26。

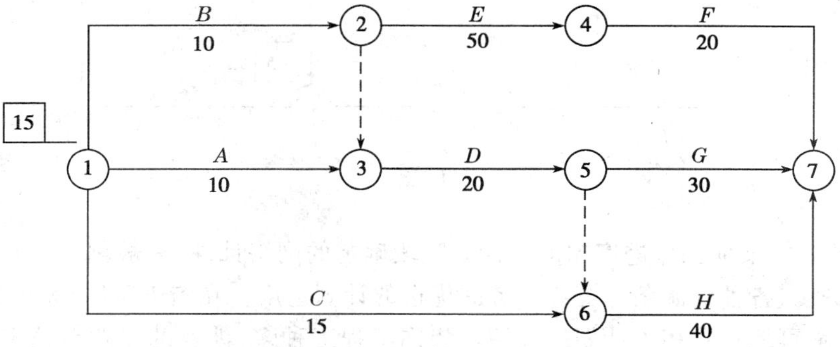

图 4.26

(2) 计算出简化网络计划各工作最早开始时间。

(3) 以总工期允许拖延的极限时间作为完成时间，计算出工作的最迟必须开始时间。

(4) 计算出工作的总时差。

(5) 对网络计划进行工期——费用优化，消除负时差。本网络计划的总工期允许拖延 2 天，按上述步骤对网络计划进行调整，计算结果见图 4.27。然后对该网络计划进行工期——费用优化，将优化后工作 *E* 的工作时间缩短 3 天，最后如图 4.28 所示。

具体来讲，就是以总工期的限制时间作为规定工期。此时，只需对后续未完工作的网络计划进行工期优化，即通过压缩网络计划中尚未完成或尚未开始工作的持续时间，来使总工期满足规定工期(可延续工期)的要求。

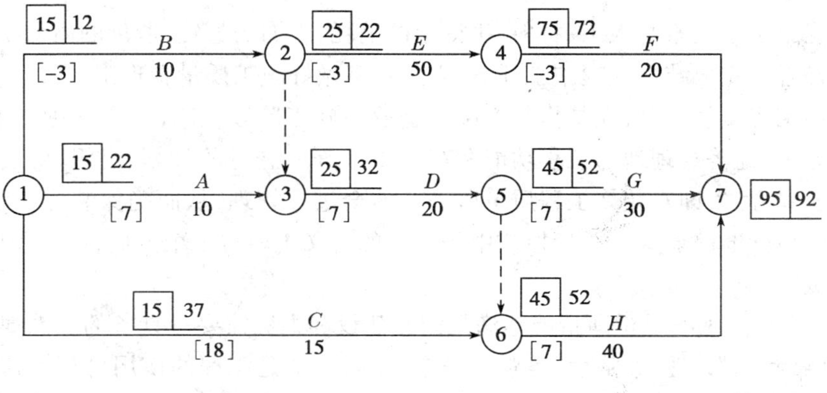

图 4.27

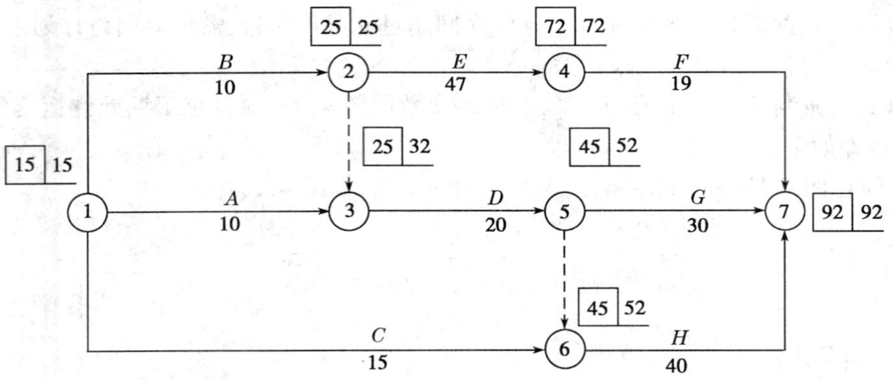

图 4.28

(3) 网络计划中某项工作进度超前。计划阶段确定的网络计划,一般都是结合工期目标、工程合同付款进度、各种资源条件等综合考虑优选的计划进度。在施工阶段,无论是实施进度的滞后与超前,均可能导致相关计划的失控。装饰工程工种多,涉及的专业单位多,业主往往采用分别发包的形式与承包商分别签订工程合同,合同中都明确了工期。资源条款并明确了经济责任。所以,某些工作进度的超前,打乱了原计划的资源安排,产生了新的资源供应矛盾,极有可能造成后续及相关承包商的经济索赔。出现了某些工作进度超前,承包单位应综合分析进度超前带来的相关影响,迅速采取新的措施,保证计划进度均衡进展。更重要的是,承包单位应采取预控措施,对可能过分超前的工作与监理工程师共同研究,采取组织措施,防范在前。

第五节　装饰工程施工质量控制

一　施工质量控制的概念

装饰工程施工的质量与人工、材料、机械等的消耗,工期的长短,造价的高低密切相关。因此为了多快好省地完成装饰工程施工任务,必须认真做好施工质量管理工作。

所谓装饰工程质量控制,就是指装饰施工企业在施工阶段,综合运用各种专业技术、管理技术和科学方法,经济合理地对工程功能和观感质量等所进行的计划、组织、协调、检查、处理等一系列手段和方法,即对装饰工程质量所进行的全过程管理,从而确保装饰工程符合设计、施工规范及质检标准的要求。质量控制中"质量"的含义主要有三个方面,即工程质量、工序质量和工作质量。

(1) 工程质量。工程质量即指能够满足国家建设和人民需要所具备的自然属性。通常包括实用性、可靠性、耐久性、经济性、美观及安全性等,也就是工程的使用价值。这种属性区别了工程的不同用途。建筑工程的施工质量,是指建筑物、构筑物或构件是否符合设计文件、《建筑装饰装修工程质量验收规范》(GB50201－2001)的要求。

(2) 工序质量。即指在生产过程中,人、机器、材料、施工方法和环境等对产品综合起作用的过程,这个过程所体现的工程质量叫工序质量。工序质量也要符合设计文件、《建筑装饰装修工程质量验收规范》(GB50201－2001)的规定。工序质量是工程质量的基础。

(3) 工作质量。加强施工企业的经济管理、技术组织和思想工作,是提高工程质量的保证,也是提高企业经济效益的保证。工作质量不像工程质量那样直观,它主要体现在企业的经营活动中,通过经济管理、生产效率、工作效率和工程质量较集中地表现出来。

工程质量、工序质量、工作质量是三个不同的概念,但三者的联系密切。工程质量是企业施工的最终成果,它取决于工序质量和工作质量。工作质量是工序质量、工程质量的保证和基础。保证和提高工程质量,不能孤立地就工程质量抓工程质量,必须努力提高工作质量。提高工程质量的目的,是为了提高经济效益,为社会创造更多的财富。

二　质量要求的建立及控制依据

1. 质量要求的建立

质量要求在合同文件中有明确的规定,主要在技术规范和图纸中说明。装饰工程施工单位的责任是使施工中的材料、施工方法、工艺以及最终产品的功能和质量指标都符合技术规范和图纸的要求。

质量要求在装饰工程进行期间也可能变更,一般是由业主提出这种要求。

应该说,规范和图纸中的质量要求足以说明工程的全面质量水平,但业主往往为了质量控制更顺利、更严密,往往要求在规范和图纸的基础上编制进一步的质量要求细则,以说明重要工程部位或环节的技术要求、容许误差、施工方法和程序、工艺操作要点、试验和检查的办法等等。这种业主指定的标准必须与合同质量要求相一致,但业主往往出于效果的考虑而将质量要求细则定得比规范更严密一些。但当业主要求过高时,装饰工程施工单位有权要求给予相应经济补偿。

质量要求的编制应围绕较好的达到合同规定的质量水平这样的目的,力求使质量要求更明确,作业或操作程序更详细,既起到指导作用,同时也方便相关人员的检查监督工作。

各种操作规程、验收规范、标准都体现在合同、规范之中,或在合同规范中作了引用或说明。业主编制的质量要求也应与所用到的标准和规范保持一致。

在质量要求中,还可以增加一些质量控制方面的内容,如容易出现的质量问题、质量预控措施等,用来规范施工人员的质量控制工作。

2. 质量控制的依据

由于质量控制包括对投入物、操作工艺和方法、最终产品三方面的控制,因而质量控制的依据也各有不同。

控制原材料、设备、构配件、半成品质量的主要依据是有关这些产品的技术标准、试验方法和标准以及验收和质量证明书的标准和规定。

控制操作工艺质量的依据是建筑装饰装修工程工艺标准。

控制最终产品质量的依据是建筑装饰装修工程质量验收规范。

以上标准有时可以选用国际或外国标准。无论采用哪些标准,均应在合同文件中做出说明。因此可以说,质量控制的依据就是合同文件(尤其是规范)和国家强制执行的某些规范和标准。

三　施工阶段装饰工程质量控制的内容

由于形成最终装饰产品质量的过程是一个复杂的系统过程，因此，装饰施工质量控制目标也必须按照装饰工程进展的阶段进行分解，即分为：施工准备质量控制、施工过程质量控制和竣工验收质量控制，如图 4.29 所示。

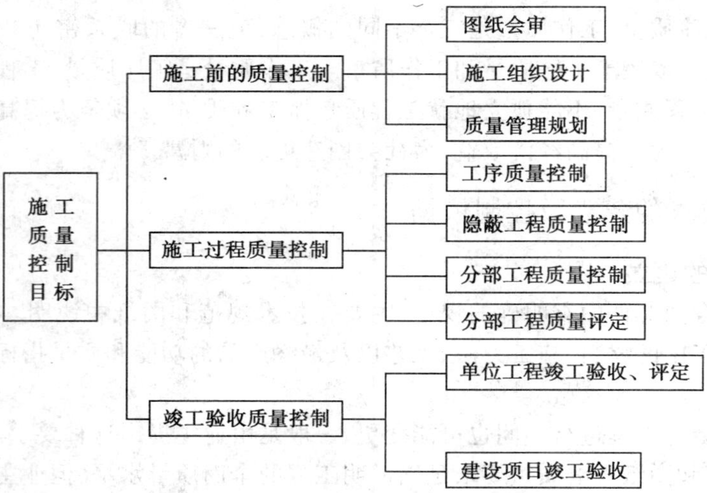

图 4.29　施工质量控制目标分解示意图

1. 施工前的质量控制

施工开始之前质量控制的主要工作有：

(1) 确定质量目标，签订施工合同。

(2) 建立施工项目质量控制体系。

(3) 对土建结构工程的质量检查并做好隐蔽记录。

(4) 对施工队伍的资质进行重新审查，包括各分包商。如果施工单位与投标时审查过的情况不相符，则会产生严重的问题，应采取有力措施予以纠正。

(5) 对所有合同文件和技术文件、报告进行详细审阅。如图纸是否完整、有无漏项、各文件之间有无矛盾、技术标准是否齐全、合同条件的细节等。尽早熟悉合同文件是十分重要的。应重点审核的技术文件除合同外，主要包括：

①审核有关技术资质证明文件。

②审核开工报告，并经现场核实。

③审核施工组织设计或施工方案，重点要审查施工质量保证措施是否切实可行。

④审核有关材料、半成品的质量检验报告。

⑤审核反映工序质量动态的统计资料或控制图表。

⑥审核设计变更、修改图纸和技术核定书。

⑦审核有关质量问题的处理报告。

⑧审核有关应用新工艺、新材料、新技术、新结构的技术鉴定书。

⑨审核有关工序交接检查，分项、分部工程质量检查报告。

⑩审核并签署现场有关技术签证、文件等。

(6) 配备检测试验手段、设备和仪器，审查合同中关于检验的方法、标准、次数和取样的规定。

(7) 对施工中将要采用的新技术、新材料、新工艺进行审核，核查鉴定书和试验报告。

(8) 对材料、工程设备的采购进行检查，检查采购是否符合合同或设计要求。对到场的材料和设备要及时检验。

(9) 为施工放线准备资料，如参考点、线等。

(10) 完善质量保证体系。

(11) 对工地各方面负责人和主要施工机械作进一步的核实。

(12) 认真听取设计人员所作的设计交底，以明确工程的设计意图和各部位的质量要求。

(13) 准备好全部质量管理表格，并对表格的作用和用法交底。

(14) 检查有关担保和保险工作。

(15) 检查业主对工地的占有情况和工地环境。

(16) 开好第一次工地会议，全面检查开工条件。

2. 施工过程中的质量控制

施工过程中的质量控制，主要包括施工操作质量和施工技术管理工作质量。

(1) 工序质量控制。包括工序活动条件和效果两个方面的质量控制。

①确定工程质量控制流程；

②主动控制工序活动条件，主要指影响工序质量的因素。诸如：操作工人、材料与构件、施工机具、设备、施工顺序和方法等；

③及时检验工序质量，并对实测数据进行分析判断，提出后续工作的要求与措施；

④设置工序质量控制点。

(2) 设置质量控制点。对技术要求高，施工难度大的某个工序或环节，设置技术和检查的重点，对操作人员、材料、设备、施工工艺参数和方法均可重点控制。针对质量通病或质量不稳定，易出不合格品的工序，事先提出控制措施。对新材料、新技术、新工艺、特殊结构，给予重点技术支持与控制。

(3) 工程质量的预控。

(4) 质量检查。包括操作者自检，班组内互检，各工序之间的交接检，施工员或质检员的巡视检查以及业主、监理、设计及政府质量监督部门的检查等。具体做法包括：

①装饰材料、半成品、构件和设备质量检查，并检验合格证、质量保证书及试验报告，对质量有怀疑时，应抽样复查。

②分项工程施工前预检。诸如：基底尺寸、构件或墙体轴线、各层 50 cm 水平线等。

③施工操作质量检查，确认班组自检或交接检查的质量。坚持上道工序未经检查验收不得进入下道工序施工的原则。

④隐蔽工程检查验收，贯彻未经监理同意不得擅自掩盖隐蔽工程的原则。

⑤分项分部工程检查验收。

⑥单位工程检查验收。

⑦成品保护质量检查。

(5) 成品保护。

①合理安排施工顺序、防止后续工作损坏已完成产品；

②采用适当保护措施。

• 防护：就是针对被保护对象的特点，采取各种防护措施。如：已做好装饰的楼梯踏步在未交付使用前采取钉木板保护棱角；对进出口台阶搭设脚手板供人通行来保护；对木门口等易碰部位可钉上防护板或槽形板保护等。

• 包裹：就是将被保护物包裹起来以防损伤或污染。例如，对镶大理石柱可用多层水胶合板包裹捆扎保护；不锈钢墙、柱等金属饰面在未交付使用前其外侧防护薄膜不得撕开并应有防碰撞防护措施；铝合金门窗可用塑料布包扎保护等。

• 覆盖：就是用表面覆盖的办法防止堵塞或损伤。例如，客房卫生间浴缸安放后再贴瓷砖时其浴缸上应用木板、胶纸等覆盖；地漏、落水口、排水管等安装后应加以覆盖，防止异物落入而被堵塞；石材地面达到强度后需进行其他施工时其上部可用锯末、苫布等覆盖以防止污染；地毯铺完后上面可加塑料布覆盖以防污损。

• 封闭：就是采取局部封闭的办法进行保护。例如，房间的石材地面或地砖地面完成后，可将该房间临时封闭，防止人们随意进入而损坏地面；宾馆饭店客房内、卫生间洁具、五金安装完毕应加锁封闭、防止人们随意进入。

③加强成品保护的检查工作。

(6) 交工技术资料。

①材料和产品出厂合格证或检验证明、设备保修证明。

②施工记录。

③隐蔽工程验收记录。

④设计变更、技术洽商、技术核定。

⑤水、暖、电、设备安装记录。

⑥质量检验评定资料。

⑦竣工图。

⑧竣工验收表。

(7) 质量事故处理。

①一般质量事故。由总监理工程师组织有关单位进行事故分析，并责成事故单位提出事故报告、处理方案，经设计、监理人员同意后实施。

②重大质量事故。总监理工程师必须在事故发生后 24 h 内向建设单位、监理主管部门和有关方面报告，参加有关部门组织的事故处理全过程，并负责检查监督实施及检查验收。

3. 工程完成后的质量控制

(1) 按合同要求进行竣工、检验和检查验收。

(2) 检查未完成工作和缺陷，及时解决质量问题。

(3) 制作竣工资料和竣工图。

(4) 维修期内，完成未完工程和缺陷修补，直至签发缺陷责任证书。

工程质量控制效果如何，应通过工程的使用阶段来考验。因此，必须建立保修制度，及时回访，了解信息，实行全过程管理，从而提高企业信誉，为改进施工质量管理积累经验。

四　对影响装饰工程质量因素的控制

影响装饰施工质量的因素很多，归纳起来主要有人、材料、机械、环境和方法五个方面。因此，对其进行严格控制，是确保装饰施工质量的关键。

1) 人的因素控制

人的因素控制，就是对直接参与装饰施工的组织者、指挥者和施工操作者进行控制，调动其主观能动性，发挥个人特长，避免人为失误，从而确保装饰施工质量。为了不因人的因素影响施工质量，应采取以下措施：

(1) 根据工程特点，合理使用人力。根据工程的具体要求及每个人的特点(包括技术水平、生理缺陷、心理行为、思想品行)量才而用，扬长避短的原则加以综合考虑和全面控制。

(2) 树立"质量第一"的意识。应加强"质量第一，用户至上"的思想教育。始终以"优质求高效"为企业的指导思想，提高全企业职工重视质量的自觉性和责任心。

(3) 进行技术培训，提高技术水平。装饰工程施工工艺复杂，工人技术水平高低，直接影响装饰的质量，因此，只有经常组织施工人员技术培训，提高其技术素质，严禁无技术资质的人员上岗操作，才能确保施工质量符合要求。

(4) 实施严格的检验制度。建立自检、互检、上下工序交接检的检查制度，建立健全岗位责任制、技术交底、隐蔽工程验收等制度。发现问题，及时解决。通过层层把关，严格考核，从而保证工程质量。

(5) 质量与效益挂钩、奖惩分明。将施工质量与操作、管理人员的工资、奖金挂钩。对忽视质量、弄虚作假、 违反操作规程或造成严重损失的应严肃处理。促使全体职工都来关心质量、重视质量。

2) 材料质量因素的控制

装饰材料(包括成品、半成品及构配件等)是装饰工程施工的基本物质基础。如果其质量不合格，工程质量就不可能符合标准，因此必须严格控制。其控制内容包括以下几点：

(1) 严格按设计图纸要求选择材料。装饰材料品种繁多，材质、颜色、性能、图案等因品种、厂家的不同而存在很大差异，因此，在选择装饰材料时必须严格按设计要求选择材料，使其达到预期的设计装饰效果及质量。

(2) 加强材料进场检验制度。所有材料进场必须有出厂合格证或材质化验单，必须检查材料的品种、规格、数量和质量是否符合设计和现行规范及标准的要求。规范要求需进行复试的必须进行复试，现场配制的混合材料必须试配合格后方可使用。

(3) 加强材料的现场管理。装饰材料进场经检验合格后，应合理确定其堆放或仓库位置，并在材料的运输、保管及施工中，采取可靠措施，防止材料损坏和变质。

3) 机具设备因素的控制

对于装饰工程其施工机械一般多采用一些小型机械设备，这些机械设备的类型、性能、操作要求、完好程度、施工方案、组织管理等因素都直接影响到施工的质量和进度，因此必须采取适当的措施加以控制，一般应从以下几个方面考虑：

(1) 必须按照工艺要求来选择合适的机械类型及型号。

(2) 必须严格按照机械的操作规程进行施工。

(3) 应建立健全施工机械的管理制度，加强机械的维修保养，并定期检修。

(4) 施工前应对施工机械进行检查,检查无误后方可使用。

4) 环境因素的控制

影响施工质量的环境因素很多,如自然环境、人为环境、技术经济条件等,必须加以控制,为施工活动创造一个有利于提高质量的环境。一般可从以下几方面考虑:

(1) 温度与湿度的控制。在装饰施工中有些施工工艺的质量与温度、湿度有密切的关系,如油漆工程施工温度不应低于5℃,必须待基层干燥后才能进行并且相对湿度不宜大于60%。因此,在施工时应努力创造一个良好的温湿度环境以利于提高施工质量。

(2) 人为环境因素的控制。人为环境因素的控制,主要是指施工工序的搭接、交叉、先后次序等安排应合理,从而创造一个良好的施工环境。如在上下两相邻楼层中,应先施工上层空心板楼面面层,再施工下层天棚抹灰。

5) 施工方案因素的控制

施工方案是施工组织的核心,它包括主要分部工程的施工方法、施工机械、施工程序及施工顺序等的确定。施工方案的优劣,直接影响到施工质量的好坏。因此施工方案的控制主要是控制施工方案建立在仔细熟悉施工图纸,明确工程特点及任务,充分研究施工条件(如采用的装饰材料、机械、施工环境、施工部位、基底情况等),从技术、组织、管理、经济等角度全面分析,从而保证施工方案在技术上可行,经济上合理,并且能确保工程质量。

五 装饰工程项目的质量验收

工程项目的质量验收,是最终保证工程质量的重要手段。由于装饰工程施工过程牵涉的面广,隐蔽工程繁多,管线预埋工作复杂,因此,装饰工程施工的各阶段,都要从严执行国家现行规范、标准以及工程合同和设计图纸,及时组织有关人员,对装饰工程质量进行评价验收,及时办理交接手续。

1. 施工前阶段质量评价的标准

设计阶段的质量评价重点是要评价装饰设计文件的质量水平,它包括下列基本要求:

(1) 符合国家现行的有关法律、法规、设计技术标准和合同的规定。

(2) 经过方案比较,提供的图纸及效果图符合现场实际情况,设计高雅,装饰材料使用合理,经济适用。

(3) 设计方案和施工图的深度,要能满足相应设计阶段的技术要求,标注说明要清晰、完整。

(4) 设计中选用的材料、设备等,要注明其规格、型号、性能、色泽等,并提出质量要求,但不能注明生产厂家或供应商。

2. 施工阶段的质量评价的标准

施工阶段工程质量评价标准是根据我国现行的各种建筑工程施工质量验收规范进行的,主要包括:

(1)《建筑工程施工质量验收统一标准》GB50300－2001

(2)《建筑地面工程施工质量验收规范》GB50209－2002

(3)《建筑装饰装修工程质量验收规范》GB50210－2001

(4)《钢结构工程施工质量验收规范》GB50205－2002

(5)《木结构工程施工质量验收规范》GB50206－2002

(6)《建筑给水排水及采暖工程施工质量验收规范》GB50242－2002

(7)《建筑电气工程施工质量验收规范》GB50303－2002

(8)《通风与空调工程施工质量验收规范》GB50243－2002

(9)《电梯工程施工质量验收规范》GB50310－2002

其中,(1)～(3)为建筑装饰装修工程质量验收的主要依据,其他是在进行建筑装饰装修工程施工时所涉及的分部工程质量验收的主要依据。

1) 建筑装饰装修工程质量验收规范的适用范围

本验收规范适用于新建、扩建、改建和既有建筑的装饰装修工程的质量验收,应与国家标准《建筑工程施工质量验收统一标准》(GB50300－2001)配套使用。

本规范是决定装饰装修工程能否交付使用的质量验收规范,只有一个合格标准。建筑装饰装修工程按施工工艺和装修部位划分为10个子分部工程,除地面子分部工程单独成册(即《建筑地面工程施工质量验收规范 GB50209－2002》)外,其他9个子分部工程的质量验收均由本规范作出规定,其适用范围见表4.3所示。

表4.3 建筑装饰装修工程质量验收规范适用范围

<table>
<tr><th>规范名称</th><th>子分部工程名称</th><th colspan="2">适用范围</th></tr>
<tr><td rowspan="11">建筑装饰装修工程质量验收规范</td><td rowspan="2">抹灰工程</td><td colspan="2">一般抹灰工程:石灰砂浆,水泥砂浆,水泥混合砂浆,聚合物水泥砂浆和麻刀石灰、纸筋石灰、石膏灰等分项工程</td></tr>
<tr><td colspan="2">装饰抹灰工程:水刷石、斩假石、干粘石、假面砖等分项工程</td></tr>
<tr><td>门窗工程</td><td colspan="2">木门窗制作与安装、金属门窗安装、塑料门窗安装、特种门安装、门窗玻璃安装等分项工程</td></tr>
<tr><td>吊顶工程</td><td colspan="2">暗龙骨吊顶、明龙骨吊顶等分项工程</td></tr>
<tr><td>轻质隔墙工程</td><td colspan="2">板材隔墙、骨架隔墙、活动隔墙、玻璃隔墙等分项工程</td></tr>
<tr><td>饰面板(砖)工程</td><td colspan="2">饰面板安装、饰面砖粘贴等分项工程</td></tr>
<tr><td>幕墙工程</td><td colspan="2">玻璃幕墙、金属幕墙、石材幕墙等分项工程</td></tr>
<tr><td>涂饰工程</td><td colspan="2">水性涂料涂饰、溶剂型涂料涂饰、美术涂饰等分项工程</td></tr>
<tr><td>裱糊与软包工程</td><td colspan="2">裱糊与软包等分项工程</td></tr>
<tr><td>细部工程</td><td colspan="2">橱柜、窗帘盒、窗台板、散热器罩、门窗套、护栏、扶手、花饰等的制作与安装分项工程</td></tr>
<tr><td colspan="3"></td></tr>
<tr><td rowspan="4">建筑地面工程施工质量验收规范</td><td rowspan="4">建筑地面工程</td><td>基 层</td><td>基土、灰土垫层、砂垫层和砂石垫层、碎石垫层和碎砖垫层、三合土垫层、炉渣垫层、水泥混凝土垫层、找平层、隔离层、填充层</td></tr>
<tr><td>整体面层</td><td>水泥混凝土面层、水泥砂浆面层、水磨石面层、水泥钢(铁)屑面层、防油渗面层、不发火(防爆的)面层</td></tr>
<tr><td>板块面层</td><td>砖面层(陶瓷锦砖、缸砖、陶瓷地砖和水泥花砖面层)、大理石面层和花岗石面层、预制板块面层(水泥混凝土板块、水磨石板块面层)、料石面层(条石、块石面层)、塑料板面层、活动地板面层、地毯面层</td></tr>
<tr><td>木、竹面层</td><td>实木地板面层、实木复合地板面层、中密度(强化)复合地板面层、竹地板面层</td></tr>
</table>

2) 装饰工程质量检查手段

(1) 目测。如肉眼观察墙面的平整、顶棚的平顺、线条的顺直、装饰图案的色泽是否均匀、反差是否合理、图案是否清晰等。为确定装饰效果和缺陷的轻重程度,规定正视、斜视和不等距离的观察。

(2) 手感。如检验表面是否光滑,墙面涂料是否掉粉,某些肉眼不宜观察到的地方,也应以手摸为主,为检验饰面和饰面安装或镶贴是否牢固,需要通过小锤敲打手感检查。

(3) 听声音。为判断饰面层是否有空鼓、脱层,镶贴是否牢固,须手敲以听声音来判断。

(4) 查资料。如查对设计文件、设计图纸、产品合格证、材料试验报告或测试记录等来检验是否正确按图施工及材质是否合格。

(5) 施行检测。通过对实物进行实测检验,或将目测、手感等结合起来检验。

3) 建筑工程质量验收的划分

根据《建筑工程施工质量验收统一标准》建筑工程质量验收应划分为单位(子单位)工程、分部(子分部)工程、分项工程和检验批。当建筑工程只有装饰装修分部工程时,该工程应作为单位工程验收。

(1) 单位工程的划分。单位工程的划分应按下列原则来确定:

①具备独立施工条件并能形成独立使用功能的建筑物及构筑物为一个单位工程。

②建筑规模较大的单位工程,可将其能形成独立使用功能的部分为一个子单位工程。

(2) 分部工程的划分。分部工程的划分应按下列原则来确定:

①分部工程的划分应按专业性质、建筑部位确定。

②当分部工程较大或较复杂时,可按材料种类、施工特点、施工程序、专业系统及类别等划分为若干子分部工程。

(3) 分项工程的划分。分项工程的划分应按主要工种、材料、施工工艺、设备类别等进行划分。

分项工程可由一个或若干检验批组成,检验批可根据施工及质量控制和专业验收需要按楼层、施工段、变形缝等进行划分。

建筑装饰装修工程的子分部工程及其分项工程应按表 4.4 划分。

表 4.4 子分部工程及其分项工程划分表

项次	子分部工程	分项工程
1	抹灰工程	一般抹灰,装饰抹灰,清水砌体勾缝
2	门窗工程	木门窗制作与安装,金属门窗安装,塑料门窗安装,特种门安装,门窗玻璃安装
3	吊顶工程	暗龙骨吊顶,明龙骨吊顶
4	轻质隔墙工程	板材隔墙,骨架隔墙,活动隔墙,玻璃隔墙
5	饰面板(砖)工程	饰面板安装,饰面砖粘贴
6	幕墙工程	玻璃幕墙,金属幕墙,石材幕墙
7	涂饰工程	水性涂料涂饰,溶剂型涂料涂饰,美术涂饰
8	裱糊与软包工程	裱糊,软包
9	细部工程	橱柜制作与安装,窗帘盒、窗台板和散热器罩制作与安装,门窗套制作与安装,护栏和扶手制作与安装,花饰制作与安装
10	建筑地面工程	基层,整体面层,板块面层,竹木面层

4) 建筑装饰装修工程质量验收

(1) 检验批的质量验收。

①检验批合格质量应符合下列规定：

主控项目和一般项目的质量经抽样检验合格；

具有完整的施工操作依据、质量检查记录，验收记录格式见表4.5。

②检验批的合格判定应符合下列规定：

抽查样本均应符合本规范主控项目的规定；

抽查样本的80%以上应符合本规范一般项目的规定。其余样本不得有影响使用功能或明显影响装饰效果的缺陷，其中有允许偏差的检验项目，其最大偏差不得超过本规范规定允许偏差的1.5倍。

表4.5　检验批质量验收记录

工程名称		分项工程名称		验收部位	
施工单位		专业工长		项目经理	
施工执行标准名称及编号					
分包单位		分包项目经理		施工班组长	
	质量验收规范的规定		施工单位检查评定记录	监理（建设）单位验收记录	
主控项目	1				
	2				
	3				
	4				
	5				
	6				
	7				
	8				
	9				
一般项目	1				
	2				
	3				
	4				
施工单位检查评定结果	项目专业质量检查员：　　年　月　日				
监理（建设）单位验收结论	监理工程师（建设单位项目专业技术负责人）　年　月　日				

(2) 分项工程质量验收。分项工程质量验收合格应符合下列规定：

①分项工程所含的检验批均应符合合格质量的规定。

②分项工程所含的检验批的质量验收记录应完整，验收记录格式见表4.6。

表 4.6 分项工程质量验收记录

工程名称			结构类型		检验批数	
施工单位			项目经理		项目技术负责人	
分包单位			分包单位		分包项目经理	
序号	检验批部位、区段		施工单位检查评定结果		监理(建设)单位验收结论	
1						
2						
3						
4						
检查结论	项目专业技术负责人： 年 月 日			验收结论	监理工程师(建设单位项目专业技术负责人) 年 月 日	

(3) 分部(子分部)工程质量验收。分部(子分部)工程质量验收合格应符合下列规定：

①分部(子分部)工程所含分项工程的质量均应验收合格,验收记录格式见表 4.7。

②应具备本规范各子分部工程规定检查的文件和记录。

③应具备表 4.8 所规定的有关安全和功能的检测项目的合格报告。

④观感质量应符合本规范各分项工程中一般项目的要求。

表 4.7 分部(子分部)工程验收记录

工程名称			结构类型		层数	
施工单位			技术部门负责人		质量部门负责人	
分包单位			分包单位负责人		分包技术负责人	
序号	分项工程名称	检验批数		施工单位检查评定		验收意见
1						
2						
3						
4						
5						
6						
质量控制资料						
安全和功能检验(检测)报告						
观感质量验收						
验收单位	分包单位	项目经理		年 月 日		
	施工单位	项目经理		年 月 日		
	勘察单位	项目负责人		年 月 日		
	设计单位	项目负责人		年 月 日		
	监理(建设)单位	总监理工程师 (建设单位项目专业负责人)		年 月 日		

表 4.8 有关安全和功能的检测项目表

项次	子分部工程	检测项目
1	门窗工程	1. 建筑外墙金属窗的抗风压性能、空气渗透性能和雨水渗漏性能 2. 建筑外墙塑料窗的抗风压性能、空气渗透性能和雨水渗漏性能
2	饰面板(砖)工程	1. 饰面板后置埋件的现场拉拔强度 2. 饰面砖样板件的粘结强度
3	幕墙工程	1. 硅酮结构胶的相容性试验 2. 幕墙后置理件的现场拉拔强度 3. 幕墙的抗风压性能、空气渗透性能、雨水渗漏性能及平面变形性能

注:当建筑工程只有装饰装修分部工程时,该工程应作为单位工程验收。

(4) 单位(子单位)工程质量验收。单位(子单位)工程质量验收合格应符合下列规定:

①单位(子单位)工程所含分部(子分部)工程的质量均应验收合格。

②质量控制资料应完整。

③单位(子单位)工程所含分部工程有关安全和功能的检测资料应完整。

④主要功能项目的抽查结果应符合相关专业质量验收规范的规定。

⑤观感质量验收应符合要求。

(5) 当工程质量不符合要求时,应按下列规定进行处理:

①经返工重做或更换器具、设备的检验批,应重新进行验收。

②经有资质的检测单位检测鉴定能够达到设计要求的检验批,应予以验收。

③经有资质的检测单位检测鉴定达不到设计要求。但经原设计单位核算认可能够满足结构安全和使用功能的检验批,可予以验收。

④经返修或加固处理的分项、分部工程,虽然改变外形尺寸但仍能满足安全使用要求,可按技术处理方案和协商文件进行验收。

⑤通过返修或加固处理仍不能满足安全使用要求的分部工程、单位(子单位)工程,严禁验收。

5) 建筑工程质量验收程序和组织

(1) 检验批及分项工程应由监理工程师(建设单位项目技术负责人)组织施工单位项目专业质量(技术)负责人等进行验收。

(2) 分部工程应由总监理工程师(建设单位项目负责人)组织施工单位项目负责人和技术、质量负责人等进行验收。对于重要的装饰装修工程,设计单位工程项目负责人和施工单位技术、质量部门负责人也应参加工程验收。

(3) 单位工程完工后,施工单位应自行组织有关人员进行检查评定,并向建设单位提交工程验收报告。

(4) 建设单位收到工程验收报告后,应由建设单位(项目)负责人组织施工(含分包单位)、设计、监理等单位(项目)负责人进行单位(子单位)工程验收。

(5) 单位工程有分包单位施工时,分包单位对所承包的工程项目应按本标准规定的程序检查评定,总包单位应派人参加。分包工程完成后,应将工程有关资料交总包单位。

(6) 当参加验收各方对工程质量验收意见不一致时,可请当地建设行政主管部门或工程质量监督机构协调处理。

(7) 单位工程质量验收合格后，建设单位应在规定时间内将工程竣工验收报告和有关文件，报建设行政管理部门备案。

6) 装饰工程项目的竣工验收

工程项目竣工验收是建设单位对整个工程项目质量的最终检查和认可，装饰工程作为主体工程的主要分部工程，它的质量评定等级直接影响整个工程的质量等级。因此，应配合监理工程师根据验收规范仔细评定，以确定能否验收。竣工验收的依据包括以下几方面：

(1) 有关合同、标准、规范(工程施工承包合同、施工验收规范、验收标准等)。

(2) 工程资料：包括批准的设计任务书、设计纲要、设计文件、施工图纸、设计变更、图纸会审记录等；有关施工记录、施工质量验收记录、施工质量检验记录、质检评定资料及质量保证资料等；有关规范和技术标准。

(3) 符合竣工条件的已完工程竣工资料及竣工图。

装饰工程应比建筑工程竣工交付使用时的要求更高，它应符合下列基本要求：

①完成装饰工程设计和合同中规定的各项工作内容，包括水、电、气等其他辅助设施，达到国家规定的竣工条件。

②工程质量要符合国家现行有关法律、法规、技术标准、设计文件及合同中规定的要求，特别是装饰工程的防火要求。

③装饰工程中所用的装饰材料、购配件要有出厂合格证和必要的检测报告。

④具备完整的工程技术档案和竣工图，并已办理完工程竣工交付使用的有关手续。

⑤已签署工程保修证书。

3. 装饰材料及构配件的质量评价标准

装饰材料构配件在购进场时，一般要符合以下5个基本条件：

(1) 质量必须达到国家现行有关法律、法规、技术标准规定的合格标准和设计要求。

(2) 有出厂合格检验标志和证明。内容包括产品规格、型号、性能、生产日期、保存时间、检查编号。厂名、地址、电话及标准编号等文字说明。

(3) 有说明书及有关的技术资料。

(4) 实施产品质量论证体系的，还要有质量认证的编号。某些产品实施生产许可证的，要有许可证编号以及批准日期和有效期。

(5) 产品包装和商标式样符合国家的有关规定和标准。

4. 工程质量管理制度

近些年来，我国陆续制定了一系列的建筑工程质量管理和监督的法规，现行的主要有：

(1)《中华人民共和国建筑法》

(2) 国务院印发的《质量振兴纲要》

(3) 建设部印发的《质量兴业要点》

(4)《建设工程质量管理办法》

(5)《建设工程质量监督管理规定》

(6)《建筑工程质量检测工作规定》

(7)《工程建设重大事故报告和调查处理制度的通知》

(8)《关于严肃工程重大质量事故报告和调查处理制度的通知》

(9)《建设工程质量投诉处理暂行规定》

(10)《建筑装饰装修管理规定》

(11)《住宅室内装饰装修管理办法》

(12)《玻璃幕墙工程质量检查办法》

我国建设工程质量实行分级管理,国务院建设行政主管部门负责全国建设工程质量的管理、监督工作;国务院工业交通部门负责本部门管理的建设工程质量的管理工作;各省、自治区、直辖市建设行政主管部门负责本地区的建设工程质量的管理、监督工作。

5. 工程质量监督制度

工程质量监督是指由政府授权的专门机构对工程质量实施的监督。其主要依据是国家颁布的有关法律法规技术标准及设计文件。

工程质量监督检测机构要具备相应的监督、检测条件和能力,经省级以上人民政府建设行政主管部门或其授权的部门考核合格后,才能承担工程质量监督、检测工作。

1) 工程质量监督站在装饰工程中的主要职责

核查装饰设计、施工单位的资质等级;核查材料供应商所提供材料的生产许可证及经营范围;监督其执行有关规范标准;抽查施工过程的施工质量;核验工程质量评定结果;掌握本地区工程质量的状况,定期向主管部门汇报。

2) 质量监督工作的主要内容

(1) 工程开工前,核查工程的设计和施工单位的资质等级及营业范围,凡不符合规定要求的不得开工。对施工图设计质量的监督,主要审查建筑结构、安全防火和卫生等,使之符合相应标准的要求。

(2) 装饰工程施工中,质检站应按照监督计划对装饰工程质量进行抽查,重点是核查装饰工程施工是否破坏建筑物的主体结构、防火安全的保障程度、隐蔽工程的施工质量状况等方面。对建筑构配件质量的监督,重点是核查生产许可证、构件质量以及施工人员的上岗证书(如花岗岩外墙干挂的钢架结构)等,都应对上述各项进行核查。

(3) 工程完工后,质检站在施工单位验收的基础上对工程质量等级进行核验并参与评定本地区本部门的优质工程。

(4) 参与重大工程质量事故的处理。

对委托监理的工程,质量监督站的工作主要是核查设计、施工单位的资质和核定工程质量等级并参与评优。

3) 工程质量监督工作的基本程序

建设单位在工程开工前一个月,到监督站办理监督手续,提交装饰设计资料等有关文件。质检站在接到文件、资料的两周内,确定该工程的监督员,通知各参与单位,并提出监督计划。

4) 质量监督站的工作权限

(1) 对工程质量优良的单位,提请当地建设主管部门给予奖励。

(2) 对不按技术标准和有关文件要求设计和施工的单位,给予警告和通报批评。

(3) 对发生严重工程质量问题的单位,令其及时妥善处理。对情节严重的,按有关规定进行罚款,对施工工程令其停工整顿。

(4) 对于检验不合格的工程,做出返修加固的决定,直至达到合格方准交付使用。

(5) 对造成重大质量事故的单位,按建设部颁发的《工程建设重大事故报告和调查程序规定》办理。

6. 工程质量检测制度

工程质量建设检测是工程质量监督工作的重要手段。工程质量检测机构是对工程和建筑构件、制品以及建筑现场所用的有关材料、设备质量进行检测的法定单位，所出具的检测报告具有法定效力。

工程质量检测机构的检测依据是国家部门和地区颁布的有关建设工程的法规和技术标准。

我国的工程质量检测体系是由国家级、省级、市(地区)级、县级检测机构所组成。国家检测中心受国务院建设行政主管部门和国家技术监督管理部门的委托，有权对建筑构件、制品以及有关的材料、设备等产品进行抽样检测。省级、市(地区)级、县级检测机构，受同级的建设行政主管部门和技术监督管理部门委托，有权对本省、市、县的建筑构件、制品进行抽样检测。

7. 工程质量保修制度

工程质量缺陷是指工程不符合国家现行的有关技术标准、设计文件以及合同中对质量的要求。因此，工程自办理交工验收手续后，在规定的期限内因设计、施工、材料等原因造成的工程质量缺陷，要由施工单位负责维修、更换。

1) 工程保修期限

根据现行《房屋建筑工程质量保修办法》等规定，在正常使用下房屋建筑工程的最低保修期限为：

(1) 地基基础和主体结构工程为设计文件规定的该工程的合理使用年限；

(2) 屋面防水工程、有防水要求的卫生间、房屋和外墙面的防渗漏，为5年；

(3) 供热与供冷系统，为2个采暖期、供冷期；

(4) 电气系统、给排水管道、设备安装为2年；

(5) 装修工程为2年；

(6) 幕墙工程为3年，并要求安装施工单位提供10年保险年限质量证书，在此期限内进行两次(5年一次)全面检查。

(7) 其他项目的保修期限由建设单位和施工单位约定。

房屋建筑工程保修期从工程竣工验收合格之日起计算。

2) 质量责任的划分原则

(1) 施工单位未按国家有关规范、标准和设计要求施工造成的质量缺陷，由施工单位负责返修并承担经济责任。

(2) 属于设计问题造成的质量缺陷，由施工单位负责返修，其费用通过建设单位向设计单位索赔。

(3) 因建筑材料、构配件和设备质量不合格引起的质量缺陷，属于施工单位负责采购的，施工单位承担经济责任；属于建设单位采购的，施工单位提出异议而建设单位坚持使用的，由建设单位承担经济责任。

(4) 因使用单位使用不当造成的质量缺陷，由使用单位自行负责。

(5) 因地震、洪水、台风等不可抗力或自然灾害造成的质量事故，施工单位、设计单位、监理单位不承担经济责任。

施工单位自接到保修通知书之日起，要求最迟在七日内到达现场与业主共同商议返修内容。

目前,根据《建筑法》所制定的《建筑工程质量管理条例》、《建筑工程质量赔偿制度》等内容,使参与建设的某一方,由于没有按有关规定进行工作,或工作失误给另一方造成损失;或由于工程质量达不到有关标准,以及由于质量问题造成损失的,必须承担因此造成的损失。

第六节　装饰施工成本控制

一　概述

1. 装饰施工成本的概念

装饰施工成本是指在装饰工程施工过程中所发生的全部生产费用的总和,也就是装饰施工企业以装饰施工项目作为核算对象,在装饰施工过程中所耗费的生产资料转移价值和劳动者必要劳动所创造的价值的货币形式。它包括所消耗的主辅材料、构配件、周转材料的摊销费或租赁费、装饰施工机械的材料费或租赁费、支付给生产工人的工资和奖金,以及在施工现场进行施工组织与管理所发生的全部费用支出。

装饰施工成本是建筑装饰企业的主要产品成本,一般以单位工程作为成本核算的对象,通过各单位工程成本核算的综合来反映装饰施工项目的施工成本。

1) 装饰施工成本的构成

装饰施工企业在装饰项目施工过程中所发生的各项费用支出,按照国家规定计入成本费用。

按成本的经济性质和国家的规定,装饰施工成本由直接成本和间接成本组成。

(1) 直接成本:直接成本是指施工过程中耗费的构成工程实体和有助于工程形成的各项费用支出,包括人工费、材料费、机械使用费和其他直接费等。

①人工费。人工费是指直接从事建筑装饰工程施工的生产工人开支的各项费用,包括工资、奖金、工资性补贴、生产工人辅助工资、职工福利费、劳动保护费等。

②材料费。材料费包括施工过程中耗用的构成工程实体的原材料、辅助材料、构配件、零件、半成品的费用和周转性材料的摊销或租赁费用。

③机械使用费。机械使用费包括施工过程中使用自有施工机械所发生的机械使用费和租用外单位施工机械的租赁费,以及施工机械安装、拆卸和进退场费。

④其他直接费。其他直接费是指直接费以外的在装饰施工过程中发生的具有直接费用性质的其他费用。它包括施工过程中发生的材料二次搬运费、临时设施摊销费、生产工具使用费、检验试验费、工程定位复测费、工程点交费、场地清理费,也包括冬雨期施工增加费、仪器仪表使用费、特殊工程培训费、特殊地区施工增加费等。

(2) 间接成本:间接成本是指装饰企业内的各项目经理部为施工准备、组织和管理施工生产的全部施工费用的支出。

装饰施工项目间接成本,应包括现场管理人员的人工费(基本工资、工资性补贴、职工福利费)、资产使用费、工具用具使用费、保险费、检验试验费、工程保修费、工程排污费以及其他费用等。

①工作人员薪金。是指现场项目管理人员的工资、资金、工资性质的津贴等。

②劳动保险费。是指现场项目管理人员的按规定标准发放的劳动保护用品的购置费和修理费、防暑降温费,在有碍身体健康环境中施工的保健费用等。

③职工福利费。是指按现场项目管理人员工资总额的一定比例提取的福利费。

④办公费。是指现场管理办公用的文具、纸张、账表、印刷、邮电、书报、会议、水、电、烧水和集体取暖用煤等费用。

⑤差旅交通费。是指职工因工出差期间的旅费、住勤补助费、市内交通费和误餐补助费、劳动力招募费、职工探亲路费、职工离退休及职工退职一次性路费、工伤人员就医路费、工地转移费,以及现场管理使用的交通工具的油料、燃料、养路费及牌照费等。

⑥固定资产使用费。是指现场管理及试验部门使用的属于固定资产的设备、仪器等折旧、大修理、维修费或租赁费等。

⑦工具用具使用费。是指现场管理使用的不属于固定资产的工具、器具、家具、交通工具和检验、试验、测绘、消防用具等的购置、维修和摊销费等。

⑧保险费。是指施工管理用财产、车辆的保险,以及高空作业等特殊工种的安全保险等费用。

⑨工程保修费。是指装饰工程施工交付使用后在规定的保修期内的修理费用。

⑩工程排污费。是指施工现场按规定交纳的排污费用。

⑪其他费用。

按项目管理要求,凡发生于项目的可控费用,均应下沉到项目核算,不受层次限制,以便落实施工项目管理的经济责任,所以施工项目成本还应包括下列费用项目。

⑫工会经费。指按现场管理人员工资总额的一定比例提取的工会经费。

⑬教育经费。指按现场管理人员工资总额的一定比例提取使用的职工教育经费。

⑭业务活动经费。指按“小额、合理、必需”原则使用的业务活动费。

⑮税金。指应由装饰施工项目负担的房产税、车船使用税、土地使用税、印花税等。

⑯劳保统筹费。指按工资总额一定比例交纳的劳保统筹基金。

⑰利息支出。指项目在银行开户的存贷款利息收支净额。

⑱其他财务费用。指汇兑损失、调剂外汇手续费、银行手续费等。

对于装饰企业所发生的经营费用、企业管理费用和财务费用,则按规定计入当期损益,亦即计为期间成本,不得计入施工项目成本。

装饰企业下列支出不仅不得列入装饰施工项目成本,也不能列入企业成本:如为购置和建造固定资产、无形资产和其他资产的支出;对外投资的支出;被没收的财物、支付的滞纳金、罚款、违约金、赔偿金;企业赞助、捐赠支出;以及国家法律、法规规定以外的各种付费和国家规定不得列入成本费用的其他支出。

2) 装饰施工项目成本的形式

装饰施工项目成本的形式可从不同的角度进行考察。

(1) 事前成本和事后成本:根据成本控制要求,装饰施工项目成本可分为事前和事后成本。

①事前成本。工程成本的计算和管理活动是与工程实施过程紧密联系的,在实际成本发生和工程结算之前所计算和确定的成本都是事前成本,带有计划性和预测性。常用的概念有预算成本(包括施工图预算、标书合同预算)和计划成本(包括责任目标成本——企业计划成

本、施工预算——项目计划成本)之分。

• 预算成本。工程预算成本反映各地区建筑装饰企业的平均成本水平。它是根据装饰施工图纸以全国统一的工程量计算规则计算出来的工程量,按全国统一的建筑装饰工程基础定额和由各地区的市场劳务价格及材料价格信息、并按有关费用的指导性取费率进行计算。

全国统一的建筑装饰工程基础定额是为了适应市场竞争、增大企业以个别成本报价,按量价分离以及将工程实体消耗量和周转性材料、机具等施工手段相分离的原则来制定,作为编制全国统一专业统一和地区统一概算依据的,也可作为企业编制投标报价的参考。

市场劳务价格、材料价格信息和施工机械台班费由各地区建筑工程造价管理部门按月(或按季度)发布,进行动态调整。

有关费用的取费率由各地区、各部门按不同的工程类型、规模大小、技术难易、施工场地情况、工期长短、装饰企业资质等级等条件分别制定具有上下限的指导性取费率。

预算成本是确定工程成本的基础,也是编制计划成本的依据和评价实际成本的依据。

• 计划成本。装饰施工项目计划成本是指装饰施工项目经理部根据计划期的有关资料(如工程的具体条件和装饰施工企业为实施该装饰项目的各项技术组织措施),在实际成本发生前预先计算的成本,亦即装饰施工企业根据本企业自己的企业定额计算得到的成本计划数额,它反映了企业在计划期内应达到的成本水平。它对于加强装饰施工企业和项目经理部的经济核算,建立和健全施工项目成本管理责任制,控制施工过程中的生产费用,以及降低施工项目成本,具有十分重要的作用。

②事后成本,即实际成本。实际成本是装饰施工项目在报告期内实际发生的各项生产费用的总和。将实际成本与计划成本比较,可反映成本的节约和超支,考核装饰企业施工技术水平及技术组织措施的贯彻执行情况和企业的经营效果。实际成本与预算成本比较,可以反映工程盈亏情况。因此,计划成本和实际成本都是反映装饰施工企业的成本水平,它与装饰施工企业本身的生产技术水平、施工条件及生产管理水平相对应。

(2) 直接成本和间接成本:按生产费用计入成本的方法,装饰工程成本可划分为直接成本和间接成本两种形式。

①直接成本。直接成本是指直接耗用于并能直接计入装饰工程对象的费用。

②间接成本。间接成本是指非直接用于也无法直接计入装饰工程对象,但为进行装饰工程施工所必须发生的费用。

按上述分类方法,能正确反映装饰工程成本的构成,考核各项生产费用的使用是否合理,便于找出降低成本的途径。

(3) 固定成本和变更成本:按生产费用与工程量的关系装饰工程成本又可划分为固定成本和变动成本。

①固定成本。固定成本是指在一定期间和一定的工程量范围内,其发生的成本额不受工程量增减变动的影响而相对固定的成本。如折旧费、大修理费、管理人员工资、办公费、照明费等。这一成本是为了保持企业一定的生产管理条件而发生的。一般来说,项目的固定成本每月基本相同,但是,当工程量超过一定范围需要增添机械设备和管理人员时,固定成本将会发生变动。此外,所谓固定,是指其总额而言,关于分配到每个单位工程量上的固定费用则是变动的。

②变动成本。变动成本是指发生总额随着工程量的增减变动而成正比例变动的费用,如

直接用于装饰工程的材料费、实行计划工资制的人工费等。所谓变动,也是就其总额而言,对于每个单位工程量上的变动费用往往是不变的。

将施工过程中发生的全部费用划分为固定成本和变动成本,对于成本管理和成本决策具有重要作用。由于固定成本是维持生产能力所必须的费用,要降低单位工程量的固定费用,就需从通过提高劳动生产率,增加企业总工程量数额并降低固定成本的绝对值入手,降低变动成本就需从降低单位分项工程的消耗定额入手。

3) 装饰施工项目成本管理与装饰企业成本管理的区别

(1) 管理对象不同。装饰施工项目成本管理的对象是某一个具体的装饰工程项目,它只对该项目所发生的各项费用予以控制,仅对装饰施工项目的成本进行核算。

装饰企业成本管理的对象是整个装饰企业,不仅包括各个项目经理部,还包括为施工服务的附属企业以及企业各职能部门,它是企业内部生产经营活动全过程和全员的全面成本管理。

(2) 管理任务不同。装饰施工项目成本管理的任务,是在装饰企业健全的成本管理经济责任制下,以合理的工期、优质和低耗的成本建成工程项目,来完成企业下达的管理目标。

装饰企业成本管理则是根据整个企业的现状和水平,通过对资源、费用的合理调配以及生产任务的合理组织,使整个企业的成本、费用在一定时期内控制在预定的水平上。

(3) 管理方式不同。装饰施工项目成本管理是在项目经理负责下的一项重要的项目管理职能,它是在施工现场进行的,与施工过程的质量、工期等各项管理是同步的。

装饰企业成本管理是按照行政管理的方式进行的,层次多,部门多,管理也不在现场,而是由企业内的职能部门参与管理,它与施工过程在时间和空间上分离。

(4) 管理责任不同。装饰施工项目成本管理由施工项目经理全面负责的,装饰施工项目的成本由项目经理部核算,项目的盈亏与项目经理部的全体人员经济责任挂钩。

装饰企业成本管理则强调部门成本责任制,它涉及各个职能部门和各施工单位。

2. 成本控制的内容及意义

装饰工程成本是指为完成一项装饰工程施工所耗费的各种生产费用的总和。是施工中各种物化劳动和活劳动的货币表现,是装饰工程造价的主要组成部分。

装饰工程施工成本控制内容主要包括对材料费、人工费、机械费及管理费的控制。它是施工单位为了降低成本而进行的一系列计划与组织工作。通过成本控制,节约施工费用,降低工程成本,从而使装饰施工企业在保证质量、工期及安全的条件下,增加企业利润,实现企业的经济效益目标。

装饰工程成本控制的任务就是要做好成本计划、成本控制、成本考核、成本分析等内容,如图 4.30 所示:

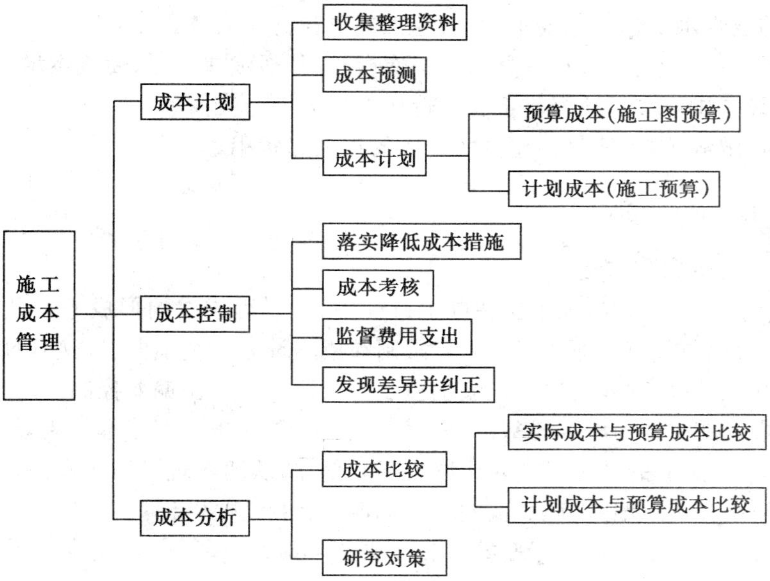

图 4.30 成本控制示意图

3. 影响工程成本高低的因素分析

成本分析是将计划成本、预算成本、实际成本进行比较,计算出成本分析的指标,找出影响工程成本升降的原因和影响因素,从而采取有效措施,挖掘潜力,提高施工管理水平。根据工程实际,影响工程成本高低的因素很多,归纳起来,主要有以下几个方面:

1) 设计变更的影响

装饰工程的变更较多,这就必然带来许多问题,如增减材料、调整施工计划、增减劳动力及机械等,从而使工程成本发生变化。

2) 价格变动的影响

这是由于装饰工程所需材料、工具、机械、人工等价格的变动,从而导致工程成本的变化。

3) 协作不好的影响

装饰工程施工常常有多个单位协作施工,如无统一领导,则会相互干扰,造成成本增加。

4) 停工影响造成的损失

(1) 材料、机具供应不上,造成停工损失。

(2) 意外事故造成的停工损失。

5) 施工管理不善的影响

(1) 施工进度计划编制不合理,调整不及时,造成施工现场混乱、 出现返工停工现象,从而导致工期延长、造价增加的局面。

(2) 不按计划施工,造成返工、窝工、抢工,从而使成本提高。

(3) 不按图施工,使位置、尺寸不准确或预埋件漏放,从而使成本提高。

(4) 不按施工规范施工造成质量不合格,增加返工费用。

(5) 不遵守安全规则,发生安全事故,使成本上升。

(6) 由于施工管理不善,造成材料浪费,或材料、 配件质量不合格造成的损失和费用。

(7) 工人的技术水平达不到要求,造成返工损失和材料浪费。

(8) 施工场地布置不合理,造成材料的二次搬运,从而浪费工时,使成本增加。

(9) 材料、设备供应和运输安排不合理造成的损失。

(10) 不实行限额领料,使材料超量所造成的损失和费用。

二 成本控制的方法

1. 成本控制的概念和方法

成本控制是指装饰工程施工单位在施工过程中,对工程成本的形成进行预测、监督,及时发现和纠正产生的偏差,使装饰工程成本被限制在成本计划的范围内,以达到预期的降低成本目标,即对成本计划执行过程的控制。成本控制的方法一般采用偏差控制法。

偏差控制法就是在计划成本的基础上,通过成本分析找出计划成本与实际之间的偏差,分析产生的原因,采取必要的措施以消除或减少不利偏差,从而实现目标成本的一种方法。

工程成本偏差有实际偏差、计划偏差和目标偏差,可按下式计算:

$$实际偏差 = 实际成本 - 预算成本$$

$$计划偏差 = 预算成本 - 计划成本$$

$$目标偏差 = 实际成本 - 计划成本$$

成本控制主要是要减少目标偏差,其值越小,说明成本控制效果越佳。

偏差控制法进行成本控制的步骤如下:

(1) 找出目标偏差。施工中应定期计算三种偏差,并以减少目标偏差为目标进行控制。即用成本对比的方法,通过成本偏差图(如图 4.31),把施工中记录的实际发生的各种费用汇总,得到实际成本,再把实际成本与计划成本对比,求出其偏差。

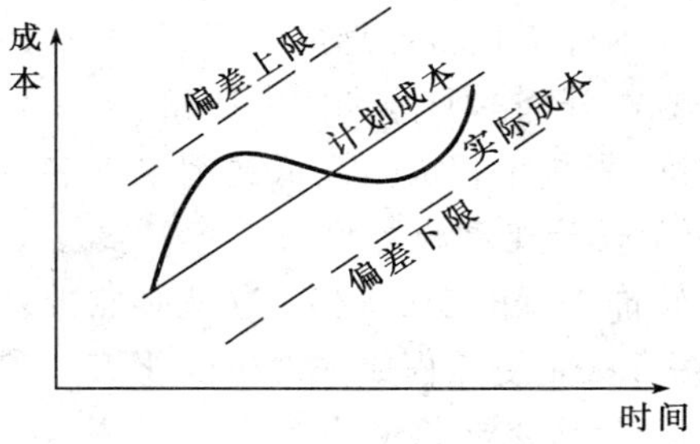

图 4.31 成本偏差图

(2) 分析产生偏差的原因。采用因素分析法、因果分析法等成本分析的方法,找出产生偏差的原因。

(3) 采取措施、纠正偏差。针对产生偏差的各种原因,及时采取必要的措施,减少不利的成本偏差,从而达到预期的成本控制目标。

2. 成本超支的原因分析

经过对比分析,发现某一方面已经出现成本超支,或预计最终将会出现成本超支,则应将它提出,作进一步的原因分析。成本超支的原因可以按照具体超支的成本对象(费用要素、工作包、工程分项等)进行分析。原因分析是成本责任分析和提出成本控制措施的基础,成本超支的原因是多方面的,例如:

(1) 原成本计划数据不准确,估价错误,预算太低,不适当地采用低价策略,承包商(或分包商)报价超出预期的最高价。

(2) 外部原因:上级、业主的干扰,阴雨天气,物价上涨,不可抗力事件等。

(3) 实施管理中的问题:

①不适当的控制程序，费用控制存在问题，许多预算外开支，被罚款。

②成本责任不明，实施者对成本没有承担义务，缺少成本(投资)方面限额的概念，同封又没有节约成本的奖励措施。

③劳动效率低，工人频繁地调动，施工组织混乱。

④采购了劣质材料，工人培训不充分，材料消耗增加，浪费严重，发生事故，返工，周转资金占用量大，财务成本高。

⑤合同不利，在合同执行中存在缺陷，承包商(分包商、供应商)的赔偿要求。

(4) 工程范围的增加，设计的修改，功能和建设标准提高，工作量大幅度增加。

成本超支的原因分析可以采用因果关系分析图进行定性分析，在此基础上又可利用因素差异分析法进行定量分析。

3. 降低装饰工程成本的途径

1) 加强施工进度管理，降低工程成本

(1) 根据工程实际，制定切实可行的施工进度计划。

(2) 在发生意外情况或设计变更时，应及时进行调整，以避加长工期导致成本提高。

2) 加强劳动管理，降低工程成本

(1) 根据工程需要，合理安排劳动力。

(2) 所有施工人员必须持证上岗，从制度上保证管理人员和施工人员的技术水平都能满足工程的需要。

(3) 定期组织管理人员和施工工人的技术培训工作，提高业务水平，保证施工质量。

3) 加强技术管理，降低工程成本

(1) 对各分部工程，编制切实可行的技术组织方案，并通过编制施工预算进行纠正。

(2) 尽量采用先进的施工方法，提高工作效率，从而降低工程成本。

(3) 严格技术交底制度，严格按照图纸及规范施工，保证工程质量，避免返工。

4) 加强物资管理，降低工程成本

(1) 严格按照图纸要求确定装饰材料、成品、配件和机具的需要计划， 并做好其采购、运输、检测、保管或催货工作。

(2) 当发生设计变更时，应及时调整物资供应计划， 避免停工待料或浪费材料。

(3) 严格实行限额领料制度，减少材料浪费。

5) 加强费用管理，降低工程成本

(1) 加强直接费和间接费的管理，实行定额管理，控制各项费用支出。

(2) 加强成本控制，及时分析成本偏差的原因并及时采取措施进行纠正。

6) 加强安全管理，降低工程成本

(1) 严格按照安全规程施工，杜绝安全事故的发生。

(2) 各分部分项工程均应制定安全措施，保证施工安全。

三 成本跟踪和诊断

1. 成本状况分析

1) 分析的指标

成本分析的指标很多，可以按照不同的需要选择，甚至可以自己灵活设计。这是由于:

(1) 成本计划的对象多,人们从各个角度反映成本,则必然有不同的分析指标。

(2) 在项目过程中成本的版本很多,需要有不同的对比。

(3) 为了综合地、清楚地反映成本状况,成本分析必须与进度、工期、效率、质量分析同步进行,并互相对比参照。

(4) 为了准确地反映情况,需要在成本报告中包括微观和宏观的分析,例如包括各个生产要素的消耗,各分项工程及整个工程的成本分析。

通常成本分析的综合指标有如下几大类:

①工期和进度的分析指标:

时间消耗程度 = 已用工期 ÷ 计划总工期 × 100%

工程完成程度 = 已完工程量 ÷ 计划总工程量 × 100% 或

= 已完成工程价格 ÷ 工程计划总价格 × 100% 或

= 已投入人工工时 ÷ 计划使用总工时 × 100%

②效率比,这仅对已完工程的各个成本项目:

机械生产效率 = 实际台班数 ÷ 计划台班数

劳动效率 = 实际使用人工工时 ÷ 计划使用人工工时

与它相似的还有材料消耗的比较及各项费用消耗的比较。

③成本分析指标。对已完成的工程:

成本偏差 = 实际成本 - 计划成本

成本偏差率 = (实际成本 - 计划成本) ÷ 计划成本 × 100%

利润 = 已完工程价格 - 实际成本

④因素差异分析法。对一些分项工程的费用,用因素差异分析的方法不仅可以确定实际和计划的差异,而且可确定差异影响因素以及它们各自的影响份额。

2) 分析报告

不同层次的管理人员需要不同的成本信息及分析报告,在一个项目中它们可以自由设计。对工程小组组长、领班,要提供成本的结构,各分部工程的成本(消耗)值,成本的正负偏差,可能的措施和趋向分析;对项目经理要提供比较粗的信息,主要包括控制的结果,项目的总成本现状,主要的节约和超支的成本项目和分析。成本报告通常包括报表、文字说明和图。

3) 成本分析例子

例 4.6 某工程计划直接总成本 3 280 000 元,现场管理费和企业管理费总额 728 000 元。工程总成本为 4 008 000 元,则:

管理费分摊率 = 728 000 ÷ 328 000 = 22.2%

该工程总工期 180 天,现已进行了 81 天,已完成工程总价为 1 485 000 元,实际工时为 2 350 工日,已完工程中计划工时 2 301 工日,实际成本 1 483 800,已完工程计划成本 1 410 500 元,则至今成本总体状况分析:

工期进度 = 81 天 ÷ 180 天 × 100% = 45%

工程完成程度 = 1 485 000 元 ÷ 4 008 000 元 = 37%

劳动效率:2 350 工日 ÷ 2 301 工日 = 102.1%

成本偏差 = 1 483 800 - 1 410 500 = 73 300 元

成本偏差率 = 73 300 ÷ 1 410 500 = 5.2%

已实现利润：1 485 000 - 1 483 800 = 1 200 元

利润率 = 1 200 ÷ 1 485 000 = 0.081%

从总体上本工程虽未亏本，但利润太少，成本超支，劳动效率降低。

详细分析：其中有一个分项工程，乳胶漆墙面 10 000 m^2，报价 300 000 元，该分项工程施工的计划工期 22 天，计划工时 4 000 小时，平均投入 23 人，管理费分摊率为 22.2%则：

计划平均生产速度 = 10 000 m^2 ÷ 22 天 = 454.55 m^2/天

计划劳动生产效率 = 4 000 小时 ÷ 10 000 m^2 = 0.4 工时/m^2 或 2.5 m^2/工时

现该活动已工作 8 天，消耗工时 1 101 小时，直接成本花费 84 620 元，已完成工作量 2 970 m^2，平均 372 m^2/天，而本期完成 1 500 m^2，工时消耗为 510 工时，则：

平均实际劳动生产率 = 1 101 工时 ÷ 2 970 = 0.37 工时/m^2

本期劳动生产率 = 510 工时 ÷ 1 500 m^2 = 0.34 工时/m^2

则该分项工程成本状况为：

工期进度 = 8 天 ÷ 22 天 = 36.4%

工程完成程度 = 2 970 m^2 ÷ 10 000 = 29.7%

劳动效率 = 0.37 ÷ 0.4 = 92.5%

实际总成本 = 84 620 × (1 + 0.222) = 103 405.64 元

实际工程价格 = 30 元/m^2 × 2 970 m^2 = 89 100 元

则该分项工程已盈利润 = 89 100 - 103 405.64 = - 14 305.64 元

由于该分项工程单位成本 = 103 405.64 元 ÷ 2 970 = 34.82 元/m^2

而报价仅 30 元，则每单位工程量亏损 4.82 元，亏损的进一步原因可以分析对比人工、材料、机械的消耗。从上面可见，人工的劳动效率比计划还是提高的(节约了劳动工时消耗)。进一步详细分析，可以得出人工费、材料费、机械费各占的份额，而且还可以分析人工费用中，由于工资单价变化、工作量变化和劳动生产率变化所引起的成本变化的份额。

2. 成本状况评价

应按规定的项目计划定期进行成本状况评价。成本状况评价是按照成本分析指标作出判断，由于指标很多，从不同侧面反映了工程成本状况，所以必须正确地分析。

1) 实际和计划成本模型对比

实际与计划成本模型的对比反映项目总成本的进度状况。在实际工程中由于计划的成本模型是人们从工期和成本综合控制的角度和要求出发的，人们对实际和计划成本模型的对比寄予很大的希望，认为它对成本控制十分重要，而实质上是过誉了。在对成本模型(即工期—累计成本)的计划和实际对比时要注意，如果不分析其他因素，仅在这个图上分析差异，常常不能反映出项目存在的危险和证明出什么问题。

(1) 如果在图上计划和实际两曲线完全吻合，或基本吻合，如实际成本曲线在香蕉图范围内(见图 4.32)，也不能说明项目实施没有问题。例如可能由于工程进度较慢，未完成计划工作量，同时物价上涨，工作效率低，花费增加，而导致两曲线吻合或接近。另外实际曲线位于计划曲线的下侧，也不能说明是好事或不是好事，当工程量不能保证(如外界干扰、低工作效率)，使实际工作量未达到预定要求，则虽然总成本未超支，但最终工期会延长，总成本也会超支。

另外，施工次序的变化、设计的变更、工作量的增加和质量的变化等也会导致两者不可比性较差。

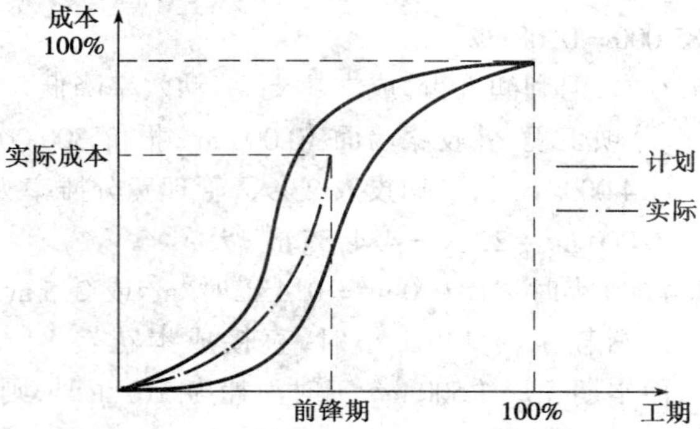

图 4.32

(2) 如果在图上计划和实际曲线完全不吻合,偏差较大,也不能说存在很大的问题。一般偏离是正常的,例如由于成本模型是以计划成本在工程活动上平均分配为前提的,而实际上并不这样,有时会有很大的差异。有些活动早期成本很低,给人们以降低成本的感觉,而后期成本很高。

通常只有在实施过程中完全按工程初期计划的顺序、计划的工作量施工,没有逻辑关系的变化,没有实施过程或次序的改变或工期的不正常推迟,才能从计划和实际的成本模型对比图上反映出成本差异的信息,才能反映成本本身的节约或超支。而这些条件在实际工作中很难保证,所以在上述分析时一定要注意,要对项目进行综合分析,防止误导。

(3) 在实际工程中,将实际成本核算到工程活动上是比较困难的,也常常是不及时的。在控制期末,未完成的工作包已花费的成本量和完成程度的估算比较困难。通常在控制期末,未完的工作包越多,实际成本的数值越不准确,成本状况评价越困难。

(4) 有时计划成本分解时常常比较随意,项目成本模型所采用的平均分配方法与实际的成本使用差距太大,致使项目的计划成本模型本身的科学性不大。

这一切导致项目的实际和计划的成本模型的比较意义不大。所以国外有人主张不必再作时间—成本累计曲线,不再用它作为控制的手段。

为了克服成本模型的局限性,考虑到实际存在的各种因素对成本的影响,必须对之加以改进,引入“实际工程价值曲线”。

实际工程价值即按照计划中预算的标准来衡量的实际已完成工程的价值,即在前锋期将实际工程进度折算为与计划成本一致的度量单位。计算公式为:

$$实际工程价值 = 实际完成工作量 \times 预算价格$$

其中:实际完成工作量包括在前锋期已经完成的活动的工作量,以及开始但未完成的部分活动所折算的工作量。

在项目的成本模型图中将过去每个控制期末的实际工程价值相连而成的曲线即为“实际工程价值曲线”。对承包商来说,“实际工程价值”是他有权利并能够从业主处获得的工程价款,或他真正已“赢得”的价值。它较好地反映了工程实物进度,在图中,只有实际成本曲线与实际工程价值曲线的对比才能较好地反映总成本的节约或超支情况。这种比较已剔除了上述的许多影响因素。

2）效率的比较分析

对工程成本的评价，效率指标比较准确和明确，无论对一个分项工程或整个工程都可以使用。由于它是以实际工作量为基础，所以比较的尺度是统一的。

当机械生产效率小于1时，说明实际台班数比计划少了，节约了。

当劳动效率小于1时，说明实际人工消耗少了。同样可以比较材料的消耗。

3）成本要素比较分析

对各个成本要素、分部工程成本、总工程成本的比较分析时都可以采用偏差值和偏差率指标。它们比较好地直观地反映偏差的程度，这样在工程中，管理者一直能把握每一个费用项目，每一分项工程以及总工程的成本状况、总利润状况以及各子项的贡献。

第七节　装饰工程安全管理

一　安全管理的要点

1. 装饰工程施工多发事故

(1) 火灾。装饰工程施工阶段，易燃、可燃物品较多。外墙门窗封闭后，油漆、防水作业区挥发性易燃气体浓度高，交叉施工明火作业频繁，这些因素一旦失控便会导致火灾。

(2) 触电。装饰工程施工阶段，电动工具特别是手持电动工具使用广泛，防护和管理不力，就可能引起触电。

(3) 物体打击。装饰工程施工与结构工程施工及机电安装立体交叉频繁，作业环境易导致物体打击事故。

(4) 机械伤害。现代装饰工程施工除了广泛使用电动工具以外，还采用大量气动工具甚至以火药致动的工具，导致机械伤害事故的因素多。

(5) 高处坠落。装饰工程施工阶段，特别是结构外沿和各种洞口尚未封闭之前，各种等级的高处作业随处可见，防护不力即导致高处坠落事故。

2. 安全用火要求及防火措施

1）防火间距

各类建筑设施、材料的防火间距见表4.9。

表4.9　建筑设施、材料防火间距

类别（防火间距/m）＼类别	建筑物	临时设施	非易燃库站	易燃库站	固定明火处	木料堆	废料易燃杂料
建筑物	–	20	15	20	25	20	30
临时设施	20	5	6	20	15	15	30
非易燃库站	15	6	6	15	15	10	20
易燃库站	20	20	15	20	25	20	30
固定明火处	25	15	15	25	–	25	30
木料堆	20	15	10	20	25	–	30
废料易燃杂料	30	30	20	30	30	30	–

2) 现场消防管理

(1) 现场要有明显的防火宣传标志。每月对职工进行一次治安、防火教育,培训义务消防队。定期组织保卫、防火工作检查,建立保卫、防火工作档案。

(2) 施工现场必须设置消防车道,其宽度不得小于 3.5 m。消防车道不能环行的,应在适当地点修建回转车辆场地。

(3) 施工现场要配备足够的消防器材,并做到布局合理,经常维护、保养,采取防冻保温措施,保证消防器材灵敏有效。

(4) 施工现场进水干管直径不小于 100 mm。消火栓处昼夜要设有明显标志,配备足够的水龙头,周围 3 m 内,不准存放任何物品。

(5) 高度超过 24 m 的在施工程,应设置消防竖管,管径不得小于 65 mm,并随楼层的升高每隔一层设一处消防栓口,配备水龙带。消防供水应保证水枪的充实直射能达到最高、最远点。消防泵房应用非燃材料建造,设在安全位置,消防泵的专用配电线路,应引自施工现场总断路器的上端,并设专人值班,要保证连续不间断供电。

(6) 电工、焊工从事电气设备安装和电、气焊切割作业,要有操作证和用火证。动火前,要清除附近易燃物,配备灭火人员和灭火用具。用火证当日有效。动火地点变换,要重新办理用火证手续。

(7) 使用电气设备和易燃易爆物品,必须采取严格的防火措施,指定防火负责人,配备灭火器材,确保施工安全。

(8) 因施工需要搭设临时建筑,应符合防盗、防火要求,不得使用易燃材料。城区内的施工一般不准支搭木板房。必须支搭时,需经消防监督机关批准。幢与幢距离,城区不少于 5 m,郊区不少于 7 m。

(9) 施工材料的存放、保管,应符合防火安全要求,库房应用非燃材料支搭。易燃易爆物品,应专库储存,分类单独存放,保持通风,用电符合防火规定,不准在工程内、库房内调配油漆、稀料。

(10) 工程内不准作为仓库使用,不准存放易燃、可燃材料,因施工需要进入工程内的可燃材料,要根据工程计划限量进入并应采取可靠的防火措施。工程内不准住人,特殊情况需要住人的,要报经上级机关批准并与建设单位签订协议,明确管理责任。

(11) 施工现场严禁吸烟。必要时,应设有防火措施的吸烟室。

(12) 施工现场和生活区内,未经保卫部门批准不得使用电热器具。

(13) 氧气瓶、乙炔瓶(罐)工作间距不少于 5 m,两瓶同时明火作业距离不小于 10 m。禁止在工程内使用液化石油气“钢瓶”、乙炔发生器作业。

(14) 在施工程要坚持防火安全交底制度。特别是在进行电气焊、油漆粉刷或从事防水等危险作业时,要有具体防火要求。

(15) 冬季施工保温材料的存放与使用,必须采取防火措施。凡有关部门确定的重点工程和高层建筑,不得采用可燃保温材料。

3) 电气设备防火要点

(1) 各类电气设备、线路不准超负荷使用,接头须接实、接牢,以免线路过热或打火短路。发现问题立即修理。

(2) 存放易燃液体、可燃气瓶和电石的库房,照明线路穿管保护,采用防爆灯具,开关设在库外。

(3) 穿墙电线和靠近易燃物的电线穿管保护，灯具与易燃物一般应保持 30 cm 间距，大功率灯泡要加大间距。工棚内不准使用碘钨灯。

(4) 高压线下不准搭设临时建筑，不准堆放可燃材料。

4) 现场明火管理

(1) 现场生产、生活用火均应经主管消防的领导批准，使用明火要远离易燃物，并备有消防器材。使用无齿锯，须开具用火许可证。

(2) 冬季装饰施工采用明火或电热法的，均须制定专门防火措施，专人看管，人走火灭。

(3) 冬季炉火取暖要专人管理，注意燃料存放及空气流通，防止煤气中毒。

(4) 工地设吸烟室，施工现场严禁吸烟。

(5) 电、气焊工作人员均应受专门培训，持证上岗。作业前办理用火手续，并配备适当的看火人员，随身应带灭火器具。吊顶内安装管道，应在吊顶易燃材料装上以前完成焊接作业，如因工程特殊需要必须在顶棚内进行电、气焊作业，应先与消防部门商定妥善防火措施后方可施工。

(6) 及时清理施工现场，做到工完场清。

(7) 油漆施工要注意通风，严禁烟火，防止静电起火和工具碰撞打火。

3. 防止物体打击及高空坠落的措施

1) 防止物体打击事故的措施

(1) 进入现场的人员戴安全帽。

(2) 交叉作业通道搭护头棚。

(3) 高处作业的工人应有工具袋，零件、螺栓、螺母随手放入工具袋，严禁向下抛掷物品。

(4) 高处码放的板材要加压重物，以防被大风掀翻吹落，高处作业的余料、废物须及时清理，以防无意碰落或被风吹落。

(5) 高处作业的操作平台应密实，周围栏杆底部应设高度不低于 18 cm 的挡脚板，以防物料从平台缝隙或栏杆底部漏下。

2) 防止机械伤害事故要点

(1) 施工电梯的基础、安装和使用须符合生产厂商的规定，使用前应经检验合格，使用中定期检测。

(2) 卷扬机须搭防砸、防雨的操作棚，固定机身须设牢固地锚，传动部分须装护罩，导向滑轮不得用开口拉板式滑轮。

(3) 圆锯的传动部分应装防护罩。长度小于 50 cm、厚度大于锯片半径的木料，严禁上锯，破料锯与横截锯不得混用。

(4) 砂轮机应使用单向开关，砂轮须装不少于 108°的防护罩和牢固的工件托架、严禁使用不圆、有裂纹和剩余部分不足 25 mm 的砂轮。

(5) 各种施工机械的安全防护装置必须齐全有效。

(6) 经常保养机具，按规定润滑或换配件，所用刀具必须匹配，换夹具、刀具时一定要拔下电源插头。

(7) 注意着装，不穿宽松服装操作电动工具，留长发者应带工作帽，不能戴手套操作。

(8) 打开机械的电源开关之前，检查调整刀具的扳手等工具是否取下，插头插入插座前先检查工具的开关是否关着。

(9) 手持电动工具仍在转动时不可随便装置。

(10) 操作施工机具必须注意力集中，严禁疲劳操作。

(11) 保持工作面整洁，以防因现场杂乱发生意外。

3) 防止高空坠落要点

(1) 洞口、临边防护。

①1.5 m×1.5 m以下的孔洞，应预埋通长钢筋网或加固定盖板；1.5 m×1.5 m以上的孔洞，四周须设两道护身栏杆(高度大于1 m)，中间挂水平安全网。

②电梯井口须设高度不低于1.2 m的金属防护门，井道内首层和以上每隔四层设一道水平安全网封严。

③在安装正式楼梯栏杆、扶手前，须设两道防护栏杆或立挂安全网；回转式楼梯间中央的首层和以上每隔四层设一道水平安全网。

④阳台栏板应随层安装，若不能随层安装，须设两道防护栏杆或立挂安全网封闭。

⑤建筑物楼层临边，无围护结构时，须设两道防护栏杆，或立挂安全网加一道防护栏杆。

(2) 外沿施工防护。

①外沿装饰施工采用单排外脚手架和工具式脚手时，凡高度在4 m以上的建筑物，首层四周必须支3 m宽的水平安全网(高层建筑支6 m宽双层网)，网底距地面不小于3 m(高层建筑不少于5 m)。

②外沿装饰施工用脚手架须按规范搭设，特殊脚手架和高度超过20 m的高大脚手架必须有设计方案。装饰施工用外脚手架使用荷载不得超过1 960 N(200 kg)。

③插口、吊篮、桥式脚手架及外挂架应按规程支搭，设有必要的安全装置。工具式脚手架升降时，必须用保险绳，操作人员须系安全带，吊钩须有防脱钩装置；使用荷载不超过1 176 N(120 kg)。

(3) 室内装饰施工高处作业防护。

①移动式操作平台应按相应规范进行设计，台面满铺木板，四周按临边作业要求设防护栏杆，并安装登高爬梯。

②凳上操作时，单凳只准站一人，双凳搭跳板，两凳间距不超过2 m，只准站二人，脚手板上不准放灰桶。

③梯子不得缺档，不得垫高，横档间距以30 cm为宜。

4. 安全用电要点

现场安全用电规则：

(1) 在任何用电范围内，均需接受电工的管理、指导，不得违反。

(2) 严禁一闸多机(或工具)用电。

(3) 一切电线接头均要接触牢固，严禁随手接电，电线接头严禁裸露空间。

(4) 一切临时电路均要在2 m高度以上，严禁拖地电线长度超过5 m。

(5) 任何拖地电线必须做好防水、防漏电工作。

(6) 每一工作小区(分区)设一漏电保护开关。

(7) 照明灯泡悬挂，严禁近人及靠近木材、电线、易燃品。

(8) 一切金属外壳的机具均设地线接地。

(9) 凡用电工种均须配备测电笔、胶钳等常用工具，严禁任何危险操作。

(10) 手持电动工具均要求在配电箱装设额定工作电流不大于 15 mA，额定工作时间不大于 0.15 s 漏电保护装置，电动机具定期检验、保养。

(11) 每台电动机械应有独立的开关和熔断保险，严禁一闸多机。

(12) 电工须经专门培训，持供电局核发的操作许可证上岗，非电气操作人员不准擅动电气设施，电动机械发生故障，要找电工维修。

(13) 施工现场内一般不架设裸导线。现场架空线与施工建筑物水平距离不小于 10 m，与地面距离不小于 6 m，跨越建筑物或临时设施时垂直距离不小于 2.5 m。

(14) 各种电气设备均须采取接零或接地保护。单相 220 V 电气设备应有单独的保护零线或地线。严禁在同一系统中接零、接地两种混用，不准用保护接地做照明零线。

5. 现场保卫工作

(1) 装饰工程施工现场必须按照“谁主管，谁负责”的原则，确定具体人员负责保卫工作，有总、分包单位的工程，实行总承包单位负责的保卫工作责任制，建立保卫工作领导小组，与分包单位签订保卫工作责任书，各分包单位应接受总承包单位的统一领导和监督检查。

(2) 装饰工程施工单位应根据工程规模，建立保卫、消防组织，配备保安、消防人员。

(3) 施工组织设计要有保卫、消防措施方案及设施平面布置图，重点工程、重要工程和建筑面积在 10 000 m^2 以上的大工程，应制定治安保卫和消防工作方案。

(4) 施工现场要建立门卫和巡逻护场制度，护场守卫人员要佩带执勤标志。重点工程、重要工程要实行凭证件出入的制度。

(5) 要加强对包工队的管理，掌握人员底数，签订治安消防协议。非施工人员不得住在施工现场，特殊情况要经保卫工作负责人批准。

(6) 更衣室、财会室及职工宿舍等易发案部位要指定专人管理，制定防范措施，防止发生盗窃案件。严禁赌博、酗酒，传播淫秽物品和打架斗殴。

(7) 锅炉房、变电室、泵房、大型机械设备及工程的关键部位和关键工序，是现场的要害部位，要制定保卫措施，确保安全。

(8) 料场、库房的设置应符合治安消防要求，并配备必要的防范设施。贵重、剧毒、易燃易爆、放射性等物品，要设专库专管。建立存放、保管、信用、回收制度，做到账物相符。职工携物出现场，要开出门证。

(9) 做好成品保卫工作，制定具体措施，严防被盗、破坏和治安灾害事故的发生。

(10) 施工现场发生各类案件和灾害事故，要立即报告有关部门并保护好现场，配合公安机关查破。

二　安全检查

安全检查是发现不安全行为和不安全状态的重要途径；是消除事故隐患，落实整改措施，防止事故伤害，改善劳动条件的重要方法。

安全检查的形式有普遍检查、专业检查和季节性检查三种。

1. 安全检查的内容主要是查思想、查管理、查制度；查现场、查隐患、查事故处理

1) 施工项目的安全检查以自检形式为主，是对项目经理至操作，生产全部过程、各个方位全面安全状况的检查。检查的重点以劳动条件、生产设备、现场管理、安全卫生设施以及生产人员的行为为主。发现危及人的安全因素时,必须果断的消除。

2）各级生产组织者,应在全面安全检查中,透过作业环境状态和隐患,对照安全生产方针、政策,检查对安全生产认识的差距。

3）对安全管理的检查,主要是:

(1) 安全生产是否提到议事日程上,各级安全责任人是否坚持“五同时”。

(2) 业务职能部门、人员,是否在各自业务范围内,落实了安全生产责任。专职安全人员是否在位、在岗。

(3) 安全教育是否落实,教育是否到位。

(4) 工程技术、安全技术是否结合为统一体。

(5) 作业标准化实施情况。

(6) 安全控制措施是否有力,控制是否到位,有哪些消除管理差距的措施。

(7) 事故处理是否符合规则,是否坚持“三不放过”的原则。

2. 安全检查的组织

(1) 建立安全检查制度,制度要求的规模、时间、原则、处理、报偿全面落实。

(2) 成立由第一责任人为首,业务部门人员参加的安全检查组织。

(3) 安全检查必须做到有计划、有目的、有准备、有整改、有总结、有处理。

3. 安全检查的准备

(1) 思想准备。发动全员开展自检,自检与制度检查结合,形成自检自改,边检边改的局面。使全员在发现危险因素方面得到提高,在消除危险因素中受到教育,从安全检查中受到锻炼;

(2) 业务装备。确定安全检查的目的、步骤、方法。成立检查组,安排检查日程。分析事故资料,确定检查重点,把精力侧重于事故多发部位和工种的检查。规范检查记录用表,使安全检查逐步纳入科学化、规范化轨道。

4. 安全检查方法

常采用的有一般检查方法和安全检查表法。

(1) 一般检查方法。

看:看现场环境和作业条件,看、听、嗅、问、测、验、析等方法。

听:听汇报、听介绍、听反映、听意见或批评、听机械设备的运转响声。

嗅:对挥发物、腐蚀物、有毒气体进行辨别。

问:对影响安全问题,详细询问,寻根究底。

查:查明问题、查对数据、查清原因,追查责任。

测:测进、测试、监测。

验:进行必要的试验或化验。

析:分析安全事故的隐患、原因。

(2) 安全检查表法。是一种原始的、初步的定性分析方法。它通过事先拟定的安全检查明细表或清单,对安全生产进行初步的诊断和控制。

安全检查表通常包括检查项目、内容、检查方法或要求、存在问题、改进措施、检查人等内容。表4.10、4.11为检查表格式的示例。

表 4.10

检查项目	检查内容	检查方法或要求	检查结果
安全生产制度	(1) 安全生产管理制度是否健全并认真执行	制度健全,切实可行,进行了层层贯彻,各级主要领导人和安全技术人员,知道其主要条款	
	(2) 安全生产责任制是否落实	各级安全生产责任制落实到单位和部门,岗位安全生产责任制落实到人	
	(3) 安全生产的“五同时”执行得如何	在计划、布置、检查、总结、评比生产的同时,计划、布置、检查总结、评比安全生产工作	
	(4) 安全生产计划如制执行得如何	计划编制切实、可行、完整、及时,贯彻认真,执行有力	
	(5) 安全生产管理机构是否健全,人员配备是否得当	有领导、执行、监督机构,有群众性的安全网点活动,安全生产管理人员不缺员,没有被抽出做其他工作	
安全教育	(6) 是否坚持新工人进场三级教育	有教育计划、有内容、有记录、有考试或考核	
	(7) 特殊工种的安全教育坚持得如何	有安排、有记录、有考试,合格者发操作证,不合格者进行补课教育或停止操作	
	(8) 改变工种和采用新技术等人员的安全教育情况如何	教育得及时,有记录、有考核	
	(9) 对工人日常教育进行得如何	有安排、有记录	
	(10) 各级领导干部和业务员是怎样进行安全教育的	有安排、有记录	
安全技术	(11) 有无完善的安全技术操作规程	操作规程完善、具体、实用,不漏岗、不漏人	
	(12) 安全技术措施计划是否完善、及时	单项、单位、分部分项工程都有安全技术措施计划,进行了安全技术交底	
	(13) 主要安全设施是否可靠	道路、管道、电气线路、材料堆放、临时设施等的平面布置符合安全、卫生、防火要求;坑、井洞、孔、沟等处都有安全设施;脚手架、并字架、梯凳等都符合安全生产要求和文明施工要求	
	(14) 各种机具、机电设备是否安全可靠	安全防护装置齐全、灵敏,闸门开关、插头、插座、手柄等均安全,不漏电;有避雷装置、有接地接零;起重设备有限装置;保护设施齐全等等	
	(15) 防尘、防毒、防爆防冻等措施是否妥善	均达到了安全技术要求	
	(16) 防火措施当否	有消防组织,有完备的消防工具和设施,水源方便道路畅通	
	(17) 对安全帽、安全带、安全网及其他防护用品和设施当否	性能可靠,佩戴或搭设均符合要求	
安全检查	(18) 安全检查制度是否坚持执行	按规定进行安全检查,有活动记录	
	(19) 是否有违纪、违章现象	发现违纪、违章,及时纠正或进行处理,奖罚分明	
	(20) 隐患处理得如何	发现隐患,及时采取措施,并有信息反馈	
	(21) 交通安全管理得怎样	无交通事故,无违章、违纪、受罚现象	

续表 4.10

检查项目	检查内容	检查方法或要求	检查结果
安全业务工作	(22) 记录、台账、资料报表等管理得怎样	齐全、完整、可靠	
	(23) 安全事故报告及时否	按“三不放过”原则处理事故，报告及时，无瞒报、谎报、拖报现金	
	(24) 事故预测和分析工作是否开展了	运用了先进方法和工具，进行事故预测，做事故一般分析和深入分析	
	(25) 竞赛、评比、总结等工作进行否	按工作规划进行	

表 4.11

检查项目	检查内容	检查方法或要求	检查结果
作业前检查	(1) 班前安全生产会开了没有	查安排、看记录，了解未参加人员的主要原因	
	(2) 每周一次的安全活动坚持了没有	同上，并有安全技术底卡	
	(3) 安全网点活动开展得怎样	有安排、有分工、有内容、有检查、有记录、有小结	
	(4) 岗位安全生产责任制是否落实	知道责任制的主要内容，明确相互之间的配合关系，没有失职现象	
	(5) 本工种安全技术操作规程掌握得如何	人人熟悉本工种安全技术操作规程，了解内容实质	
	(6) 作业环境和作业位置是否清楚，并符合安全要求	人人知道作业环境和作业地点，知道安全注意事项，环境和地点整治，符合文明施工要点	
	(7) 机具、设备装备得如何	机具设备齐全可靠、摆放合理、使用方便，安全装置符合要求	
	(8) 个人防护用品是否穿戴好	齐全、可靠、符合要求	
	(9) 主要安全设施是否可靠	进行了自检，没发现任何隐患，或有个别隐患，已经处理	
	(10) 有无其他特殊问题	参加作业人员身体、情绪正常，没有发现穿高跟鞋、拖鞋、裙子等现象	
作业中检查	(11) 有无违反安全纪律现象	密切配合，不互相出难题；不只顾自己，不顾他人；不互相打闹；不隐瞒隐患，强行作业；有问题及时报告等	
	(12) 有无违章作业现象	不乱摸乱动机具、设备；不乱触乱碰电气开关；不乱挪乱拿消防器材；不在易燃易爆物品附近吸烟；不乱丢抛料具和物件；不任意脱去个人防护用品；不私自拆除防护设施；不图省事而省略动作等	
	(13) 有无违章指挥现象	违章指挥出自何处何人，是执行了还是抵制了，抵制后又是如何解决的等	
	(14) 有无不懂、不会操作的现象	查清作业人和作业内容	
	(15) 有无故意违反技术操作规程现象	查清作业人和作业内容	

续表 4.11

检查项目	检查内容	检查方法或要求	检查结果
作业后检查	(16) 作业人员的特异反应如何	对作业内容有无不适应的现象,作业人员身体、精神状态是否失常,是怎样处理的	
	(17) 材料、物资整理没有	清理有用品,清除无用品,堆放整齐	
	(18) 料具和设备整顿没有	归位还原,保持整洁,如放置在现场,要加强保护	
	(19) 清扫工作做得怎样	作业场地清洁干净,秩序井然,无零散物件;道路、路口畅通;照明良好;库上锁,门关严	
	(20) 其他问题解决得如何	如下班后人数清点没有;事故处理情况怎样;本班作业的主要问题是否做了报告和反映等	

5. 安全检查的形式

(1) 定期安全检查。指列入安全管理活动计划,有一定时间隔的安全检查。

定期安全检查的周期,施工项目自检宜控制在 10~15 天。班组必须坚持日检。季节性、专业性安全检查,按规定要求确定日程。

(2) 突击性安全检查。指无固定检查周期,对特别部门、特殊设备、小区域的安全检查,属于突击性安全检查。

(3) 特殊检查。对预料中可能会带来新的危险因素的新安装的设备、新采用的工艺、新建或改建的工程项目,投入使用前,以"发现"危险因素为专题的安全检查,叫特殊安全检查。

特殊安全检查还包括,对有特殊安全要求的手持电动工具,电气、照明设备,通风设备,有毒有害物的储运设备进行的安全检查。

6. 消除危险因素的关键

安全检查的目的是发现、处理、消除危险因素,避免事故伤害,实现安全生产。消除危险因素的关键环节,在于认真整改,确实把危险因素消除。对于那些因种种原因一时不能消除的危险因素,应逐项分析,寻求解决办法,安排整改计划,尽快予以消除。

安全检查后的整改,必须坚持"三定"和"不推不拖",不使危险因素长期存在而危及人的安全。

"三定"是指消除检查后发现的危险因素的态度。三定即为定具体整改责任人,定解决与改正的具体措施,定消除危险因素的整改时间。在解决具体的危险因素时,凡借用自己的力量能够解决的,不推脱、不等不靠,坚决组织整改。自己解决有困难时,应积极主动寻找解决办法,争取外界支援以尽快整改。不把整改的责任推给上级,也不拖延整改时间,以尽量快的速度,把危险因素消除。

三　安全管理的措施

装饰工程施工项目承担控制和管理施工生产进度、成本、质量、安全等目标的责任,故此,必须同时承担进行安全管理、实现安全生产的责任。装饰工程项目安全管理贯穿于施工的全过程,交于各项专业技术管理。其重点是进行人的不安全行为与物的不安全状态的控制。主要包括以下几项内容。

1. 落实安全生产制度,实施责任管理

(1) 建立各级人员安全生产责任制度,明确各级人员的安全责任。抓制度落实、抓责任落实,定期检查安全责任落实情况。

(2) 建立、完善以项目经理为首的安全生产领导组织。有组织、有领导的开展安全管理活动,承担组织、领导安全生产的责任。

(3) 施工项目应通过监察部门的安全生产资质审查,并得到认可。

一切从事生产管理与操作的人员,依照其从事的生产内容,分别通过企业、施工项目的安全审查,取得安全操作认可证,持证上岗。特种作业人员,除经企业的安全审查外,还需按规定参加安全操作考核,取得监察部门核发的《安全操作合格证》,坚持"持证上岗"。施工现场出现特种作业无证操作现象时,施工项目必须承担管理责任。

(4) 施工项目负责施工生产中物的状态审验与认可,承担物的状态漏验、失控的管理责任。接受由此而出现的经济损失。

(5) 一切管理、操作人员均需与施工项目签订安全协议,向施工项目做出安全保证。

(6) 安全生产责任落实情况的检查,应认真、详细的记录,作为分配、补偿的原始资料之一。

2. 项目全员安全教育与训练

1) 一切管理、操作人员应具有一定的基本条件与较高的素质

(1) 具有合法的劳动手续。临时性人员须正式签订劳动合同,接受入场教育后,才可进入施工现场和劳动岗位。

(2) 没有痴呆、健忘、精神失常、癫痫、脑外伤后遗症、心血管疾病、眩晕,以及不适于从事操作的疾病。

(3) 没有感官缺陷,感性良好。有良好的接受、处理、反馈信息的能力。

(4) 具有适于不同层次操作所必须的文化。

(5) 输入的劳务,必须具有基本的安全操作素质。经过正规训练、考核,输入手续完善。

2) 安全教育、训练。包括知识、技能、意识三个阶段的教育

(1) 安全知识教育。使操作者了解、掌握生产操作过程中,潜在的危险因素及防范措施。

(2) 安全技能训练。使操作者逐渐掌握安全生产技能,获得完善化、自动化的行为方式,减少操作中的失误现象。

(3) 安全意识教育。在于激励操作者自觉坚持实行安全技能。

3) 安全教育的内容随实际需要而确定

(1) 新工人入场前应完成三级安全教育。对学徒工、实习生的入场三级安全教育,重点偏重一般安全知识、生产组织原则、生产环境、生产纪律等,强调操作的非独立性。对季节工、农民工的三级安全教育,以生产组织原则、环境、纪律、操作标准为主。两个月内安全技能不能达到熟练的,应及时解除劳动合同,废止劳动资格。

(2) 结合施工生产的变化,适时进行安全知识教育。一般每十天组织一次较合适。

(3) 结合生产组织安全技能训练,干什么训练什么,反复训练、分步验收。以达到出现完善化、自动化的行为方式,划为一个训练阶段。

(4) 安全意识教育的内容不易确定,应随安全生产的形势变化,确定阶段教育内容。可结合发生的事故,进行增强安全意识,坚定掌握安全知识与技能的信心,接受事故教训的教育。

(5) 受季节自然变化影响时，针对由于这种变化而出现生产环境、作业条件的变化所进行的教育，其目的在于增强安全意识，控制人的行为，尽快适应变化，减少人为失误。

(6) 采用新技术，使用新设备、新材料，推行新工艺之前，应对有关人员进行安全知识、技能、意识的全面安全教育，激励操作者实行安全技能的自觉性。

4) 加强教育管理，增强安全教育效果

(1) 教育内容全面，重点突出，系统性强，抓住关键反复教育。

(2) 反复实践，养成自觉采用安全操作方法的习惯。

(3) 使每个受教育的人，了解自己的学习成果。鼓励受教育者树立坚持安全操作方法的信心，养成安全操作的良好习惯。

(4) 告诉受教者怎样做才能保证安全，而不是不应该做什么。

(5) 奖励促进，巩固学习成果。

(6)进行各种形式、不同内容的安全教育，都应把教育的时间、内容等，清楚的记录在安全教育记录本或记录卡上。

四　施工现场重大事故的处理

施工现场发生人身伤害事故、重大机械设备事故和火灾火险时，应迅速果断地针对事故情况组织抢救。因事故的性质和情况不同，可以分以下几种抢救方法。

1. 发生人员伤害事故

当现场发生人员伤害时，要不惜任何物质代价，尽全力抢救受伤人员。抢救时要注意方式，防止在危险因素未排除时盲目抢救，再造成他人伤亡。如人员触电时，必须先断电源，方可去接触伤者，否则会造成多人连续触电伤亡。以往的一些重大恶性事故表明，往往由于抢救方法不善，使事故扩大，造成多人伤亡的重大恶性事故。所以项目经理必须掌握事故抢救的基本知识，特别是现场发生以下各种人身伤害事故时，更应引起重视，妥善抢救。

(1) 人员从高处坠落摔伤后，除了要注意对伤员的明显外伤和肢体骨折部位医治外，还要注意是否有内伤。人员坠落后很容易造成腹内损伤，如伤者腹痛、大小便失常或有血，更要警惕，认真检查；

(2) 人员伤及头部时，要特别给予重视，尤其是伤及后脑和头部两侧时，要及时送到能处理脑伤的医院进行检查处理。对外伤不明显，但有头晕、头痛、昏迷等情况的受伤者，要注意护理，以防脑内积血造成事后数日发病死亡；

(3) 人员触电时更要注意抢救方法，在使伤者脱离电源后，根据伤者情况要立即采取人工呼吸和胸外心脏挤压方法进行抢救，这是抢救触电者的最佳方法。千万不要急急忙忙地抬着或背着伤者往医院送，因为触电者此时心脏跳动微弱，呼吸短促，再一跑动耽误抢救时间，就会造成死亡。可以说，对触电者在现场及时正确救护是最可靠的。

2. 发生重大机械设备事故

当现场发生重大机械设备事故时，首先要判断是否伤及人，是否有事态扩大的可能性。因机械设备事故伤人时要先全力救人，如果有扩大事态的可能，应立即通知有关部门，组织力量进行保护，控制事态发展，努力减少事故损失。

3. 发生火灾火险

现场发生火灾火险时，要立即组织义务消防人员扑灭火源火种，排除险情。但要注意判断所发生火灾的情况,较小的火情可以自行组织人员立即扑灭;已燃起的火情,现场人员不能立即扑灭时,要及时报告消防部门,请求救援,千万不可迟报。特别是现场中易燃库站、油料库等处起火时,更应及时上报,以防自救不了时,延误时间酿成大火。

4. 保护现场

在抢救伤员,排除险情时,还必须注意保护现场,这是项目经理的职责,为了救人排险可以移动现场的材料设备,但要立即恢复原状。按照我国伤亡事故报告规程的要求,发生重大伤亡以后,要及时向上级主管部门汇报,并且要全力配合上级有关部门和司法部门了解事故情况,提供有关资料和情况,并接受检查。按当地劳动部门和检察部门的要求,严格保护现场和与事故有关的文件资料,接到劳动部门和检察部门的正式通知后,方可撤消对事故现场的保护。

在发生重大事故后千万不可破坏现场,制造伪证,掩盖事故,这类行为要受到刑法的处罚。

在现场发生重大事故后,除了以上四项必须做好的工作以外,还应当特别注意稳定职工的情绪,对全体职工进行事故防范教育,更要引起从事危险作业人员的重视。如情况允许,可暂停危险作业,待职工情绪平静后再组织施工,以防连续发生重大事故。

第八节　装饰工程竣工验收管理

一　装饰工程项目的竣工交验

1. 工程的竣工与交工

1) 工程的竣工

装饰工程的竣工是指装饰工程项目按照要求和甲、乙双方签订的工程合同所规定的装饰施工内容全部完成,经验收鉴定合格,达到交付使用的条件。

竣工日期:由业主或监理单位核验为合格工程的签字日期。

2) 工程的交工

装饰工程交工是指竣工工程正式交付业主使用。

交工日期:指竣工工程办理手续,交付业主使用的签字日期。

3) 交工验收的准备工作

(1) 完成收尾工作。

(2) 收集整理竣工验收资料。

(3) 交工工程的预验收。

4) 收尾工程

(1) 装饰收尾工程的特点。装饰工程接近交工阶段,不可避免会存在一些零星、分散、量小、面广的未完项目,这些项目的总和即收尾工程。装饰收尾工程比较突出地表现为以下三种类型:

①接缝类;装饰工程不同工种往往在它们各自工作之间的“结合部”出现不完善的缝隙。

②修补类:装饰工程在频繁交叉的过程中不可避免发生一些成品损坏或污染,成为需要修补的项目。

③清理类:装饰工程的目标之一是给用户以美的感观,清洁、整齐就是美感的要素,清理也

就成为收尾工程必不可少的重要部分。

(2) 收尾工作主要内容。

①组织有关人员逐层、逐段、逐部位、逐房间地进行查项,检查施工中有无丢项、漏项。一旦发现丢项、漏项,必须立即确定专人定期解决,并在事后按期进行检查。

②保护成品和进行封闭。对已经全部完成的部位或查项后修补完成的部位,要立即组织清理,保护好成品,依可能和需要,按房间或层段锁门封闭,严禁无关人员进入,防止损坏成品或丢失零件(这项工作实际上从装饰工程完毕之时即应进行)。尤其是高标准、高级装饰的建筑工程(如高级宾馆、饭店、医院、使馆、公共建筑等),每一个房间的装饰和设备安装一旦完毕,就要立即加以封闭,甚至派专人按层段加以看管。

③有计划地拆除施工现场的各种临时设施和暂设工程,拆除各种闲时管线,清扫施工现场,组织清运垃圾和杂物。

④有步骤地组织材料、工具以及各种物资的回收、退库或向其他施工现场转移和进行处理工作。

⑤做好电气线路和各种管线的交工前检查,进行电气工程的全负荷试验。

⑥修补工作。装饰工程在频繁交叉施工的过程中,必然会造成一些成品损坏或污染;在不同工程施工中,它们各自工作之间的"结合部"也会出现一些不完善的缝隙。在工程收尾时,必须进行修补。

⑦清理工作。装饰工程的目的之一,就是给业主以美的感观,清洁、整齐就是美感的要素,因此清理工作也是装饰工程项目收尾工作的重要内容之一。

(3) 收尾工程的组织。收尾工程量小、面广,易被忽视,结果交工日期一再拖延。为了保证按时交工,在组织收尾工程时应注意:

①加强计划的预见性,提前安排"结合部"工作。

②接近竣工,提前对照设计图纸和预算项目核对已完工程,列出未完项目。

③交工前组织预检,逐个房间查明所有未完项目,并用"即时贴"在现场标明其部位。

④争取得到建设单位和设计单位的配合避免应甲方供料延误引起"甩项",工程变更早做决定,不临时追加。

⑤组织若干专业班组,按收尾项目不同类型分别扫尾。

(4) 收尾工程的有关工艺。

①按缝工艺。常见接缝有:梳妆台镜面与墙面瓷砖接缝,通常将镜子边缘打磨光滑,然后打胶密封;梳妆台面与面盆接缝,打防水密封胶;浴缸与墙面瓷砖接缝,打防水密封胶。

②修补工艺。常见修补有:木制作节疤脱落,找一块纹理相似的木料,依照缺口大小修凿,蘸胶镶嵌到缺口里,使之严丝合缝,再打磨光滑,刷油漆即可;大理石顺裂纹折断,用大理石专用胶与大理石粉调和,顺裂纹粘合大理石。

③清理工艺。重点清洗项目有:

• 玻璃清洗:用专门清洁剂或洗涤剂擦拭污渍,再用清水冲洗,最后用干毛巾擦净。

• 瓷砖、大理石清洗:先用开刀铲除灰渍,再用湿毛巾擦拭,特别注意清理砖缝与凹槽。

• 卫生洁具清洗:先用开刀铲净灰渍,防止灰渣落入下水口,然后用水洗刷,洗不净处用去污粉擦洗。

2. 装饰工程竣工验收的依据

装饰工程竣工验收的依据，除了必须符合国家规定的竣工标准之外，在进行工程竣工验收和办理工程移交手续时，还应以下列文件为依据。

(1) 建设单位同施工单位签订的工程承包合同。

(2) 工程设计文件(包括：装饰工程施工图纸、设计文件、图纸会审记录、设计变更洽商记录、各种设备说明书、技术核定单、设计施工要求等)。

(3) 国家现行的《建筑装饰装修工程质量验收规范》(GB50210－2001)。

(4) 相关的国家现行施工验收规范。

(5) 甲、乙双方特别约定的装饰施工守则或质量手册。

(6) 分部分项工程的质量检验评定表。

(7) 有关施工记录和构件、材料合格证明文件。

(8) 引进技术或进口成套设备的项目还应按照签订的合同和国外提供的设计文件等资料进行验收。

(9) 上级主管部门的有关工程竣工的文件和规定。

(10) 凡属施工新技术，还应按照双方签订的合同书和提供的设计文件进行验收。

3. 装饰工程竣工验收资料

(1) 竣工工程项目一览表。包括竣工工程名称、位置、结构、层次、面积和附属设备、装置等。

(2) 图纸会审记录。

(3) 材料代用核定单。

(4) 施工组织方案和技术交底资料。装饰工程施工组织方案应内容齐全，审批手续完备。如有较大的施工措施和工艺变动，要编入交工验收资料。

技术交底包括设计交底、施工组织设计交底、主要分项工程施工技术交底、合同要点交底等。各项交底要有正式书面文字记录和双方签认手续。

(5) 材料、构配件、成品出厂证明和检验报告。

装饰材料、材料半成品、成品均有出厂质量合格证明，标明出厂日期。

合格证和检验报告的抄件或复印件应注明原件存放单位，并附抄件人签字和按抄件(复印件)单位印章。

门(窗)框、门(窗)扇、石材、瓷砖除要有出厂质量合格证外，还应附有现场检验报告。

防火材料要有国家批准的合格证书和消防部门的使用许可证；防水材料要有合格证或试验报告；水泥出厂要有合格证或试验报告；焊接要有试验报告和焊条合格证书；钢材出厂要有合格证及试验报告。

(6) 施工记录。冬季贴瓷砖及石材应有测温记录；冬季油漆施工和喷涂应有测温记录；贴墙纸(布)要有基层含水率记录；浴室、厕所、地下室等有防水要求的房间，要有 24 h 以上蓄水试验记录，并附验收手续。

工程质量事故的发生和处理记录。包括事故报告、处理方案和实施记录。

(7) 装饰施工试验报告。粘贴壁纸(布)的胶水、贴瓷砖的砂浆若在现场自行配制，应经过试贴确定配比。试验报告注明组成的材料和配比，并说明试验结果，由业主签字确认。

(8) 预检记录。包括现场基准点、楼层基准线、预留孔洞和预埋件位置的检查记录。

(9) 隐检记录。泛指轻质隔断墙、吊顶、壁纸、地毯、防水等项目的隐检记录。

(10) 装饰工程质量检验评定资料。包括所有分项工程应有的质量评定表及分部工程汇总评定表。

(11) 交竣工验收书。装饰工程施工单位(承包方)、建设单位(发包方)和设计单位(设计师)三方签认的竣工验收单,送质量监督部门进行核验,合格后签发的核定书。

(12) 设计变更、洽商记录。设计变更、洽商记录应由设计单位、施工单位和建设单位三方代表签证,经过洽商可由装饰工程施工单位和建设单位两方代表签证;

分包工程有关设计变更和洽商记录应通过装饰总承包单位办理;

设计变更、洽商记录按签证日期先后顺序编号,做到齐全、完整。

(13) 竣工图。凡原施工图无变更的,可在新的原施工图上加盖"竣工图"标志后作为竣工图;无大变更的可在原图上改绘,有重大变更的应重新绘制竣工图。

(14) 施工日记。

(15) 其他(封面、总目录)。

4. 竣工验收工作的程序

1) 竣工自检(亦称竣工预验)

(1) 承包方首先自行组织自检。一方面检查工程质量,发现问题及时补救;另一方向检查竣工图及技术资料是否齐全,并汇总、整理有关技术资料。

(2) 自检的标准应与正式验收一样,主要依据是:国家(或地方政府主管部门)规定的竣工标准,工程完成情况是否符合施工图纸和设计的使用要求;工程质量是否符合国家和地方政府规定的标准和要求;工程是否达到合同规定的要求和标准等。

(3) 参加自检的人员,应由项目经理组织生产、技术、质量、合同、预算以及有关的施工工长(或施工员、工号负责人)等共同参加。

(4) 自检的方式,应分层分段、分房间地由上述人员按照自己主管的内容根据施工图和工艺流程逐项进行检查,找出漏项和需修补工程,及时处理和返修。在检查中要做好记录,并指定专人负责,定期修理完毕,如发现较重大的工程质量问题,无论是设计原因或施工原因,均需在初验会议上研究并提出处理方案。

(5) 复验。在基层施工单位自检的基础上,并对已查出的问题全部修补完毕以后,通过复验,解决全部遗留问题,为正式验收做好充分的准备。

2) 正式验收

(1) 发出《竣工验收通知书》,施工单位应于正式竣工验收之日的前10天,向建设单位发送《竣工验收通知书》。

(2) 装饰工程施工单位向建设单位递交竣工资料。

(3) 建设单位组织装饰工程施工单位和设计单位对工程质量进行检查验收。

①集中会议,介绍工程概况及装饰施工的有关情况。

②分组分专业进行检查。

③再集中分组汇报检查情况。

④提出验收意见,评定质量等级,明确具体交接时间、交接人员。

(4) 签发《竣工验收证明书》并办理工程移交。在建设单位验收完毕并确认工程符合竣工标准和合同条款规定要求以后,即应向施工单位签发《竣工验收证明书》。建设单位、监理单位、设计单位、质量监督站、施工单位及其它有关单位在《竣工验收证明书》上签字。

(5) 装饰工程施工单位与建设单位签订交接验收证明书，并根据承包合同的规定办理结算手续，除合同注明的由承包方承担的保修工作外，双方的经济、法律责任即可解除。

(6) 在交工过程中发现需返修或补做的项目，可在交工验收证明书或其附件上注明修竣期限。

(7) 进行工程质量评定。

(8) 办理装饰工程档案资料移交。

(9) 办理装饰工程移交手续。

5. 竣工资料的归档

凡是移交的工程档案和技术资料，必须做到真实、完整、有代表性，能如实地反映工程和施工中的情况。这些档案资料不得擅自修改，更不得伪造。同时，凡移交的档案资料，必须按照技术管理权限，经过技术负责人审查签认；对曾存在的问题，评语要确切，经过认真的复查，并做出处理结论。

装饰工程档案移交时，要编制《装饰工程档案资料移交清单》，双方按清单查阅清楚。移交后，双方在移交清单上签字盖章。移交清单一式两份，双方各自保存一份，以备查对。

二 工程项目保修期内的管理

1. 保修范围、期限与费用

1) 装饰工程保修的范围

(1) 国家规定的和协议条款约定的项目。

(2) 竣工验收的范围。

①由于装饰工程施工单位的责任，特别是由于装饰工程施工质量不良而造成的问题。

②由于用户使用不当而造成的装饰功能与效果不良或损坏者，不属于保修范围。

2) 保修期限

自竣工验收合格之日起计算，除特殊约定外，装饰工程保修期限为两年。

3) 保修书的内容

承包方应当在工程竣工验收之前，与发包方签订质量保修书，作为合同的附件。其主要内容一般包括：工程简况、保修范围和内容；质量保修期限；质量保修责任；质量保修金的支付方法；保修情况记录。此外，保修书还应附有保修单位(即承包方)的名称、详细地址、电话、联系接待部门(如科、室)和联系人，以便于业主联系。

4) 保修费用

(1) 装饰工程保修金通常按合同价款的一定比率(根据工程大小不同、类型不同，由甲、乙双方自行商定，一般为工程总造价的 3%左右)，在业主应付工程款内预留。业主在保修期满后 20 天内结算，将剩余保修金和按协议条款约定的利率计算的利息一起退还给装饰工程施工单位，不足部分由装饰工程施工单位支付。

(2) 保修期间，装饰工程施工单位在接到修理通知之日后 7 天内必须派人修理，否则，业主可委托其他单位或人员修理。其费用在保修金内扣除。

(3) 因装饰工程施工单位原因造成返修的费用，业主在保修金内扣除，不足部分由施工单位支付。因业主原因造成返修的经济支出由业主承担。

(4) 大型装饰工程项目,若规定由建设银行代收质量保证金,业主不得再擅自留存。保修期满,由建设单位出具证明建设银行退还保修金本息。

2. 保修的一般做法

1) 发送装饰工程保修证书(装饰保修卡)

在工程竣工验收之前,由装饰工程施工单位向业主发送《装饰工程保修证书》。

2) 要求检查和修理

在保修期内,业主发现使用功能不良,又是由于装饰施工质量而影响使用者,可以用口头或书面方式通知施工单位的有关保修部门,说明情况,要求派人前往检查修理。装饰工程施工单位必须尽快派人前往检查,并会同业主共同做出鉴定,提出修理方案,并尽快地组织人力物力进行修理。

3) 验收

在发生问题的部位或项目修理完毕以后,要在保修证书的"保修记录"栏内做好记录,并经业主验收签认,以表示修理工作完结。

4) 经济责任的处理

由于装饰工程情况比较复杂,不像其他商品单一性强,有些修理项目往往是由多种原因造成的。因此,在经济责任处理上必须根据修理项目的性质、内容以及结合检查修理诸种原因的实际情况,由业主和施工单位共同商定经济处理办法,一般地有以下几种:

(1) 修理项目确属由于装饰工程施工单位施工责任造成的,或遗留的隐患,则由装饰工程施工单位承担全部检修费用。

(2) 修理项目是由于业主和装饰工程施工单位双方的责任造成的,双方应实事求是地共同商定各自承担的修理费用。

(3) 修理项目是由于业主的设备、材料、成品、半成品等质量不好等原因造成的,则应由业主承担全部修理费用。

(4) 涉外装饰工程的保修问题,除按照上述办法修理外,还应依照原合同条款的有关规定执行。

3. 工程回访

《建设工程项目管理规范》规定回访可采取以下方式:

(1) 电话询问、会议座谈、半年或一年的例行回访。

(2) 夏季重点回访屋面及防水工程和空调工程,冬季重点回访采暖工程。

(3) 对施工过程中采用了新材料、新技术、新工艺、新设备的工程,回访使用效果或技术状态。

(4) 特殊工程的专访。

承包人的归口管理部门负责组织回访用户的业务工作,可采用电话询问、登门拜访、会议座谈等多种形式,搞好回访的服务工作。执行单位应随时听从召唤,及时履行服务承诺,作好记录并提交预防措施主管部门验收证明。

根据回访计划安排,可采取灵活多样的回访工作方式:

(1) 例行性回访。按回访工作计划的统一安排,对已交付竣工验收并在保修期限内的工程,组织例行回访,一般半年或一年进行一次,广泛收集用户对工程质量的反映。对回访难以覆盖的地方,可采取电话询问方式,也可以适时采取召开一些易于融洽、有益交流的座谈会、茶话会等形式，把回访工作搞活。

(2) 季节性回访。主要是针对具有季节性特点、容易造成负面影响、经常发生质量问题的工程部位进行回访，如雨季回访屋面工程、墙面工程的防水和渗水情况，冬季回访采暖系统等，了解有无施工质量缺陷或使用不当造成的损坏等问题，要分别情况处置，妥善处理好外部公共关系，认真负责地解答用户提出的问题，必要时可分发一些资料，进行维护知识的宣传教育。

(3) 技术性回访。主要了解在装饰工程施工过程中所采用的新材料、新工艺、新技术等的技术性能和使用后的效果，发现问题及时加以补救和解决。这种回访便于总结经验，获取科学依据，不断改进和完善，并为进一步推广创造条件。此回访可以定期进行，也可以不定期进行；

(4) 专题性回访。对某些特殊工程、重点工程、有影响的工程应组织专访，可将服务工作往前延伸，一般由项目经理部自行组织为好，包括交工前对发包人的访问和交工后对使用人的访问，听取他们的意见，为其提供跟踪服务，满足他们提出的合理要求，改进服务方式和质量管理。

(5) 保修期满之前的回访。这种回访一般是在保修期即将届满之前进行，既可以解决出现的问题，又标志着保修期即将结束，使业主注意维护和使用。

复习思考题

1. 成品保护的一般方法有哪些？
2. 装饰工程施工管理的内容有哪些？
3. 装饰工程施工管理的依据有哪些？
4. 装饰工程施工准备包括哪些主要内容？
5. 施工进度控制的影响因素有哪些？
6. 简述施工进度控制的方法及控制的措施。
7. 简述施工进度调整的方法、步骤。
8. 某分部工程时标网络计划如图 4.33 所示。当该计划执行到第 6 天结束时检查了实际进展情况，试分析该实际进度前锋线表明什么问题。

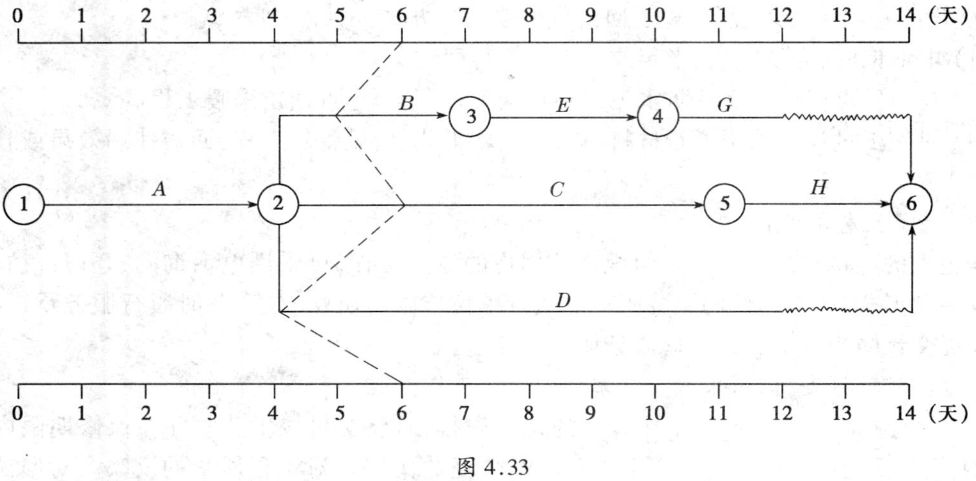

图 4.33

9. 图4.34为某工程项目的S曲线，其中实线为计划S曲线，点划线为实际S曲线。图中 a、b、c 三个特征点所提供的信息是什么？

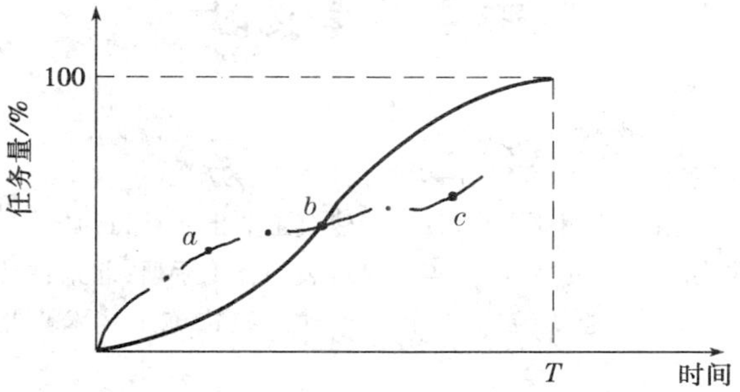

图 4.34

10. 简述施工质量控制的内容、方法及控制的措施。
11. 施工质量控制的影响因素有哪些？
12. 装饰工程施工质量检验方法有哪些？
13. 分部工程质量评定的主要内容有哪些？
14. 单位工程质量评定的主要内容有哪些？
15. 简述施工成本控制的内容、方法及控制的措施。
16. 如何进行成本状况的评价？
17. 简述成本超支的原因及降低成本的途径有哪些。
18. 简述进度、质量、成本三者之间的关系。
19. 安全管理可采取的措施有哪些？
20. 安全检查的内容、形式、方法有哪些？
21. 简述竣工验收的依据、内容及程序。
22. 简述装饰工程项目保修的范围、期限、费用及一般做法。

主要参考文献

[1] 何平,卜龙章编.装饰施工.南京:东南大学出版社,1997

[2] 王海平编著.室内装饰工程手册.北京:中国建筑工业出版社,1994

[3] 中国建筑装饰协会工程委员会编著.实用建筑装饰施工手册.北京:中国建筑工业出版社,1999

[4] 中国建筑装饰协会编著.建筑装饰实用手册(建筑装饰施工技术).北京:中国建筑工业出版社,1996

[5] 陈保胜,张剑敏,马怡红编.建筑装饰工程施工.北京:中国建筑工业出版社,1995

[6] 石玉梅,赵孟彬编.建筑涂料与涂装技术400问.北京:化学工业出版社,1996

[7] 鲁延放,陈宝珍编著.家具油漆新工艺.南宁:广西科学技术出版社,1990

[8] 王朝熙主编.装饰工程手册.北京:中国建筑工业出版社,1991

[9] 中华人民共和国建设部,国家质量监督检验检疫总局.建筑装饰装修工程质量验收规范.北京:中国建筑工业出版社,2001

[10] 中华人民共和国建设部,国家质量监督检验检疫总局.建筑装饰装修工程质量验收规范.北京:中国建筑工业出版社,2002

[11] 中华人民共和国建设部,国家质量监督检验检疫总局.建筑装饰装修工程质量验收规范.北京:中国建筑工业出版社,2002

[12] 建设部.建设工程项目管理规范(GB/T50326-2001).2002

[13] 张维君.装饰工程项目管理规范实施手册.北京:中国建筑工业出版社.1999

[14] 成虎.工程项目管理.北京:中国建筑工业出版社.2001

[15] 彭纪俊.装饰工程施工组织设计实例应用手册.北京:中国建筑工业出版社.2001

[16] 吴龙声.建筑装饰监理工程师实用手册.南京:东南大学出版社.2000